Freescale 公司大学计划用书

MPC5554/5553 微处理器揭秘
MPC5554/5553 Revealed

［美］Richard Soja　Munir Bannoura　著

龚光华　宫　辉　安　鹏　译

北京航空航天大学出版社

内容简介

本书介绍 MPC5554 和 MPC5553 两个微处理器，详细讲解了其片内集成外设模块及其在汽车电子和工业控制领域的部分应用。为了帮助读者更快更容易地编写代码，随书光盘内含 Freescale 公司提供的 RAppID 代码初始化工具；一个演示版的 eTPU 仿真程序，用来展示 eTPU 特定功能的编写调试流程。

本书介绍的内容对具有不同经验水平的硬件设计者和软件工程师都是适用的，对那些刚刚开始自己职业之路的青年学生也是有帮助的。

图书在版编目(CIP)数据

MPC5554/5553 微处理器揭秘 /（美）索加（Soja，R.），（美）班诺拉（Bannoura. M.）著；龚光华，宫辉，安鹏译. --北京：北京航空航天大学出版社，2010.11
ISBN 978-7-5124-0248-5

Ⅰ. ①M… Ⅱ. ①索… ②班… ③龚… ④宫… ⑤安… Ⅲ. ①微处理器—基本知识 Ⅳ. ①TP332

中国版本图书馆 CIP 数据核字(2010)第 209234 号

MPC5554/5553 微处理器揭秘
MPC5554/5553 Revealed
[美]Richard Soja Munir Bannoura 著
龚光华 宫 辉 安 鹏 译
责任编辑 刘 晨
*
北京航空航天大学出版社出版发行
北京市海淀区学院路 37 号(邮编 100191) http://www.buaapress.com.cn
发行部电话:(010)82317024 传真:(010)82328026
读者信箱: emsbook@gmail.com 邮购电话:(010)82316936
北京市媛明印刷厂印装 各地书店经销
*
开本:787×1 092 1/16 印张:20.5 字数:525 千字
2010 年 11 月第 1 版 2010 年 11 月第 1 次印刷 印数:4 000 册
ISBN 978-7-5124-0248-5 定价:49.00 元(含光盘 1 张)

译者序

PowerPC 是 IBM、Apple 和 Motorola 公司于 1993 年共同开发的处理器结构，具有可裁剪性好、方便灵活的特点，在高性能服务器领域到低功耗嵌入式领域都有着广泛的应用。

飞思卡尔(Freescale)公司(其前身是 Motorola 公司半导体部门)提供了一系列基于 PowerPC 结构的处理器系列，其针对汽车电子行业所设计的 Power Architecture 5xx/55xx 系列处理器，能够在恶劣的条件下提供稳定可靠的处理能力，在许多不同的工业、商业和航空航天领域均得到应用。

目前国内全面讲解 PowerPC 处理器的书籍还非常少，这对该处理器的推广和应用是一个很大的障碍。

我们在飞思卡尔组织的一次培训课程上见到了这本书的英文原版，觉得该书是一本非常合适的 PowerPC 的培训教材。该书的两位作者是飞思卡尔公司的资深工程师和先进产品培训专家，他们参与了本书所涉及的两款处理器的设计工作，对 PowerPC 的系统结构有深入的了解。书中对 PowerPC 的结构、指令、系统和外设都进行了介绍，并从设计者的角度对很多技术细节进行了深入剖析。

我们联系了该书作者之一，也是培训课程的组织者 Munir Bannoura 先生，探讨了将这本教材翻译成中文的可行性。Munir 先生对此表示了肯定，并慷慨地提供了该书的版权。在北京航空航天大学出版社的有力配合下，经过一年多的翻译整理校对工作，这本教材的中文译本终于能够和读者见面了。

本书共 21 章，涵盖了处理器内核、指令、MMU、系统管理单元、内存、中断、系统配置、总线接口、DMA 控制器和多种外设模块，另有两章讨论了系统的开发调试和电源设计。附录提供了处理器引脚分配、指令列表等系统设计的常用信息。

本书适用于汽车、电子、自动化等专业的研究生和相关的技术专业人员，书中给出的大量详细的代码实例对系统设计人员和软件开发人员也是非常有帮助的。

书中涉及了大量的专业技术名词，翻译时首先参考了全国科学技术名词审定委员会的推荐译法，对于没有标准译法的术语则尽量以通俗、符合习惯和便于理解为基础进行翻译，并且保留了技术名词的英文原文，以方便读者把握原意。

译者序

本书由三名译者共同完成，其中龚光华翻译了第1,2,3,4,5,6,7,8,16,17,18,19章，安鹏翻译了12,13,14,15,20,21章，宫辉翻译了第9,10,11章。龚光华对全书进行了审校和统稿。

在本书翻译过程中，我们得到了作者的鼎力支持，提供了全书的电子原稿。本书的翻译工作也得到了飞思卡尔半导体(中国)有限公司汽车电子微控制器产品部的大力支持。

由于译者水平有限，翻译过程中欠妥之处请读者批评指正。

译　者

2010年9月于清华大学

前 言

本书的目的是为了让系统设计者、大学教师和学生对一个基于 Power 架构的新处理器系列中的两个器件有一个基本的了解。本书向读者介绍 MPC5554 和 MPC5553 两个微处理器，详细讲解其片内集成外设模块及其在汽车电子和工业控制领域的部分应用。

为满足汽车电子的需求，很多工程师花费了很多年时间来设计这些器件。正因为如此，MPC5554 和 MPC5553 所具有的特性也使得其可以广泛应用到工业和消费领域。

本书讲解的内容对具有不同经验水平的硬件设计者和软件工程师都是适用的，对那些刚刚开始自己职业之路的青年学生也是有帮助的。

为了帮助读者更快更容易地编写代码，随书光盘内含 Freescale 公司提供的 RAppID 代码初始化工具；一个演示版的 eTPU 仿真程序，用来展示 eTPU 特定功能的编写调试流程。

本书各章节的内容安排为：

第 1 章：MPC5500 系列简介。介绍 MPC5554/5553，概括这两个器件的主要特性和指标。

第 2 章：Power 架构的 e200z6 处理器。是以 e200z6 内核为例介绍 Power 处理器架构的编程模型。包括寻址模式、用户态和系统态的编程模型、PowerPC 指令等。这一章的内容有助于读者编写和理解简单的汇编程序。

第 3 章：SIMD、分数和 DSP。介绍单指令多数据 SIMD 指令、分数和 DSP 指令，讲解 SPE 处理引擎的单指令多数据的处理结构及其用于提高程序运行速度的方法。本章提供一些使用内在函数编程的范例。

第 4 章：浮点数。详细讲述 e200z6 处理器的浮点数表示，讨论浮点数运算过程中的截断和舍入，并提供使用内在函数的程序范例。浮点数异常和中断的内容也有所涉及。

第 5 章：内存管理单元(MMU)。介绍内存管理单元的基本概念和应用细节，包括地址映射和保护，MMU 异常、内存重叠等，并给出了配置 MMU 的示例代码。

第 6 章：系统缓存。介绍缓存的概念和结构，讨论片内高速缓存是如何提高系统性能。通过一些例子讲述缓存的操作和维护，包括一个使用缓存来作为系统的扩展 RAM 存储区的示例。

第 7 章：异常与中断。介绍系统处理异常和中断的过程，包括中断向量表的实现方法、关键和非关键中断、时基定时中断、递减计数器和看门狗等基本的中断源。

第 8 章：中断控制器。介绍其结构以及如何处理上百个中断请求，通过实际的示例程序，对比中断控制器的软件向量和硬件向量两种中断处理方法。

第 9 章：系统配置。让设计人员了解系统复位后的每个初始化步骤，介绍启动引导辅助程序 BAM 和其运行模式，详细列举系统不同的启动模式、审查模式、复位、锁相环和 I/O 引脚初始化等内容。

第 10 章：外部总线接口。介绍外部总线接口的信号定义和时序，以及在单控制器和多控制器应用中如何使用。涉及存储器类型、时序要求、总线配置等细节。还给出了对于猝发和非猝发存储器的配置程序示例。

第 11 章：增强型存储器直接访问控制器。详细描述了 eDMA 引擎的结构，对 DMA 描述控制块的每个控制字段和属性都进行了解释，讨论了 DMA 和片内外设的信号对应关系，DMA 通道分组和优先级，并且提供一些实际的程序示例。

第 12 章：串行/解串外围设备接口(DSPI)。介绍串行/解串外围设备接口的结构，及其 3 种不同的工作模式，详细讨论器传输收发的控制和属性。

第 13 章：增强型串行通信接口(eSCI)。在很多微控制器传统的串行端口上进行额外的改进，为 SCI 的收发提供了两个独立的 DMA 通道，并且提供对 LIN 总线的支持。本章涉及 LIN 总线协议的部分内容。

第 14 章：局域网控制总线(FlexCAN)。介绍控制局域网 CAN 总线的协议和帧格式，内容包括 FlexCAN 的结构、消息缓存机制、消息过滤器等细节。

第 15 章：增强型队列式模数转换器(eQADC)。eQADC 结构、支持 eDMA 实现连续转换命令队列是本章的重要内容，同时还介绍定时或外部触发的转换模式，以及对变化结果的校正模式。

第 16 章：增强型 I/O 模块和定时器系统。讨论定时系统及其标准规格通道的结构，并针对应用需求提供程序示例。针对 eMIOS 的 13 个不同的功能，分别描述其控制流程和初始化步骤。

第 17 章：增强型定时处理单元 eTPU。针对 MPC500 系列提供的 TPU 单元，着重指出 eTPU 所增加和改进的功能。对 eTPU 引擎的主要特性和处理通道结构，基于共享计数总线的多时基设置，主机接口和初始化等是本章的主要内容。本章提供基于转角功能的发动机控制的应用示例代码。

第 18 章：片内存储器和接口。重点描述片内 FLASH 和 SRAM 存储器的结构，以及片内的总线结构。详细给出擦除和编写 FLASH 存储器的步骤，如何处理用于保存审查密码的影子 FLASH 块，以及如何初始化 SRAM 以正确使用 ECC 校验功能。

第 19 章：快速以太网控制器(FEC)。这是 MPC5553 处理器内置的处理 10 Mb/s 和 100 Mb/s 的以太网控制器，支持 7 线制 10 Mb/s 协议和符合 IEEE 802.3 规范的 10/100 Mb/s 兼容协议。FEC 包含一个继承的 RISC 控制器，数据暂存 FIFO 和用于向系统存储区传输数据的 DMA 管理单元。FEC 支持 VLAN 标签和属性，可设置最大传输长度。系统总线最小为 50 MHz 时，FEC 可以达到 200 Mb/s 全双工的速率。

第 20 章：调试、片上仿真端口和 Nexus 软件。介绍芯片的在线调试功能，包括 JTAG/OnCE 端口的功能和 Nexus 标准的详细内容，如断点、程序和变量跟踪等。这部分内容还简单介绍第三方提供的 MPC5500 的开发工具。

第 21 章：供电。介绍系统的电源需求和片上稳压控制电路，对器件的上电和掉电顺序进行了详细讲解，指出系统设计时在电源分配上应注意的问题。

附录提供了更多的关于处理器器件、引脚属性、指令等详细信息，以及关于随书光盘的使用方法说明。

关于本书作者

Munir Bannoura 先生于1974年获得科学学士学位，毕业后作为产品工程师在Burroughs公司的密歇根和苏格兰分部工作。1978年他在北非的阿尔及利亚国立电气学院担任教授。1984年作为客户培训课程负责人加入了Motorola公司，他在全球各地为客户培训Freescale公司先进的微控制器和微处理器产品。Munir先生还和Amy Dyson合著有《TPU编程入门》；和Margaret France合著有《eTPU编程轻松进阶》；和Rudan Bettelheim、Richard Soja合著有《Coldfire微处理器和微控制器》（本书在国内已经有译本）以及和Richard Soja合著的本书。

Munir先生和太太居住在密歇根的Farmington Hill。

Richard Soja 出生于苏格兰，1974年于苏格兰阿伯丁大学获得工程学士。非常巧合的是，他的第一份工作正是在Munir先生就职的Burroughs公司，但他们两个人在随后的10年时间里并没有接触或交往。在Hughes微电子公司工作了5年后，Richard于1984年加入了Motorola，为欧洲的汽车电子和工业界客户提供应用支持。他和妻子Linda以及三个孩子Andrew、Valerie及Lucy在德州的奥斯汀居住了11年。他目前参与系统设计和新产品规划，对MPC5554的架构设计做出了很大贡献。Richard先生在美国和欧洲的著作颇多。

读者可以访问www.amtpublishing.com来了解作者的其他著作。

作者的话

在 2003 年暑假，Richard 和 Munir 在欧洲拜访客户，并讲授 MPC5500 处理器的课程。他们首先去了瑞典的斯德哥尔摩，接着去了意大利的都灵，最后一站是意大利博洛尼亚，距离都灵约 500 km。在都灵的主管工程师建议下，Richard 和 Munir 决定从都灵驾车经过多罗迈特山去往博洛尼亚。针对客户培训方面的需求，他们在旅途中对 MPC5554 进行了大量的讨论。Munir 先生提议和 Richard 合著一本教材，来更好地帮助客户理解掌握这个高性能的微控制器系列，这得到了 Richard 的积极响应。第二天早餐时刻，他们就开始对这本教材进行详细规划，并决定共同合作，在 6 个月内出版这本教材。

2004 年 4 月，《MPC5554/5553 微处理器揭密》第一版面世。

作者忠心希望这本教材能够对理解掌握 PowerPC 这个具有传奇色彩并沿用至今的高性能处理器架构有所帮助。

Munir Bannoura

&

Richard Soja

致谢

作者要感谢 Freescale 半导体公司，其前身是 Motorola 半导体产品部，对这本教材的编写提供了支持，并且慷慨地为教材附录光盘提供了 RAppID 工具。Freescale 公司的很多员工为本书付出了努力，感谢 Karen Hill 处理了 RAppID 的法律授权文件；感谢 Salim Monim 和他的小组成员 Patrick Menter，Rashaan Josey，Ming Li；感谢 Andy Klumpp 在 eTPU 仿真部分提供的帮助。John Mitchell 审阅了 eDMA 章节，Celso Brites 审阅了 eTPU 章节，Marisu Bratrein 审阅了 DSPI 章节。感谢 Hugo Harada 对 eQADC 提出的很好的建议，Alex brobmann 和 Arnaldo Noyala 对系统配置部分的建议，Tim Strauss 和 Jeffrey Hopking 对存储器部分的精彩评论。感谢 Jamey Pelt，Bryan Weston 和 Randy Dees 对调试部分的贡献，Steve Mihalik 对编程模型部分的工作，A. J. Pohlmeyer 审阅了 FlexCAN 章节，Brian Tedesco 测试了部分示例代码，Allan Dobbin 提供了部分示例代码，Lloyd Matthews 对电源部分给出的反馈信息，Bill Terry 和 Carter Smith 在文档编写上提供的帮助，以及 Pete Wilson 在 e200z6 处理器章节给予的指导。Michael Norman 提供了 FEC 的很多细节并审阅了这部分内容，感谢 Randy Dees 和 Allan Dobbin 对本书第二版所做的审阅。我们忠心地感谢你们，本书出现的疏漏均为作者本人的过失。请读者自己浏览 Freescale 公司的网站，查找器件本身的勘误修订信息。

对于 Mike Cipolla 所设计封面展现的想象力和艺术才能，我们深表赞叹。

最后，我们由衷钦佩 Freescale 半导体公司的管理者和工程师，他们花费了大量时间和精力规划并设计出如此杰出的产品。

再次感谢所有对这本教材做出帮助的人，如有遗漏，请原谅。

献　辞

Munir：以此书献给我的夫人 Sharlene，我的孩子 Daniel 和 Christopher，我的兄妹以及他们的家人。尤其感谢我的儿子为 AMT 公司网站所做的工作。

Richard：感谢家人一如既往的支持，没有夫人提供的茶水和饼干，没有我儿子 Andrew 打理花园，我将永远不能完成这个令人胆怯而艰巨的工作。

符号说明

本书使用的符号说明如下：

符号	说明
0x	十六进制数的前缀
#	汇编程序注释符
;	汇编程序注释符
//or /* ... */	C 程序注释符

对于 MPC5554 和 MPC5553 相同的特性，本书中用 MPC5554/5553 来简单地表示这两个微处理器。

CPU 表示为 e200z6 核，有时称为处理器。

目　录

第1章

MPC5500 系列简介

Freescale 半导体公司最近发布的 MPC5500 系列微控制器是当前市场上集成度最高的片上系统 SoC 之一。MPC5554 和 MPC5553 是这个系列中最早上市的两款器件。这些器件的设计保证了完全的可综合特性,可以很容易地使用最新的半导体工艺进行制造,以降低造价并提高性能。在本书写作的时候,MPC5554 和 MPC5553 是使用 0.13 μm CMOS 工艺流片制造的。

这个系列的片上系统器件是针对 MPC55X 和 MPC56X 系列微控制器的替换和升级产品,是面向需要更多的片上 FLASH 存储器,更快的运行速度,更多的 I/O 和更灵活的 I/O 配置的应用而开发的。

这些系列最初是为汽车电子领域开发的,但它们卓越的能力使其在许多不同的工业、商业和航空航天领域也得到应用。

MPC5500 系列微控制器架构的一个非常关键的模块是交叉连接模块。该模块简化了系统架构,片上存储器以及输入/输出外设资源是交叉连接模块的总线从设备,而高速 e200z6 处理器核、eDMA 模块、外部总线控制器、调试接口以及 MPC5553 特有的快速以太网模块等是交叉连接模块的总线主设备。交叉连接模块使得这些主从设备的集成和数据传输控制变得更加简洁清楚。

图 1.1 和图 1.2 分别展示了 MPC5554 和 MPC5553 的功能模块框图。从这两个图可以看出,MPC5500 系列处理器具有统一的架构,只是在诸如外设数目和片上存储器容量等方面存在一些区别。另一个较大的差别在于 MPC5553 提供了一个快速以太网模块。

在这两个功能模块框图中包含了以下模块:

(1) 交叉连接模块总线主设备:

① 基于 Power 架构的 e200z6 高性能处理器。

② 允许外部总线控制器访问 MPC5500 片内存储器的外部总线接口。

③ 在不同的总线从设备间高速传递数据的增强型直接内存访问 eDMA 控制器。

④ MPC5553 特有的快速以太网模块。

⑤ 支持实时应用开发的 Nexus 调试接口。

(2) 交叉连接模块总线从设备:

① 允许 MPC5500 访问器件外部存储器和外设的外部总线接口。

② 保存程序和固定数据的 FLASH 存储器。

③ 保存变量的 SRAM 存储器。

④ 两个外设接口桥,通过这两个外设桥模块可以访问更多的片内外设。

- 用于产生同步系统时钟的频率调制锁相环,该锁相环还能监测时钟异常。

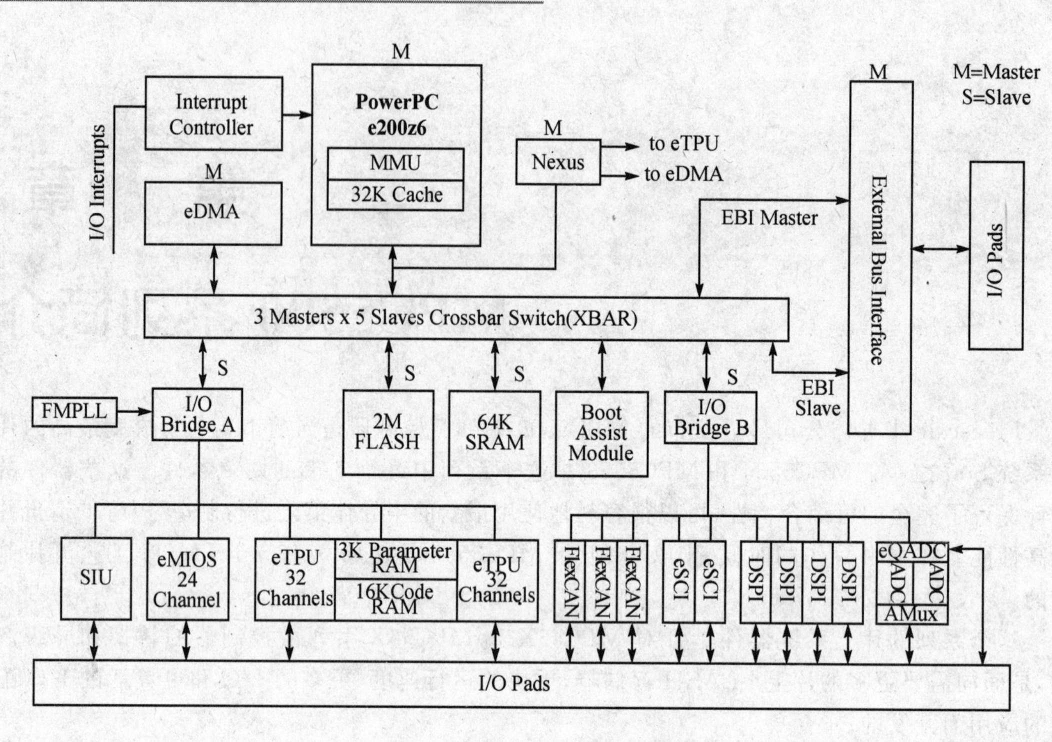

图 1.1 MPC5554 模块框图

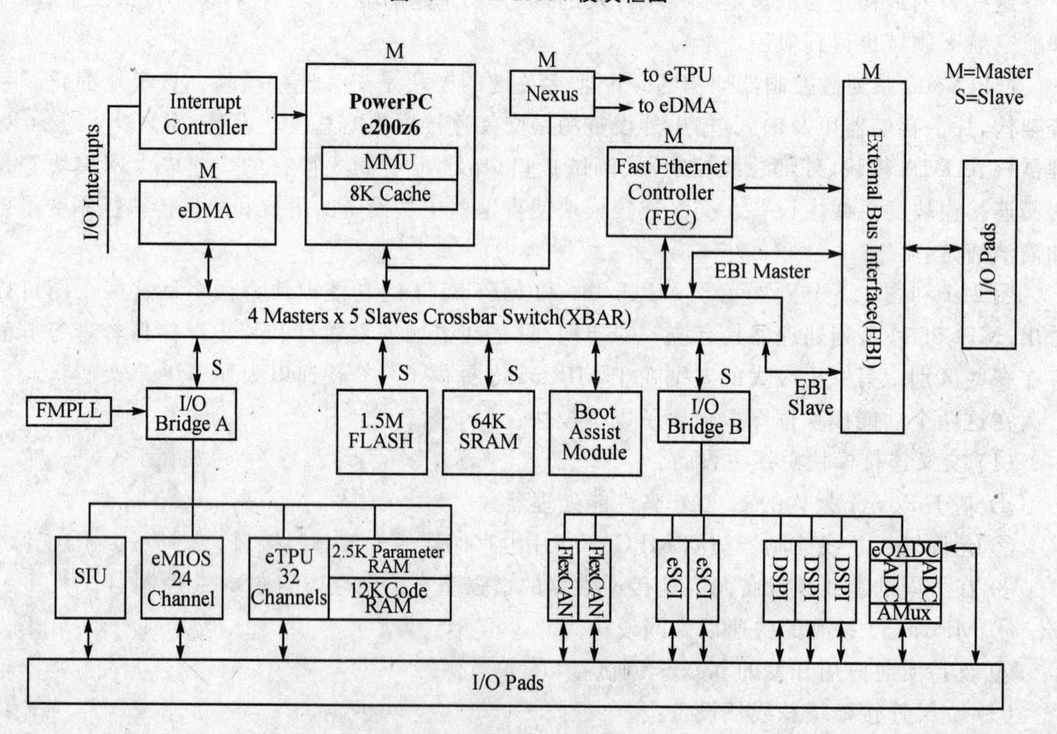

图 1.2 MPC5553 模块框图

- 配置内部和外部信号的布线连接的系统集成单元。
- 使用预设时间相关测控功能的增强模块化输入/输出系统 eMIOS。

- 可自编程实现时间相关测控功能的增强定时处理器 eTPU。
- 对 FLASH 和 SRAM 的数据进行保护的错误码校正模块 ECC。
- 为所有 I/O 外设提供优先级设定的中断控制器。
- 增强的队列型模数转换器。
- 标准的串行外设接口 SPI 模块，该模块还可以串行处理片上的定时器和中断。
- 提供标准 RS—232 和 LIN 总线的增强型串行通信接口 eSCI。
- 符合工业标准 CAN2.0A/B 的控制局域网总线 CAN 模块。
- 启动辅助模块(Boot Assist Module)为应用程序提供基本的初始配置。

下面分别介绍每个模块的特性：

1. 中央处理器 e200z6 CPU

e200z6 是具有 7 级指令流水线和跳转加速硬件模块的 RISC 结构的 CPU。它包含了带 32 个表项的 MMU 和可用于指令或数据的缓存(MPC5554 有 32 KB，MPC5553 有 8 KB)。e200z6 处理器架构支持基于 BOOKE 的扩展：简化的 MMU、缓存命中增强处理、强化的调试接口、为 DSP 算法提供的快速运算指令。

2. Nexus 调试接口

MPC5500 系列微控制器的调试接口支持 Nexus 等级 1、2、3 的全部特性和额外的部分等级 4 的特性。这些调试特性包括从 Nexus 等级 1 的程序调试控制和介入式的存储器和寄存器读取，一直到等级 3 的非介入式实时代码和数据跟踪、非介入式存储器读写。

3. Flash 存储器

MPC5554 具有 2 MB 的电可擦除/编程的 Flash 存储器，而 MPC5553 具有 1.5 MB。这些存储器被分割成不同的区，当在一个区中执行程序时，可以对另一个区进行擦除和编程操作。这种边写边读(read while write)的特性使得 Flash 存储器能通过软件模拟成 EEPROM 存储器，可以为应用提供大量的小块非易失的程序和数据存储空间。Flash 存储器还支持使用“挂起-恢复”机制，以从正在被编程的 Flash 区中获取代码或数据。使用集成的错误码校正模块，Flash 存储器可以自动透明地校正单比特存储错误，可以检测双比特存储错误并产生异常中断。

4. 外部总线接口 EBI

外部总线接口提供 16 位或 32 位数据总线，多达 24 位的地址总线来访问外部的 Flash，RAM 或其他外设单元。该外部总线支持兼容 MPC55x 和 MPC56x 的单数据猝发和非猝发模式的外部读写访问，提供 4 个外部片选信号。该外部总线接口可以使用外部总线仲裁，以支持两个 MPC5500 系列的器件共用总线模式和双主模式。

5. 静态 RAM

MPC5554 和 MPC5553 都集成了 64 KB 的静态 RAM，可以用突发模式向 e200z6 传输指令和数据。使用错误码校验功能，SRAM 可以更正单比特存储错误，可以检测并报告双比特存储错误。这 64 KB 中的 32 KB 可以使用外部后备电池来维持数据不丢失。

6. 外设接口桥

外设接口桥为交叉连接模块总线从设备和片上的外设模块提供数据接口。

7. 频率调制锁相环

FMPLL将外部晶体或晶振的频率同步成内部总线时钟。可以通过编程选择频率调制的比例和深度。该模块提供校准机制,对由于温度和电压变化引起的频率调制因子和深度的误差进行估计。

8. 系统集成单元

系统集成单元包含了对MPC5554/5553进行复位处理和配置的逻辑。该单元在器件内部的模块之间和内部模块和外部引脚之间进行可以配置的信号布线连接,例如eTPU和eMIOS的输出可以布线连接到eQADC的触发输入;多个不同的DSPI模块的信号可以内部布线连接以构成多通道复合传输的DSPI模式。外部中断或DMA请求信号可以通过布线连接分别输入到中断控制器或eDMA模块。可以指定多个片内功能布线连接到支持功能复用的引脚上。系统集成单元包含两个只读寄存器,提供器件型号和掩码设定号码(part number and mask set number)。

9. 增强的模块化输入输出eMISO

eMIOS使用24位的定时机制,提供了24个同等的时间相关测控的通道,每个通道都可以使用3个独立的定时时间基准。其中可以由eTPU模块为所有通道提供一个时间基准。特定的eMIOS通道可以通过特定的内部信号布线连接来停止另外的eMIOS或eTPU的信号输出,以提供紧急关断的功能。

每个eMIOS通道可以配置用于完成通用输入/输出、单级输入捕捉和输出比较、输入脉冲宽度和周期测量、双级输出比较、脉冲或边沿累加计数器、quadrature decode、可编程时间窗的定时累加器、3种不同模式的PWM等功能。通过特定的eDMA通道,eMIOS可以支持队列操作模式。

10. 增强的时间处理单元eTPU

eTPU是可以软件编程的24位时间系统,共提供了32个相同的通道。MPC5554集成了两个独立的eTPU单元。每个eTPU单元都具有专用的微引擎,可以从16 KB的共享代码区获得指令,从3 KB的3端口访问的参数区获取变量数据。MPC5553只集成了一个eTPU单元,其共享代码区和参数区的容量也略小。eTPU需要使用专用的编译器进行开发,在下载到MPC5554/5553之前还可以通过精确周期的仿真器进行测试。每个eTPU单元使用基于优先级的硬件调度机制,固定优先级倒置的协议可以避免出现通道锁死。每个eTPU通道包含了两级捕捉和比较寄存器和内部可编程信号互连逻辑,提高了硬件的性能并降低了对eTPU微引擎请求处理的速率。通过特定的eDMA通道,eTPU支持队列操作模式。

11. 交叉连接模块(XBAR)

交叉连接模块为MPC5500的整个存储映射空间提供地址和数据信号的布线连接。交叉连接模块为e200z6处理器核心、eDMA和EBI提供了3个总线主设备端口。Nexus调试器和e200z6共用一个交叉连接模块总线主设备端口。EBI端口允许外部总线控制器访问MPC5554/5553片内的存储空间。当多个主端口同时访问一个从端口时,交叉连接模块使用时间片轮换或可编程优先级策略进行仲裁。

12. 错误码校正状态指示模块ECSM

ECSM提供了FLASH或RAM模块产生不可校正存储错误的地址信息。

13. 快速以太网控制器 FEC

MPC5553 提供的 FEC 模块使用一个 7 线的接口，支持符合 Ethernet/IEEE 802.3 标准的 10 Mb/s/100 Mb/s 网络连接。需要使用外部收发器构成完整的物理层接口，FEC 支持 3 种不同的 MAC－PHY 标准接口规范。FEC 使用一个 RISC 的引擎用于下述功能：

- 初始化(那些没有被硬件或用户指令初始化的内部寄存器)。
- DMA 通道的高层控制(初始化 DMA 传输)，解释缓冲描述符。
- 为接收帧提供地址识别。
- 为发送冲突规避定时器生成随机数。

14. 增强的直接内存访问控制器 eDMA

eDMA 是直接从内存存储空间进行传输数据的控制器。这些存储空间包括 Flash、SRAM、外设和器件外部的存储器或外设。eDMA 的硬件架构提供了很低的响应延迟、高速的数据传输和支持源和目标地址字节宽度不同的缓冲机制。MPC5554 有 64 个 DMA 通道，而 MPC5553 有 32 个 DMA 通道。如果需要的话，这些通道可以互相链接形成复杂的 DMA 请求链。eDMA 模块还提供了一些特性如对数据进行定向分配或统一收集的散置/聚合传输模式，用于处理连续大容量数据传输的乒乓缓冲机制。

15. 中断控制器 INTC

MPC5554 和 MPC5553 的中断控制器可以将其 278 个和 191 个中断源，包括 8 个软件中断源，分配到 16 个优先级。中断控制器支持高优先级剥夺、中断屏蔽和优先级提升。可以使用代码精简的软件向量模式或响应快速的硬件向量模式。

16. 增强的队列型模数转换器 eQADC

eQADC 包含了两个独立的转换频率 800 kb/s 的模数转换器。每个模数转换器可以对任意的外部 40 个输入信号和内部的用于校准和维护的参考电压进行转化。eQADC 的转换命令和转化结果队列可以连接到 eDMA 通道，也可以直接由代码控制。eQADC 还提供了外部串行接口连接外部的模数转换器，用于扩展模数转换器数目或替换片内的模数转换器，这种扩展或替换对执行代码是透明的。

17. 解串/串行外设接口 DSPI

DSPI 模块提供了工业标准的高速同步串行接口 SPI。借助这个接口，MPC5500 系列可以和众多标准的或定制的外设通信，也可以和其他的微控制器通信。另外，DSPI 模块可以将片内 eTPU 或 eMIOS 的信号通过内部连线互连复用到一个串行输出引脚上。同样，外部串行设备的信号也可以通过内部连线从输入引脚连接到片内的 eTPU、eMIOS 或 INTC 模块。DSPI 可以完全通过 e200z6 处理器进行初始化和控制，也可以由 eDMA 模块通过命令、发送和接收队列进行控制，这样只占用非常少的 e200z6 处理器。MPC5500 的 DSPI 借助 eDMA 可以模拟出 MPC55x 和 MPC56x 的 QSPI 模块的工作模式。标准的 SPI 操作和器件内部定时器和中断信号的串行复用可以共用同一个 DSPI。多个 DSPI 还可以串连起来，提供更灵活的串行化模式。MPC5554 有 4 个 DSPI，而 MPC5553 有 3 个 DSPI。

18. 增强的串行通信接口 eSCI

eSCI 提供了工业标准的异步串行通信接口，通常也被称为 RS—232。借助这个接口，

MPC5500 系列可以和众多标准的或定制的外设通信，也可以和其他的微控制器通信。eSCI 还支持低成本的 LIN 总线通信协议，这个协议在欧洲汽车业得到广泛应用。eSCI 模块包含了足够的硬件电路以实现 LIN 总线的主控制器功能。eSCI 可以完全通过 e200z6 处理器进行初始化和控制，也可以由 eDMA 模块通过发送和接收队列进行控制。eSCI 硬件还提供了噪声检测，校验码和帧格式检查的功能。MPC5554 和 MPC5553 都集成了两个 eSCI。

19. 控制器局域网 FlexCAN

MPC5500 系列微控制器的内部 FlexCAN 模块符合 Bosch 公司的 CAN2.0B 规范和 ISO11898 标准。CAN 协议支持多个主设备，并有很强的容错能力。虽然 CAN 是为汽车电子应用而设计的，但在其他工业领域也得到了极大的应用。每个 FlexCAN 模块提供了 64 个数据帧缓冲和 3 个接收掩码过滤器。MPC5554 有 3 个 FlexCAN，MPC5553 有 2 个 FlexCAN。

20. 启动辅助模块 BAM

BAM 包含了从复位后立刻开始执行的代码。在用户代码执行前，BAM 为特定的片上资源设定默认配置。BAM 的代码检查特定的配置引脚，以确定需要将 MPC5500 器件设置成内部启动、外部启动还是串行下载模式。BAM 代码利用特定的加密功能以阻止对片内 Flash 的未授权的访问。用户代码不允许修改 BAM 代码，但在调试模式的特定条件下，可以略过 BAM 的代码。

表 1.1 给出了 MPC5554 和 MPC5553 参数的详细对比。

表 1.1 MPC5554 和 MPC5553 参数对比

参　数	MPC5554	MPC5553
系统缓存	32 KB、8 组的组相连映射缓存	8 KB、2 组的组相连映射缓存
交叉连接模块	3 个总线主设备端口 5 个总线从设备端口	4 个总线主设备端口 5 个总线从设备端口
Flash 存储器	2 MB	1.5 MB
eDMA 直接内存读写	64 通道	32 通道
DSPI	4 个模块	3 个模块
FlexCAN	3 个模块	2 个模块
eTPU	双引擎，16 KB 共享代码存储区和 3 KB 微代码 RAM	单引擎，12 KB 共享代码存储区和 2.5 KB微代码 RAM
中断控制器(INTC)	278 外部中断请求＋8 软中断请求	191 外部中断请求＋8 软中断请求
通用 I/O	214 引脚	198 引脚
高速以太网	无	1 个模块

第2章

Power 架构的 e200z6 处理器

2.1 Power 架构的 e200z6 处理器介绍

MPC5500 系列微控制器使用了 Power 架构的 e200z6 处理器。该处理器使用符合 Power 架构指令集规范的 32 位指令子集，针对低成本的应用而不是极高性能的应用进行了优化。e200z6 核没有浮点运算指令，而是通过代码库进行处理，使用硬件的信号处理引擎 SPE 来处理定点数和单精度数运算。本书第 3 章和第 4 章将详细讨论 SPE 的技术细节。e200z6 处理器是具有 7 级流水线，单任务按序执行的状态机(single issue machine with in-order execution)，由几个硬件处理单元共同组成。跳转目标缓冲(Branch Target Buffer，BTB)能提高小规模循环运算的性能；流水线能够进行前向数据预取，以保证数据相关的算法操作能在单周期内完成；为了降低指令获取和数据的装载/保存时间，处理器核附加了一个 32 KB 低延迟的可装载指令或数据的 8 组相连高速缓存，能在一个周期内完成大部分的指令访问和流水数据读写操作。在本书第 6 章详细讨论了高速缓存 cache 的技术细节。32 个通用寄存器 GPR 用于提供运算数据和保存运算结果(which use the registers non-destructivley)。Power 架构并不支持直接对存储器数据进行运算操作。通常的 Power 架构指令只使用 GPR 寄存器的 32 位，但为了支持 SPE 指令，GPR 都扩展到了 64 位宽。e200z6 处理器还包含了 MMU 单元以完成逻辑-物理地址映射，并为片内和片外的存储资源提供了一系列的保护和访问特性的设定。本书第 5 章将详细讨论 MMU 的技术细节。

e200z6 包含了指令获取单元、整数运算单元、数据装载/保存单元 LSU 和跳转处理单元 BPU。

指令获取单元拥有 64 位的存储空间访问接口，可以直接从 cache 一次读取两条指令，也使用 4 个处理节拍的猝发传输模式从存储器获得两条指令。

整数单元包含了一些功能子单元。除了乘法和除法指令以外，其他指令可以由 32 位的算术和逻辑单元在单个周期内完成。根据数据宽度不同，除法指令需要 6～16 个周期；乘法指令需要 3 个预处理周期和 1 个输出周期才能完成。32 位的桶形移位寄存器可以在一个周期内完成任意比特的移位或循环移位操作。“前导零计数”单元可以在一个周期内得到一个寄存器中首个非零位所在的位置，这个特性常用于图像处理和算法加密的场合，对基于位的优先级调度处理也非常有效。

数据装载/保存单元 LSU 可以支持字节、半字(16 位)、全字(32 位)和双字(64 位)的数据读写。LSU 使用流水处理的方式，保证装载/保存指令能在单周期内执行完成。通常打开编译器速度优先的选项，就会尽可能地使用流水式的装载保存指令。LSU 可以自动对装载的字节或半字进行零扩展或符号位扩展，同时支持大端在前(big endial)和小端在前(small endian)的内存排列模式。在上电后默认使用大端在前的模式，这种模式在所有的 Freescale 器件上都适用，小端在前的模式使用于 Intel 系列的器件。LSU 拥有 64 位的存储空间访问接口，通过装载/保存多字指令可以在单周期内完成两个 32 位的 GPR 的装载/保存操作。

BPU 使用了动态跳转预测和跳转目标缓冲(BTB)技术来提高在一个循环体内的跳转指令的执行效率。BTB 类似一个高速缓存 cache，可以保存 8 个跳转目标地址。当跳转指令第一次进入指令流水线时，其跳转地址将被记录到 BTB 中。如果该条指令并没有发生跳转，这个跳转地址在 BTB 中仍被标记为无效，可以被新的跳转指令所覆盖；当发生第一次跳转时，该地址才被标记为有效。每条 BTB 保存的跳转地址都有一个 2 位的预测计数器，分别表示“强烈不推荐”、“不推荐”、“推荐”、“强烈推荐”4 种预测状态。根据跳转判断的结果，预测计数器在这 4 个预测状态中进行变化：当发生第一次跳转时，对应的 BTB 跳转地址的预测计数器设为推荐；当推荐的指令再发生跳转时，预测计数器将升为强烈推荐并维持；反之将降为不推荐，然后再降为强烈不推荐并维持。当跳转指令进入流水线时，如果该跳转指令对应的跳转地址在 BTB 中为推荐或强烈推荐，指令获取单元根据预测的跳转地址进行后续指令预取。如果在跳转指令执行时，发现预测的地址是错误的，指令获取单元需要重新按照不发生跳转的指令流取得指令。

2.2　编程模型

e200z6 的编程模型包括了 32 个通用寄存器 GPR、数个特殊寄存器 SPR、多功能寄存器和硬件特性寄存器(hardware implementation depentent)。硬件特性寄存器用于控制和查看 e200z6 处理器专有的硬件功能单元。根据对特定寄存器的不同读写访问权限，编程模型可以分成管理员和用户两种模式。在管理员模式下，可以对编程模型中所有的寄存器进行读写；而用户模式可以访问的寄存器数目和访问的方式都有一定的限制。这两种模式的具体区别会在本章的对应段落给出。图 2.1 给出了所有的通用寄存器、大部分的特殊寄存器和多功能寄存器。HID 寄存器将在本书的相关章节依次讲解。e200z6 定时系统和器件状态检查相关的特殊寄存器将在第 7 章讲解。

MPC5500 的指令设定只能在寄存器之间进行算术和逻辑运算。操作数必须是某个通用寄存器的值，或嵌入在指令字节中的立即数。

复位后，MPC5554/5553 显然必须被置为管理员模式。控制这两种模式的器件模式寄存器 MSR 是不能在用户模式下访问的。在管理员模式下运行的代码通过修改 MSR 中的权限位(Privilege－PR)可以切换到用户模式。而反过来从用户模式切换到管理员模式(当然不是通过复位的方式)只能通过执行一次中断或异常处理。这种双模式的机制允许构造非常健壮可靠的软件系统，例如操作系统 OS 可以运行在管理员模式，而应用代码运行在用户模式，应用代码可以通过系统调用和操作系统进行交互。应用代码对受限的寄存器或存储区的错误访问都会通过异常处理被 OS 捕捉到。

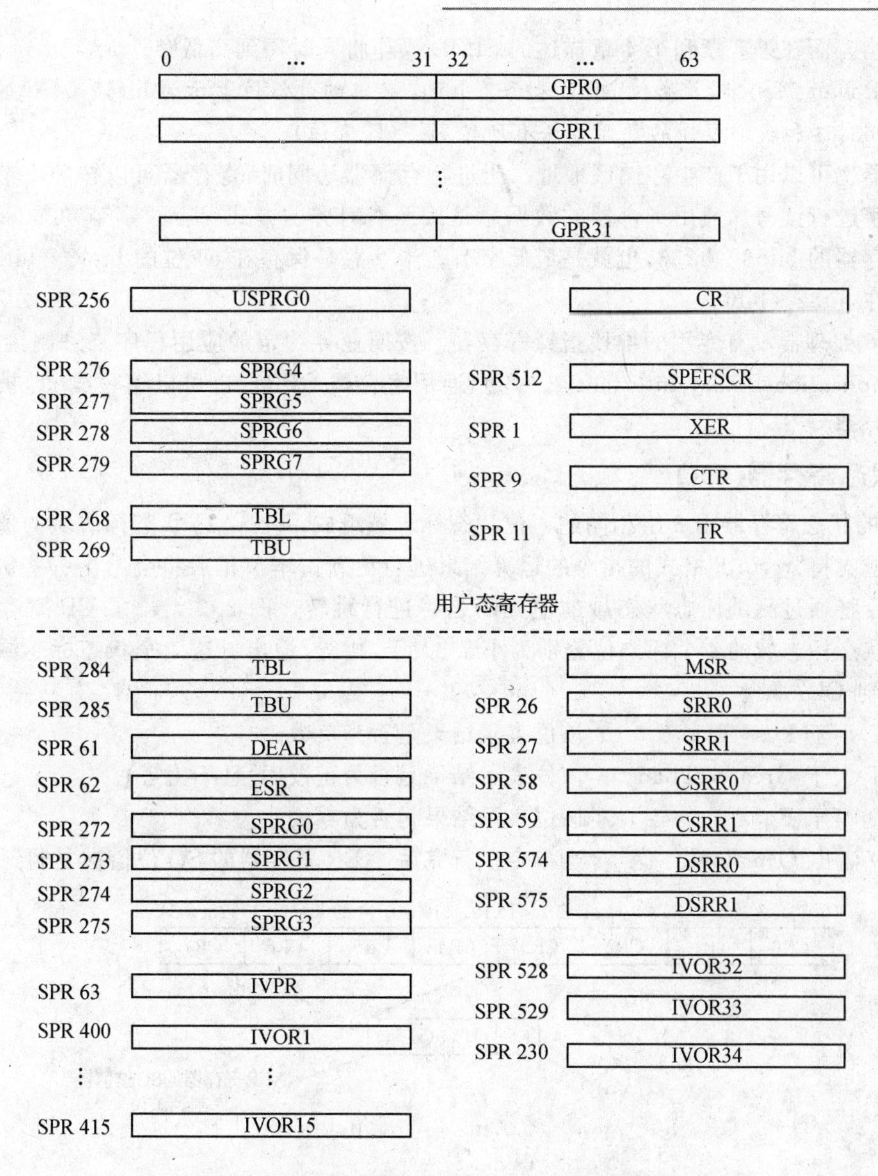

图 2.1　MPC5500 的编程模型(上半部为用户态模型子集)

2.3　用户模式下的寄存器

用户模式下可以读写所有的通用寄存器(GPR0～GPR31)和状态码寄存器 CR。用户模式也可以访问部分特殊寄存器 SPR,其中一些是可以进行读写操作,而一些只能进行读操作。下面依次描述图 2.1 所示的用户模式下的寄存器,其中的 SPEFSCR 寄存器将在第 3 章和第 4 章讲述。

1. 通用寄存器(General Purpose Registers,GPRs)

通用寄存器包括 32 个 64 位的寄存器,表示为 GPR0 至 GPR31。这 64 位的低字(bit32～bit63 *)可以用于提供或报错所有逻辑运算、整数运算、scalar 浮点运算的操作数和结果,而高字不受影响。而在第 3 章和第 4 章描述的 SIMD 操作将同时用到高低字。

* 在 Power 架构中，最高位 MSB 表示为 bit0，32 位的最低位表示为 bit31，64 位的最低位表示为 bit63，这和我们习惯的表示方法有所区别。(译者注)

寄存器也可以用于产生存储区地址。当进行存储器访问时，寄存器可以按照字节、半字、全字或双字进行读写。通用寄存器的数据总是按照右对齐的方式保存。字节总是保存在 64 位通用寄存器的 bit56～bit63，也就是最低字节。半字总是保存在 64 位的 bit48～bit63，全字当然保存在 bit32～bit63。

e200z6 处理器没有专用的堆栈指针寄存器。按照业界约定的应用程序二进制接口(Embedded Application Binary Interface，EABI)，通用寄存器 GPR1(也可以缩写成 r1)被用作堆栈指针寄存器。

2. 状态寄存器(CR)

32 位的状态寄存器由 8 组相同的 4 位状态标志域组成，每个 4 位状态标志域的值将根据比较指令或支持"record"格式的指令的运算结果进行更新。本节稍后将会给出一些例子。状态跳转指令将通过测试标志状态域的值判断是否进行跳转。图 2.2 给出了 CR 寄存器的格式。每个状态标志域的 4 个标志位分别为小于、大于、相等、溢出。这 4 个状态标志域分别标记为 CR0 到 CR7。

- LT 小于 Less Than　　　　该位表示结果是否为负数。
- GT 大于 Greater Than　　该位表示结果是否为正数(并且不为零)。
- EQ 等于 Equal　　　　　　该位表示结果是否为零。
- SO 溢出 Overflow　　　　当指令执行完后，XER 寄存器的 SO 位值被复制到该位。

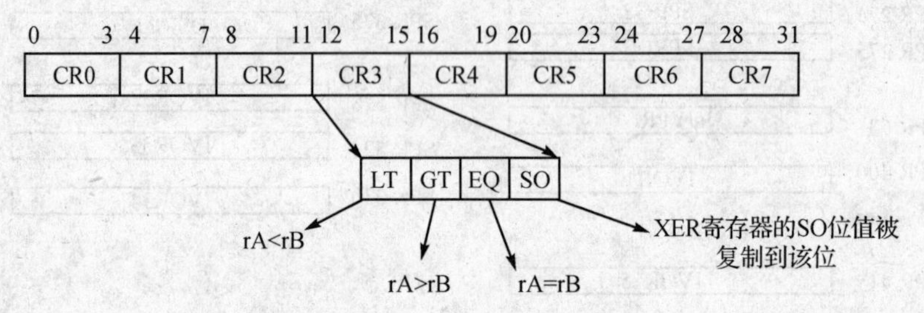

图 2.2　状态寄存器 CR

2.4 用户模式下的特殊寄存器

用户模式下的特殊寄存器用于访问及控制 e200z6 处理器的特定资源。必须通过两条专用的指令对这些特殊寄存器进行读写访问，这两条指令是："写入特殊寄存器"指令 mtspr (move to special register)、"读出特殊寄存器"指令 mfspr (move from special register)。图 2.1 中每个特殊寄存器前面的序号，都作为这两条指令的一部分，用以指明是对哪一个特殊寄存器进行访问。e200z6 的特殊寄存器都是 32bit 宽的。

1. 整数异常寄存器(Integer Exception Register，XER)

XER 寄存器的格式如图 2.3 所示，包含了进位位 carry，溢出位 overflow 和溢出记录位

summary overflow。

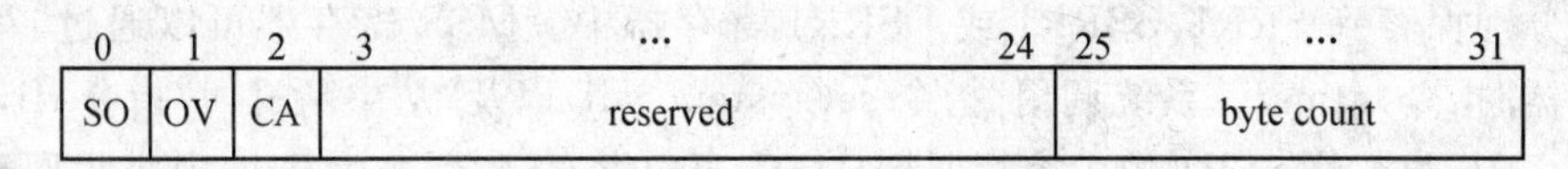

图 2.3 整数异常寄存器

- 溢出记录位(Summary Overflow,SO)当溢出 Overflow 位置起时,溢出记录位也置起。但溢出记录位一直保持置起状态,需要由指令才能清除。该位不受比较指令或其他不能导致溢出的指令影响。
- 溢出位(Overflow,OV)该位置起说明在指令执行过程中发生了溢出。该位不受比较指令或其他不能导致溢出的指令影响。
- 进位位(Carry,CA)该位置起说明在指令执行过程中位 32 发生了进位。该位不受比较指令或其他不能导致进位的指令影响。唯一的例外是算术右移指令,当对负数进行算术右移时,如果移出去的位是 1 时也会置起 CA 位。

2. 链接寄存器(Link register,LR)

这个寄存器用于保存子函数调用时的返回地址。进行函数嵌套调用时必须将该寄存器的值保存到堆栈中。"根据状态跳转到连接寄存器"指令 bclrx(branch conditional to link register)或"跳转到链接寄存器"指令 blr(branch to link register)都直接使用该寄存器的值作为跳转地址。

3. 计数寄存器(Count Register,CTR)

这个寄存器提供了一个计数器,可以使用指令对其进行递增、递减或根据其值进行跳转。该寄存器可以提高循环程序段的执行效率和性能。CTR 也可以填入一个 32 位的跳转地址,通过"跳转到计数寄存器" 指令 bcctrx(branch to counter register)跳转到任意存储区地址。

4. 用户特殊寄存器(User Special Purpose Register,USPR)

用户模式下可以读写这个寄存器,也可以存储运算数。但该寄存器只能通过"写入特殊寄存器"指令 mtspr、"读出特殊寄存器"指令 mfspr 来访问。

5. 管理员特殊寄存器(Supervisor Special Register 4-7,SPR4-7)

这些寄存器在用户模式下是只读的,在管理员模式下是可以读写的。这些寄存器的典型应用是从管理员模式的操作系统向用户模式下的应用程序快速传递一些参数。

2.5 管理员模式下的寄存器

管理员模式下的代码可以访问额外的用于系统配置、异常处理和系统操作的控制和状态寄存器。图 2.1 也给出了管理员模式下的特殊寄存器,下面将逐个描述这些寄存器。

(注:另外一些用于快速缓存 cache 的配置控制和状态指示、MMU 和调试的特殊寄存器并没有在图 2.1 中显示,在对应的章节将进行讲解。)

1. 器件模式寄存器(machine state register,MSR)

该寄存器用于确定器件的工作模式,另外还有是否允许关键中断、非关键中断、异常信号的掩码控制位。发生异常或中断时，根据是关键中断、非关键中断还是调试中断，MSR 寄存器的内容被分别保存到 SRR1，CSRR1 或 DSRR1 寄存器中。MSR 寄存器可以通过"写入器件模式寄存器"指令 mtmsr、"系统调用"指令 sc(system call)以及"从中断返回"指令 rfi，rfci，rfdi 进行修改。Rfi 指令将 SSR1 的内容写回到 MSR，rfci 将 CSRR1 寄存器的内容写回到 MSR，efdi 指令将 DSRR1 寄存器的内容写回到 MSR。可以通过"读出器件模式寄存器"指令 mfmsr 读取 MSR 寄存器的值。第 7 章将详细讲解 MSR 寄存器的每一个位。

2. 时基(time base，TB)

Power 架构的处理器都包含了一个 64 位的自由运行时间计数器，用两个 32 位的特殊寄存器来实现，分别称为时基高位寄存器 TBU 和时基低位寄存器 TBL。时基计数器可以通过处理器编程模型的两对寄存器进行访问：一对管理员模式下的只写寄存器，一对在管理员和用户模式下的只读寄存器。在用户模式下对时基的写入将导致权限违反的异常。"读取低时基"指令 mftb 和"读取高时基"指令 mftbu 用于将时基低位寄存器和高位寄存器分别读入到两个通用寄存器 GPR 中。

因为不能在一条指令里读取整个 64 位的时基信息，所以对时基高低寄存器的访问是不连贯的(coherent)。在第 7 章中将给出一个获取连贯时基信息的例子。

注：连贯是指在连续访问时基高低寄存器的时间内，时基高低寄存器的值不能发生变化。

e200z6 处理器包含了一个固定间隔定时器和看门狗定时器。这两个定时器使用时基信息产生定时时间。这两个定时器可以选择 64 位时基信息的任意比特作为定时周期。当指定的时基比特发生从 0 到 1 的反转时，就认为发生了一次定时事件。在定时器的控制寄存器 TCR 中可以指定使用哪一个时基比特信息。第 7 章将详细地描述固定间隔定时器和看门狗定时器。

3. 存储/恢复寄存器对(SRR0/SRR1 和 CSRR0/CSRR1)

当异常发生并被识别后，最基本的器件模式信息被保存到存储/恢复寄存器对 SRR0/SRR1 或 CSRR0/CSRR1 中。关键中断的中断返回地址被保存在 CSRR0 寄存器，器件模式寄存器 MSR 的值被保存在 CSRR1 中。非关键中断的中断返回地址被保存在 SRR0 寄存器，器件模式寄存器 MSR 的值被保存在 SRR1 中。当使用 rfi 和 rfci 指令从中断返回时，SSR0 和 CSRR0 寄存器指明返回的指令地址。

4. 存储/恢复寄存器对(DSRR0/DSRR1)

该存储/恢复寄存器对是 Power 架构的扩展，可以用于发生调试中断时保存基本的器件模式信息。调试软件可以选择使用 DSRR0/DSRR1 寄存器对，还是使用 CSRR0/CSRR1 寄存器对。当硬件特性寄存器 HID0 中的 DAPUEN 位置为 1 时，CPU 将使用 DSRR0/DSRR1 寄存器对。使用 DSRR0/DSRR1 可以不影响关键中断和非关键的调试。在调试中断结束时，通过"调试中断返回"指令 rfdi(return from debug interrupt)，可以将 DSRR0/DSRR1 恢复寄存器对的内容。

5. 异常特征寄存器(Exception Syndrome Register，ESR)

有一些异常情况共用了一个中断或异常向量。这些异常情况在 ESR 中置起相应的状态标志，异常处理程序通过检查 ESR 来确定发生了哪种异常情况，并使用相应的程序段进行处理。

6. 数据异常地址寄存器(Data Exception Address Register, DEAR)

为了帮助操作系统等运行在管理员模式的代码定位引发访问权限异常的地址，e200z6 处理器提供了一个数据异常地址寄存器 DEAR。当数据操作引发了诸如边界对齐、地址映射错误、只读区域写入冲突等异常情况时，这次操作的有效地址被保存在 DEAR 寄存器中。

7. 管理员模式特殊寄存器(Supervisor Special Purpose Register, SPRG0－3)

SPRG0 到 SPRG3 在管理员模式下是可以读写的。操作系统等运行在管理员模式的代码可以使用这几个寄存器保存临时运算数据、模式信息等。

8. 中断向量基址寄存器(Interrupt Vector Prefix Register, IVPR)

该寄存器指向所有异常和中断处理程序的起始基地址。当处理器确定了异常/中断请求来源后，通过 IVPR 寄存器中高 16 位数据和该中断/异常来源所对应的 IVOR 寄存器的低 16 位数据合并以后得到该中断/异常的处理程序地址。合并地址指向的内容就是中断/异常处理程序的第一条指令。

9. 中断向量偏移寄存器(Interrupt Vector Offset Registers, IVOR)

为了提高中断的响应速度，e200z6 处理器并没有在存储区中保存一张中断向量表，而是使用寄存器来实现中断向量表。IVOR1～IOVR15 寄存器用来指明中断处理程序在指定的存储空间的偏移地址。该中断/异常来源所对应的 IVOR 寄存器的低 16 位和 IVPR 寄存器中高 16 位合并以后得到该中断/异常的处理程序地址。合并地址指向的内容就是中断/异常处理程序的第一条指令。

中断向量偏移寄存器 IVOR32～IVOR34 的用法和 IVOR1～15 是相同的，但这几个寄存器用于信号处理引擎 SPE 产生的异常处理。关于 IVPR 和 IVOR1～15 更详细的内容可以参考本书第 7 章，IVOR32～34 可以参考本书第 4 章。

2.6 指令集

本节将描述一些常用的汇编语言指令和示例代码。通常大部分的程序将通过高级语言编程产生，本节仅讲述部分 Power 架构指令集。指令的格式和符号也会在本节有所涉及。

e200z6 的所有 Power 架构指令都是 32 位宽，并且按照 32 位边界对齐的。所以处理器会直接忽略指令地址的低两位。类似地，当处理器产生一个指令地址时，其低两位也为零，以保证和 32 位边界对齐。

1. 装载/保存指令和寻址模式

E200z6 的装载/保存指令在读写存储区时可以使用两种寻址模式。这两种模式是“带固定值偏移的寄存器间接寻址”和“带可变量偏移的寄存器间接寻址”。这两种寻址模式的指令格式如下：

```
<指令>  rD,d(rA)        ;带固定值偏移的寄存器间接寻址
<指令>  rD,rA,rB        ;带可变量偏移的寄存器间接寻址
```

<指令>可以是本节后面将描述的很多种格式。

寄存器变量 rA 用于实现寻址模式，rA 可以是任意一个通用寄存器 GPR0～31(简写为

r0～r31)。

“带固定值偏移的寄存器间接寻址”使用rA寄存器的值和一个16位有符号立即数的和，作为读写操作地址。寻址方式得到的地址称为有效地址EA(effective address)。例2.1给出了一个例子。

例2.1　带固定值偏移的寄存器间接寻址

```
Lwz  r6,0x4(r5)              ;读取一个字到寄存器r6
rA = (r5) = 0xABCD0000
固定值偏移 = 0x0004
有效地址 EA = 0xABCD0000 + 0x0004 = 0xABCD0004
目标寄存器(rD) = r6
```

内存地址	地址内容
ABCD0000	55667788
ABCD0004	12345678
ABCD0008	AABBCCDD

当该装载指令完成后，r6＝0x12345678。

“带可变量偏移的寄存器间接寻址”使用一个寄存器变量rA，再加上另一个寄存器变量rB的值得到有效地址EA。这种寻址模式的指令助记符包含了一个“x”，用以指明可变量偏移寻址。例2.2给出了一个例子：

例2.2　带可变量偏移的寄存器间接寻址

```
Lwzx  r9,r5,r8               ;从有效地址(r5 + r8)装载一个字到r9
rA = (r5) = 0xABCD0000
rB = (r8) = 0x00001008
rD = (r9)
```

这里rA是A操作数，rB是B操作数，rD是目标操作数。

有效地址EA＝r5＋r8＝0xABCD1008。

内存地址	地址内容
ABCD0000	11223344
ABCD0004	12345678
ABCD0008	87654321

当该装载指令完成后，r9＝0x87654321。

在这两种寻址模式有一个特例。如果rA操作数是GPR0，将使用数字0替代GPR0的内容。在例2.3中给出了一个例子，使用了r0作为rA操作数，所以寄存器r7的内容被保存到了由寄存器r4加上0所指向的地址。

例2.3　使用r0的带可变量偏移的寄存器间接寻址

```
Stwx  r7,r0,r4      ;将r7的内容保存到存储区
rA = (r0) = 0x12340000
rB = (r4) = 0x0001000
```

有效地址EA＝r4＋0＝0x00010000。

为了代码的可读性，也可以直接用数字0代替r0，所有的编译器都可以识别这种格式。

例2.4中给了另一个使用“带固定值偏移的寄存器间接寻址”从有效地址10读取一个字到r7的例子。在这条指令中，因为rA操作数是GPR0，所以也被用立即数0替换。这种寻址方式不需要为GPR初始化任何的读写地址，所以可以产生非常高效的代码。但这种方式的固定值偏移量只能限定在16位有符号数的范围内。

例 2.4　使用 r0 的带固定值偏移的寄存器间接寻址

```
Lwz  r7,10(r0) ;使用"带固定值偏移的寄存器间接寻址"为寄存器装载一个值
Lwz  r7,10(0) ; 推荐的等效写法
```

上面的例子都是对一个完整的 32 位字进行操作，使用 stwx 或 lwz 指令。例 2.5 给出了对字节或 16 位的半字进行操作的例子。

例 2.5　字节和半字的装载/保存

```
;从有效地址 r6 + 0x100 读取一个字节写入到寄存器 r3
Lbz r3,0x100(r6)
;将 r13 的低 16 比特写入到由(r8 + r9)确定的地址
Sthx r13,r8,r9
```

表 2.1 列出了所有的装载指令，表 2.2 列出了所有的保存指令。

表 2.1　装载指令列表

指　令	作　用	宽度/位	未装载数据的位的变化	数据装载位的位置
lbz	装载字节	8	位 32～55 为零	56～63
lhz	装载半字	16	位 32～47 为零	48～63
lha	带符号位扩展的半字装载	16	32～47 由扩展的符号位决定	32～63
lwz	装载字	32	位 0～31 不受影响	32～63
lmw	装载多字	64	—	32～63

表 2.2　保存指令列表

指　令	作　用	宽度/位	保存数据所在的位
stb	保存字节	8	56～63
sth	保存半字	16	48～63
stw	保存整字	32	32～63
stm	保存多字	64	32～63

装载/保存指令还可以通过在指令后面加上"u"来使用一种称为"自更新"的模式，可以在执行指令操作时，将本次访问的有效地址 EA 的内容保存在 rA 操作数中。这种模式也可以用作有效地址的"预增加"或"预减少"，在访问连续的内存块如表或堆栈时非常高效。因为不需要使用单独的指令来更新有效地址，连续执行这条指令就可以遍历表或堆栈。

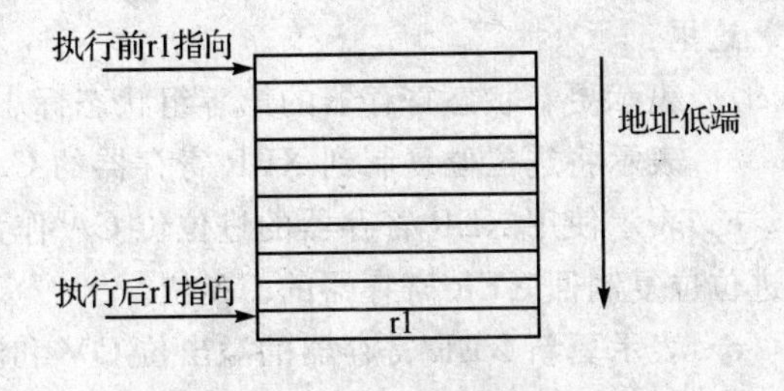

图 2.4　堆栈操作

图 2.4 的示例中用这种模式通过 r1 寄存器创建了一个堆栈结构。在这个例子中，rA 操作数是 r1，有效地址是 r1～40。运行时 r1 的内容被保存到了有效地址所在的存储区域，同时有效地址 r1～40 也被保存到了 r1 中。实现了在完成保存原 r1 内容的同时，完成对 r1 值

的调整。这条指令从堆栈中分配了40个字节的空间，同时将原堆栈指针保存在堆栈顶端。应用程序二进制接口EABI规定使用r1作为堆栈指针，所有的编译工具也都支持使用sp来替代r1。

```
Stwu r1,-40(r1)  ; 等同于 swtu sp,-40(sp)
```

在装载/保存指令后面可以同时加上"u"和"x"尾缀，来指明同时使用"可变量偏移"和"自更新"模式。

2. 整数指令

算术和逻辑运算指令只使用通用寄存器GPR，并不直接操作存储器。要在计算过程中修改存储器变量，必须首先将存储器的值读入寄存器，对寄存器进行修改并将结果写回到存储器中。

整数单元包含了算术运算、移位和循环移位、比较和逻辑运算指令。大多数的整数指令都由3个操作数组成，如下所示：

```
<指令>  rD,rA,rB
<指令>  rD,rA,SIMM
```


这里，rD表示目标寄存器，rA、rB表示源操作数寄存器，SIMM表示16位有符号整数。

例2.6给出了一些常见操作的指令范例。

例2.6　算术逻辑运算的汇编指令范例

```
add     r7,r8,r9        ;将r8和r9相加的和保存到r7
and     r2,r5,r3        ;将r5和r3进行按位与操作的结果保存到r2
divw    r4,r11,r6       ;将r11除以r6的结果保存在r4
mulw    r21,r3,r5       ;将r3乘以r5的结果保存在r21
slwi    r15,r15,8       ;将r15左移8位,并清除高24比特
srwi    r9,r9,5         ;将r9右移5位,并清除低27比特
```

算术指令如加法和减法，可以加上很多不同的尾缀而形成很多变形。例如，加上一个点号"."可以强制该条指令执行后更新状态寄存器的标志位；加上一个"c"可以将进位位复制到XER寄存器中。通过使用这些尾缀，基本上所有的算术运算都能实现。

例如加法指令可以通过增加后缀形成下面的这些变形：

addi　addis　addc　adde　add.　adde.　addco　addeo　addco.　addeo.

这里：

.　表示更新状态寄存器的第零组状态标志域CR0。

c　表示将进位位复制到XER寄存器的CA位。

e　表示使用XER寄存器的进位位CA作为指令运算的一个额外操作数，并将指令产生的进位位复制回XER寄存器的CA位。

o　表示更新XER寄存器的溢出位OV和溢出记录位SO。

注意，算术运算指令并不会默认更新状态寄存器。需要更新状态位的时候，必须在指令后面显式的加上一个点号。整数指令将更新状态寄存器CR的第零组状态标志域CR0。

3. 初始化32位寄存器

对于使用汇编代码的应用，基本上都会碰到将寄存器初始化一个32位立即数的情形。由

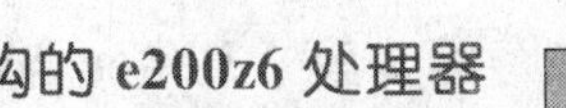

于 e200z6 所有的指令都是 32 位宽的，没有足够的宽度容纳一个 32 位的立即数，最多只能容纳 16 位的立即数。这意味着需要使用两条指令才能将一个 32 位的立即数装载到寄存器中。

例 2.7 示意了如何将立即数 0xCAFEFEED 装载到寄存器 r9 的指令段。第 1 条指令 lis 将 0xCAFE 填充到 r9 的高 16 位区域，第 2 条指令 or 将 0xFEED 填充到 r9 的低 16 位区域。指令 lis 实际上是 addis r9,r0,0xCAFE 的一种替代写法，指令的尾缀"s"表示这个立即数是被放置在高 16 位，低 16 位填充为零。

例 2.7　为寄存器赋 32 位的初始值

```
lis  r9,0xCAFE;
ori  r9,r9,0xFEED;
```

2.7　存储器同步指令

1. Mbar－存储器遮拦，isync－指令同步

在 Power 架构中，在速度较慢的存储器访问结束之前，处理器已经可以执行其他的指令了。Mbar 指令用于确保在该指令之前的所有对存储器的访问都完全结束。想象一下，对外设的寄存器的清除操作要依次经过 crossbar 和外设桥模块的处理，而 e200z6 处理器运行一条指令的时间要比这中间的传递过程快得多。当处理器执行完清除中断标志的指令并重新打开中断后，实际的清除中断标志的动作可能还没有发生，那么 e200z6 处理器可能会再次接收到同一个标志产生的处理请求。在例 2.8 的伪代码中，在用指令清除了外设的中断标志之后，在再次允许中断之前，必须调用 mbar 指令以"遮拦"住处理器的动作。E200z6 处理器的 mbar 指令等同域 Power 架构规范里的 msync 指令。

例 2.8　在允许中断前使用 mbar 指令

```
Clear_interrupt_request
Mbar
Set_msr[EE]
```

在修改快速缓存 cache 的使能状态前(无论是从禁止到允许，还是从允许到禁止)，必须调用 mbar 和 isync 指令，以避免在数据访问或指令执行的中间过程里 cache 发生变化。isync 指令将等到前面所有的指令执行完毕，并将已经装载而未执行的指令丢弃。这可以保证后续的指令是从已经执行完的指令所指定的区域获得的，如例 2.9 所列。

例 2.9　使用 mbar 和 isync 指令

```
Mbar                    ;等待所有存储器操作完成
Isync                   ;等待所有指令完成,清空指令队列
Mtspr L1CSR0,r7         ;可以安全的写入 cache 控制寄存器 L1CSR0 以关闭所有缓冲条目
Li r7,0x0101            ;修改 cache 模式和 cache 使能控制位
Mbar                    ;等待所有存储器操作完成
Isync                   ;等待所有指令完成,清空指令队列
Mtspr,L1CRS0,r7         ;现在可以安全的开始使用 cache
```

2. 装载后预约和条件保存指令 Lwarx,stwcx

Power 架构和大多数的 RISC 结构都不支持在一条指令里完成对存储器的“读－改－写”的原子操作。Load word and reserve indexed(lwarx)指令和 store word conditional indexed (stwcx)指令可以模拟出常见的信号灯操作,例如“测试并置位”,“比较并交换”,“存储区交换”等。Lwarx 指令在从存储器读出内容进行处理时,可以指定“保留”这部分内容所在的地址区间,在对内容处理完成后,通过 stwcx 指令再将更新的内容写回保留的地址。如果在这两条指令的中间,有其他外部总线控制器对该保留地址进行了写入操作,则原地址的保留状态会被清除。Stwcx 在运行的时候发现原保留状态已经被清除的话,会返回一个异常标志。Lwarx 指令和 stwcx 指令成对使用,保证对指定数据的操作不受其他外部控制器的影响。这两个指令必须对相同的有效地址进行操作。

2.8　控制指令

有几条指令专门用于通用寄存器 GPR 和其他如 CR,SPR,XER 等核心寄存器之间进行数据交换。

这几条指令可以有下面几种格式,其中 rD 表示操作的目标 GPR 寄存器,rS 表示操作的源 GPR 寄存器。

① 指定特殊寄存器 SPR 序号,用 spr#代表该特殊寄存器的序号。

向 SPR 写入数据的格式为:mtspr　　<spr#>,rS

从 SPR 读出数据的格式为:mfspr　　rD,<spr#>

② 特殊寄存器的序号隐藏在指令格式中,不需要明确指出该特殊寄存器的序号。编译器将该指令转换成第一种格式。例如 mtlr rS 指令表示写入 LR 寄存器,经编译器转换后等价于 mtspr 8,rS。

③ 特殊的核心寄存器。

这种特殊的核心寄存器没有 SPR 序号,例如 MSR 寄存器。对于这种寄存器的读写,有专门的指令助记符,例如 mfcr rD 表示将状态寄存器 CR 的值读取到由 rD 指明的通用寄存器 GPR。

2.9　比较指令

E200z6 有 4 条整数比较指令:

- 对两个寄存器进行代数比较。
- 对寄存器和有符号立即数进行代数比较。
- 对两个寄存器进行逻辑比较。
- 对寄存器和无符号立即数进行逻辑比较。

比较指令产生的结果将保存在状态寄存器 CR 的一组状态标志域中。如果没有特别指出保存到哪一组状态标志域,默认将保存在第零组状态标志域 CR0 中。例 2.10 给出了一些比较指令的例子。

例 2.10 比较指令范例

```
Cmplw    r7, r31              ;比较寄存器 r7 和 r31,结果保存到 CR0 中
Cmpw     cr5, r9, r10         ;比较寄存器 r9 和 r10,结果保存到 CR5 中
Cmpiw    cr7, r5, 0x8000      ;比较寄存器 r5 和立即数 0xFFFF8000,结果保存到 CR7 中
Cmpliw   cr3, r5, 0x8000      ;比较寄存器 r5 和立即数 0x8000,结果保存到 CR3 中
```

在 cmpiw 指令中,16 位立即数进行符号扩展到 32 位,并和指定寄存器中的 32 位内容进行比较。在例 2.10 中,16 位数据 0x8000 按照符号扩展成了 0xFFFF8000,与此相对的,cmpliw 指令的 16 位数据 0x8000 直接扩展成了 0x00008000。比较指令是 e200z6 处理器中唯一一个默认更改状态寄存器的指令类型。

回顾一下前面的内容,通过指令选项控制,算术和逻辑指令可以不更改状态寄存器。这意味着在对某条指令产生的状态标志进行判断前,仍然可以运行若干条算术和逻辑指令。编译器可以借助这个特性更好地安排和优化指令流程。

2.10 跳转指令

跳转指令的格式有:
- 根据程序计数器进行相对跳转。
- 跳转到绝对地址。
- 跳转到 CTR 寄存器指明的地址。
- 跳转到 LR 寄存器指明的地址。

表 2.3 列出了跳转指令的不同寻址模式和范围。

表 2.3 跳转指令寻址模式

类型	指令格式	跳转范围
无条件跳转	b relative b absolute	64M
条件跳转	bc relative addressing bc absolute addressing	32K
条件跳转到 CTR 寄存器所在地址	bcctr	4G
条件跳转到 LR 寄存器所在地址	bclr	4G

根据跳转的寻址模式和是否使用条件跳转,组成了表 2.3 中的 6 种跳转指令助记符。在某些格式下,由于收到 32 位指令宽度的限制,跳转的范围也收到一定限制。

"L"后缀对于跳转指令非常有用。跳转指令后面加上"L"后缀,可以将跳转指令的下一条指令的地址存入到 LR 寄存器中。这样在子程序返回时可以简单地使用"返回到 LR 寄存器的地址"指令 blr。例 2.11 给出了一个例子。

例 2.11 简单的函数调用和返回

```
Add    r3, r1, r2
Add    r5, r6, r9
```

```
Bl      SUB1                ;调用子函数
Neg     r4, r2
SUB1:
Div     r18, r3, r22
Add     r18, r18, r3
Blr                         ;从子函数返回
```

例 2.12 给出了一些跳转指令的具体变形格式。

例 2.12　跳转指令示例

```
Bgt      cr4, addr      ;如果 CR4[GT]等于 1,跳转到 addr 地址
Bdnzlr                  ;递减 CTR,如果 CTR 不等于零,跳转到 LR 寄存器指明的地址
Bdnzf    2, addr        ;递减 CTR,如果 CTR 不等于零并且 CR0[EQ]等于零,跳转到 addr 地址
Bdnz     loop           ;递减 CTR,如果 CTR 不等于零跳转到标号为 loop 的指令段
```

2.11　Isel 指令

减少跳转指令的使用,可以降低代码的运行时间,提高总体性能。E200z6 处理器的 isel 指令就是针对这样的目的而设计的。Isel 指令非常类似 C 语言的三目运算符“:?”,根据判断条件是否满足,可以从两个不同的操作数来源中选择一个进行操作。

该指令的格式如下:

```
Isle rD, rA, rB, crb
```

此处 rD 是目标寄存器,rA 和 rB 是两个源操作数寄存器。

如果在指令中由 crb 指定的状态寄存器的状态位为 1,那么 rA 寄存器的值被复制到 rD,如果该位是 0,rB 寄存器的值被复制到 rD。

例 2.13 给出了一个带有判断跳转结构的 C 程序代码段。使用 Isel 指令就将这段程序简化成一条指令,而且避免了使用跳转。

例 2.13　带有判断跳转结构的 C 程序代码

```
if      (A = = 0)
        (B = C);
else
        B = D;
```

在本书的附录 C 中,给出了 e200z6 处理器的全部指令。

第 3 章

SIMD、分数和 DSP

3.1 信号处理引擎 SPE 的指令

在 MPC5554/5553 中，SPE 这个缩写代表信号处理引擎(Signal Process Engine)，这是一个单独的功能单元，为 e200z6 提供了 PowerPC 规范没有定义的扩展处理能力(更准确地说，SPE 对应 BookE 规范所定义的辅助处理单元 APU)。SPE 能够为编程语言提供如下的一些扩展：

- SIMD。
- DSP 指令和模式。
- 分数运算。
- 整数运算。
- 浮点数运算。

SPE 支持这些扩展的组合，例如提供分数 SIMD 运算或浮点 SIMD 运算。对特定的 DSP 操作，SPE 也能使用非 SIMD 的模式。本章将主要讲述 SIMD、分数和 DSP 运算。第 4 章将讲述浮点运算。

SPE 可以进行 16 位或 32 位的整数和分数运算，产生 32 位或 64 位的计算结果。

3.2 SIMD

SIMD 是单指令多数据流(Single Instruction Multiple Data)的缩写，表示同一个运算指令，能对多组数据进行运算并产生多组输出结果*。图 3.1 给出了 MPC5554/5553 的一个典型的 SIMD 指令。

MPC5554/5553 可以支持两组 16 位的输入数据，在将 32 个通用寄存器扩展到 64 位时可以支持两组 32 位的输入数据。在图 3.1 中，rA 和 rB 寄存器的高低 32 位分别装载了两组操作数**，这两组操作数分别进行求和操作，其结果保存在 rD 寄存器的高低 32 位中。通常高 32 位也称为“偶位字”或“高位字”，而低 32 位称为“奇位字”或“低位字”。和 Power 架构的标准指令不同，SPE 单元的 SIMD 指令影响的标志位要少一些。对每个 SIMD 的整数或分数运算指令，其两组运算操作都只影响 OV 和 SOV 标志位。在图 3.2 所示 SPE 的状态寄存器

---

* 原书将这种运算称为 vector 运算，本书在后面将其翻译为并置运算。译者注。

** 这种保存的数据将被称为并置数据。译者注。

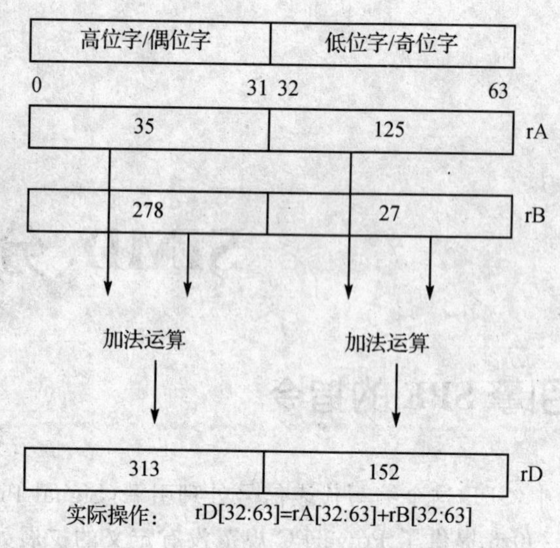

图 3.1 典型的 SIMD 指令执行

SPEFSCR 中，有 OV/SOV 和 OVH/SOVH 两组标志位，OV 和 SOV 由低位数据的运算结果确定，OVH 和 SOVH 由高位数据的运算结果确定。该寄存器的其他位由浮点运算确定，在第 4 章将详细描述。

0	1	2	3	4	5	6	7	8 9	10	11	12	13	14	15	16	17	18	19	20	21	22	23	24	25	26	27	28	29	30 31
SOVH	OVH	FGH	FXH	FINVH	FDBZH	FUNFH	FOVFH	0	FINXS	FINVS	FDBZS	FUNFS	FOVFS	0	SOV	OV	FG	FX	FINV	FDBZ	FUNF	FOVF	0	FINXE	FINVE	FDBZE	FUNFE	FOVFE	FRMC

SOVH：高字整数运算溢出粘结标志
OVH：高字整数运算溢出标志
SOV：低字整数运算溢出粘结标志
OV：低字整数运算溢出标志

图 3.2 SPE 状态寄存器中和 SIMD 相关的标志位

SIMD 指令会在下面的几种情况下置起溢出位：

- 有符号和无符号的除法。
- 非溢出整数算法。
- 非溢出分数算法。

整数和分数的算法指令产生的结果超出了指定的宽度边界时，也产生溢出标志。这种情况下的运算结果仍然锁定在允许的边界范围内的最大正数或最小负数，不会因为越界而导致数值翻转。这种情况不会产生异常信号。除法指令的结果产生越界时，也会锁定在允许的边界范围内的最大正数或最小负数。当除法指令的除数为零时，处理方法也是相同的。

和上面的情况不同，SPE 还有大量的算法指令根本不会修改任何的标志状态。这些指令被标记为“可溢出”类型，其运算结果将在允许的宽度范围进行取模。例 3.1 给出了“非溢出”和“可溢出”指令类型在处理同样宽度范围的数据的差异。

SPE 的整数和分数的 SIMD 并置运算是通过编译器内在函数的方法实现。所谓内在函数是一种编译器特殊函数，类似与 C++的内联函数。但是由于它是编译器提供的，可以针对和器件硬件相关的特性进行优化。内在函数也封装成类似普通函数调用的方式，编译器在生成代码的时候将进行展开替换，直接插入运行代码。

在本书附录 D 中给出了 e200z6 所有的内在函数列表。下面给出几个简单的整数和分数并置运算的内在函数例子。

例 3.1　可溢出和非溢出内在函数指令段运行结果对比

```
printf("High a = %x Low a = %x || ", __ev_get_upper_u32(a), __ev_get_lower_u32(a));
printf("High b = %x Low b = %x\r\n", __ev_get_upper_u32(b), __ev_get_lower_u32(b));

__ev_set_acc_u64(0ull);                    //清除累加器
for (i = 0; i < 6 ; i++)
{
    a = __ev_addumiaaw(a);                 //可溢出加法操作
    printf("High a = %x Low a = %x&#09;", __ev_get_upper_u32(a), __ev_get_lower_u32(a));
    disp_spefscr_int();
}
__ev_set_acc_u64(0ull);                    //clear accumulator
for (i = 0; i < 6 ; i++)
{
    b = __ev_addusiaaw(b);                 //非溢出加法操作
    printf("High b = %x Low b = %x&#09;", __ev_get_upper_u32(b), __ev_get_lower_u32(b));
    disp_spefscr_int();
}
i = __ev_all_eq(a,b);                      //比较结果是否相等
if (__ev_all_eq(a,b))
    printf("a and b are equal (i = %i)\r\n", i);
else
    printf("a and b are not equal (i = %i)\r\n", i);
```

上述代码段的输出结果为：

```
High a = 26543210 Low a = 12345678 High b = 26543210 Low b = 12345678

High a = 26543210 Low a = 12345678    SOVH = 0 OVH = 0 SOV = 0 OV = 0
High a = 4ca86420 Low a = 2468acf0    SOVH = 0 OVH = 0 SOV = 0 OV = 0
High a = 9950c840 Low a = 48d159e0    SOVH = 0 OVH = 0 SOV = 0 OV = 0
High a = 32a19080 Low a = 91a2b3c0    SOVH = 0 OVH = 0 SOV = 0 OV = 0
High a = 65432100 Low a = 23456780    SOVH = 0 OVH = 0 SOV = 0 OV = 0
```

```
High a = ca864200 Low a = 468acf00      SOVH = 0 OVH = 0 SOV = 0 OV = 0

High b = 26543210 Low b = 12345678      SOVH = 0 OVH = 0 SOV = 0 OV = 0
High b = 4ca86420 Low b = 2468acf0      SOVH = 0 OVH = 0 SOV = 0 OV = 0
High b = 9950c840 Low b = 48d159e0      SOVH = 0 OVH = 0 SOV = 0 OV = 0
High b = ffffffff Low b = 91a2b3c0      SOVH = 1 OVH = 1 SOV = 0 OV = 0
High b = ffffffff Low b = ffffffff      SOVH = 1 OVH = 1 SOV = 1 OV = 1
High b = ffffffff Low b = ffffffff      SOVH = 1 OVH = 1 SOV = 1 OV = 1

a and b are not equal (i = 0)
```

例3.1开始时，两个64位的并置变量被赋了初值0x2654321012345678。第一句printf语句使用__ev_get_upper_u32和__ev_get_lower_u32两个内在函数将其高32位和低32位分别进行了格式化输出。

在下面的for循环中，对a变量都使用__ev_addumiaaw可溢出内在函数进行了6次加法操作，对b变量使用__ev_addusiaaw非溢出内在函数进行了6次加法操作。每次加法的累加值都是a,b变量的当前值，所以a,b的每次加法操作都相当于一次乘二。从程序的输出可以看出，a变量在第4次加法操作时，其结果就超出了0xFFFFFFFF。但因为使用了可溢出的指令，所以其结果直接产生了溢出取模，并且没有任何标志位置起。而b变量使用了非溢出指令，所以其高字在第4次加法时，低字在第5次加法时分别产生了饱和，其值被限制在其允许的最大值0xFFFFFFFF，并且相应的溢出位被置起。程序中的disp_spefscr_int()函数通过调用底层内在函数__ev_get_spefscr_X指令将SPEFSCR寄存器中的X状态位打印出来，X是该状态位的名称。

__ev_all_eq内在函数检查两个64位的并置变量的高低字是否都相等。下面对两个并置比较进行详细说明。

所有的SPE算术指令，不管是使用可溢出模式还是非溢出模式，都不会对e200z6的状态寄存器CR产生影响。SPE使用了一些特殊的向量比较指令，根据这些比较指令的类型，可以更新状态寄存器的状态位。标准的PowerPC的比较指令是根据两个数的比较结果更新CR的3个状态位(GT,LT,EQ)，而SPE的并置比较指令将明确指出对两个向量进行比较的方式，并根据这个特定比较方式的结果，对CR寄存器的4个状态位按如下规则进行更新：

- CR寄存器0位。如果两个比较向量的高字符合比较的方式，该位置1，否则置0。
- CR寄存器1位。如果两个比较向量的低字符合比较的方式，该位置1，否则置0。
- CR寄存器2位。这位的值是CR寄存器0位和1位结果的逻辑或。
- CR寄存器3位。这位的值是CR寄存器0位和1位结果的逻辑与。

表3.1给出了SPE的比较指令的汇编指令格式和对应的内在函数。直接使用汇编指令格式可以灵活指定使用哪一个状态寄存器的状态位域，而使用内在函数可以支持C语言程序调用。

表 3.1 向量比较指令

向量运算	汇编指令格式	内在函数格式
比较是否相等	evcmpeq crfD,rA,rB	__ev_any_eq(a,b), __ev_all_eq(a,b) __ev_lower_eq(a,b), __ev_upper_eq(a,b)
有符号比较是否大于	evcmpgts crfD,rA,rB	__ev_any_gts(a,b), __ev_all_gts(a,b) __ev_lower_gts(a,b), __ev_upper_gts(a,b)
无符号比较是否大于	evcmpgtu crfD,rA,rB	__ev_any_gtu(a,b), __ev_all_gtu(a,b) __ev_lower_gtu(a,b), __ev_upper_gtu(a,b)
有符号比较是否小于	evcmplts crfD,rA,rB	__ev_any_lts(a,b), __ev_all_lts(a,b) __ev_lower_lts(a,b), __ev_upper_lts(a,b)
无符号比较是否小于	evcmpltu crfD,rA,rB	__ev_any_ltu(a,b), __ev_all_ltu(a,b) __ev_lower_ltu(a,b), __ev_upper_ltu(a,b)

每个比较指令都更新 4 个状态位,所以对应每种比较格式都有 4 个内在函数。内在函数包含了比较和对指定状态位进行测试的指令。

MPC5500 并没有根据并置比较的结果进行条件跳转的指令,但提供了根据并置比较的结果选择不同的操作数装载到目标寄存器的指令 evsel。这条指令可以替代条件跳转指令。这条指令可以避免条件跳转带来的指令流水线清空和重载,从而提高了性能。

附录 D 中还列出了其他的并置算术和逻辑运算指令。部分 SPE 指令提供了标量运算,可以用于提高 DSP 算法的性能。例如 brinc 指令(Bit Reversed Increment 位逆序递增指令,可用于快速傅里叶变换)、乘累加指令可以直接得到 64 位结果。

对于使用矩阵运算的算法,通过 SIMD 指令对行或者列的一对元素同时进行并置运算,可以极大提高计算效率。

为了最大限度地发挥 SIMD 指令的效率,要求对矩阵的元素存储方式进行优化调整。例 3.2 给出了使用标准 C 语言实现一个 6×3 的矩阵和一个 3 元素的向量乘法的例子。在该例子中,矩阵的列和向量的对应元素进行乘法操作。

例 3.2 使用常规方法实现的矩阵乘法

```
//6×3 的矩阵
uint32_t matA[COLS_A][ROWS_A] =     {     {1, 4, 7, 10, 13, 16},\
        {2, 5, 8, 11, 14, 17},\
        {3, 6, 9, 12, 15, 18}};

//3 元素的向量
uint32_t vect[COLS_A] = {1, 2, 3};

//结果矩阵和源矩阵行列相同
uint32_t matB[COLS_A][ROWS_A];

void MatVectMult(uint32_t mo[][ROWS_A], uint32_t mi[][ROWS_A], uint32_t v[])
```

```
{
    int r, c;
    for (c = 0; c < COLS_A; c++)
    for (r = 0; r < ROWS_A; r++)
    mo[c][r] = mi[c][r] * v[c];
}

int main(int argc, char * argv[])
{
//…

MatVectMult(matB,matA,vect);    //matB = matA * vect
//格式化输出结果矩阵的内容

//…
}
```


上述代码段的输出结果为：

```
Row 0:   1   4   9
Row 1:   4  10  18
Row 2:   7  16  27
Row 3:  10  22  36
Row 4:  13  28  45
Row 5:  16  34  54
```

注意在这段代码中，6×3 的矩阵在储存时是按照[列][行]的方式保存的，相当于把行列对换了。这是为了更好地利用并置运算指令。

例 3.3 完成和例 3.2 相同的功能，但使用由并置运算指令构成的内在函数，将矩阵的两个元素和对应的向量元素同时进行了乘法运算。

例 3.3　使用标准数据类型和 SIMD 指令实现的矩阵乘法

```
void SIMD_MatVectMult(uint32_t mo[][ROWS_A], uint32_t mi[][ROWS_A], uint32_t v[])
{
__ev64_opaque__ * mptr;
int r, c;

mptr = (__ev64_opaque__ *) mo;

for (r = 0; r < ROWS_A/2; r++)
for (c = 0; c < COLS_A; c++)
 * (mptr + c * ROWS_A/2 + r) = __ev_mwlumi(__ev_lddx((__ev64_opaque__ *)(&mi[c][r * 2]),0),\
    __ev_lwwsplatx(&v[c], 0));
}

int main(int argc, char * argv[])
```

```
{
//…

SIMD_MatVectMult(matB,matA,vect);     //matB = matA * vect

//…
```

例 3.3 通过__ev64_opaque__ * 内在函数，将源矩阵的指针强制转换成 64 位的变量指针，然后使用 64 位的装载指令同时将源矩阵的同一列中的两个相邻行的元素取出。附录 D 给出了 SPE 使用的并置数据类型。从矩阵取出的这两个元素，同时和对应的向量元素完成乘法运算。因为矩阵每列的元素对应同一个向量的元素，所以使用__ev_lwwsplatx 内在函数将一个 32 位的向量转换成并置格式，该内在函数将指定的字复制到 64 位的高低字。然后通过__ev_mwlumi 内在函数完成并置乘法运算。运算的结果保存到经过强制类型转换的目标矩阵的地址指针 mptr。

因为每次都对两个行元素进行了运算，所以程序只要对行宽度的一半进行循环，由此改进了性能。

如果不使用 C 语言的数据格式，而是使用并置数据格式来定义矩阵和向量，可以进一步提高性能。这也可以避免一些装载和保存矩阵元素的指针操作。例 3.4 的代码给出全部使用并置指令完成的矩阵乘法。源矩阵和向量元素都成对保存，使用__ev_mwlumi 内在函数同时对源矩阵和向量的一对元素进行乘法运算。

例 3.4　使用 SIMD 数据类型和指令优化实现的矩阵乘法

```
void TurboSIMD_MatVectMult(__ev64_u32__ mo[],__ev64_u32__ mi[],__ev64_u32__ v[])
{
    int i;

    for (i = 0; i < COLS_A * ROWS_A/2; i + +)
    mo[i] = __ev_mwlumi(mi[i], v[i % COLS_A]);
}

void SIMD_MatPrint(__ev64_u32__ m[])
{
    int i;
    for (i = 0; i < COLS_A * ROWS_A/2; i + +)
    printf("SIMD row % 2.1i: % .16llx\r\n",i, m[i]);
}

int main(int argc, char * argv[])
{
__ev64_u32__ smatA[COLS_A * ROWS_A/2] =      {{1,4},{2,5},{3,6},\
    {7,10},{8,11},{9,12},\
    {13,16},{14,17},{15,18}};
__ev64_u32__ smatB[COLS_A * ROWS_A/2];
```

```
    __ev64_u32__ svect[COLS_A] =     {{1,1},{2,2},{3,3}};

    //…

      TurboSIMD_MatVectMult(smatB,smatA,svect);
      SIMD_MatPrint(smatB);

    //…
    }
```

上述代码段的输出结果为：

```
SIMD row 0:0000000100000004
SIMD row 1:000000040000000a
SIMD row 2:0000000900000012
SIMD row 3:000000070000000a
SIMD row 4:0000001000000016
SIMD row 5:0000001b00000024
SIMD row 6:0000000d00000010
SIMD row 7:0000001c00000022
SIMD row 8:0000002d00000036
```

例 3.4 中还使用了一个 C 语言格式化输出指示符“ll”，表示长长型变量(64 位)，用来将 3×6 的矩阵按照 9 个 64 位变量进行格式化输出。

沃尔什函数和 FFT 运算在很多场合有着广泛应用，这些运算通常需要运行很多次由两个数的乘法和加减法构成的蝶形运算。通过使用并置指令可以极大地提高这类运算的性能。

3.3 分数运算

SPE 可以执行分数算法指令。分数的表示方法如图 3.3 所示，是一种不使用浮点算法来表示实数的方法。

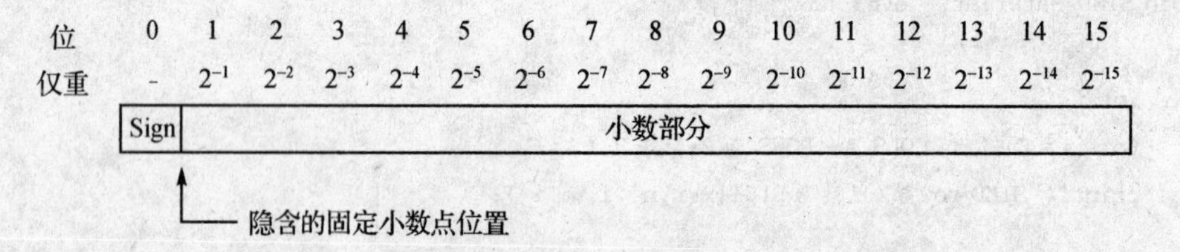

图 3.3 16 位分数的表示方法

图 3.3 表示了一个包含符号位的 16 位分数，其有效范围为 $-1\sim1\sim2^{-15}$。MPC5554/5553 可以支持 16 位、32 位和 64 位的有符号和无符号的分数。无符号分数使用所有的有效位来表示分数，其有效范围为 $0\sim1\sim2^{-16}$ 相比正的有符号分数，无符号分数的同样权重的位左移了一位。实际上无符号的分数在表示和运算上和无符号的整数没有区别，所以 MPC5554/5553 也没有必要为无符号分数提供单独的运算指令。

分数运算可以通过简单的尾部截断避免溢出，这在 DSP 程序中非常重要。例如两个 32 位数据的乘法运算，如果用整数的话需要 64 位才能表示运算结果。如果使用分数运算，通过尾部截断将结果缩小到 32 位，仅仅损失了一点精度。图 3.4 展示了使用并置指令实现两组 32 位分数乘法运算的过程。两组 32 位的分数乘法产生了两个 64 位的中间结果，通过对这两个 64 位分别进行尾部截断，得到两个 32 位的最终结果并保存到目标寄存器中。

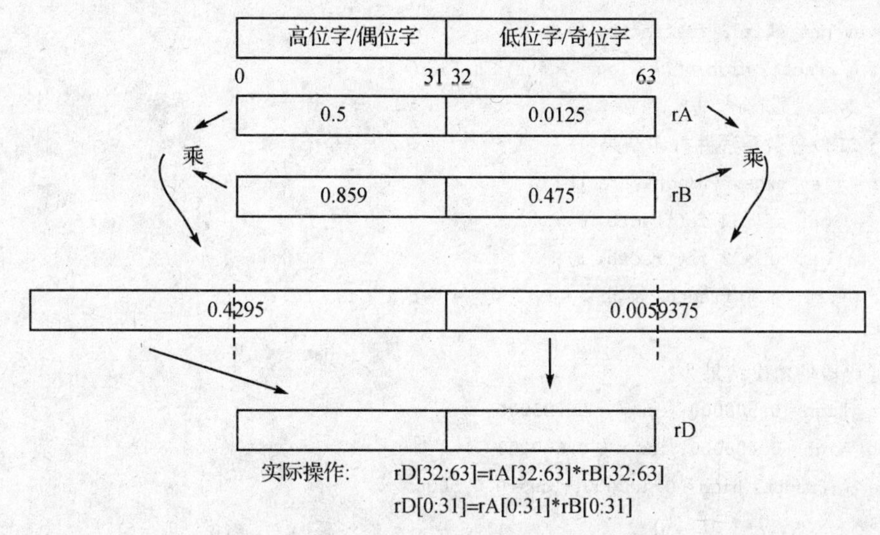

图 3.4　32 位 SIMD 乘法指令的末位截断

图 3.4 的过程正是内在函数__ev_mwhsmf(a,b)的实际执行过程。这个内联函数被编译器直接替换成 evmwhsmf 指令。这个内在函数还有其他变形，可以指定将结果保存到累加器、或只执行普通非并置的乘法操作以保留 64 位的运算精度。

和并置整数指令类似，MPC5554/5553 的可溢出分数算术指令也不产生任何溢出标志。必须使用非溢出的分数运算指令才能发现溢出情况。实际上能产生溢出标志的只有－1×－1 这种情况，因为其结果＋1 不能用分数形式表示，此时 SPEFSCR 寄存器的溢出标志位会置起。

因为在 ANSI C 标准中并没有定义分数类型，所以 Freescale 通过提供一套内在函数，以在 C 语言环境中定义分数类型并进行分数运算。例 3.5 展示了如何定义两个并置的分数类型，对其进行乘法运算，并使用浮点数的格式化输出。

例 3.5　使用内在函数处理分数数据

```
int main(int argc, char * argv[])
{
//声明并初始化两个 SIMD 分数变量
__ev64_s32__ fracta = __ev_create_sfix32_fs(0.5, - 0.125);
__ev64_s32__ fractb = __ev_create_sfix32_fs(0.4, - 0.6);


//声明标量浮点数
float f1,f2,f3,f4;
```

```
//将分数变量值赋给标量浮点数并打印
f1 = __ev_get_sfix32_fs(fracta, 0);
f2 = __ev_get_sfix32_fs(fracta, 1);
printf ("fracta: high = %f; low = %f\r\n", f1, f2);

f3 = __ev_get_sfix32_fs(fractb, 0);
f4 = __ev_get_sfix32_fs(fractb, 1);
printf ("fractb: high = %f; low = %f\r\n", f3, f4);

//执行SIMD分数乘法并打印结果
fractb = __ev_mwhssf(fracta,fractb);
f3 = __ev_get_sfix32_fs(fractb, 0);
f4 = __ev_get_sfix32_fs(fractb, 1);
printf ("fracta * fractb: high = %f; low = %f\r\n", f3, f4);
```


上述代码段的输出结果为：

```
fracta: high = 0.500000; low = -0.125000
fractb: high = 0.400000; low = -0.600000
fracta * fractb: high = 0.200000; low = 0.075000
```

3.4 数字信号处理器DSP

并置运算SIMD技术可以极大地提高例如视频信号处理、语音滤波和发动机暴振检测等场合的DSP算法的实现效率。SPE还使用一个紧密集成的64位累加器，实现一系列快速的乘累加指令，以进一步提高DSP算法的效率。本节将详细描述该累加器，并给出一个使用该累加器提高DSP算法效率的例子。

1. 64位累加器

64位累加器保存了SPE整数或分数乘累加指令MAC的运算结果。因为该累加器保存了前一次MAC操作的结果，所以可以直接进行下一次乘累加操作，而不需要额外的指令来读取累加器的值。借助该累加器，可以连续执行在FIR或IIR滤波器的内部循环中出现的乘累加指令MAC。在乘累加指令MAC完成后，该累加器的结果被传递到指定的64位目标寄存器。在进行连续的MAC运算之前，必须为该累加器进行初始化赋值。根据不同的指令类型，该累加器可以保存一个64位的变量或两个32位的向量。

该累加器的初始化赋值是通过内在函数完成的。有3个不同的内在函数，为累加器初始化3种不同的基本数据类型：无符号64位整数、有符号64位整数和任意64位向量。这3个内在函数在编译时都被替换成evmra指令，例3.6给出了这3个内在函数和相应的替换汇编指令。

例3.6 初始化64位累加器的内在函数

```
__ev_set_acc_vec64(evh[0]);           //初始化成一个变量
lis         r12, 0x4001
```

```
subi        r12, r12, 0x7a40
evldd       r12, 0(r12)
evmra       r12, r12
__ev_set_acc_s64(-2);                           //初始化成一个常数
li          r11, -1
li          r12, -2
evmergelo   r12, r11, r12
evmra       r12, r12
__ev_set_acc_u64(0);                            //清除
li          r11, 0
li          r12, 0
evmergelo   r12, r11, r12
evmra       r12, r12
```

由于没有专门的指令来读取该累加器的值，所以需要通过执行一次无效的乘累加操作，将该累加器的值取出到一个通用寄存器中。例 3.7 给出了一段示例代码。

例 3.7　读取 64 位累加器的内在函数

```
//使用 64 位寄存器 r6 来声明一个值为 0 的变量
__ev64_u64 __zero = {0};
evsplati  r6, 0
//利用该 0 变量执行一次无效的乘累加操作,借助该操作将 64 位累加器的值保存到变量
//y0 中,y0 使用通用累加器 r5 实现
y0 = __ev_mwumiaa(zero,zero);
evmwumiaa r5, r6, r6
```

这段代码执行了一次操作数为 0 的乘累加操作，如式(3-1)所示。

$$y0 = (0 * 0) + \text{accumulator} \tag{3-1}$$

这个代码的执行对累加器的值没有影响，但累加器的值被传递到了变量 y0 中。

2. 用 SPE 实现数字滤波器

在 DSP 的 IIR 算法中，需要对多组原始输入数据和对应的权重参数执行乘法运算。借助 SIMD 指令的并行运算特性，可以提高这个算法过程的效率。式(3-2)和(3-3)描述了一个典型的双二阶节 IIR 滤波器：

$$W(n) = x(n) + (-a1) * w(n-1) + (-a2) * w(n-2) \tag{3-2}$$

$$y(n) = w(n) + b1 * w(n-1) + b2 * w(n-2) \tag{3-3}$$

这里 $x(n)$是输入数据，$y(n)$是输出数据，$w(n)$是第 n 个采样的内部结果。这个算法根据采样数据进行迭代。这个算法出现的 4 次固定系数乘法和加法可以用两个并置的乘累加指令来完成。整个滤波器算法可以完全使用由并置装载保存指令和并置乘累加指令构成的循环体构成。

虽然 DSP 的 FIR 滤波算法中并没有明显的并行运算操作，但仍进行前后两次运算结果的并置运算。典型的 FIR 滤波器可以描述如下：

$$y(n) = \sum_{k=0}^{M} b_k \cdot x(n-k) \tag{3-4}$$

FIR由一系列的离散采样值的乘累加运算构成。这个算法本身并没有明显的并行运算。但可以看出，输入和输出是完全独立的，可以在一次运算过程中对两组输入数据同时进行运算，得到两次滤波运算的输出结果如下所示：

$$y(n_i) = \sum_{k=0}^{M} b_k \cdot x(n_i - k) \tag{3-5}$$

$$y(n_i) = \sum_{k=0}^{M} b_k \cdot x(n_j - k) \tag{3-6}$$

例3.8给出了一段示例代码。

例3.8　使用两组数据和单组参数的FIR滤波器代码

```
void FIR_Example(uint32_t * x, uint32_t * y, uint32_t * n)
{
#define KMax 4

//循环计数器
uint32_t i,k;

//参数
__ev64_u32__ b[KMax] = {{3,3},{4,4},{5,5},{6,6}};

//保存临时结果的变量
__ev64_opaque__ temp;

//输入数据的向量
__ev64_opaque__ xvec;


for(i = 0; i < n; i + = 2)
{
    __ev_set_acc_u64(0ULL);                           //清空累加器
    for (k = 0; k < KMax; k + +)
    {
    xvec = __ev_create_u32(x[i + k],x[i + k + 1]);
    temp = __ev_mwlusiaaw(b[k],xvec);
    }
    y[i]    = __ev_get_upper_u32(temp);
    y[i + 1] = __ev_get_lower_u32(temp);
 }
}
```

在这个例子中，用一个函数来实现FIR算法。4个权重因子保存在b[]数组中。因为要同时对两组输入数据进行运算，所以权重因子保存了两遍。也可以只定义一遍权重因子，在运行时使用SPE的扩展指令将权重因子的值复制到64位的高低字中。函数的参数是指向输入数据和输出数据存储区的地址指针，以及当前处理的采样次数。内在函数__ev_crate_u32 将两个连续的离散采样值 x[i+k]，x[i+k+1]转换成并置类型，内在函数__ev_mwlusiaaw 对两组离散采样值执行 32 位并置乘累加运算。运算结果保存到累加器和程序定义的临时变量中。注意这里使用的是非溢出模式指令，当乘累加运算发生溢出时，其运算结果将保持在最大值，并置起 SPEFSCR 寄存器的相应标志位。这个乘累加运算循环结束后，两组运算的结果保存在临时变量 temp 中，通过__ev_get_upper_u32 和__ev_get_lower_u32 内在函数将这两组运算的结果保存到 y[i]和 y[i+1]中。采样次数增加 2，在下次函数调用时将处理两次新的采样值。

DSP 滤波器在迭代运算的任何时候都可能发生溢出。为了维持计算的性能，每次循环都检查是否发生溢出是不可取的。使用非溢出的乘累加指令和 SPEFSCR 寄存器的溢出标志，可以在完成整个迭代运算后，再对溢出情况进行一次检查。

SPE 还有另外一种处理溢出的保护运算指令(guraded instructions)，例如 evmhegsmfaa。这些指令使用额外的保护位来保存运算中可能发生的溢出数据。寄存器的高 32 位被用作保护位，这样可以使用 64 位来保存数据。这也意味着这种保护指令不支持并行并置运算方式，并且其操作数必须是 16 位的。也就是可以用保护指令执行 16 位的乘累加运算。因为附加了保护位的保护指令将不再对结果进行溢出保护，而且也不更新标志位，算法程序必须保证其运算结果不会超出 64 位的有效范围。

第 4 章

浮点数

4.1 介　绍

相对于定点数而言，浮点数利用指数使小数点的位置可以根据需要而上下浮动，从而可以灵活地表达更大范围的实数。因此浮点数多用于表示非常大数值范围。很多现代的仿真计算工具都使用浮点运算函数库，这些工具提供的输出结果也都使用了浮点数据和代码。

浮点数的重要特点是其表示范围，而其精度可以根据数据存储空间和运算速度的限制而进行调整。在通常的使用中，浮点数有几种精度：单精度(32 位)，双精度(64 位)，扩展精度(80 位)，扩展双精度(128 位)。表 4.1 给出了这几种精度下的数据宽度和精度指标。

表 4.1　几种精度下的数据宽度和精度指标

指标	单位	单精度	双精度	扩展精度	扩展双精度
宽度	位	32	64	80	128
指数位宽度	位	24	53	64	113
有效数字位	数字	7.22	15.95	19.26	34.01
范围	数值	1.1754E−38 to 3.4028E+38	2.2250E−308 to 1.7976E+308	3.3621E−4932 to 1.1897E+4932	3.3621E−4932 to 1.1897E+4932
C 语言类型		float	double	long double	long double

一个实数 V 在 IEEE 754 标准中可以用 $V=(-1)^s \times M \times 2^E$ 的形式表示，说明如下：

① 符号 s(sign)决定实数是正数($s=0$)还是负数($s=1$)，对数值 0 的符号位特殊处理。

② 有效数字 M(significand)是二进制小数。

③ 指数 E(exponent)是 2 的幂，它的作用是对浮点数加权。

表 4.2 给出了 MPC5554/5553 使用的单精度浮点数的格式，最高位为符号位(sign bit)；8 位指数位；23 位有效数字(也称为尾数部分 mantissa)。

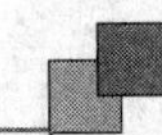

表4.2 MPC5554/5553使用的单精度浮点数表示格式

数值	符号位1位	指数8位	尾数23位	十六进制码值32位	数值范围
Nan	1	11111111	11.........11 to 00.........01	FFFFFFFF to FF800001	非法数值
负无穷	1	11111111	00.........00	FF800000	≤−3.4028235677973365E+38
最小负数	1	11111110	11.........11	FF7FFFFF	−3.4028234663852886E+38
规格化负数	1	11111110 to 00000001	11.........11 to 00.........00	FF7FFFFF to 80800000	−3.4028234663852886E+38 to −1.1754943508222875E−38
最大负数	1	00000001	00.........00	80800000	−1.1754943508222875E−38
负零值	1	00000000	00.........00	80000000	−0
正零值	0	00000000	00.........00	00000000	0
最小正数	0	00000001	00.........00	00800000	1.1754943508222875E−38
规格化正数	0	00000001 to 11111110	00.........00 to 11.........11	00800000 to 7F7FFFFF	1.1754943508222875E−38 to 3.4028234663852886E+38
最大正数	0	11111110	11.........11	7F7FFFFF	3.4028234663852886E+38
正无穷	0	11111111	00.........00	7F800000	≥3.4028235677973365E+38
Nan	0	11111111	00.........01 to 11.........11	7F800001 to 7FFFFFFF	非法数值

对实数的浮点表示仅作如上的规定是不够的，因为同一实数的浮点表示还不是唯一的。例如，1.0×10^2，0.1×10^3，0.01×10^4都可以表示100.0。为了达到表示单一性的目的，有必要对其作进一步的规范。总是能调整指数E，使得有效数字M在范围$1\leqslant M<2$中，这样有效数字的前导有效位总是1，因此该位不需显示表示出来，只需通过指数隐式给出。符合该标准的数称为规格化数(normalized numbers)，否则称为非规格化数(denormalized numbers)。非规格化数的引入有两个目的，一是提供表示数值0的方法，二是用来表示那些非常接近于0.0的数。处理非规格化数需要消耗额外的软件或者硬件资源，更有效的做法通常是直接用零值替代非规格化数。MPC5554/5553的硬件浮点单元也是这么实现的。

虽然单精度浮点数的有效数据范围是$\pm10^{\pm38}$，但可以用于区分数值粒度的有效间隔仅为24位。如果应用的数据范围并没有超出32位数据的范围(为0～4亿)，那么使用整型数据算法将可以得到更好的数据细分粒度。

表4.2给出了MPC5554/5553的单精度浮点数对照表，但并没有涵盖IEEE754标准所定义的全部单精度浮点数。例如，MPC5554/5553对NaN(Not a Number)的处理并不区分产生异常的Signalling NaN方式和用特殊值表示的Quiet NaN方式；也不支持在nmin和negative Zero之间区域以及pmin和positive zero之间区域的非规范数。

4.2　MPC5554/5553的浮点数单元

在MPC5554/5553的SPE单元中，提供了执行单精度浮点运算的硬件电路。SPE单元的浮点数运算指令也支持并置运算，可以同时对两组浮点运算数进行计算。图4.1给出了一个执行并置浮点运算的例子。利用并置浮点运算时，输入数据也需要优化成并置的数据格式。

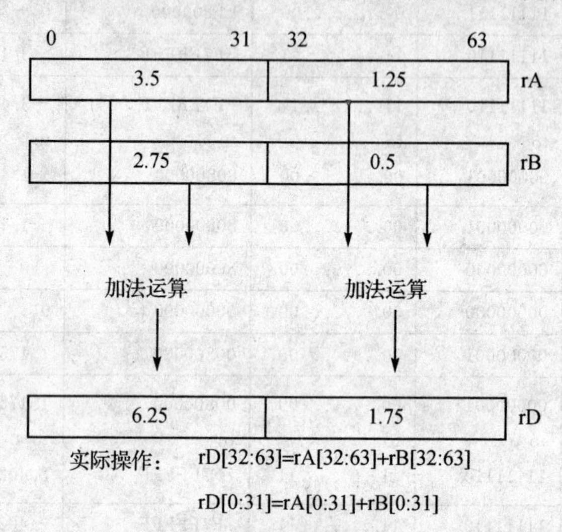

图4.1　并置浮点数运算

SPE硬件当然也支持非并置的普通单组输入数据的浮点运算。使用单组输入数据进行运算，可以直接利用标准ANSI C语言编程，不需要进行额外的优化设计。当进行单组输入数据运算时，只使用64位通用寄存器的低字作为操作数和保存结果，高字不受影响。图4.2显示了SPE进行单输入数据的浮点运算的结果。

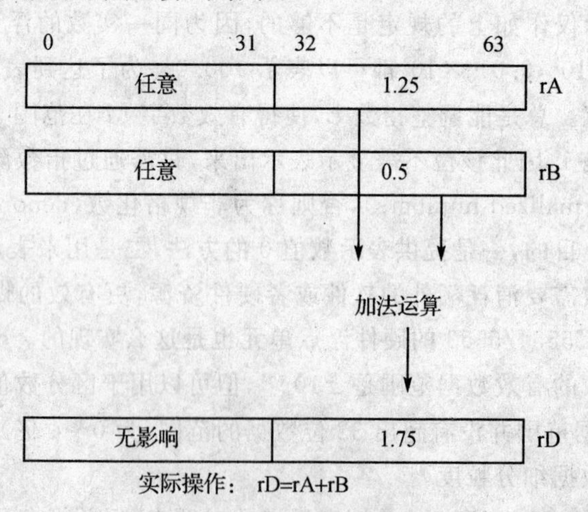

图4.2　单浮点数运算

1. IEEE754 兼容性

MPC5554/5553 浮点运算硬件支持 IEEE 754 单精度规范。但为了简化硬件实现的难度，这部分硬件不支持 NaN、正负无穷数和非规格化数作为浮点运算的输入操作数，也不会产生这样的输出结果（后面的范例代码中将说明存在的一个例外）。对于这些情况，另外包括向上溢出 overflow 和向下溢出 underflow 的情况，MPC5554/5553 都可以产生异常中断请求，通过异常处理程序可以实现对 IEEE754 的完全兼容。在简单的情形下，可以不允许浮点运算单元产生这种异常请求，浮点运算单元对于上述的异常输入数据的情形会采用预先指定的处理方法，并产生确定的输出结果。

2. SPE 状态和控制寄存器 SPEFSCR

SFEFSCR 寄存器用于配置浮点运算的一些特性，并指示浮点运算过程中出现的一些状态：

- 浮点运算异常申请使能。
- 异常浮点运算操作和无效数据类型指示。
- 浮点运算的舍入模式（rounding mode）。
- 软件舍入的保护位和状态位。

因为 SPE 能够同时对两组输入数据进行运算，所以 SPEFSCR 寄存器提供了两套状态标志。对应于高字输入数据的标志位加上“H”尾缀以区分两套标志位。

另外，该寄存器还包含了在第 3 章中讲述的整数运算的溢出标志位。

图 4.3 显示了 SPEFSCR 寄存器的位标志格式。带有“S”尾缀的状态位是粘连标志位。这些位在置起后，必须通过软件指令向该位写 0 才能清除；其他的状态位可以根据指令执行的结果设置为高电平 1 或低电平 0。两组输入数据运算使用同一套粘连状态位和舍入模式控制位。

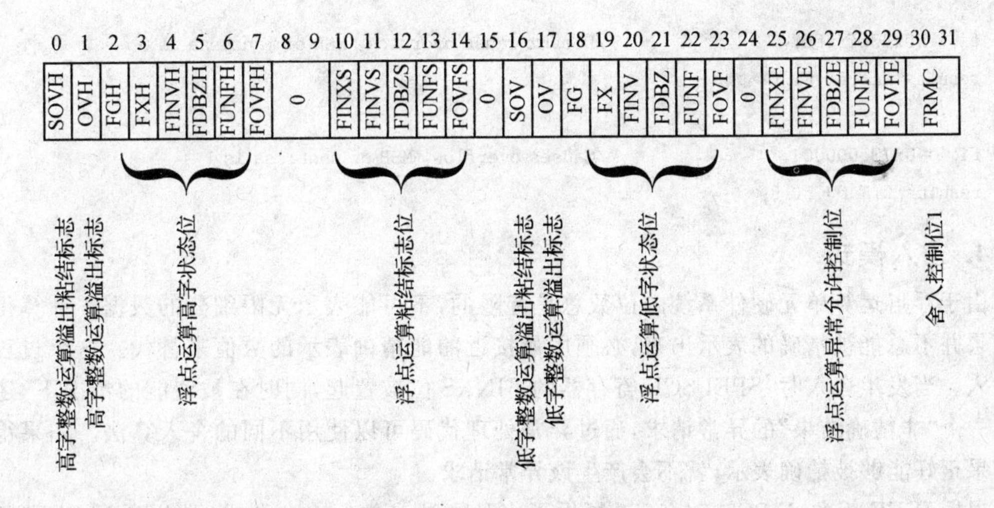

图 4.3　SPEFSCR 寄存器格式

3. 溢出(向上溢出和向下溢出)

当浮点运算出现向下溢出,但向下溢出异常申请功能被禁止时(SPEFSCR 的 FUNFE 位置零),将返回有符号的零值,同时产生一个“非精确结果”的异常申请。当浮点运算出现向上溢出,但向上溢出异常申请功能被禁止时(SPEFSCR 的 FOVFE 位置零),将返回正最大值 pmax 或负最大值 nmax,同时产生一个“非精确结果”的异常申请。

例 4.1 显示了浮点数加法的溢出情况。代码里出现的两次加法运算的结果是相同的,都为正最大值 pmax(编码为 0x7F7fffff)。但只有第二次加法产生了溢出情况,所以 FOVF 位和 FOVFS 位都置起了。代码里的 C 代码定义了一个整数和浮点数的联合体,这样可以方便地利用浮点数的二进制编码为浮点数赋初值。

例 4.1　浮点数加法溢出示例代码

```
union
{float f;
int i;
}fi;

union
{ float f;
int i;
}fiA;

float result;

fiA.i = 0x7f7ffffe;                 //This is one LSB less than max possible value

fi.i = 0x73bfffff;                  //Doesn't cause overflow: MSB of mantissa is 0
result = fiA.f + fi.f;

fi.i = 0x73c00000;                  //Causes overflow: MSB of mantissa is 1
result = fiA.f + fi.f;
```

4. 舍入模式

由于浮点运算单元硬件系统的位数总是有限的,不可能表示无限细分的数据。计算得到的结果并不总能被精确的表示出来,必须用最接近的能精确表示的数值来替代。这个过程称做舍入。当发生舍入时,SPEFSCR 寄存器的 FINXS 位被置起,同时在被使能的情况下,还会产生一个“非精确结果”的异常请求,通过异常处理代码可以使用不同的舍入算法。如果得到的结果正好能够被精确表示,就不会产生该异常请求。

根据 IEEE 标准,MPC5554/5553 提供了多种方法来执行舍入作业,可以通过 SPEFSCR 寄存器的 FRMC 控制位来选择合适的舍入模式,如表 4.3 所列。

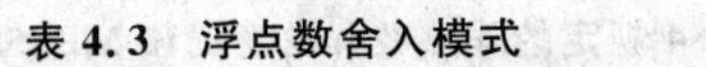

表 4.3 浮点数舍入模式

FRMC	舍入模式	说 明
00	舍入到最接近	将结果舍入为最接近且可以表示的值
01	朝 0 方向舍入	将结果朝 0 的方向舍入
10	朝＋∞方向舍入	将结果朝正无限大的方向舍入
11	朝－∞方向舍入	将结果朝负无限大的方向舍入

对于大多数的应用，采用上述 4 种硬件实现的舍入模式，可以获得较好的浮点数运算性能。

5. 浮点数转换成整数

MPC5554/5553 能在浮点数和有符号/无符号整数间进行下述转换：

- 浮点数转换成整数，使用当前选定的舍入模式或舍入到零。
- 整数转换成浮点数。
- 浮点数转换成分数，使用当前的舍入模式。
- 分数转换成浮点数。

试图将 NaN，非规范化数和无穷大数转换成整数时，会产生下面的一些结果：

- 转换 NaN，将返回零值。
- 转换非规范化数将返回零值。
- 正无穷大数将返回正最大值 pmax。
- 负无穷大数将返回负最大值 nmax。
- SPEFSCR 寄存器中的 FINXS 位将置起。
- 在使能时，将产生异常请求。
- 结果如果超出整数表示范围，将保持为整数允许的最大值。

4.3 MPC5554/5553 的浮点数异常

MPC5554/5553 的浮点单元能够产生两类异常。第 1 类是和 MPC5554/5553 的器件物理特性相关的，包括 2 种：指明 SPE 硬件暂时不能用于并置浮点运算；指明并置浮点运算的操作数没有对齐到 64 位的边界上。第 2 类是和 IEEE754 标准的实现有关的异常，包括 5 种：非精确结果、无效数据、除数为零、向上溢出和向下溢出。MPC5554/5553 的这 5 种异常用 2 个异常向量来处理，非精确结果使用一个向量，称做舍入异常；无效数据和除数为零使用一个向量，称做浮点数据异常。向上溢出和向下溢出可以选择使用这两个向量。当向量来源包含多个异常情况时，其处理程序需要检查对应的状态位，以确定到底是哪一种异常情况。表 4.4 给出了 MPC5554/5553 和 IEEE754 浮点标准相关的异常的属性。

表 4.4 IEEE—754 规定的浮点数异常情况和 MPC5554/5553 的具体实现情况

异常情况	引发原因	IEEE 规定的结果	MPC5554/5553 实现的结果	SPEFSCR 标志位	MPC5554/5553 中断向量偏移寄存器	MPC5554/5553 异常类型
无精确表示	受精度限制，无法精确表示该数值	舍入	舍入	FX，FXH，FG，FGH，FINXS	34	舍入异常
无效数据	算法得到一个无法表示的数值	NaN	pmax，nmax，0*	FINV，FINVH，FINVS	33	数据异常
除数为零	除法运算的除数为零	±∞	pmax，nmax	FDBZ，FDBZH，FDBZS	33	数据异常
向下溢出	运算结果小于最小的规格化数值	±0	±0	FUNF，FUNFH，FUVFS，FINXS	33 或 34	数据异常或舍入异常
向上溢出	运算结果大于最大的规格化数值	±∞	pmax，nmax	FOVF，FOVFH，FOVFS，FINXS	33 或 34	数据异常或舍入异常

* 对于非规格化的操作，MPC5554/5553 会置起数据无效标志位，但会将结果设成 0，pmax 或 nmax。

表 4.5 给出了 MPC5554/5553 和器件相关的异常的属性。

表 4.5 MPC5554/5553 器件相关的异常

异常情况	引发原因	MSR 标志位	ESR 标志位	MPC5554/5553 中断向量偏移寄存器
SPE APU 不可用	在 MSR[SPE]设置为 0 的情况下，执行并置运算	除 CE，ME，DE 外，其他位清零	SPE	32
SPE 向量对齐异常	向量的装载和保存操作没有对齐到 64 位的边界	除 CE，ME，DE 外，其他位清零	SPE，ST	5

当进行多组数据的并置浮点运算时，每组运算数据都可以产生单独的状态位。但并没有两组独立的异常处理机制。也就是说，这两组运算如果有任何一组产生了异常，都会引发一个共用的异常申请。异常处理程序需要检查高低字运算的状态位，以判断是哪一组运算产生了异常。当 SPE 硬件产生异常时，在异常状态寄存器中和 SPE 相关的位 ESR[24]也会置起。

浮点数异常相关的所有处理程序所在的程序段基地址应由 IVPR 寄存器指明，每个异常对应的处理程序在程序段中的具体偏移地址由对应的 IVOR 寄存器指明。在第 7 章将详细讲述。

1. 非精确结果异常(舍入异常)

只有在浮点运算单元提供的4种舍入模式都不适用的情况下,才需要使用这个异常处理。有很多的浮点运算指令结果都是非精确的,允许这个异常处理后会出现非常多的异常请求。另外,如果没有单独允许向上溢出和向下溢出(SPEFSCR寄存器中FOVFE和FUNFE位为零),那么这两种溢出的情况也会被当成非精确结果而产生异常申请。

当产生非精确结果异常时:

- SRR0寄存器保存出现异常操作的指令后续的指令地址(也就是异常返回地址)。
- SRR1寄存器保存发生异常时MSR寄存器的值。
- MSR寄存器中CE,ME和DE位保持不变,其他位都被清除为零。
- 异常状态寄存器ESR中SPE对应的位置起,其他位都被清除为零。
- SPEFSCR寄存器中FINSX位被置起,FGH、FG、FXH、FX位根据指令执行结果设置相应状态。

非精确结果的异常处理代码的段内偏移地址由IVOR34寄存器提供。

非精确结果的异常处理代码使用保护位FG位和FX位来进行应用需要的舍入计算。FG位保存了精确结果被舍入部分的最高位,FX位保存了被舍入部分剩余的所有位的异或值。

2. 浮点数据异常(无效数据异常)

当浮点运算的输入数据或运算过程出现NaN无效数据、溢出或除数为零时,都会引发浮点数据异常。处理器会强行中止执行引发该异常的指令操作。这个异常的中断级别要高于非精确结果的异常。

当产生浮点数据异常时:

- SRR0寄存器保存出现异常操作的指令地址。
- SRR1寄存器保存发生异常时MSR寄存器的值。
- MSR寄存器中CE,ME和DE位保持不变,其他位都被清除为零。
- 异常状态寄存器ESR中SPE对应的位置起,其他位都被清除为零。
- SPEFSCR寄存器中FINVH、FINV、FDBZH、FDBZ、FOVFH、FOVF、OFUNFH、FUNF位根据指令执行结果设置相应状态。
- SPEFSCR寄存器中FG、FGH、FX、FXH位被清除为零。

非精确结果的异常处理代码的段内偏移地址由IVOR33寄存器提供。

3. SPE硬件不可用异常

如果MSR寄存器的SPE位被清除,当执行除了单组运算数据的efsxxx和brinc指令以外的其他浮点运算指令时,就会产生SPE硬件不可用异常。处理器会强行中止执行引发该异常的指令操作。

当产生浮点数据异常时:

- SRR0寄存器保存出现异常操作的指令地址。
- SRR1寄存器保存发生异常时MSR寄存器的值。
- MSR寄存器中CE,ME和DE位保持不变,其他位都被清除为零。
- 异常状态寄存器ESR中SPE对应的位置起,其他位都被清除为零。

非精确结果的异常处理代码的段内偏移地址由IVOR32寄存器提供。

4. 并置运算操作数对齐异常

当并置浮点运算指令的有效操作地址EA没有对齐到64位的边界时，会产生并置操作数异常。这些指令包括：elvdd，evlddx，evldw，evldwx，evldh，evldhx，evstdd，evstddx，evstdw，evstdwx，evstdh和evstdhx。处理器会强行中止执行引发该异常的指令操作。

当产生浮点数据异常时：

- SRR0寄存器保存出现异常操作的指令地址。
- SRR1寄存器保存发生异常时MSR寄存器的值。
- MSR寄存器中CE，ME和DE位保持不变，其他位都被清除为零。
- 异常状态寄存器ESR中SPE对应的位置起；当引发异常的指令在执行保存操作时ST位被置起，执行装载操作时ST位被清除；其他位都被清除为零。
- DEAR寄存器记录正在执行的执行的有效操作地址EA。

非精确结果的异常处理代码的段内偏移地址由IVOR5寄存器提供。

4.4 浮点处理示例代码

1. 单组单精度浮点数据类型

当使用ANSI C语言的float关键字定义变量类型后，MPC5554/5553的编译器将直接产生单组单精度浮点数据类型。例4.2展示了单精度浮点运算的C语言代码和对应的汇编代码，这个例子完成了计算平方根的Newton-Raphson算法。在这个算法中，需要计算浮点数的绝对值。因为计算浮点数的绝对值需要使用双精度浮点数，所以这个计算是使用函数程序库来完成的。

例4.2 单精度浮点运算硬件指令和C语句对应范例

```
float sqrt(float Q)
{
float Res, OldRes;
float Limit = 0.0001f;
...code omitted here...    ...
    lis     r30 <Limit>, 0x38d2
    subi    r30 <Limit>, r30 <Limit>, 0x48e9
do
{
OldRes = Res;
    0x4118     mr     r11 <OldRes>, r29 <Res>
Res = (OldRes + Q/OldRes)/2.0f;
    efsdiv     r12, r28 <Q>, r11 <OldRes>
    efsadd     r12, r11 <OldRes>, r12
    efsdiv     r29 <Res>, r12, r31
}
    efssub     r3, r29 <Res>, r11 <OldRes>
```

```
    efsabs    r3, r3
    efststgt    r3, r30 <Limit>
    bgt    0x4118
while (fsabs(Res - OldRes) > Limit);
```

为了保证编译器只产生能够用SPE单元直接执行的单精度浮点指令，即使程序中所有的变量都已经定义为单精度浮点类型了，程序的所有常数仍然需要加上尾缀“f”。如果省略了这个尾缀，根据C语言的定义，编译器会认为程序中的常数是双精度的，所以会使用函数程序库来完成双精度浮点数的运算。

这个算法的每次迭代需要执行8条指令。因为所有的变量都是由寄存器提供的，如果这段代码是从高速缓存中取得的话，其每次迭代将只需要8个时钟周期。

2. 访问浮点运算状态位

例4.3示例了如何使用内在函数来清除和检查SPEFSCR寄存器的FDBZS位，以查看是否发生了除数为零的情况。

例4.3　轮询状态位检查除数为零的情况

```
float f, fa, fb, fc, fd;

fb = 0.0f;

__ev_clr_spefscr_fdbzs();                 //First ensure sticky bit is clear.

f = fa/fb/fc;

fd = f/fb;

if (__ev_get_spefscr_fdbzs())             //If div by 0 occurred in fa/fb/fc
{
    __ev_clr_spefscr_fdbzs();             //clear divide by zero sticky bit
    f = DefaultValue;                     //and set result to default value.
}
```

当然这种除数为零的情况也可以通过异常请求的方法加以发现和处理。

3. 并置浮点数据类型

在C程序中使用并置浮点运算需要调用编译器提供的内在函数。例4.4给出了一个简单的并置浮点运算的C程序代码和编译器产生的汇编代码。

例4.4　并置浮点运算范例

```
#include <spe.h>                          //Enable vector intrinsics
__SETSR(__GETSR()|0x02000000);            //Enable SPE hardware
...Code omitted here...    ...
__ev64_fs__ a = {1.5,2.5};                //1.5 is upper word, 2.5 is lower word
    lis        r12, 0x3fc0
```

```
        lis        r11, 0x4020
        evmergelo r11, r12, r11
    __ev64_fs__ b = {0.25,0.45};
        lis        r12, 0x4000
        addi       r12, r12, 0x78f8
        evldd      r12, 0(r12)

    c = __ev_fsadd(a, b);                     //(1.5 + 0.25) and (2.5 + 0.45)
        evfsadd    r12, r11, r12

    f1 = __ev_get_upper_fs(c);                //f1 = 1.75
        evmergehi r3 <f1>, r12, r12
    f2 = __ev_get_lower_fs(c);                //f2 = 2.95
        evmr       r31 <f2>, r12
```

程序如果使用内在函数,必须首先包含“spe.h”头文件。__SETSR 和__GETSR 内在函数用来读取和设置 MSR 寄存器。通过这两个内在函数来置起 SPE 位,否则进行并置浮点运算时将会产生异常。__ev64_fs__内在函数定义并初始化了一个并置变量。Evmergelo 指令将第一对浮点操作数装载到一个 64 位寄存器中,evldd 指令将第二对操作数装载到另一个 64 位寄存器中。__ev_fsadd 内在函数直接编译成 evfsadd 指令,完成两组浮点数的并置加法运算。使用__ev_get_upper_fs 和__ev_get_lower_fs 内在函数将并置保存的计算结果分别拷贝到程序定义的浮点变量中。这两个内在函数也直接编译成两条单指令 evmergehi 和 evmr,将 r12 寄存器中的高字和低字分贝复制到 r3 和 r31 的低字中。

4. 浮点运算的特殊情况

在大多数情况下,MPC5554/5553 的浮点数运算单元不会产生 NaN、非规范化或无穷大的输出结果。但有一些指令是可以例外的,这些指令仅检查操作数的符号位,包括:

```
Efsabs,efsnabs,efsneg
Evfsabs,evfsnabs,evfsneg
```

如果没有使用无效浮点数据异常,这些指令将仅仅对数据的符号位进行修改,剩余的指数位和有效数据位和输入数据是完全相同的。

例 4.5 的代码在执行取负数的指令后,将产生一个负无穷大的输出。这个无效的数据将对后续的浮点运算指令产生影响。

例 4.5 无效运算结果的范例

```
PInf.i = 0x7f800000;            //Store coded value of Infinity in union
fa = - PInf.f;                  //Use float representation of union value.
    lwz        r12, 0x10(sp) <PInf>
    efsneg     r30 <fa>, r12
```

取负数的指令执行时,置起了 SPEFSCR 寄存器的 FINV 状态位。但这个动作只是为了说明该指令的输入数据是无效的,并不是说明发现该指令产生了一个无穷大数。该例也使用了例 4.1 中定义的整数和浮点数的联合体,以方便用二进制代码形式为浮点数赋初值。

为了避免这些指令产生NaN、非规范化或无穷大的输出，应用需要处理无效浮点数据类型的异常请求。异常处理代码只需要判断引发该异常的指令是否是这几个特殊的指令。对于其他的指令，由于浮点运算单元能保证产生规范化的输出结果，所以异常处理代码可以不做任何处理。

两个符号相同，数值非常接近的数相减而产生的舍入也是需要仔细考虑的另一种情况。例如函数 $f(x)=\sqrt{(1+x)}-1$。当 x 趋于0的时候，两个几乎相等的数相减，会由于舍入误差而导致精度快速降低。这种情况可以通过改写算法，避免使用减法以降低舍入误差。上面的函数可以改写成 $x/(\sqrt{(1+x)}+1)$。

例4.6　避免舍入误差的范例

```
float f1(float x)
{
    return(sqrtf(1.0f + x) - 1.0f);
}
float f2(float x)
{
    return(x/(sqrtf(1.0f + x) + 1.0f));
}

int main(int argc, char * argv[])
{
    unsigned int i;
    float x;

//…

x = 0.1f;
for (i = 1; i < 10; i + + )
{
    printf(" %10.2e %20.9e %20.9e\r\n", x, f1(x), f2(x));
    x = x / 10.0f;
}
}
```

以上代码输出结果为：

```
1.00e-01      4.880905151e-02      4.880884290e-02
1.00e-02      4.987597466e-03      4.987561610e-03
1.00e-03      4.999637604e-04      4.998749937e-04
1.00e-04      5.006790161e-05      4.999874363e-05
1.00e-05      5.006790161e-06      4.999986686e-06
1.00e-06      4.768371582e-07      4.999998282e-07
1.00e-07      0.000000000e+00      4.999999348e-08
```

```
1.00e-08        0.000000000e+00        4.999999526e-09
1.00e-09        0.000000000e+00        4.999999303e-10
```

在例 4.6 中给出了改写前后的 2 个算法的代码，并给出了当 x 逐渐趋于 0 的运算结果。第 1 列显示了 x 的值，第 2 列显示了原始公式计算得到的结果，第 3 列显示了改写的公式的计算结果。可以看到，当 x 小于 1.00e-07 时，原始公式的舍入误差已经大于运算结果，导致输出为零，而改进公式仍然能够得到精度较高的结果。

第 5 章

内存管理单元(MMU)

5.1 内存管理单元简介

内存管理单元通常应用在桌面型计算机或者服务器,通过虚拟存储器使得计算机可以使用比实际的物理内存更多的存储空间。同时,内存管理单元还对实际的物理内存进行分割和保护,使得每个软件任务只能访问其分配到的内存空间。如果某个任务试图访问其他任务的内存空间,内存管理单元将自动产生异常,保护其他任务的程序和数据不受破坏。图 5.1 显示了一个典型的使用内存管理单元为多个任务划分的内存映射图。内存管理单元的这个机制是调试指针错误或数组下标越界等错误的非常强大的工具。

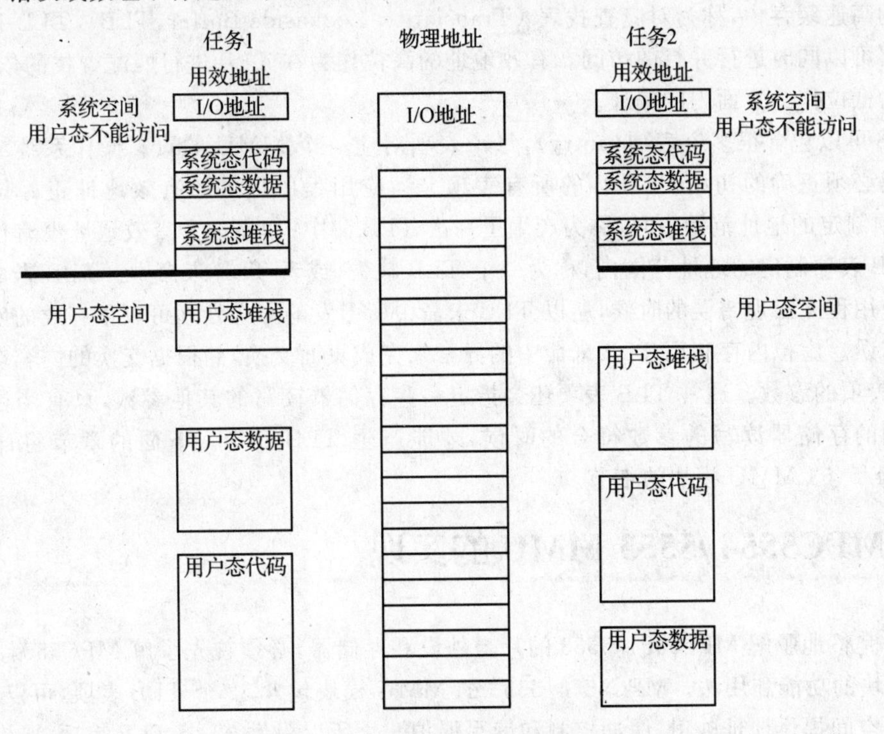

图 5.1 MMU 提供任务内存保护机制

虽然 MPC5554/5553 的内存管理单元能够实现虚拟内存,但其更常见的用途是用来实现内存保护和其他一些目的。后续的章节将描述 MPC5554/5553 的内存管理单元的特性,如何初始化内存管理单元,以及如何在嵌入式硬实时系统中使用。本章节剩余的内容将简要描述内存管理单元的基本概念。如果对内存管理单元的相关概念非常熟悉，那么就可以略过这部分内容。

MMU位于处理器内核和连接高速缓存以及物理存储器的总线之间。当处理器内核取指令或者存取数据的时候，都会提供一个有效地址(effective address)，或者称为逻辑地址、虚拟地址。这个地址是可执行代码在编译的时候由链接器生成的。不同于开发嵌入式处理器系统的程序员，桌面型计算器的程序开发人员通常对硬件的物理配置信息所知甚少。将存储器系统虚拟化，程序员就不需要了解存储器的物理配置细节。当应用代码需要使用存储空间时，操作系统通过MMU为其分配合适的物理存储空间。有效地址不需要和系统的实际硬件物理地址相匹配，而是通过MMU将有效地址映射成对应的物理地址，以访问指令和数据。

每条MMU匹配规则所对应的存储器的大小定义为页。页的大小通常设定为不会对程序的性能造成显著影响的最小的程序和代码的长度。当暂时不使用物理内存的内容时，可将其保存到硬盘等外部存储器里，将其空间用于其他程序；当再次使用这部分内容时再从外部存储器写回到实际物理内存中。通过这种方法，系统就可以提供多于实际物理内存容量的"虚拟内存"。如果MMU定义的页太大，那么进行虚拟内存页面替换所花费的时间就太长；如果页太小，就会引起过于频繁的页面替换。通常最小的页设定为4 KB，MPC5554/5553也是这样设置的。

为了加快MMU规则匹配的处理过程，有效地址和实际物理地址的对应表通常保存在一块单独的高速缓存中，称为对应查找表(Translation Lookaside Buffer，TLB)，TLB和实际物理存储器可以同时进行并行的访问。有效地址的高位作为在TLB进行匹配查找的依据，而有效地址的低位作为页面内的偏址。

TLB可以包含很多个表项(entry)，每个表项对应一个MMU的页。操作系统或者应用启动代码必须正确的初始化TLB的所有表项。当应用程序提供的有效地址正好位于某个TLB表项制定的地址范围内时，称为产生了一次TLB命中；如果这个有效地址没有位于任何一个TLB表项制定的地址范围内，称为一个TLB缺失，或者TLB未命中。TLB未命中往往发生在应用程序出现错误的时候，所以TLB未命中所引发的异常处理可以很有效的发现和调试这类错误。虚拟内存利用TLB未命中的异常来完成页面交换，并根据交换的内容对应的调整TLB表项的参数。通常TLB表项还会指定一些存储器读写的其他参数，只有当这些参数也和当前的存储器读写的参数符合的时候，才能产生TLB命中。下面的章节将详细描述MPC5554/5553 MMU模块的细节。

5.2　MPC5554/5553 MMU的实现

为了完整地了解MPC5554/5553的片上外设和存储器，必须首先了解MPC5554/5553的MMU模块的功能和用法。MPC5554/5553的MMU模块包含32个TLB表项，可以对32个独立地址空间提供地址映射、缓冲控制和读写保护。之所以提供32个TLB表项，既考虑了需要为系统提供足够的存储器分段配置的灵活性，也考虑了这部分功能所占用的硅片面积和开发测试时间。

MPC5554/5553的MMU将32位的有效地址映射成用于实际存储器读写的32位物理地址。为了产生这32位物理地址，有效地址首先被分成了页地址和页内偏址。页内偏址的位数由页面大小确定，剩余的位数就是页地址，MMU实际上仅对有效地址和物理地址的页地址部分进行映射，页内偏址部分是完全相同的。有效地址的页地址都和所有TLB表项指定的有效映射地址相比较，并使用命中的TLB表项所保存的物理页地址进行映射，得到实际的物理地址。

有效地址在多个TLB表项产生命中，是一种程序错误，这种情况下无法产生正确的物理地址，会引发一个异常请求。这需要应用程序保证所有的TLB表项都被正确的初始化，以避免这种情况的发生。

为了得到一个TLB命中，不仅需要有效页地址和TLB匹配，还需要其他的一些属性也要符合，这些属性如图5.2所示。多个TLB表项可以使用相同的有效匹配页地址，但是其他属性不完全相同，这样每个TLB表项产生的TLB命中也不会相同。

应用程序可以通过读取MMU配置特殊寄存器来得到MPC5554/5553处理器MMU模块的固件特性信息。这些信息包括MMU的设计版本号、TLB表项的数目以及每个TLB表项允许指定的属性。如果应用程序需要适应不同的硬件版本，需要在运行时根据不同的硬件使用不同的初始化流程的话，这些信息是非常关键的。这样，即使MMU的设计细节发生了变化，应用程序仍然能够使用相同的流程来适应这些不同的版本。

复位时，除了TLB表项0以外的所有表项都是无效的，TLB表项0所使用的默认配置可以参考第9章9.2节的描述。这个默认配置允许MPC5554/5553执行位于片内启动引导存储器(BAM)里面的启动代码。

BAM启动码执行后的MMU状态：BAM的代码修改了MMU的前5个TLB表项，提供默认的存储分配表，并对片内资源和外部总线接口的访问进行保护。根据MPC5554/5553的不同启动模式，这前5个TLB表项初始化的值也有所区别。

5.3 MMU属性

MPC5554/5553的MMU符合Power体系结构的规范。TLB表项都是相连映射的，并且提供了额外的硬件来加速TLB未命中异常的处理。有几条特殊的指令用于管理TLB表项。

1. 页面大小

TLB表项映射的存储器范围就是页面。这个属性具体包括：

① 指定的有效映射地址。

② 读写权限。

③ 存储器和缓存的关系。

MPC5554/5553的MMU具有32个TLB表项，可以支持32个页面。每个页面的容量可以指定为4 KB，16 KB，64 KB，256 KB，1 MB，4 MB，16 MB，64 MB和256 MB。

实际页面地址(Real Page Number，RPN)确定了页面对应的起始物理地址。这个起始地址必须是页面大小的整数倍，例如16 KB的页面的起始地址必须位于0，16 KB，32 KB或48 KB的边界上。这样，将页面和MPC5554/5553的实际物理地址对应起来的时候，就需要格外注意。实际上，MPC5554/5553的存储器分配表也考虑到了这一点，仔细地分配了每个片上模块的起始地址和模块地址空间，使得需要用到的TLB表项尽可能少。实际上，BAM代码中只需要使用前5个TLB表项就可以覆盖MPC5554/5553的全部地址空间。

多个页面也允许占用相同的物理地址空间。例如，可以将片内的一段 64 KB 的 FLASH 存储器映射成一个 64 KB 的只读页面；另外将一段 16 KB 的读写页面映射到这 64 KB 的起始地址。这样，这 64 KB 的地址空间实际上就被分成了 48 KB 和 16 KB 两个部分，如图 5.2 所示。虽然这两个页面有可能产生相同的物理地址，但是通过结合其他的页面属性可以避免多个页面同时命中。注意读写权限并不能用来避免多页面命中。在这种配置方式下，48 KB 的只读部分可以用于保存常数和表等固定数据，而 16 KB 的读写部分则可以用于模拟 EEPROM 存储区。应用程序必须非常仔细的确认那些对 48 KB 常数段进行操作的代码不会错误的访问到前面的 16 KB 区域，因为在这种情况下 MMU 无法检查对 48 KB 区域的访问越界。如果要实现对 48 KB 区域的访问越界检查，将一共需要使用 4 个 TLB 表项才能实现。使用 3 个 TLB 表项将这 48 KB 空间必须映射到 3 个独立的 16 KB 页面，并且和原来的 16 KB 页面没有任何重叠。

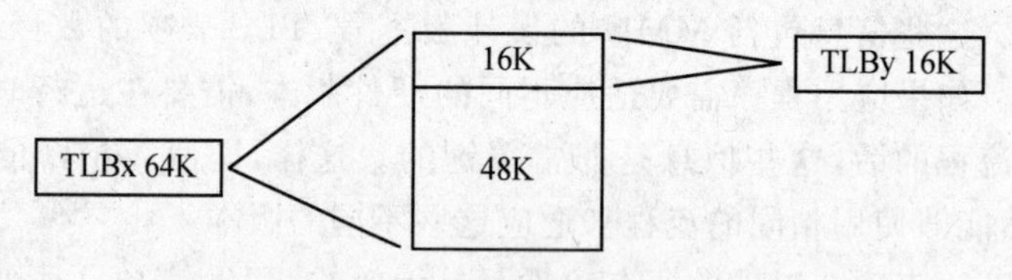

图 5.2　多个 TLB 页面使用相同的物理存储区

通过配置 TLB 表项，也可以将全部的片内存储器和 I/O 空间都映射成一个大的连续的虚拟地址空间。MPC5554/5553 的 I/O 模块的地址空间分散在整个 4 GB 寻址空间里。图 5.3 的例子里，eTPU 模块的 16 KB 双口共享 RAM 和片内的 64 KB RAM 被映射成了一个连续的 80 KB 虚拟空间。

当然此时就不能再使用 eTPU 模块了。

通过配置 TLB 表项，也可以将应用中处理器需要频繁访问的外设的地址映射到那些可以使用更高效的寻址方式的页面空间。例如将 eMIOS 模块的地址空间映射到 0 地址开始的页面，处理器就可以使用高效的立即数间接寻址，而不必使用复杂的寄存器间接寻址方式。

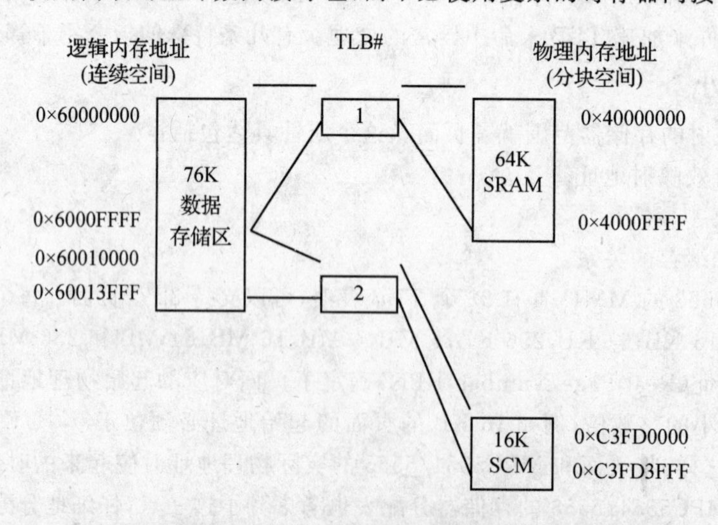

图 5.3　通过 TLB 将分块的物理地址映射成连续逻辑空间

2. TS 地址空间类型指示

根据 Power 体系规范的规定，MPC5554/5553 的有效地址还包含了两个额外的位分别用于指明当前的有效地址是否是指令获取操作和数据读写操作。对于指令操作，这个额外的位保存在 MSR 寄存器的 IS 位；对于数据操作，这个额外的位保存在 MSR 寄存器的 DS 位。这两个位可以通过程序指令进行修改，但是当发生中断的时候，MSR 寄存器中的这两个位都会被清除为 0。

当处理器进行指令获取或数据读写操作时，IS 和 DS 位会分别和 TLB 表项中保存的 TS 位进行比较，比较的结果将对是否产生 TLB 命中产生影响。

由于在发生中断时，MSR 寄存器中 IS 和 DS 位都被清为 0，所以对于中断处理程序所在的页面，其 TS 必须置为 0。正常的应用程序所在的页面的 TS 就需要置为 1。

使用地址空间类型指示可以将映射到同一段有效地址的多个程序模块区分开来。例如可以将中断服务程序放置在地址空间的前 32 KB，并且具有系统态运行的属性；而应用程序的固定数据表也可以映射到这 32 KB，具有普通态只读的属性。

3. TID TLB 处理 ID 号

根据 Power 体系规范的规定，MPC5554/5553 的 MMU 还提供了 PID(Process ID)的特性。MPC5554/5553 仅使用了 8 位寄存器来提供 PID。当 TLB 进行有效地址映射处理的时候，PID 寄存器的值也和 TLB 表项中的 TID 值进行比较。不管是指令操作还是数据操作，都要进行 PID 和 TID 的比较。

如果 TID 被设置为 0 值，那么将忽略 PID 和 TID 比较的结果，也不会对 TLB 命中的处理产生影响。

多个 TLB 表项对应相同的有效地址的情况，可以通过 TID 来进行区分。通过修改 TID 寄存器的值，可以很容易地在运行时切换存储器。例如当应用程序运行时，通过 NEXUS 调试接口修改 TID 寄存器的值后，相同的有效地址所对应的数据将变成从另外一个物理存储空间得到。这对于调试是非常有用的。

4. EPN, RPN 有效页面地址，实际页面地址

在每个 TLB 表项中，必须满足下面的条件才能正确进行有效地址的映射：

- 有效地址的特定位数的内容和 TLB 表项中有效页面地址 EPN 相同。
- MSR 寄存器的 IS 位(对于指令操作)或 DS 位(对于数据操作)和 TLB 表项中的 TS 位相同。
- PID 寄存器的值和 TLB 表项中 TID 的值相同，或者 TID 的值为零。

图 5.4 给出了有效 TLB 命中的逻辑处理结构图。

对一个有效地址，如果没有任何一个 TLB 表项满足上述条件，就产生了一个 TLB 缺失，这可以引起一个指令或数据的 TLB 缺失异常。

TLB 表项中定义的页大小决定了有效地址的多少个位的信息需要和 TLB 表项中的 EPN 进行比较。当 TLB 命中后，TLB 表项中的 RPN 就替换了有效地址中的对应位，而构成实际的物理地址。

5. 存储器访问权限

程序可以为每个虚拟页面指定一定的访问权限，包括是系统态还是普通态，是否允许读、

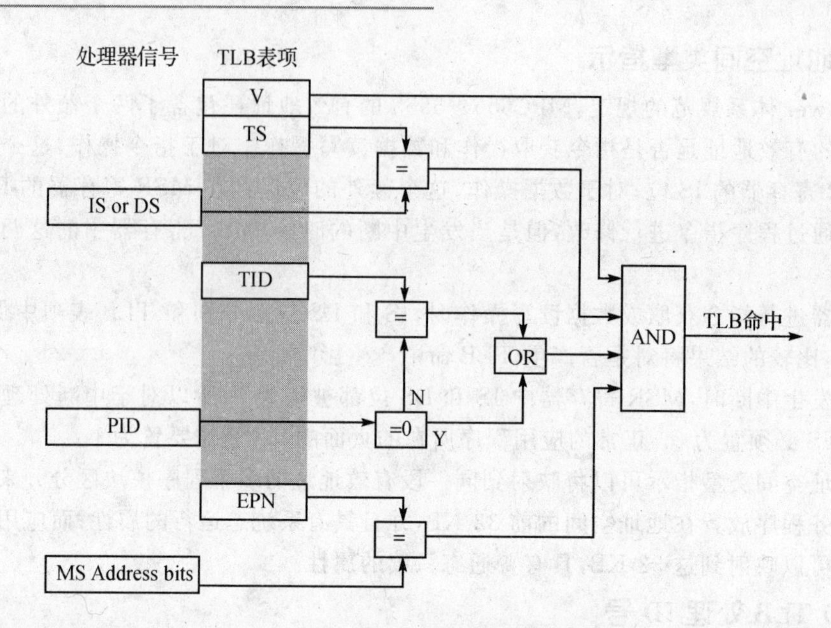

图 5.4 有效 TLB 命中的逻辑处理结构图

写和运行指令。对于某些应用,这些访问权限设定只能在系统复位后配置一次。例如,程序代码所在区域被配置为只能运行,数据变量区被设置为读写非运行,数据常数区被配置为只读非运行。对于另一些应用,这些访问权限由操作系统根据应用程序的需要和系统运行的策略进行动态的修改。

UX,SX,UW,SW,UR 和 SR 访问权限位用于设定一个虚拟页面的访问权限。这些位的具体描述如下:

- SR－系统态读权限:在系统态下(MSR[PR＝0]),允许进行存储区读操作和读取形式的缓存管理操作。
- SW－系统态写权限:在系统态下(MSR[PR＝0]),允许进行存储器写操作和写入形式的缓存管理操作。
- SX－系统态运行权限:在系统态下(MSR[PR＝0]),允许从存储器获取和执行指令。
- UR－普通态读权限:在普通态下(MSR[PR＝1]),允许进行存储区读操作和读取形式的缓存管理操作。
- UW－普通态写权限:在普通态下(MSR[PR＝1]),允许进行存储器写操作和写入形式的缓存管理操作。
- UX－普通态运行权限:在普通态下(MSR[PR＝1]),允许从存储器获取和执行指令。

在地址比较和页面属性比较完成后,还需要检查这些访问权限设定。如果产生了权限冲突,会引发一个指令或数据存储中断(ISI 或 DSI)。

6. 存储器访问属性

Power 体系规范定义了 5 种存储器属性,如表 5.1 所列。表中还给出了这 5 种属性的简写字母以及这 5 种属性在 MPC5554/5553 处理器中的实现情况。

表 5.1 存储器访问类型

类 型	首字母简写	说 明
直接写入	W	支持
缓存禁止	I	支持
强制存储一致	M	不支持
保护	G	所有的数据访问受保护,指令访问不受保护
字节序	E	片内访问支持两种字节序;片外访问仅支持大端字节序

(1) W—直接写入(Write through)

页面定义为直接写入,表示如果这个页面映射到高速缓存 cache,当向这个页面执行写入操作的时候,这个写入操作不仅修改了 cache 中的内容,而且写入操作也出现在外部总线上(也就是写入了一个实际的物理存储器或 I/O 模块)。直接写入模式使得高速缓存的数据可以直接从外部总线观察到,这样对于调试器来说就不需要使用诸如暂停处理器等手段来介入正常的程序运行。直接写入的另外一个作用是使得数据可以保存在可靠性更高的外部 SRAM 中,例如带有错误码校验 ECC 的 SRAM。高速缓存仅使用简单的奇偶码校验,当发现奇偶码校验错误后,高速缓存就自动清空并且从外部 SRAM 重新读取全部数据。但是直接写入操作需要等待外部总线的时序完成才能结束,这就降低了总线带宽和系统性能。

(2) I—缓存禁止(Cache inhibited)

这个控制位仅影响当前页面中还没有装载到高速缓存的内容。如果对页面的访问已经在高速缓存中引发命中,这个缓存禁止位是被忽略的。如果标记为缓存禁止的页面在被访问时没有能够在高速缓存中发现命中,这个访问就作为一个单次读写出现在了外部总线上,而没有标记缓存禁止的页面就会引起一次缓存更新。使用缓存禁止时需要注意:

- 经常访问的数据不要标记为缓存禁止。
- 易变的数据(volatile),例如外设端口,需要标记为缓存禁止。
- 不是由处理器,而是由其他总线控制器如 DMA 等装载的数据需要标记为缓存禁止,否则就需要使用一个软件的信号灯机制来保证数据的一致。

(3) M—强制存储一致

MPC5554/5553 没有提供这个属性的控制位。

(4) G—保护

虽然 MPC5554/5553 没有提供这个保护属性的控制位,但所有的数据访问都默认的按照保护方式进行。被保护的存储器只有当确实被使用时,才会被读取;它不允许为了提高性能而进行提前读取。只有当 e200z6 内核确定流水线中的指令已经能够不受潜在的异常中断的影响而执行的时候,才会进行对应的指令操作数的读取操作。如果使用提前读取机制的话,在提前读取完成但尚未执行的时候,插入了一个异常或者中断,那么提前读取的数据就随流水线的重排而丢弃了。这样当异常或中断返回后,就会对这个地址进行又一次读取。这对某些 I/O 模块的状态寄存器来说是不允许的,读取操作可能会改变其状态。将一个存储区域标记为保护的,就可以避免这些非必要的多次读取操作。

指令访问都默认按照非保护方式进行,这允许进行预取指令以提高运行效率。

(5) E—字节序

对于 PowerPC 架构,通常都是采用大端字节序(big endian)。处理器和 MMU 可以支持两种字节序,MPC5554/5553 所有的片内模块和外部总线接口都只支持大端字节序。

(6) 用户自定义位

在每个 TLB 表项中都有 4 个用户自定义位。这 4 个位对地址映射和 TLB 命中逻辑没有影响,处理器的硬件不会对这 4 个位进行修改。

5.4 配置 MMU

MMU 的每个 TLB 表项都必须单独配置。因为每个 TLB 的配置信息都超出了 32 位,软件必须通过几个特殊寄存器 SPR 来间接的完成对 TLB 的配置。MPC5554/5553 使用 6 个 SPR 寄存器(MAS0,MAS1,MAS2,MAS3,MAS4 和 MAS6)来对 TLB 进行读取、写入和查找,mfspr 和 mtspr 指令可以用于读取或写入这几个 MAS 寄存器。e200z6 的内核没有 MAS5 寄存器。

简单来说,配置 TLB 需要首先通过 mtspr 指令将配置参数写入到 MAS 寄存器中,然后通过 tlbwe 指令将 MAS 寄存器的内容转移到 TLB 表项中。

使用 tlbre 指令可以读取 TLB 表项的内容,此时 TLB 的内容被写入到 MAS 寄存器中,然后再通过 mfspr 指令将 MAS 寄存器的内容读入到通用寄存器 GPR 中。更新 TLB 表项会对其控制的页面的访问产生影响,所以需要在更新 TLB 之前通过调用 mbar 指令来保证该 TLB 对应的页面访问已经结束。当 TLB 表项更新后,还需要通过执行 isync 指令来取消那些已经从旧页面中预取出来的指令。

例 5.1 给出了更新 TLB 表项 5 的代码。需要更新的参数保存在一个数组 mmu_tlb6 中,然后被写入到 MAS0,MAS1,MAS2 和 MAS3 寄存器中。设置 TLB 表项不需要使用 MAS4 和 MAS6 寄存器,这两个寄存器用于 MMU 异常处理的过程,在本章后面会详细描述。

例 5.1 初始化 TLB 表项

```
# * * TLB6 - Internal FLASH (2) set to 256KB * *
mmu_tlb6:
# TLB6_MAS0
.long (SELECT|ENTRY6)
# TLB6_MAS1
.long (ENTRY_VALID|PROTECTED|GLOBAL_MATCH|TS_IS_COMPARE|TSIZ_256K)
# TLB6_MAS2
.long ((FLASH_BASE_ADDR + OFFSET_1M)|WRITE_BACK|ACTIVE|NO_COHERENCE|NOT_GUARDED|BIG_ENDIAN)
# TLB6_MAS3
.long ((FLASH_BASE_ADDR + OFFSET_1M)|READWRITEEXECUTE)

#Change TLB6 size to 256K
lis   r3, mmu_tlb6@h           # base address of constant table
ori   r3,r3, mmu_tlb6@l
lwz   r5,0(r3)                 # Get MAS0 value
```

```
mtspr mas0,r5            #
lwzu  r5,4(r3)           # Get MAS1 value
mtspr mas1,r5            #
lwzu  r5,4(r3)           # Get MAS2 value
mtspr mas2,r5            #
lwzu  r5,4(r3)           # Get MAS3 value
mtspr mas3,r5            #
mbar                     # Ensure ld/st completes (not really necessary here)
tlbwe                    # Load the TLB entry
isync                    # Wait for tlbwe to complete, then flush instruction buffer
```

TLB 禁止和禁止屏蔽：24 个 TLB 表项实际上构成了一个 CAM(Content Addressable Memory 内容可寻址存储器)。为了执行一次 TLB 查找,CAM 中的内容并行的和有效地址进行比较。如果比较发现有相同的结果,TLB 表项中的 RPN 就替换了有效地址中的对应位,而构成实际的物理地址。

根据 PowerPC 的体系规范,处理器可以通过 tlbivax 指令来使得一个 TLB 表项失效。Tlbivax 根据指定的有效地址来决定是否关闭 TLB 表项,也就是说仅根据 TLB 表项的 EPN 来决定是否关闭该表项,而不考虑 AS 和 TID 的设置。这样一条 tlbivax 指令就有可能关闭多个 TLB 表项。

通过设置 TLB 表项的 IPROT 位,可以屏蔽对该 TLB 进行禁止的操作。设置了 IPROT 的 TLB 表项不会受到 tlbivax 指令的影响,也不受 MMUCSR0[TLBCAM_FI]位的影响。这个位可以用于保护中断服务程序,以免中断程序的指令获取产生 TLB 缺失异常。

译者注: 这种存储器和通常的存储器相反,不是根据输入地址输出该地址所在位置的内容,而是根据外部输入的内容,给出该内容所在位置的地址。

5.5 MMU 异常处理

当产生指令 TLB 错误、数据 TLB 错误,DSI 或 ISI 异常的时候,硬件将自动修改特定 MAS 寄存器的内容,以加快异常处理的过程。

当发生 TLB 缺失异常时,中断处理程序需要获取当前 TLB 表项的所有信息。根据前面的讲述,这些信息应当通过 MAS0－MAS3 寄存器来获取,这需要调用 4 次 mtspr 指令。为了加快这个过程,当发生 TLB 缺失异常时,自动将保存在 MAS4 寄存器中的默认的 TID,WIMGE 和页大小的参数、地址空间 address space 和引发此次异常的 EPN[0:19]写入 MAS0－MAS3 寄存器相应的位,并把 MAS0 寄存器中 NVCAM(next victim replacement entry value)位的值也被复制到 ESELCAM 位。这样,TLB 缺失中断处理程序只需要再调用 mtspr 指令更新 MAS3 寄存器就可以得到完整的 TLB 表项信息。当然,如果发生异常的 TLB 表项的参数和 MAS4 寄存器中的默认参数不一致的时候,仍然需要用 mtspr 指令更新全部 4 个 MAS 寄存器。

当发生 DSI 或 ISI 中断时,硬件仅把当前的 PID 值和 MSR 寄存器的 DS 位或 IS 位写入到 MAS6 寄存器的 SPID 和 SAS 位。

中断处理程序可以调用 TLB 查找指令 tlbsx，这条指令根据 MAS6 寄存器中的 SPID 和 SAS 位找到引发 DSI 或 ISI 的 TLB 表项。需要指出在产生 DSI 或 ISI 到执行 tlbsx 指令之间，该 TLB 表项仍然可能被禁止或者更新。

5.6　MAS 寄存器

图 5.5 给出了所有 MAS 寄存器的位域。

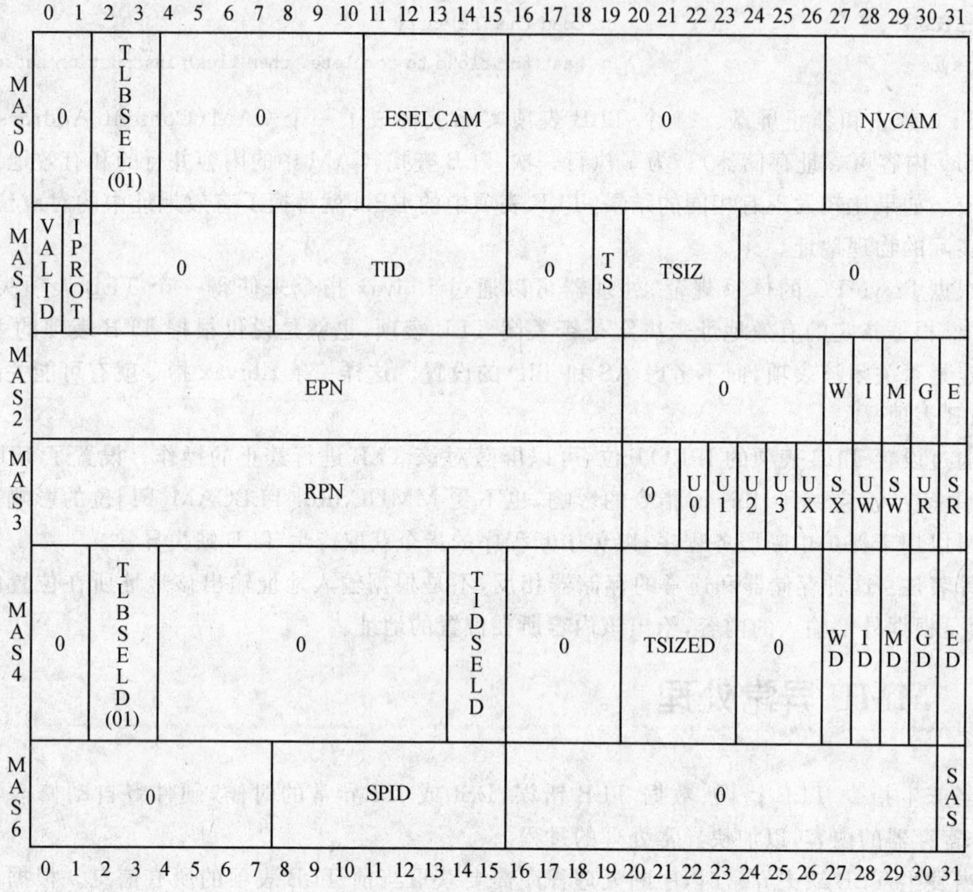

	0	1	2	3	4	5	6	7	8	9	10	11	12	13	14	15	16	17	18	19	20	21	22	23	24	25	26	27	28	29	30	31
MAS0	0		TLBSEL (01)		0							ESELCAM					0											NVCAM				
MAS1	VALID	IPROT	0						TID								0			TS	TSIZ				0							
MAS2	EPN																				0							W	I	M	G	E
MAS3	RPN																				0		U0	U1	U2	U3	UX	SX	UW	SW	UR	SR
MAS4	0		TLBSELD (01)		0										TIDSELD		0				TSIZED				0			WD	ID	MD	GD	ED
MAS6	0								SPID								0															SAS

图 5.5　MAS 寄存器

图 5.5 中大多数的位域都在前面提到了，没有提到的位域的说明如下：

- TLBSEL：这两位目前是固定值 0b01，但是程序仍然需要执行写入 0x01 的操作，以保证程序和后续可能的变动兼容。
- ESELCAM：这 5 位用来定义当前需要写入的 TLB 表项的变化(0～31)。
- VALID：程序将该位设为 1 以使该 TLB 表项生效。
- TIDSELD：这两位用来确定当发生 TLB 异常的时候，需要将哪个值写入到 TID 位域。0b00 表示将当前程序的 PID 值写入到 TID 位域，0b11 表示将 0 值写入到 TID 位域。

5.7　外部调试对 MMU 的影响

当进行外部调试的时候(见本书第 20 章),调试器将关闭 MMU 的地址映射,并且将访问权限位(UX,SX,UW,SW,UR 和 SR)和访问属性位(W,I,M,G,E)都替换成默认可以产生 TLB 命中的值。而且在这种情况下,有效地址就直接等同于物理地址,也不会产生和 DSI 相关的 TLB 缺失异常或 TLB 保护。

第6章

系统缓存

6.1 缓存介绍

e200z6 的处理器的最高运行速度要比访问 Flash、SRAM 存储器、I/O 模块和外部总线的速度高得多。为了降低这种速度差异给系统性能带来的影响，MPC5500 系列使用层次化的存储器结构，在处理器内核和存储器映射之间增加了高速缓存层。高速缓存和处理器内核的指令流水线结构结合得非常紧密，每个周期能为流水线提供两条指令。使用了缓存的数据访问速度也大大提高。但是实现高速缓存需要使用大量的硅片面积，所以实际的缓存容量需要综合考虑对性能的改善和成本的增加。MPC5554 提供了 32 KB 的高速缓存，对大多数的嵌入式应用是合适的。

本章不详细讲解缓存的理论，只讨论在 MPC5500 系列的缓存中涉及的几个特性。MPC5554 的缓存是 8 组的组相连映射方式。组相连的映射方式结合了全相连映射方式的灵活和直接映射方式的高速的优点。全相连映射方式允许将存储器的内容保存到任意缓存位置（称为缓存行）；直接映射缓存将每个存储器地址的内容保存到特定的缓存位置。MPC5554 的组相连映射方式为每个存储器地址提供了 8 个可以选择的缓存行（这构成一个组），这可以避免全相连映射缓存频繁更新的弊端。每个组内的 8 个缓冲行之间构成了全相连映射关系，而多个缓存行组成一个直接映射的缓存块。当读入缓存时，根据直接映射规则，从存储器的地址确定其所在的组，然后从该组的 8 个缓冲行中指定一个缓存行，将该存储器的部分地址位（地址标签）和该存储器地址内保存的指令或数据一起写入到缓存行中。程序指令访问存储器时，首先根据地址确定其所在的组，然后根据地址标签在该组的 8 个缓冲行中进行查找，以确认该地址是否已经保存在缓冲中。根据地址标签查找对应缓存行的步骤，是通过内容可寻址存储器来实现的（内容可寻址存储器的概念在第 5 章里已经讨论过了）。

由于 32 KB 的缓存需要映射整个 32 位地址空间（4 GB）的内容，很显然根据指令序列流的执行和数据的访问情况，需要随时对缓存行的内容进行更新。如果没有使用 e200z6 内核指令关闭缓存自动更新，那么缓存的行为在很大程度上由程序指令的运行流程和运算数据的结构及位置来决定。使用缓存对那些短小的循环指令、经常执行的指令段落和频繁使用的数据结构是非常有帮助的。MPC5554 的缓存既可以作为指令缓存，也可以作为数据缓存。如果需要的话，也可以只使用部分的缓存空间。

6.2　缓存结构

MPC5554 处理器包含 32 KB、8 组的组相连映射缓存；MPC5553 处理器包含 8 KB、2 组的组相连映射缓存。图 6.1 示意了 MPC5554 处理器的缓存结构。

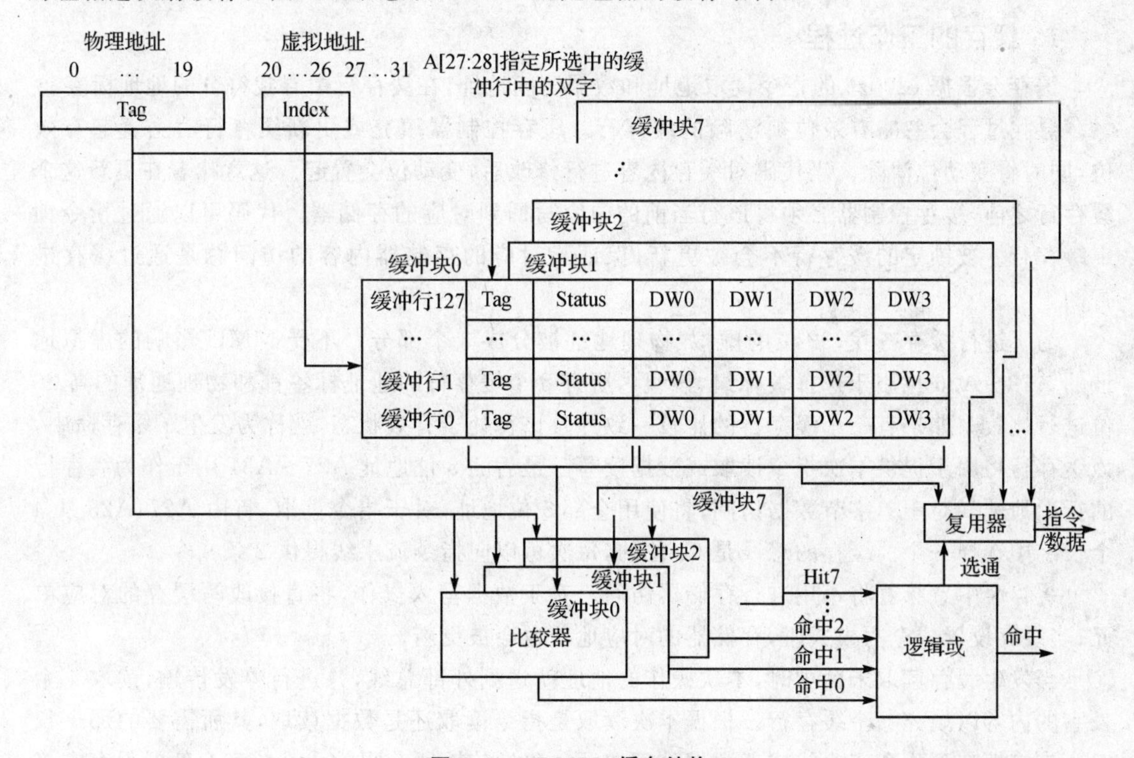

图 6.1　MPC5554 缓存结构

MPC5554 的缓存提供了 8 个缓存块，每个缓存块由 128 个缓存行构成。每个行可以保存 32 B 的存储器内容。可以指定一个缓冲行为指令缓存或数据缓存，可以对每个缓冲行执行载入、锁定和清除操作。除了缓存的指令或数据内容外，每个缓存行还包含了一些控制和状态位，如图 6.2 所示。

TAG[0:19]	L	D	V	Doubleword 0	Doubleword 1	Doubleword 2	Doubleword 3

图 6.2　缓存行的位域

图中的每个位域的具体作用如下：

Tag[0:19]

这 20 位是地址标签，用于和 MMU 映射提供的物理地址的高 20 位进行比较。当发生缓存未命中时，缓存控制器会更新这个位域。

L—锁定位

锁定位设为 1 时，不允许对该缓存行进行替换。根据该缓存中保存的是指令还是数据，可以分别使用 icbtls 和 dcbtls 指令来设置锁定位。

D—变动位

该位为 1 表示该缓存行中的内容已经被代码进行了修改，和存储器中的原始内容可能不一致。当进行缓存行更新时，缓存控制器根据该位状态将该缓存行的内容写回到存储器中。这个位只在缓存被设置成回写模式时才有效，这将在后续章节讲解。

V－有效位

当发生缓存未命中，缓存控制器更新了缓存行后，会将该位置起，表明该行内容有效。

1. 缓存的工作过程

缓存会根据 e200z6 的指令读取地址和数据访问地址，在缓存行中寻找符合的地址标签。

寻找过程会忽略有效位被清除的缓存行。缓存控制器填充或更新缓存行时会置起有效位，同时将变动位清除。当代码对缓存内容进行修改后，变动位会置起。这意味着在更新这个缓存行之前，缓存控制器必须将该行当前的内容写回到对应的存储器。代码可以通过指令锁定缓存行。被锁定的缓存行不会被更新，保证了对应的存储器内容的访问总是通过缓存进行的。

为了进行缓存查找，32 位的虚拟/物理地址被分成 3 个部分。不受 MMU 影响的虚拟地址的 A20～A26 位用于选择缓存组，该组内所有 8 个缓存行的地址标签都和物理地址的高 20 位进行比较。如果有一个缓存行的比较一致并且该行处于有效状态，就称为发生了缓存命中，该缓存行将用于提供本次指令读取或数据读写。最后的 5 位地址 A27～A31 用于作为缓存行的行内地址。对于单字节数据访问，将使用全部 5 位地址；对于指令读取，将由 A27，A28 从 4 个长字中选择一个。缓存的总线是 64 位的，每次可以向指令流水线提供 2 条指令。

缓存命中意味着将不用进行存储器访问。对于数据写入操作，将直接改写缓存的对应单元；当缓存设置成全写模式时，存储器的对应地址也会被更新。

当发生缓存读取未命中时，本次操作的地址就送到外部总线，并进行猝发传输，读取 4 个长字的内容以填充一个缓存行。根据本次读取是指令读取还是数据读取，其所需要的那个长字会直接填充到指令流水线或者数据处理单元。猝发传输所获得的 4 个长字会暂时保存在一个行缓冲中，这个缓冲的内容在被实际写入到缓存之前也能够提供访问命中。

当再次发生缓存读取未命中时，该行缓冲的内容就被写入到对应的缓存行中。此时该缓存行的内容，地址标签都被更新，其有效位置起、变动位清除，表明该缓冲行的数据是有效的，并且和存储器中的内容一致。

当发生缓存写入命中时，缓存行中的内容被直接更新，对应的存储器的内容是否更新取决于程序所设定的缓存工作模式。

缓存有两种写入模式：直写模式和回写模式。直写模式时，缓存写入命中会同时更新缓存和存储器中的内容。回写模式时，缓存写入命中仅修改缓存中的内容，修改后的缓存行在被更新时回写到对应的存储器中。直写模式能够确保缓存和存储器内容的一致性。

直写模式能够实时将数据保存到具有错误校验码保护功能的存储器中，这样在发生缓存校验错误时，仍能够保证系统的正常运行。在第 18 章将讲解 ECC 的有关内容。直写模式的缺点是每次写入操作都需要进行总线访问，回写模式仅更新缓存，不需要进行总线访问。这有助于降低系统功耗，提高系统运行效率。

2. 缓存维护

在系统复位以后，缓存是默认禁止的，其有效位、变动位和锁定位处于随机状态。程序在使用缓存之前必须首先对整个缓存进行无效确认。L1 缓存控制寄存器 L1CRS0 的缓存无效控制位 CINV 必须置为 1,以确认整个缓存无效。这个无效确认的操作需要花费 134 个系统周期,在此期间访问缓存将没有响应。缓存的无效确认操作有可能因为异常处理的插入而终止,但是在系统初始化期间应尽量避免这种情况。L1SCR0 的缓存终止位 CABT 在这种情况下将置起。为了保证缓存无效确认的正确完成,程序必须检查 CINV 和 CABT 位。对于一个正常的无效确认操作,这两个位必须都为 0。例 6.1 给出了对缓存进行无效确认的程序代码段。

例 6.1 初始化缓存

```
        msync                        /* complete all pending data accesses */
        isync                        /* complete all dispatched instructions */
                                     /* and flush instruction queue */
        li      r0, 0x0002           /* set CINV bit */
try_again:
        mtspr   L1CSR0, r0           /* now safe to write L1CSR0 & invalidate all entries */
        msync                        /* wait until cache invalidation is complete */
        mfspr   r8, L1CSR0           /* read value of L1CSR0 */
        cmpi    r8, 0x0000           /* check ABORT bit */
        bne     try_again            /* if cache invalidation is aborted, lets try again */
        li      r0, 0x0001           /* set the cache enable bit */
        mtspr   L1CSR0, r0           /* now we can enable the cache */
```


在无效确认并使能了缓存单元后,有效位、变动位和锁定位都被清除为 0。此时对存储器的访问就可以开始逐行更新缓存。当然这里的存储器必须是可用缓存的,那些设定了禁用缓存的存储器是不会产生猝发传输以更新缓存的。猝发传输的第一个长字访问将和普通访问模式花费相同的时间,而后续访问的 3 个长字将仅各花费一个时钟周期。

e200z6 处理器还提供了一个总线写入暂存器用于未命中的或直写模式的缓存写入操作。这个写暂存器独立于缓存本身,甚至在缓存被禁用时该缓冲仍然是有效的。借助该暂存器,写入指令不需要进行总线访问就可以执行完成。当待写入的数据保存在暂存器以后,内部总线控制器会在总线空闲的时候将暂存器里的内容写回到存储器中。同样,在缓存控制器里也有一个缓冲写出暂存器,用于提高将发生变动的缓存行写回到存储器操作的性能。处理器的总线写暂存器和缓存写出暂存器都是默认允许的,程序也可以禁用和再次允许这两个缓冲。

6.3 使用缓存作为系统 RAM

如果系统需要更多的 RAM,可以使用部分的缓存作为系统 RAM,扩大应用程序的可用数据空间。这可以通过配置一个 MMU 表项,将这个额外的存储空间映射到一个没有实际物理器件对应的物理地址。缓存要设置成回写模式,否则直写模式将会导致对这个不存在对应器件的物理地址访问出错。然后把这段物理地址的地址标签写入到缓存行的地址标签位域中,这通过指令 dcbz 来完成,这条指令可以直接将一个缓存行标记成一个指定的地址,而不需要通过存储器读取。由 dcbz 指令配置的缓存行的数据都为零,并且有效位和变动位都置起。

同时还需要调用 dcbtls 指令来锁定该缓存行,不允许对该行进行写回操作。

经过这样配置后,程序对这段物理地址的访问将在缓存中产生命中,由缓存提供程序指令所需的数据。从程序的角度来看,这段地址空间是完全可以读写的,和一段真实的系统 RAM 没有区别,而且其访问速度比系统 RAM 更快。

另一方面,从整个应用系统的性能考虑,也不能把所有的缓存都用做系统 RAM,还是应该保留足够的空间作为真正的缓存。

例 6.2 的代码将 16 KB 的缓存配置成系统 RAM,将剩余的 16 KB 缓存配置成系统缓存。在这个例子里,有缓存配置得到的额外系统 RAM 控制直接跟随在系统 RAM 地址空间的后面,从 0x40010000 开始,结束于 0x40013FFF。代码的第 1 段指明了用于映射该 16 KB 的 MMU 表项的属性,第 2 部分将该 16 KB 配置成系统 RAM。执行完这段代码后,这部分地址空间就表现的像一段 RAM 而不是缓存。

例 6.2　将缓存配置成系统 RAM

```
#include "mpc5554.h"
asm void MMU_init_TLB5 (void)
{
    lis     r0, 0x1005          /* select TLB entry #5, define R/W replacement control */
                                /* r0 = 0x10050000
    mtspr   MAS0, r0            /* load MAS0 with 0x10050000 for TLB entry #5 */

                                /* define description context and configuration control */

    lis     r0, 0x8000          /* VALID = 1, IPROT = 0, TID = 0, TS = 0 */
    ori     r0, r0, 0x0200      /* r0 = 0x80000200 TSIZE = 2 (16KB) */
    mtspr   MAS1, r0            /* load MAS 1 with 0x80000200 */
    lis     r0, 0x4001          /* Define EPN and page attributes: */
                                /* EPN = 0x0x4001 0000, WIMGE = all 0's */
    mtspr   MAS2, r0            /* Load MAS2 with 0x40010000 */
    lis     r0, 0x4001
    ori     r0, r0, 0x000F      /* Define RPN and access control for data R/W */
    mtspr   MAS3, r0            /* RPN = 0x40010000, U0:3 = 0, UX/SX = 0, UR/SR/UW/SW = 1 */
    tlbwe                       /* Write entry defined in MAS0 (entry #5) to MMU */
}
asm void cache_allocate_lock_16KB (void)   /* Allocate and lock 512 cache entry */
{
/* initialize start address = 0x40010000 & loop count to 512 */
    lis     r6, 0x4001          /* append cache space to end of SRAM Block */
    li      r5, 0x0200          /* set lock loop count to 0x200 (size = 16K bytes)
    mtctr   r5                  /* copy lock loop count into counter */
    li      r7, 0x0002          /* set cache invalidate bit */
    msync                       /* complete all pending data accesses */
    isync                       /* flush instruction buffer */
```

```
    mtspr  L1CSR0, r7          /* now invalidate all cache entries */
    li     r7, 0x0001          /* set CE bit in L1CSR0 to 1 */
    mtspr  L1CSR0, r7          /* enable cache */
    mbar   0                   /* wait until cache is ready * ?

LockLoop:
    dcbz   r0, r6              /* zero out cache line */
    dcbtls 0, r0, r6           /* lock data cache entry */
    addi   r6, r6, 0x20        /* increment address to point to next cache line entry */
    bdnz   LockLoop            /* loop until all cache entries allocated and locked */
}
void main (void)
{
    int    i = 0;              /* Dummy idle counter */
    MMU_init_TLB5();           /* define 16KB R/W starting at address 0x40010000 */
    cache_allocate_lock_16KB(); /* lock 16K byte of cache space */
    while(1){i++;}             /* loop for ever */
}
```

1. 缓存锁定

在例 6.2 中,使用 dcbtls 指令来锁定缓存。如果该指令指定的锁定地址已经存在于缓存中,该指令不会进行任何总线访问。如果缓存中并不存在指定的锁定地址,该指令会从指定的地址更新并锁定一个缓存行。同样也可以将程序指令序列从存储器更新到缓存行并锁定,这样这些程序指令的读取都将通过缓存来提供,这将提高运行代码的速度。这由 icbtls 指令来完成,该指令根据 MMU 提供的映射地址进行读取操作,发生访问权限冲突时也会产生 DSI 异常。如果发生 MMU 映射的 TLB 缺失,也会产生相应的 TLB 缺失异常。在机器状态寄存器 MSR 里的用户模式缓存锁定允许位 UCLE 用于设定是否允许在用户模式下执行 dcbtls 和 icbtls 指令,否则也会产生数据存储异常。异常处理程序可以使用异常综合寄存器 ESR 中的指令缓存锁定位和数据缓存锁定位来完成对缓存的锁定。

如果所有的缓存行都已经锁定的话,这些缓存锁定指令将无法再次锁定一个缓存,这种情况称为缓存重复锁定。这种情况也不会产生异常或中断,仅仅在 L1CSR0 寄存器中置起 CLO 位。所以调用 dcbtls 和 icbtls 的程序必须检查该位以判断锁定操作是否正确执行。

例 6.3 的代码将 FLASH 地址的 0x00020000 到 0x00020FFF 的 4 KB 的代码读入并锁定到 128 个缓冲行中。

例 6.3　装载并锁定缓存

```
    lis     r9, 0x0002        /* point to Flash memory source address 0x00020000 */
    li      r0, 0x0000        /* set r0 to literal 0x0 */
    li      r11, 0x007F       /* set loop count to 128 entries */
    mtctr   r11               /* transfer loop count to counter register */
loop:
    icbtls  r0, r9            /* load and lock instruction cache entry */
```

```
mbar    0               /* allow loading and locking to complete */
addi    r9, r9, 32      /* point to next line to be locked */
bdnz    loop            /* decrement counter and if not equal to zero, */
        /* go to load and lock next instruction cache entry */
```

通过调用 dcbtls 指令,也可以类似地将数据锁定到一个或多个缓存行中。

2. 缓存解锁

如果所有的缓存都锁定了,那么缓存读取未命中将无法更新缓存行,而是直接进行外部总线访问。刚开始运行的程序段落就需要将已经运行完的程序段落使用的指令序列和数据从缓存中解锁,并将自己所需要的指令段落和数据重新锁定到缓存中。这可以通过两条缓存解锁指令来完成:数据缓存解锁指令 dcblc(data cache block lock clear)和指令缓存解锁指令 icblc(instruction cache block lock clear)。解锁缓存并不会清除缓存行的内容,也不会对有效位产生影响,只是允许在发生缓存未命中时更新该缓存行。

3. 缓存清空和禁用

L1 清空和禁用寄存器 L1FINV0 就用于对缓存进行清空或禁用操作,程序可以通过设置该寄存器的控制位来清空或者禁用特定的缓存行或缓存块。缓存行的序号通过一个 7 位的位域确定,另外一个 3 位的位域用来确定该缓存行位于哪一个缓存块中。表 6.1 列出了该寄存器的所有位域和说明。该寄存器是一个专用寄存器,需要通过 mtspr 和 mfspr 指令来访问。

表 6.1　L1FINV0 寄存器位域说明

L1FINV0 位域	说　明
CWAY[5:7]	缓存行所在的缓存块序号
CSET[20:26]	缓存行的序号
CCMD[30:31]	缓存行操作: 00 - 禁用缓存,不清空 01 - 清空变动的缓存行,缓存行仍然有效 10 - 清空变动的缓存行,并禁用缓存行 11 - 保留

对一个内容发生变动的缓存行进行清空操作时,需要将变动的内容写回到存储器中。如果这个写回操作发生了权限冲突,将产生一个系统异常,清空操作将被中断,该缓存行被标记为无效。

4. 缓存和 MMU 的写入模式

MMU 页面对应的缓存特性是通过 MAS2 寄存器的回写位 W 来设定的,缓存的写入模式是通过 L1CSR0 寄存器的缓存写入模式位 CWM 来设置的。

只有当 W 位设置为 0(表示 MMU 对应的缓存特性不使用直接写入)并且 CWM 设置为 1(表示缓存使用回写模式)时,缓存才能按照回写模式工作,否则都是按照直写模式工作。

第7章 异常与中断

7.1 异常与中断的介绍

系统异常表明系统脱离了正常的运行状态。当发生系统故障、I/O 设备请求中断或执行陷阱指令的时候就会产生系统异常。系统会清空正常流程的执行、保存当前的机器状态并调用合适的处理程序来响应这些异常状况。当系统处理完引发异常或中断的状况后，就会恢复保存的机器状态并重新开始运行正常的流程。

在这一章里，异常和中断这两个名词是可以互相替换的。例如外设或 I/O 引脚产生的中断就是一种异常。

7.2 中断处理

e200z6 的内核结构可以接收、响应并处理两种中断类型：关键中断和非关键中断。关键中断的优先级高于非关键中断，可以剥夺非关键中断的响应处理过程。当产生中断并被内核接收到时，处理器仅将最必不可缺的机器状态保存在两对保存/恢复寄存器对（CSRR0/CSRR1 和 SRR0/SRR1）中。

对于关键中断，被打断的程序的返回地址保存在 CSRR0 寄存器中，机器状态寄存器 MSR 保存在 CSRR1 寄存器中。对于非关键中断，程序返回地址保存在 SRR0 寄存器中，机器状态寄存器 MSR 保存在 SRR1 寄存器中。

当 MSR 寄存器的值被保存到合适的寄存器中后，硬件就会修改 MSR 的值以屏蔽相同类型的其他中断。新的 MSR 值在执行第一条中断服务程序指令的时候开始生效。大多数的异常都有独立的向量，处理器可以从异常中断表中获得对应的异常处理程序的地址。

为了加快中断处理过程，减少中断潜伏时间，中断向量表是通过一组寄存器实现的，这比从存储器中取得中断向量要快的多。当引发中断的状况被处理完成后，中断程序通过调用返回指令来恢复正常的程序流程。关键中断服务程序需要调用 rfci(return from critical interrupt)指令，而非关键中断服务程序需要调用 rfi(return from interrupt)指令。

当系统复位时，MSR 寄存器中的关键中断和非关键中断屏蔽位都是置起的。在屏蔽位置起时发生的中断请求会被挂起，直到屏蔽位被清除。I/O 外设、递减计数器、内部固定时间间隔中断都是非关键中断，e200z6 的关键中断有如下三类：

- 机器状态检查错。
- 调试中断。

• 看门狗。

MSR 寄存器包含了系统配置和中断控制的位域，该寄存器的各位域如图 7.1 所示。

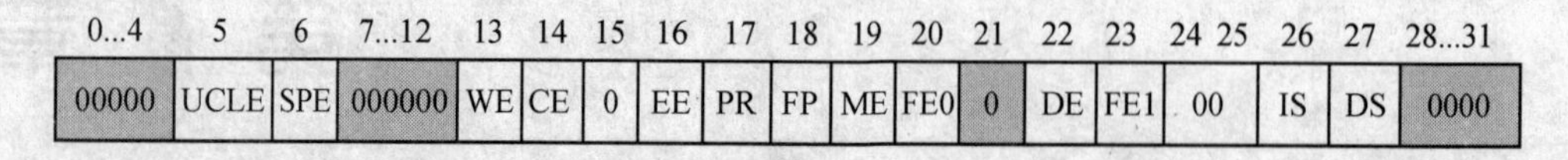

图 7.1 MSR 寄存器

该寄存器的各位域的说明如下：

(1) 用户态缓存锁定允许位(User Cache Lock Enable, UCLE)

当该位清除时，在用户态下将不允许执行缓存锁定指令，否则会产生访问冲突异常。这个异常状况将会根据是执行指令获取还是数据访问而置起异常综合寄存器(Exception Syndrome Register，ESR)的指令锁定或数据锁定位。

(2) 允许位(SPE)

该位清零则不允许使用任何的信号处理引擎指令，否则会引起 SPE 不可用异常。该异常状况将置起 ESR 的 SPE 状态位。标量浮点数运算指令不受该位的影响。

(3) 关键中断允许位(CE)

清除该位将关闭看门狗关键异常中断。该位和定时器控制寄存器(TCR)中的看门狗中断允许位 WIE 必须均为置起状态，看门狗中断才能正常工作。

(4) 外部中断允许位(EE)

这是 MPC5500 系统所有非关键中断的全局使能位。该位清除时，所有的外设、递减计数器和固定间隔定时器中断都被屏蔽。在该屏蔽位置起时发生的相应中断请求会被挂起，直到该屏蔽位被清除。

(5) 系统权限状态位(PR)

当该位清除时，处理器处于系统态运行，可以执行特权指令并访问所有的系统资源。当该位置起时，处理器处于用户态运行。这时试图访问受限寄存器或试图执行特权指令都会引起权限冲突异常。系统复位后默认处于系统态运行。

(6) 浮点指令允许位

该位在 e200z6 处理器中没有使用。当试图执行 PowerPC 体系规范里的浮点指令时，会产生异常。该异常的处理程序可以用软件的方式来模拟对应的浮点指令。如果该位清零，发生异常时 ESR 寄存器的浮点指令禁用标志位置起；如果该位置起，发生异常时 ESR 寄存器的浮点指令未提供标志位置起。(注意，这里所说的浮点指令不同于 SPE 的浮点指令。)

(7) 机器状态检查允许位(ME)

机器状态检查是 e200z6 的关键中断。当发生下列情况时，会产生机器状态检查中断：

① 访问无效地址。

② 向写保护地址进行写入操作。

③ 在用户态下访问系统态地址空间。

④ 使用写缓冲或者缓存写出缓冲时产生总线错。

⑤ 缓存访问产生校验错。

⑥ 异常处理程序第一条指令产生指令表查找缓冲错误。

发生机器状态检查错异常后，机器状态信息保存在 CSRR0/CSRR1 寄存器中，而导致此

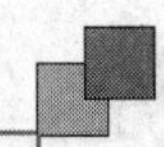

次异常的地址保存在异常地址寄存器(Data Exception Address Register,DEAR)中。如果ME位清除并且也没有允许调试模式时,上述异常状况将导致处理器进入机器检查冻结状态。只有复位或进入调试模式才能退出这个冻结状态。

(8) 调试中断允许位(DE)

当处理器遇到指令或数据断点时将产生调试中断并进入调试模式。当进入调试模式时,机器状态信息保存在CSRR0/CSRR1寄存器中。当硬件特定实现寄存器(Hardware Implementation Dependent Register,HIDR)的调试APU允许位DAPUEN置起时,机器状态信息将保存在另外一组额外的硬件寄存器DSRR0/DSRR1中。通过这组新的寄存器,调试中断就可以对关键中断和非关键中断进行调试。在第20章中给出了一个这样的例子。

7.2.1 异常中断向量表

异常中断向量表是用一组寄存器来实现的,程序在系统态下通过mtspr指令来访问这组寄存器。表7.1列出了e200z6内核的异常向量。

表7.1 异常向量表

向量偏移寄存器	异常类型	常见实例	机器状态信息保存位置	ESR状态位(注1)	返回指令
IVOR1	机器状态检查	MMU故障	CSRR0/CSRR1	需进一步查看MCSR寄存器	RFCI
IVOR2	数据访问权限异常	数据读写权限错误	SRR0/SRR1	ST, SPE, ILK, DLK, BO, XTE	RFI
IVOR3	指令访问权限异常	指令读取权限错误	SRR0/SRR1	XTE	RFI
IVOR4	外部中断请求	外设中断或I/O引脚中断	SRR0/SRR1	—	RFI
IVOR5	数据对齐异常	操作数没有对齐	SRR0/SRR1	ST, SPE	RFI
IVOR6	程序指令	非法指令	SRR0/SRR1	PIL, PPR, PTR, FP, PUO	RFI
IVOR7	浮点运算不可用	当MSR[FP]置为零时,试图运行浮点指令	SRR0/SRR1	FP	RFI
IVOR8	系统调用	SC指令	SRR0/SRR1	—	RFI
IVOR9	协处理器不可用	协处理器不可用	SRR0/SRR1	—	RFI
IVOR10	递减计数器	计数器超时	SRR0/SRR1	—	RFI
IVOR11	内部固定时间间隔	计时时间到	SRR0/SRR1	—	RFI
1VOR12	看门狗	看门狗超时	CSRR0/CSRR1	—	RFCI
IVOR13	数据缓存未命中	数据缓存未命中	SRR0/SRR1	ST, SPE	RFI
IVOR14	指令缓存未命中	指令缓存未命中	SRR0/SRR1	—	RFI
IVOR15	调试	外部调试信号	CSRR0/CSRR1 DSRR0/DSRR1	PTR	RFCI RFDI
IVOR32	SPE不可用	当MSR[SPE]位置零时,试图执行SPE指令	SRR0/SRR1	SPE	RFI
IVOR33	SPE浮点异常	SPE浮点数运算异常	SRR0/SRR1	SPE	RFI
IVOR34	SPE浮点舍入	浮点运算产生不精确结果	SRR0/SRR1	SPE	RFI

该表也列出了每个异常向量的异常类型、所使用的向量偏移寄存器 IVOR、机器状态信息的保存位置以及返回正常流程的返回指令。通过将中断向量前缀寄存器 IVPR 和每个异常中断对应的向量偏移寄存器 IVOR 的内容拼接起来，每个异常中断都有一个独一无二的向量。当发生异常请求时，处理器硬件自动完成 IVPR 和 IVOR 寄存器的拼接。IVPR 的值初始化为中断向量表基地址，而 IVOR 的值由每个异常中断处理程序的偏址地址决定。图 7.2 显示了如何由 IVPR 和 IVOR 拼接得到异常处理程序的入口地址。

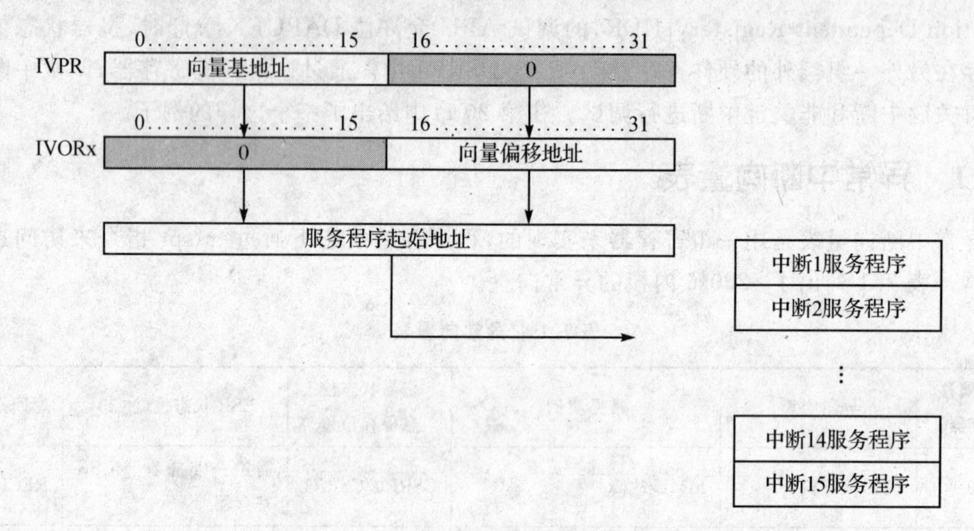

图 7.2　计算异常处理程序入口地址

为了保持中断向量表的精简，多个异常状况共用一个异常中断向量，通过 ESR 寄存器的相应位可以判断出现了哪种异常状态。每个异常向量指向的异常中断程序要根据 ESR 寄存器的状态来调用对应的子处理流程。图 7.3 给出了 ESR 寄存器的所有状态位排列并进行说明：

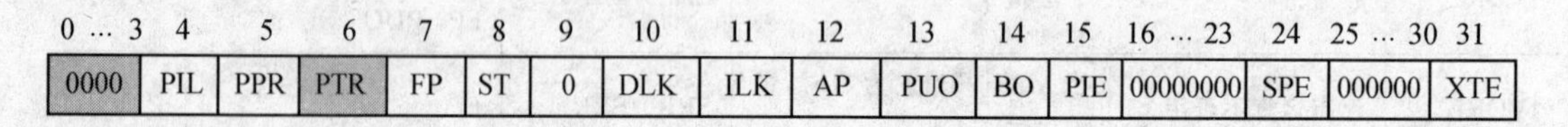

图 7.3　ESR 寄存器

(1) 非法指令异常标志(PIL)

当处理器试图运行一条非法指令时，产生非法指令异常，该位置起。非法指令异常使用 IVOR6 向量偏移寄存器。

(2) 权限异常标志(PPR)

当处于用户态的处理器试图运行一些系统态的指令或试图访问系统态的地址空间时，产生权限异常。该异常使用 IVOR6 向量偏址寄存器。

(3) 陷阱异常标志(PTR)

当处理器执行条件陷阱指令或无条件陷阱指令时，产生陷阱异常。该异常使用 IOVR15 向量偏址寄存器。

(4) 浮点运算标志(FP)

在 e200z6 处理器中并没有设计浮点运算单元，但是为了和以后可能的处理器型号兼容，在 MSR 寄存器中仍然提供了浮点标志位(FP)。当程序试图运行浮点运算指令时，e200z6 处理器将产生一个浮点运算异常。根据 MSR 寄存器中浮点指令允许位 FP 是否置起，将分别在 ESR 寄存器中置起浮点指令禁用标志或浮点指令未提供标志位，并且分别使用 IVOR7 和 IVOR6 向量偏址寄存器。

(5) 存储操作标志(ST)

当试图从非字对齐的地址读取或保存多个寄存器内容时，将产生该存储操作异常。Lwarx 和 stwcx 在访问非对齐的地址时也会影响这个标志位。该异常使用 IVOR5 向量偏址寄存器。

(6) 数据缓存锁定标志(DLK)

当处理器处于用户态，并且 MSR 寄存器的用户态缓存锁定允许位置零时，试图锁定数据缓存的操作将引发该异常。该异常使用 IVOR2 向量偏址寄存器。

(7) 指令缓存锁定标志(ILK)

同样，在处理器处于用户态，并且 MSR 寄存器的用户态缓存锁定允许位置零时，试图锁定指令缓存的操作将引发该异常。该异常使用 IVOR2 向量偏址寄存器。

(8) 辅助操作标志(AP)

该位在 e200z6 中没有使用。

(9) 未提供操作异常标志(PUO)

处理器试图执行未提供的操作时将引发该异常。该异常使用 IVOR6 向量偏址寄存器。

(10) 字节序异常标志(BO)

当操作的地址是非字对齐的，并且这个地址跨越了两个字节序不同的 MMU 页，则会产生该异常。该异常使用 IVOR2 向量偏址寄存器。

(11) 指令不精确异常标志(PIE)

该位在 e200z6 中没有使用。

(12) 信号处理引擎(SPE)异常标志

当 MSR 寄存器中 SPE 允许位被置零时，试图进行并置运算将产生该异常。根据试图执行的指令不同，该异常可以使用 IVOR32,33 和 34 向量偏址寄存器。具体请参考本书第 3 章和第 4 章。

(13) 外部终止错误异常标志(XTE)

该位用于指示发生了外部数据或指令存储错误，分别使用 IVOR2 和 IVOR3 向量偏址寄存器。

在 e200z6 处理器中，有多个状态能够产生机器状态检查异常，这些状态在机器状态检查寄存器中有对应的指示位。程序可以查询这些指示位以确定引起机器状态检查错误的具体原因。MCSR 寄存器各位域的简要说明如图 7.4 所示。

0	1	2	3	4	5……28	29	30	31
0	0	CP_PERR	CPERR	EXCP_ERR	000000000000000000000000	BUS_WRER	0	0

图 7.4 MCSR 寄存器

(1) 缓存写回校验状态(CP_PERR)

当将缓存写回存储器的过程中发生了校验位错误时，该位置起。

(2) 缓存读取校验状态(CPERR)

当读取缓存的过程中发生了校验位错误时，该位置起。

(3) 异常处理故障状态(EXCP_ERR)

当异常处理程序的第一条指令发生了存储异常、指令地址引起 MMU 未命中或总线错误时该位置起。这些异常表明系统无法正常的运行异常处理程序，通常意味着严重的系统硬件故障。

(4) 总线写回错误状态(BUS_WRERR)

该位表明系统在使用总线写暂存器和缓存写出暂存器时出现了总线错误。

7.2.2 时基(Timebase)

所有基于 PowerPC 规范的处理器都有一个 64 位的自由运行计数器，该计数器使用两组双 32 位特殊寄存器来实现。每组都包含了时基高字寄存器(TBU)和时基低字寄存器(TBL)。其中一组寄存器仅在系统态下可写，另一组在系统态和用户态下都是可读的。如果在用户态下试图写入时基寄存器将通过 IVOR6 向量偏址寄存器产生一个权限异常。

从时基读低字指令 mftb 和从时基读高字指令 mftbu 分别将时基计数器的低字和高字读入到通用寄存器中。因为无法在一个时钟周期读取 64 位的时基计数器内容，所以对时基计数器的访问是不连贯的。如果需要保证连贯的时基计数，可以通过例 7.1 的指令段来实现。

例 7.1　读取连贯的时基计数

```
loop：mftbu    r9          /＊将时基的高 32 位读入 GPR9＊/
      mftb     r10         /＊将时基的低 32 位读入 GPR10＊/
      mftbu    r8          /＊再次将时基的高 32 位读入 GPR8＊/
      cmpw     r8,r9       /＊检查两次读取的时基高 32 位是否一致＊/
      bne      loop        /＊在发生时基高 32 位产生进位时，重复读取流程＊/
```

考虑到在读取低字时基计数的指令执行过程中，高字时基计数仍有可能发生变化。所以在例 7.1 中要对两次读取的高字进行比较，当不一致时要重新进行读取。

64 位的时基计数器可以提供一个很长的计时范围，若干天、若干月、若干年甚至若干个世纪。MPC5500 的时基计数器随着系统时钟频率进行递增，在 HID0 寄存器中的 TBE 位用于控制时基计数器是否使能。

E200z6 处理器有 3 个独立的定时相关的异常向量：递减计数器 DEC(decre－meter)，固定时间间隔中断 FIT 和看门狗中断 WDT。其中固定时间间隔中断和看门狗中断都使用 64 位的时基计数器。

7.3 固定时间间隔中断(FIT)

固定时间间隔中断可以进行任务调度或记录时间。FIT 中断根据 TCR 寄存器的值，从 64 位时基计数器中指定一位用于产生固定时间间隔。当指定的位发生从 0 到 1 的跳变时，将产生 FIT 中断，并通过 IVOR11 向量偏址寄存器得到并执行对应的中断服务程序。

MPC5500 有两个和 FIT 中断、看门狗和递减计数器相关的寄存器：定时器控制寄存器 TCR；定时器状态寄存器 TSR，分别如图 7.5 和图 7.7 所示。

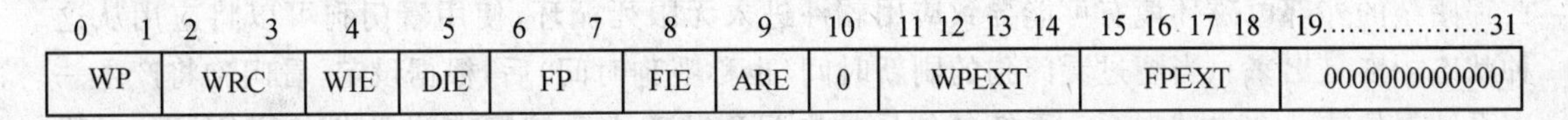

图 7.5 TCR 寄存器

TCR 寄存器和 FIT 中断相关的位域为：

(1) FP 和 FPEXT

FP 位域和 FPEXT 扩展位域合起来用于指定 64 位时基计数器的一个特定位。当指定的位发生从 0 到 1 的跳变时，就会产生一次 FIT 中断。将 FP 位域和 FPEXT 位域设置成二进制的"000000"，就指定了 64 位时基计数器的最高位 MSB；将 FP 位域和 FPEXT 位域设置成二进制的"111111"，就指定了 64 位时基计数器的最低位 LSB。(译者注：在 PowerPC 结构中，最高位 MSB 标记为 0 位，最低位 LSB 根据所述数据宽度标记为 31 或 63 等。这和通常习惯的标记方法是相反的，请读者注意区分。)

图 7.6 更好地说明了 FPEXT 和 FP 是如何合起来用于从 64 位中指定一个特定位的。

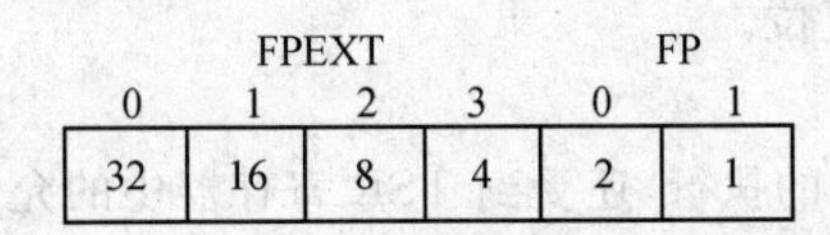

图 7.6 利用 FPEXT 和 FP 位域指定 64 位中的特定位

如果需要指定时基计数器的第 35 位作为定时间隔，那么就需要将 FPEXT 设置为二进制"1000"而 FP 设置为二进制"11"。

(2) FIT 中断允许位 FIE

该位用于设置是否允许使用 FIT。

使用最高位 MSB(第 0 位)可以得到最长的固定时间间隔；使用最低位 LSB(第 63 位)可以得到最短的固定时间间隔。对于 64 位的时基计数器来说，最高的几位其翻转周期非常长，而最低的几位翻转周期又非常短，应该根据实际需要的固定时间间隔计算并设定合适的位。

FIT 中断可以通过 FIE 控制位和 MSR 寄存器的异常允许位 EE 来控制。当发生 FIT 固定时间间隔中断时，TSR 寄存器的 FIS 标志位置起。FIT 中断服务程序必须向该位写 1 来清除这个标志位。

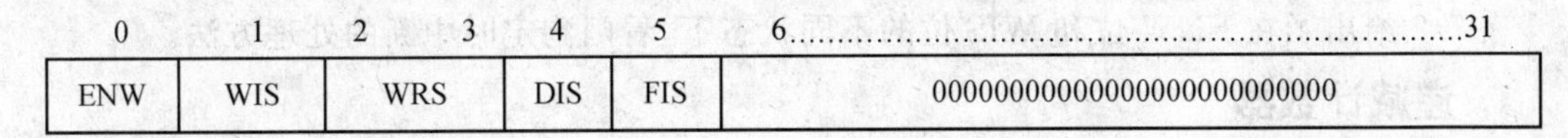

图 7.7 TSR 寄存器

7.4 看门狗

嘈杂的外部电磁环境有可能导致应用软件进入无限死循环，使用看门狗可以将应用从这种状态中恢复出来。当超过看门狗的刷新时间(也称喂狗时间)后，根据设定，看门狗将产生一次系统复位或一个关键中断。系统复位后的看门狗状态由系统特殊配置半字(RCHW)来确定。关于系统特殊配置半字(RCHW)的内容，请参考本书系统配置一章。

和 FIT 类似，看门狗也通过指定时基计数器的一个特定位来确定看门狗的刷新时间。

通过 TCR 寄存器的位域可以设置看门狗：

(1) WP 和 WPEXT　这两个位域合起来用于设定看门狗的刷新时间，其用法类似于固定时间间隔中断 FIT 的控制位域 FP 和 FPEXT。

(2) 看门狗允许位(WIE)　该位用于设定是否允许使用看门狗。

(3) 看门狗动作设定(WRC)　这个位域用于设定当发生后续看门狗定时中断时，应该执行什么操作。

- 00：不再产生看门狗定时中断。
- 01：强制系统进入检查停止(checkstop)状态。
- 10：产生一次处理器复位。
- 11：保留。

后续看门狗定时中断功能的执行，还受到 TSR 寄存器中的允许后续看门狗(Enable Next Watchdog,ENW)位和看门狗定时中断状态位 WIS 的决定。

设置看门狗时，其指定的时基计数器的位可能很快就发生了翻转，从而产生一次看门狗定时溢出。这次看门狗溢出的时间并没有达到完整的看门狗更新时间，所以是一个无效的看门狗溢出事件。这次看门狗溢出事件仅将 ENW 位置起，并不会产生中断请求。

当 ENW 位置起以后，后续的看门狗溢出事件就确实是因为超出了看门狗更新时间而引起的有效的看门狗事件。这个后续的看门狗溢出事件将首先置起 WIS 标志，并且根据 TCR 寄存器的 WIE 位和 MSR 寄存器的 CE 位的状态决定是否产生中断请求。如果产生了中断请求，中断处理程序在重新置起 CE 位之前，必须清除 WIS 标志，避免该看门狗事件持续请求中断。

在 WIS 已经为 1 的情况下再次产生看门狗定时中断，将意味着系统没能够及时的处理重要的看门狗事件，那么处理器将根据 TCR 寄存器中 WRC 位域执行特定的操作。对于 WRC 设定为非零值的操作，在处理器产生复位信号前，还会将 TCR 寄存器的 WRC 位域复制到 TSR 寄存器的 WRC 位域中。这样复位后的初始化流程可以了解引发复位的确切原因。

表 7.2 给出了在 ENW 位和 WIS 位的不同状态下，看门狗定时中断的处理方法。

1. 递减计数器

递减计数器是一个 32 位的计数器，当最高位 MSB(第 0 位)从 0 翻转到 1 时产生一个中断请求。递减计数器溢出中断使用 IVOR10 向量偏址寄存器。

表7.2　看门狗的不同状态

允许后续看门狗控制位 TSR[ENW]	看门狗定时中断状态位 TSR[WIS]	看门狗超时时执行的操作
0	0	仅将 ENW 位置起,不产生中断请求
1	0	置起 WIS 标志 在 TCR 寄存器的 WIE 位和 MSR 寄存器的 CE 位均为1时,产生中断请求
1	1	将根据 TCR 寄存器中 WRC 位域执行特定的操作 如果产生复位,会将 TCR 寄存器的 WRC 位域复制到 TSR 寄存器的 WRC 位域中

中断服务程序可以为递减计数器重新赋值。递减计数器也具有溢出时自动重新赋值的功能,自动重置的递减计数值保存在递减计数器自动重置寄存器 DECAR(Decrementer auto reload register)中。使用该功能保证固定的定时中断,中断服务程序也不需要用指令来对递减计数器重新赋值。

中断服务程序必须清除 TSR 寄存器中的 DIS 状态位,以避免重复的中断请求。

TCR 寄存器中和递减计数器相关的控制位域为:

① 递减计数器允许位 DIE。

② 该位用于设定是否允许使用递减计数器。

③ 递减计数器自动重置允许位 ARE。

④ 该位用于设定是否允许使用递减计数器溢出自动重置功能。

2. 递减计数溢出中断服务程序示例

例7.2的汇编程序是一个递减计数器溢出中断的服务程序。该服务程序设置递减计数器的值为 0x400。在 100MHz 的系统时钟下将得到 10.24 μs 的中断间隔。该中断服务程序在将机器状态寄存器 SRR0/SRR1 保存到系统堆栈后重新打开了 MSR 寄存器的 EE 位,以允许中断嵌套。中断服务程序的地址将通过 IVPR 中断基地址寄存器和 IVOR10 中断向量偏址寄存器计算得到。

例7.2　递减计数器溢出中断服务程序

```
/* 递减计数器溢出中断的服务程序 */
/* Step 1 (中断前处理部分) 将机器状态寄存器(SRR0:1)保存到堆栈 */
stwu      sp, -20 (sp)          /* 在堆栈中预留 20 字节空间 */
/* 保存堆栈值 */
stw       r3, 4(sp)             /* 预存 r3,以便中断程序使用 r3 */
stw       r4, 8(sp)             /* 预存 r4,以便中断程序使用 r4 */
mfsrr0    r3                    /* 读取 SRR0 寄存器 */
stw       r3, 12(sp)            /* 存入堆栈 */
mfsrr1    r3                    /* 读取 SRR1 寄存器 */
stw       r3, 16(sp)            /* 存入堆栈 */
/* Step 2 (中断前处理部分): 设置 MSR[EE]位以允许中断嵌套 */
```

```
wrteei    0x01
/ * Step 3 (中断处理)：将递减计数器装入 0x400 的值 * /
lis       r3, (TSR)hi            / * 将 TSR 寄存器地址的高字读入到 r3 * /
ori       r3, r3, (TSR)lo        / * 将 TSR 寄存器地址的低字读入到 r3 * /
lis       r4, 0x0100             / * 将 r4 中预先写入设置值,使得 DIS 位为 1 * /
stw       r4, 0(r3)              / * 将该值写入 TSR 寄存器,清除 DIS 位 (使用基于 r3 的简介寻址) * /
li        r4, 0x400              / * 将需要设置的递减计数器的超时计数值写入到 r4 * /
mtspr     DEC, r4                / * 将 r4 的值写入到递减技术数 * /
/ * Step 4 (中断后处理部分):清除 MSR[EE]位以禁用中断 * /
/ * 保存机器状态以支持中断嵌套 * /
wrteei    0x0                    / * 清除 MSR[EE] 位以禁用中断 * /
/ * Step 5 (中断后处理部分):恢复保存的机器状态寄存器的值和 r3,r4 的值 * /
lwz       r3, 16(sp)             / * 恢复 SRR1 * /
mtsrr1    r3
lwz       r3, 12(sp)             / * 恢复 SRR0 * /
mtsrr0    r3
lwz       r3, 8(sp)              / * 恢复寄存器 r3 * /
lwz       r4, 4(sp)              / * 恢复寄存器 r4 * /
addi      sp, sp, 20             / * 恢复堆栈指针的值 * /
/ * Step 6 (中断后处理部分)：返回到被中断的程序 * /
rfi
```

第8章 中断控制器

8.1 简 介

MPC5500系列的每个器件都提供了大量的I/O外设模块，所以MPC5500也设计了一个增强的可以处理多达512个中断源的中断控制器。每个中断源都具有单独的中断向量号，中断程序不需要轮询各外设模块来检查确切的中断来源。这可以有效减少中断处理的负荷，提高中断处理的速度。不同器件的中断控制器处理的中断源数目可能从上百直到512。MPC5554的中断控制器处理307个中断源，其中0～7是软件设置的软中断源。

为了有效降低应用的中断潜伏时间，中断控制器支持多达15级的中断嵌套(Nesting)，允许高优先级的中断抢占低优先级中断的执行。

每个中断源都可以通过程序设定其优先级，从0～15。优先级15是最高优先级，优先级0是最低优先级。当程序设置允许中断嵌套时，高优先级的中断可以抢占低优先级中断的运行。当高优先级中断抢占低优先级中断时，低优先级的信息被保存到一个后入先出LIFO存储单元中。这个LIFO单元是中断控制器专用的，程序无法访问。如果有多个具有相同优先级的中断源同时发出请求，中断控制器将首先响应中断源编号较低的那个。例如如果同时发出请求的34、129和245号中断源都具有第9级中断优先级，那么中断控制器会首先响应第34号中断源。

图8.1是中断控制器的功能结构图。当有多个未处理中断请求时，优先级选择逻辑从中选出优先级最高的中断源，并将该中断源编号传递到中断向量产生模块，得到的中断向量保存在中断响应寄存器INTC_IACKR中。同时中断控制器当前优先级寄存器INTC_CPR中保存的当前正在处理的中断的优先级信息被写入到LIFO单元中，而当前选出的优先级更高的优先级信息被写入到INTC_CPR中。比INTC_CPR寄存器中的优先级低的中断请求将被屏蔽。

中断服务程序在结束时必须写入中断结束寄存器INTC_EOIR。当对这个寄存器进行写操作时(其内容可以是任意值)，中断控制器将把LIFO中保存的前一次的优先级信息写回到INCT_CPR寄存器中，以恢复被抢占的低优先级的中断服务程序。

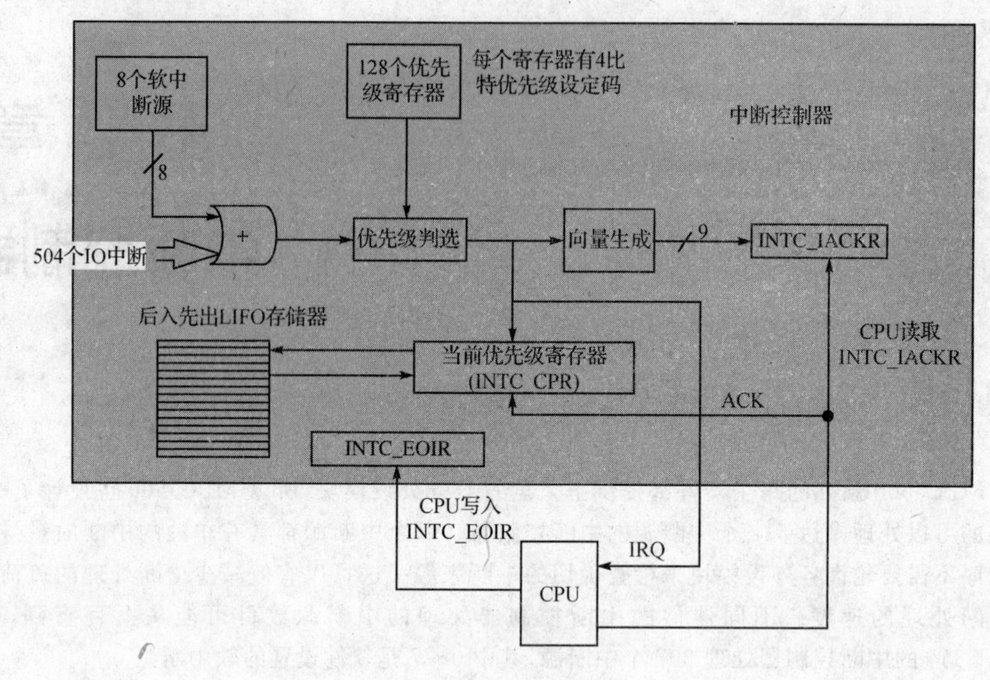

图 8.1　中断控制器功能结构图

8.2　中断控制器工作模式

中断控制器有两种工作模式：软件中断向量模式和硬件中断向量模式。本节将详细讲述这两种模式。

1. 软中断向量模式

在这个模式下，当一个中断请求产生并被响应后，正常的程序流程被中止。处理器开始执行由中断向量基地址寄存器 IVPR 和中断向量偏址寄存器 IVOR4 所计算得到的中断处理程序。这个中断处理程序需要具有图 8.2 所示的流程。

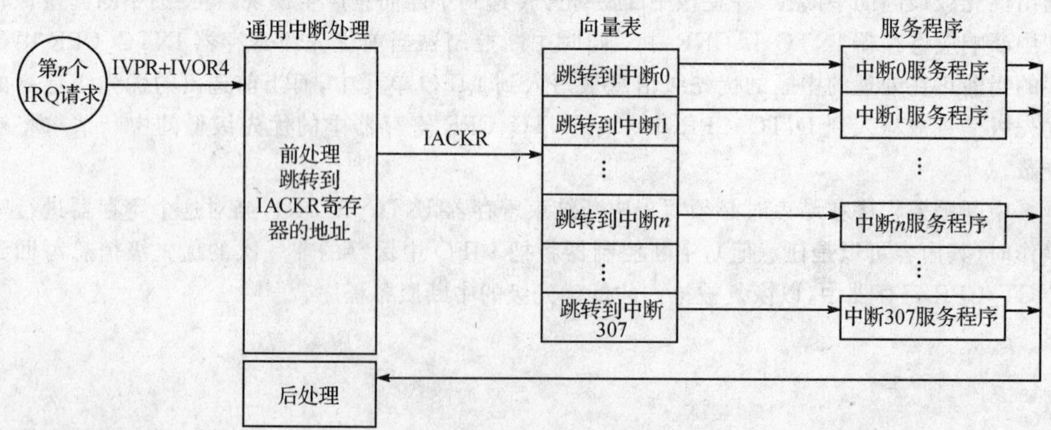

图 8.2　软中断向量模式服务流程

由于可能同时有多个未处理的中断请求，这个中断处理程序，称为前处理部分 prolog，需要通过读取 INTC_IACKR 寄存器来得到当前需要处理的最高优先级的中断请求。程序读取 INTC_IACKR 寄存器时，中断控制器将撤销对处理器的中断请求信号，并且把当前的优先级信息保存到 INTC_CPR 寄存器中。

INTC_IACKR 寄存器的 VTBA 字段提供了中断向量表的起始地址，其 9 位的 INTVEC 字段保存了当前未处理中断中优先级最高的中断源的编号。VTBA 字段需要在初始化时由程序根据中断向量表的地址进行设置，而 INTVEC 字段由中断控制器在响应中断请求时自动更新。这两个字段在 INTC_IACKR 寄存器中合并起来，用于选定对应的中断服务程序跳转入口，如图 8.3 所示。

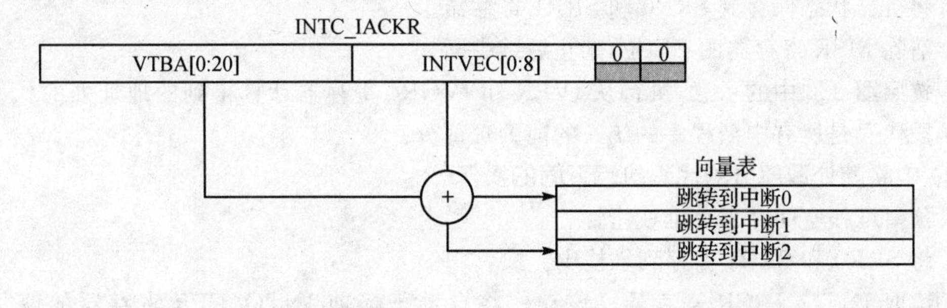

图 8.3 软中断模式(VTES 为零)

注意到在图 8.3 中 INTVEC 字段末端还有 2 个保留的位。通过设定中断控制器的控制寄存器 MCR 中的 VTES 字段，可以调整 INTVEC 字段在 INTC_IACKR 寄存器中的位置，以指定在 INTVEC 字段末端保留 2 个还是 3 个位。保留位的数目决定了每条中断服务程序跳转入口指令所能使用的空间大小，2 个保留位为每个跳转入口保留了一个字的空间，而 3 个保留位则可以使用两个字的空间。图 8.4 为软中断模式(VTES 为一)。

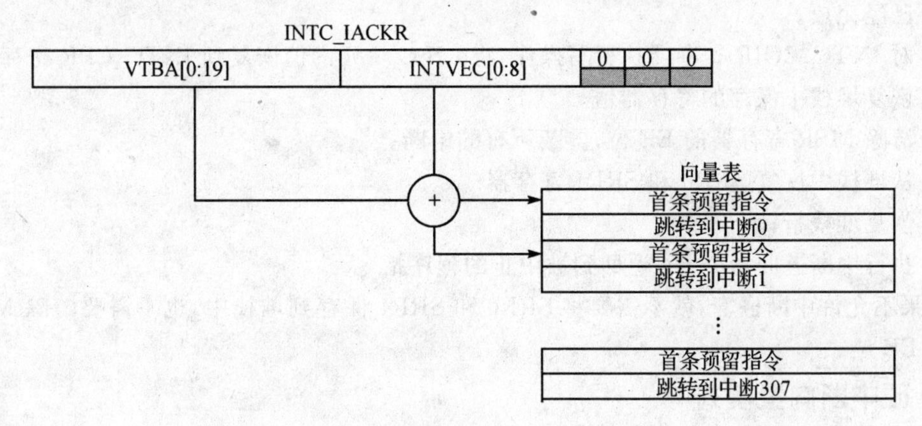

图 8.4 软中断模式(VTES 为一)

对于一个字的跳转入口，这里必须保存一条跳转指令，执行该指令将跳转到正确的中断处理代码。对于两个字的跳转入口，第一个字可以放置一条在堆栈中预留空间的指令，第二个字仍然为跳转指令。下面是一个两个字跳转入口的例子：

```
Stwu    sp, - 0x20(sp)        ;在堆栈中预留 32 字节的空间，并保存堆栈指针
Bl      IntHandler - n        ;跳转到第 n 个中断源的处理代码
```

2. 软中断向量模式下的中断服务程序

在软中断模式下，当 e200z6 处理器响应中断请求时，将依次产生下面的动作：

(1) 处理器硬件执行操作

- 将机器状态保存到 SRR0 和 SRR1 寄存器。
- 清除 MSR 寄存器的 EE 位，禁止后续中断。
- 按照图 8.2 中的示意，执行从 IVPR 和 IVOR4 寄存器计算得到的地址处的代码。这段代码是所有中断程序的统一的前处理部分。

(2) 中断前处理部分的代码执行下面的操作

- 预留堆栈空间并保存堆栈指针。
- 将 SRR0 和 SRR1 保存到堆栈中。
- 读取 INTC_IACR 寄存器。该动作将自动把当前 INTC_CPR 寄存器的值写入到 LIFO 单元，并将当前响应的中断的优先级写入到 INTC_CPR 寄存器中。
- 将 MSR 寄存器的 EE 位置起，允许嵌套更高优先级的中断。
- 将中断处理程序将使用到的寄存器预先保存到堆栈中。
- 根据 INTC_IACKR 寄存器的值，跳转到相应的处理程序。

(3) 每个中断相应的处理程序代码执行下面的操作

- 处理中断。
- 清除中断源标志。
- 跳转到中断后处理代码。

(4) 中断后处理代码执行下面的操作

- 执行存储器同步 mbar 指令，以保证在执行下一条指令之前所有的存储器访问操作都已经完成。
- 对 INTC_EOIR 寄存器执行写操作，将 LIFO 单元的值恢复到 INTC_CPR 寄存器中。
- 恢复堆栈中保存的寄存器值。
- 清除 MSR 寄存器的 EE 位，屏蔽所有的中断。
- 从堆栈中恢复 SRR0 和 SRR1 寄存器。
- 恢复堆栈指针。
- 执行中断返回指令 rfi，返回到被中止的程序指令。

如果不允许中断嵌套，就不需要将 SRR0 和 SRR1 保存到堆栈中，也不需要清除 MSR 寄存器的 EE 位。

3. 硬中断向量模式

当系统响应中断请求时，硬中断向量模式直接从 IVPR 寄存器和中断请求源编号得到并跳转对应的中断服务程序地址。中断服务程序的 32 位地址的高 16 位(第 0 到第 15 位)由

IVPR 寄存器的高 16 位确定，当前中断请求源的 9 位编号构成地址的第 19 位到第 27 位。其他的地址位(第 16 到第 18，第 28 到第 31 位)固定为零。

硬中断向量模式的每个中断服务程序都是独立的，通过硬件直接跳转进入，不需要通过程序读取 INTC_IACKR 寄存器的值并跳转进入各自的服务程序。图 8.5 描述了硬中断向量的处理流程和地址的计算方法。在硬中断向量模式下，每个中断服务程序之间有 4 个字的地址间隔，可以利用其中的 3 个字实现部分的中断前处理功能，剩下的一个字用于保存跳转到中断处理主代码的指令。

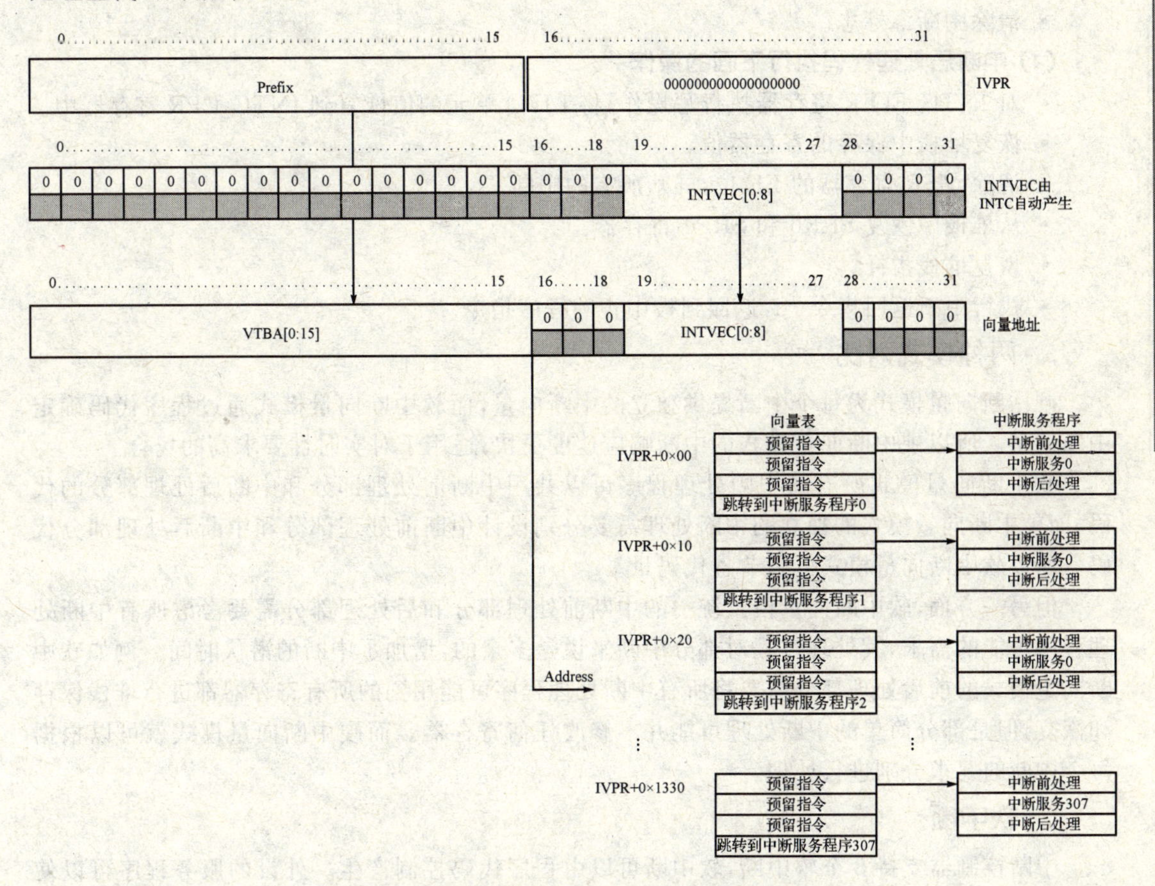

图 8.5 硬中断模式的中断处理程序地址计算

4. 硬中断向量模式下的中断服务程序

在硬中断模式下，当 e200z6 处理器响应中断请求时，将依次产生下面的动作：

(1) 处理器硬件执行下列操作

- 将机器状态保存到 SRR0 和 SRR1 寄存器。
- 清除 MSR 寄存器的 EE 位，禁止后续中断。
- 将当前响应的中断源编号存入 INTVEC 字段。
- 将 INTC_CPR 寄存器的值推入 LIFO 单元。
- 将新的中断优先级值保存在 INTC_CPR 寄存器中。

(2) 中断前处理部分的代码执行下列操作

- 预留堆栈空间并保存堆栈指针。
- 将 SRR0 和 SRR1 寄存器存入堆栈。
- 将 MSR 寄存器的 EE 位清零以允许中断嵌套。

(3) 每个中断相应的处理程序代码执行下面的操作

- 将中断处理程序将使用到的寄存器预先保存到堆栈中。
- 处理中断。
- 清除中断源标志。

(4) 中断后处理代码执行下面的操作

- 对 INTC_EOIR 寄存器执行写操作,将 LIFO 单元的值恢复到 INTC_CPR 寄存器中。
- 恢复堆栈中保存的寄存器值。
- 清除 MSR 寄存器的 EE 位,屏蔽所有的中断。
- 从堆栈中恢复 SRR0 和 SRR1 寄存器。
- 恢复堆栈指针。
- 执行中断返回指令 rfi,返回到被中止的程序指令。

5. 两种模式对比

硬中断向量模式为每个中断提供独立的中断向量,而软中断向量模式通过程序代码确定中断向量。所以硬中断向量模式的中断响应速度更快,适用于对实时性要求高的场合。

软中断向量模式所有的中断处理程序可以共用中断前处理部分和中断后处理部分的代码,而硬中断向量模式的独立的中断处理需要分别设计中断前处理部分和中断后处理部分代码。所以软中断向量模式可以节省代码量。

但另一方面,软中断向量模式统一的中断前处理部分和后处理部分需要考虑所有中断处理程序可能的需求,其处理过程对部分中断来说是多余的,增加了中断的潜伏时间。例如软中断向量模式的前后处理部分需要将所有中断处理程序可能用到的所有寄存器都进行堆栈保存和恢复,但是部分简单的中断处理可能并不修改任何寄存器。而硬中断向量模式就可以根据每个中断的要求分别进行处理。

6. 软中断

中断控制器支持 8 个软中断,软中断可以由程序代码控制产生。外设的服务程序可以使用软中断将需要处理的事情分成两部分:需要立刻执行的优先级高的部分在外设对应的硬中断服务程序中完成,然后该硬中断服务程序在退出前调用一个优先级较低的软中断,在后续的软中断服务程序中完成剩余的比较耗时的部分。

中断控制器为每个软中断提供了一个 8 位的控制字段。这些字段可以进行字节访问,也可以按照半字或整字的方式同时访问多个软中断控制字段。

软中断控制字段有两个控制位,CLR 和 SET 位,如图 8.6 所示。实际上 CLR 位和普通 I/O 外设的状态标记位的作用是一样的。当向 SET 位写入 1 时,CLR 位被置起同时向处理器发出了一个软中断请求;向 CLR 位写入 1 时,CLR 位被清除,这和外设的标记位是类似的。当指令同时对 SET 和 CLR 位写入 1 时,CLR 位将被置起。

7. 中断控制器优先级设定寄存器

中断控制器支持 512 个中断源,每个中断源都可以设定从 0 到 15 的优先级。每个中断的

	0	1	2	3	4	5	6	7
R	0	0	0	0	0	0	0	CLR*n*
W							SET*n*	

图 8.6　CLR 和 SET 位

优先级信息保存在中断控制器的优先级设定寄存器中。每个器件中断优先级寄存器的数目决定于其中断源的数目。

优先级设定寄存器是一个 8 位的寄存器，其低 4 位用于设定 0 到 15 的优先级，高 4 位保留。优先级设定寄存器能够按照字节访问，也能够按照字访问多个优先级寄存器。例如 INTC_PSR_0_3 就是中断号为 0 到 3 的中断源的优先级设定寄存器，而 INTC_PSR_508_511 就是中断号为 508 到 511 的中断源的优先级设定寄存器。

第9章

系统配置

9.1 MPC5554/5553 硬件和软件初始化简介

跟 MPC5554/5553 之前的绝大多数微控制器不同，MPC5554/5553 是通过外部硬件输入引脚的配置，和一段称为启动引导辅助存储器 BAM 内的代码，来共同确定器件在硬件复位之后到用户应用程序执行之前的运行模式和初始配置。用户可设置的用于定义器件初始配置的硬件输入引脚包括：

- RSTCFG：该输入引脚决定是选择默认模式，还是选择用下面即将介绍的其他输入引脚来定义 MPC5554/5553 的运行模式。
- BOOTCFG[0:1]：这两根输入引脚的电平会被锁存到一个内部寄存器。BAM 代码共有 4 种运行模式，通过读取该内部寄存器，BAM 代码可以运行其中一种模式，详见本章“引导程序运行模式”一节。
- PLLCFG[0:1]：这两根输入引脚是通过硬连线接入锁相环(PLL)电路，可用来选择锁相环运行模式，详见本章“锁相环运行模式”一节。
- WKPCFG：该输入引脚通过硬连线与 eTPU 和 eMIOS 定时系统的引脚的控制逻辑相连。在芯片复位后直到应用程序对那些引脚的控制逻辑进行重新配置之间的这段时间，WKPCFG 引脚电平决定了这些引脚是否有上拉或下拉电阻。

需要注意的是，并不需要使用全部 6 根输入引脚去配置 MPC5554/5553。如果 RSTCFG 的电平不是其有效电平，即没有被设置为低电平时，PLL 硬件会使用默认配置，BAM 代码也将按照默认的特定方式运行。当使用该默认配置时，可以把 BOOTCFG 和 PLL 配置引脚当成简单的通用输入输出接口(GPIO)使用。

如果要将配置成 MPC5554/5553 非默认的设置，RSTCFG 输入引脚必须被设置为其有效电平，即低电平。这样，为了使 PLL 运行在预定的模式下，就必须正确地设置两个 PLLCFG 输入引脚的逻辑电平；同时为了使 BAM 代码按照某种模式执行，也必须把两个 BOOTCFG 输入引脚设置成特定的逻辑电平，如表 9.1 所列。

表 9.1 BOOTCFG 和 PLLCFG 选项

RSTCFG	BOOTCFG0	BOOTCFG1	引导模式	PLLCFG0	PLLCFG1	PLL 模式
1	忽略 BOOTCFG 引脚		内部 Flash	忽略 PLLCFG 引脚		晶振
0	0	0	内部 Flash	0	0	PLL 旁路
0	0	1	串行下载	0	1	外部振荡器

续表 9.1

RSTCFG	BOOTCFG0	BOOTCFG1	引导模式	PLLCFG0	PLLCFG1	PLL 模式
0	1	0	外部存储器	1	0	晶振
0	1	1	双控制器	1	1	双控制器

对各种引导模式的详细介绍见“引导程序运行模式”一节，而对 PLL 模式的详细介绍见“锁相环运行模式”一节。

图 9.1 描述了 MPC5554/5553 上电后的复位时序。在芯片检测到 PLL 电路已经锁住并且外部 RESET 输入引脚有效电平(低电平)被撤除后，RSTOUT 将被拉低 N 个晶振时钟周期(译者注：这写作本书的时候，这个参数还没有确定。现在的 MPC5554/5553 手册确定参数为，如果是 PLL 旁路模式或双控制器模式，将拉低 16000 个时钟周期；其他模式下拉低 2400 个时钟周期)。在 RSTOUT 有效电平(低电平)被撤除之前的 4 个时钟，WKPCFG 和 BOOTCFG 输入引脚的电平状态会被锁存到 SIU_PSR 寄存器。BAM 代码通过读取该寄存器来进入用户设定的模式，并执行相应的代码。如果需要的话，应用程序代码也可以读取该寄存器。

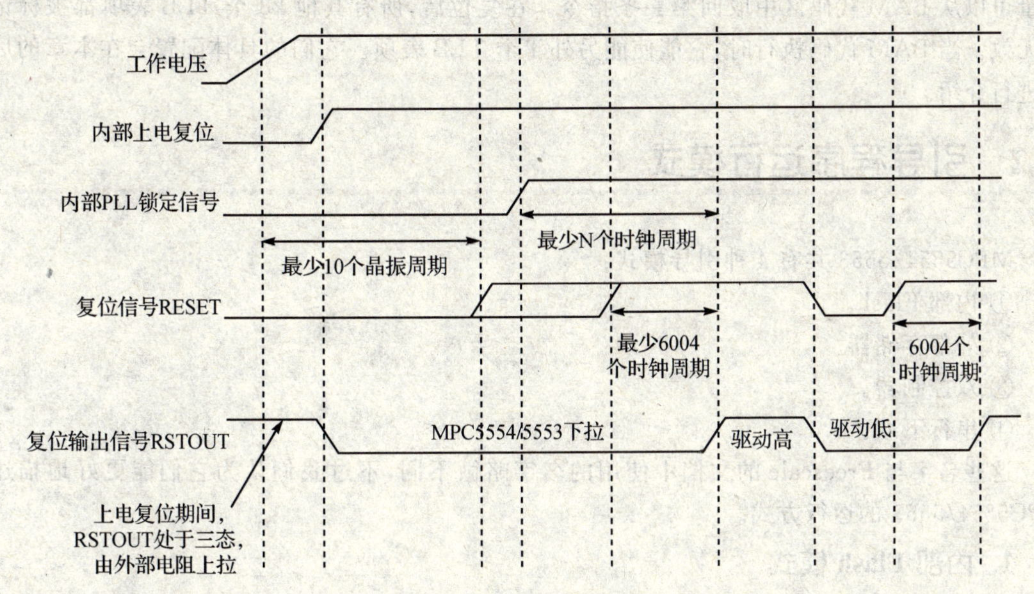

图 9.1 硬件复位时序

在 MPC5554/5553 上，BAM 代码存储在片内 ROM 中。

在 MPC5554/5553 启动后，会首先执行 BAM 内的启动配置代码，然后才会执行用户应用程序。也就是说，内核发出的第一条指令的取指地址指向片内 ROM 中存储的 BAM 代码的起始位置。需要注意的是，MMU TLB 表项(Entry)0 在复位信号撤销后会处于一种由硬件决定的默认配置状态，这是 BAM 代码能够被成功执行的唯一原因。在默认配置状态下，TLB 表项 0 会被标记为有效，其配置信息如表 9.2 所列。

表 9.2 硬件复位后 TLB0 的属性

TLB 属性	数 值
有效地址页面序号(EPN)	0xFFFFF000
物理地址页面序号(RPN)	0xFFFFF000
页面大小	4 KB
缓冲区访问	缓冲区禁用
系统态访问权限(supervisor access)	允许读、写、执行
普通态访问权限(user access)	允许读、写、执行
失效保护(invalidation protection)	允许页面失效保护
地址空间(address space)	0
TID 数值	0x00
用户位(user bits)	0x0

TLB0 的配置使内核复位向量 0xFFFFFFFC 能与 TLB 表项 0 的属性对应起来，并使复位向量可以从 BAM 代码区中取回第一条指令。在复位后，所有其他 23 个 TLB 表项都被标记为无效。当 BAM 代码执行时，它能使能另外 4 个 TLB 表项。它们的具体配置会在本章的后面进行介绍。

9.2 引导程序运行模式

MPC5554/5553 共有 4 种引导模式：

① 内部 Flash。

② 外部存储器。

③ 双控制器。

④ 串行下载。

这些名字与 Freescale 的文档中使用的名字略微不同，不过我们认为它们能更好地描述 MPC5554/5553 的运行方式。

1. 内部 Flash 模式

如果 RSTCFG 未被设置为其有效电平(在该情况下，不能使用 BOOTCFG 引脚来配置设备的引导模式)，MPC5554/5553 默认进入内部 Flash 模式。如果 RSTCFG 有效，则只有当 BOOTCFG[0:1]被设置成 0b00 状态时，才会进入该模式。

在该模式下，BAM 代码不对任何输入输出(I/O)引脚和外部总线接口(EBI)进行配置，因此，这种模式不能从外部存储器引导程序。然而，当 BAM 代码执行完毕并跳转到已被下载到内部 Flash 的应用程序代码时，应用程序代码可以根据需要去使能 EBI，从而实现对外部存储器的访问。

在内部 Flash 模式下，BAM 代码使能的片内资源包括：

① 所有 64 KB 的 SRAM。

② 所有 2 MB 的 Flash。

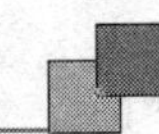

③ 所有片内外设模块。

④ 总线错误异常处理机制。使能该机制是必需的，因为在读取未编程的内部 Flash 以得到 RCHW 字时，很可能会返回 ECC 数据读取错误。其中，RCHW 是预编写在内部 Flash 存储器中的一个特殊配置半字，在本章的后面会对其进行详细介绍。

通过对 MMU TLB 表项进行表 9.3 所列的配置，BAM 代码为所有片内资源定义了存储器映射和保护机制。需要注意的是，有两种不同的逻辑地址都映射到物理地址为 0x0000_0000 处的内部 Flash。这样做的原因是使用户为外部存储器空间（外部存储器的基地址是 0x20000000）开发的程序代码不经重新编译和链接就可以在内部 Flash 中运行。

表 9.3　在内部 Flash 模式下，BAM 对 MMU 的配置

TLB 表项	地址区域	逻辑基地址	物理基地址	大小	属性
0	外设桥 B 和 BAM	0xFFF00000	0xFFF00000	1 MB	无缓冲 有保护 大端在先 全局 PID
1	内部 Flash	0x00000000	0x00000000	16 MB	有缓冲 无保护 大端在先 全局 PID
2	内部 Flash	0x20000000	0x00000000	16 MB	有缓冲 无保护 大端在先 全局 PID
3	L2 SRAM	0x40000000	0x40000000	256 KB	无缓冲 无保护 大端在先 全局 PID
4	外设桥 A	0xC3F00000	0xC3F00000	1 MB	无缓冲 无保护 大端在先 全局 PID

为了把控制权交给应用程序，BAM 代码需要应用程序的准确起始地址（向量）的关键信息。BAM 代码要求应用程序的起始向量在存储器中紧跟特殊配置半字（RCHW）存放。

RCHW 包含一个 BAM 代码可以辨识的编码，其格式如表 9.4 所列。在内部 Flash 模式能够成功运行前，必须通过串行下载模式或 Nexus 调试接口把 RCHW 和应用程序起始向量写入内部 Flash 存储器。为了能够被 BAM 代码识别，RCHW 中的引导标识符（Boot Identifier）位域必须固定设置为 0x5A。这意味着用户不能把含有数值 0x5A 的用户数据或代码写到 BAM 搜索 RCHW 的位置处，否则，BAM 代码将会把紧跟的 32 位数值当成应用程序起始向量。这极有可能表示的是一个错误的应用程序起始地址。

表 9.4　内部 Flash 模式下,复位配置半字(RCHW)

16	17	18	19	20	21	22	23	24	25	26	27	28	29	30	31
					WTE			Boot Identifier＝0x5A							

注意,BAM 代码不使用 RCHW 占用的存储位置的第 0 到 15 位,只使用其中的第 16 到 31 位。

在内部 Flash 模式下,BAM 代码只检测其中的 WTE 位。如果该位被设置为 1,BAM 代码会清零内核时基(timebase)寄存器(TBU 和 TBL),使能内核看门狗定时器(core watchdog timer),并把看门狗定时器的时间溢出周期设置为 3×2^{17} 个系统时钟周期。这意味着,当分别使用 8 MHz 和 20 MHz 晶振时,会分别在 32.7 ms 和 13.1 ms 后发生时间溢出。如果发生时间溢出,看门狗定时器会产生一个系统复位。

为了简化 RCHW 的搜索并允许多个应用程序向量同时存在,BAM 代码仅仅搜索内部 Flash 分区 1 和分区 2 中的每一个 Flash 存储块的最低地址。表 9.5 列出了会被搜索的存储块和存储位置,同时给出一个例子,说明了 RCHW 和应用程序起始向量的组合能够被写入的位置。在该例子中,用户已经把 RCHW 和应用程序起始向量写入了 Flash 分区 0 中的第 2 个 48 KB 存储块和 Flash 分区 1 中的第 1 个 64 KB 存储块。BAM 代码会找出那个 48 KB 存储块中存放的 RCHW,这是因为搜索操作是从地址最低的 Flash 存储块开始进行。把 RCHW 和起始向量的组合写入两个不同的分区中的好处是当应用程序在某个含有 RCHW 组合的存储块中执行时可以擦除和修改另一个 RCHW 组合。这种情况是可能出现的,因为每个 Flash 分区都具有"边写边读"(read while write)的能力。对这种特性的更详细介绍参见第 18 章。

表 9.5　BAM 代码检索示例

内部 Flash 地址	使用情况	存储块大小	分区号
0x00000000～0x00003FFC	用户代码	64 KB	0
0x00010000	RCHW	8 B	
0x00010004	向量		
0x00010008～0x0001FFFC	用户代码	(64K－8)B	
0x00020000	RCHW	8 B	1
0x00020004	向量		
0x00020008～0x0002FFFC	用户代码	(128K－8)B	

如果搜索到 RCHW,BAM 代码就认为 RCHW 后面的地址中存放的就是应用程序起始向量,并且会把向量的数值写入程序计数器(program counter)。如果没有找到 RCHW,就会退出内部 Flash 模式,进入串行下载模式。在串行下载模式,可以对片内 Flash 进行编程。请参考"串行下载模式"一节来了解该模式的详细情况。

2. 外部存储器模式

这种模式与内部 Flash 模式非常相似。MMU 的配置几乎相同,如表 9.6 所列。唯一不同之处是 TLB 表项 1 和 2 的逻辑到物理地址的映射关系。这样做的好处是可以使在内部

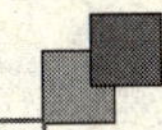

Flash(内部 Flash 的基地址为 0x00000000)模式下开发的代码不经重新编译和链接就能在外部 Flash 中运行。

表 9.6 在外部 Flash 模式下,BAM 对 MMU 的配置

TLB 表项	地址区域	逻辑基地址	物理基地址	大小	属性
0	外设桥 B 和 BAM	0xFFF00000	0xFFF00000	1 MB	无缓冲 有保护 大端在先 全局 PID
1	外部 Flash	0x00000000	0x20000000	16 MB	有缓冲 无保护 大端在先 全局 PID
2	内部 Flash	0x20000000	0x20000000	16 MB	有缓冲 无保护 大端在先 全局 PID
3	L2 SRAM	0x40000000	0x40000000	256 KB	无缓冲 无保护 大端在先 全局 PID
4	外设桥 A	0xC3F00000	0xC3F00000	1 MB	无缓冲 无保护 大端在先 全局 PID

然而,在外部存储器模式下 RCHW 的检索方式与在内部 Flash 模式下相差很大。这是因为,BAM 代码无法确定外部存储器的分区方式,于是它要求 RCHW 被存放在外部存储器的最低物理地址处,应用程序起始地址则被存放在下一个地址(0x0000_0004)中。在这种模式下,BAM 代码最初假定外部存储器的数据总线为 16 位,并对外部存储器接口做如下配置:

① 设置片选配置寄存器 CS0:基地址为 0x2000_0000,位宽为 16,无猝发,15 个等待周期,地址区域大小为 8 MB。

② 使能外部总线信号:ADDR[8:31],DATA[0:15];WE[0];OE;TS;CS[0]。

EBI 配置寄存器仍为其默认值:

① 无外部主机(EXTM=0)。

② 标准运行模式(MDIS=0)。

然后,BAM 代码会从地址 0x20000000 处读取 16 位半字。如果检测到 RCHW,BAM 代码会测试另外两个数据位来进一步确定配置的细节,如表 9.7 所列。WTE 位的意义与“内部 Flash 模式”一节中的描述是一致的。如果 PSO 位为 0,BAM 代码会把外部存储器数据端口宽度从16位改为32位；否则，仍保留为16位宽度。

表9.7 在外部存储器模式下的复位配置半字(RCHW)

16	17	18	19	20	21	22	23	24	25	26	27	28	29	30	31
					WTE	PSO		Boot Identifier＝0x5A							

然后，BAM代码从地址0x20000004处取得应用程序代码起始向量，并跳转到向量所指的地址处执行。

如果BAM代码无法找到有效的RCHW(也就是说，引导ID的数值不是0x5A)，BAM代码会把运行模式更改为串行下载模式。

3. 串行下载模式

共有3种方式可以进入串行下载模式：

① 在复位信号撤销后，把BOOTCFG[0:1]输入引脚设置为0b01

② 在内部Flash模式下，如果BAM代码不能在Flash存储器分区0和1的各个存储块的基地址处检索到RCHW

③ 在外部存储器模式下，如果BAM代码不能在外部存储器的地址0x20000000处检索到RCHW。

如果是因为内部Flash或外部存储器模式失败造成串行下载模式的进入，MMU和EBI不会被重新配置，将保留与最初想要进入的模式对应的配置。如果在复位信号撤销后，立刻进入串行下载模式，MMU和EBI的配置与内部Flash模式下的配置完全一致。

BAM代码会对CAN_A和eSCI_A模块进行配置来接收信息，然后仅仅会使用首先置起“数据准备好”标志的那个模块。实际上，BAM代码只是简单地轮流查询每个接收器，直到某个接收器的标志位被置位。随后所有的串行通信都会由首先设置标志位的那个模块完成。另外一个模块会被关闭，并且其状态将会回复到最初的复位状态。基于eSCI和CAN模块的BAM代码串行数据传输协议都是半双工的。

在主机发送完密码并且密码被MPC5554/5553接受之前，数据是不能被下载到MPC5554/5553中的。共有两种类型的密码，即公用密码和私用密码。公用密码的数值为固定数值0xFEEDFACECAFEBEEF。私用密码的设定必须符合如下的格式要求：

① 密码必须是64位长。

② 每组连续16位数(半字)都必须包含至少一个1和一个0。

比如，0xFFFE00017FFF0800是一个有效的密码，因为第1个和第3个半字都含有1个0，而第2个和第4个半字都含有1个1。数值0xFFFE00017FFF0000不是一个有效的密码，因为第4个半字中不含任何为1的位。

BAM代码会打开内核看门狗定时器，并将时间溢出周期设置为3×2^{28}个系统时钟周期，如果发生时间溢出事件，会造成系统复位。

4. FlexCAN模块的配置

FlexCAN控制器的配置如下：

① 使能CNRX_A，作为CAN输入。

② 使能CNTX_A，作为CAN输出。

③ 波特率＝系统时钟频率/60。

④ 标准的11位标志符格式，详见CAN 2.0A和B的说明书。

⑤ 忽略位1错误，位0错误，响应错误，循环冗余代码错误，形式错误(form errors)，填充错误(stuffing error)，发送错误计数器错误及接收错误计数器错误。

所有CAN接收到的数据将会由CNTX_A回传回去，回传时使用的ID序号与接收到的ID序号不同。主机可以对比该回传数据与之前它发送的数据，在检测到错误时，可复位MPC5554/5553。CAN串行下载协议如表9.8所列。

表9.8　CAN下载协议

步骤	来自主机的数据	BAM回传的数据	BAM行为
1	CAN ID 0x011＋ 64位密码	CAN ID 0x001＋ 64位密码	检测密码的有效性 对比储存的密码 如果二者一致，更新看门狗，否则停止工作
2	CAN ID 0x012＋ 32位存储地址＋ 32位字节个数	CAN ID 0x002＋ 32位存储地址＋ 32位字节个数	取得下载地址和下载长度
3	CAN ID 0x013＋ 8～64位的数据	CAN ID 0x003＋ 8～64位的数据	缓存8个字节的接收数据，然后把缓存的内容复制到从下载地址开始的连续存储空间中，直到下载完所有的数据(为了避免在访问未初始化的SRAM时产生ECC错误，此处的缓存复制是通过执行单条64位写指令实现的)
4	无	无	把I/O引脚和CAN模块恢复到它们的复位状态，然后跳转到步骤2中取得的下载地址处

5. eSCI模块的配置

eSCI的配置如下：

① 波特率＝系统时钟频率/1250。

② 1个起始位，8个数据位，1个停止位，无奇偶校验。

③ 忽略eSCI溢出错误；eSCI噪声错误；eSCI帧错误和eSCI奇偶校验错误。

所有eSCI接收到的数据将会由TXD_A回传回去。主机可以对比该回传数据与之前它发送的数据，在检测到错误时，可复位MPC5554/5553。eSCI串行下载协议如表9.9所列。

表9.9　eSCI下载协议

步骤	来自主机的数据	BAM回传的数据	BAM行为
1	64位密码	64位密码	检测密码的有效性 对比储存的密码 如果二者一致，更新看门狗，否则停止工作
2	32位存储地址＋ 32位字节个数	32位存储地址＋ 32位字节个数	取得下载地址和下载长度

续表 9.9

步骤	来自主机的数据	BAM 回传的数据	BAM 行为
3	8位数据	8位数据	把每个接收到的字节储存到缓存区中，直到接收到8个字节。然后，把缓存的内容复制到从下载地址开始的连续存储空间中，直到下载完所有的数据（为了避免在访问未初始化的SRAM时产生ECC错误，此处的缓存复制是通过执行单条64位写指令实现的）
4	无	无	把I/O引脚和eSCI模块恢复到它们的复位状态，然后跳转到步骤2中取得的下载地址处

6. 双控制器模式

双控制器模式与外部存储器模式非常相似。该模式对MMU的配置与外部存储器模式完全一致，并且对外部存储器信号的配置也一致。除此之外，双控制器模式还会配置总线仲裁信号，使能EBI控制器的外部主机（设置EXTM位）和外部仲裁（设置EARB位）工作模式。

9.3 PLL运行模式

PLL共有4种不同的运行模式，分别是：

① 旁路模式（Bypass mode）。

② 基于晶振的标准模式。

③ 基于外部参考时钟的标准模式。

④ 双控制器模式，用于减小PLL输入时钟（EXTAL）和输出时钟（CLKOUT）之间的时间偏移。

如果复位时RSTCFG的输入电平不为其有效电平，PLL进入默认模式，即基于晶振的标准模式。当RSTCFG的输入电平为有效电平，也可以选择进入该模式。在该情况下，PLLCFG输入必须设置为0b00。

在基于晶振的标准模式下，PLL从晶振电路接收输入时钟信号，并倍频时钟信号，从而产生PLL输出时钟。用户必须使用振荡频率为8～20 MHz的晶振，采用晶振制造商推荐的外部时钟电路，以及其推荐的从MCU到晶振的信号布线方式。

当选择了旁通模式，片内PLL会被完全旁通，用户必须向EXTAL输入引脚提供外部时钟信号。外部时钟信号将被直接用来产生内部系统时钟。在旁通模式下，PLL的模拟部分电路会被禁用，在PLL输出端口上不会产生时钟输出，这意味着频率调制不起作用。

基于外部参考时钟的标准模式与基于晶振的标准模式基本一致，唯一不同之处是，需要向EXTAL输入引脚提供外部时钟源。输入时钟信号的频率范围与基于晶振的标准模式一致，也是8～20 MHz。

双控制器模式主要被双控制器系统中的从机使用。从机的PLL可利用该模式减小其时钟输入和时钟输出之间的偏移。

需要着重注意的是，当MPC5554/5553上电复位采用标准PLL模式时，PLL锁存后的系统总线频率将为晶振频率或外部时钟频率的1.5倍。这表示，内部总线的初始运行频率将处于12～30 MHz的范围内，具体值依赖于晶振或外部时钟的频率。BAM代码不会改变系统时钟的运行频率。应用程序代码应当按照“应用程序代码初始化步骤”一节中介绍的步骤来设置PLL模块。

9.4 审查模式及其对BAM的影响

MPC5554/5553启动时所采用的运行模式也受审查设置的影响。

共有3个方面需要审查：

① 禁止访问内部Flash存储器，从而在外部存储器模式或串行模式下阻止用户代码的非法上载。

② 禁止Nexus的访问，从而可在内部Flash模式或串行模式下阻止用户代码通过后门上载。

③ 需要提供私用密码才能完成串行下载模式的协议。

审查字存储在“影子”Flash存储块(Shadow flash block)中，地址为0x00FFFDD8。通过硬件中的编码，审查字和引导模式引脚共同决定是否激活内部Flash存储器和Nexus接口。经归纳后，共有3种不同的审查状态，如表9.10所列。

表9.10 各种审查选项的解码总结

内部Flash访问	Nexus访问	引导模式 (由BOOTCFG引脚选择)	审查字①
允许	允许	内部或外部②未经审查(Uncensored)③	0x55AAXXXX
允许	禁止	内部审查④ 需要私用密码的串行下载模式	(! 0x55AA)XXXX⑤ 0xXXXX55AA
禁止	允许	外部审查⑥ 需要共用密码的串行下载模式	(! 0x55AA)XXXX 0xXXXX(! 0x55AA)

注：① BAM代码把审查字分成两个半字进行处理。

② 单主机和双主机外部模式都执行相同的审查，并使用同样的串行密码协议。

③ 如果在内部或外部未经审查的模式下引导失败，BAM代码会进入串行下载共用密码模式，但并不会禁止内部Flash的访问。

④ 如果在内部审查模式下引导失败，BAM代码会进入串行下载私用密码模式。

⑤ 符号！表示逻辑非(也就是说，是除了给出数值之外的任何数值)。

⑥ 如果在外部审查模式下引导失败，BAM代码会进入串行下载共用密码模式。

BAM代码不会直接读取审查字。它的执行流程取决于BOOTCFG引脚电平和一个能够指出Nexus是否被激活的标志。

此外，BAM代码也不会直接读取串行下载私用密码，而会通过eDMA控制器将其从“影子”存储器复制到硬件比较器的一个输入口上。然后，BAM代码会把用户提供的密码加载到比较器的另外一个输入口上，并检测比较器产生的标志来判断用户提供的密码是否正确。这意味着，没有内核寄存器会包含密码的具体数值，从而杜绝通过访问任何内核SPR或GPR寄存器来获取密码。

注意，部分Flash在最初时会配有共用串行密码，存储在“影子”Flash中，其余Flash则被擦除了。观察表9.10，不难看出如果审查字被擦除，Flash在最开始只能运行在审查模式下。因此，如果用户希望对Flash进行编程，必须首先用内部审查模式来引导存储器。但因为用户Flash被擦除，不能找到RCHW，从而引起BAM代码进入串行下载私用密码模式。此时，私用密码存储在通常为共用密码保留的“影子”Flash区域，因此，可以来访问内部Flash。

1. 审查与串行下载模式

如果是因为没有找到有效的RCHW而进入串行下载模式，审查的类型将取决于由BOOTCFG引脚状态定义的初始引导模式。表9.10的那些注意事项描述了这一点。举个例子，如果MPC5554/5553复位后进入内部未经审查的模式，并且BAM代码没有找到RCHW，BAM代码会进入串行下载模式，并要求提供公共密码。然而，此时内部Flash会被激活，而不是被禁用，这与使用BOOTCFG引脚选择直接进入串行下载模式是不同的。

如果通过正常方式直接进入串行下载模式，用户必须提供的密码类型取决于审查字后半个字的数值，如表9.10所列。如果该半字的数值不是0x55AA，用户必须提供公共密码，否则，用户必须提供私用密码，并且必须与已写入“影子”Flash区的私用密码一致。如果输入错误的密码，存储器会被挂起。然后，用户必须复位芯片并重试密码，或者，改变引导设置并通过硬件复位进入另外一个不同的运行模式。

注意，在串行下载模式下正常启动，不能同时激活内部Flash和Nexus接口。能够保证内部Flash和Nexus接口在串行下载模式下同时被激活的唯一方式是先进入内部或外部不经审查的模式，并且没有找到有效的RCHW，造成引导失败，然后，MPC5554/5553将进入串行下载模式，并且内部Flash和Nexus接口都会被激活。

2. 审查与内部Flash模式

在内部Flash模式下，进行审查的唯一作用是将Nexus接口禁用。这意味着，通过调试接口，既不能读取内部Flash的内容，也不能向内部Flash写入数据。注意，在内部Flash模式下，如果审查被使能，却找不到RCHW，内部Flash模式引导会失败，转而进入受私有密码保护的串行下载模式。这样用户就必须提供密码，并要与“影子”Flash区中存储的密码一致。注意，在一个完全被擦除的存储器中，如果你尝试进入内部Flash引导模式，就会出现上面描述的这种情况。制造商出厂的完全被擦除的片子已经将共用密码写入“影子”Flash区。这说明，对于一个刚出厂的被完全擦除的MPC5554/5553，无论是以内部Flash模式还是串行下载模式上电复位，最终总是会进入串行下载模式，并且，用户必须提供共用密码才能启动串行下载协议。

3. 审查与外部存储器/双控制器模式

外部存储器模式和双控制器模式具有完全相同的审查选项。如果MPC5554/5553不受审查，外部存储器模式与内部存储模式的运行没有区别，内部Flash和Nexus接口都可用。当被审查时，在外部存储器模式下，内部Flash会被禁用。如果BAM代码没有找到RCHW，它将转而进入受公用密码保护的串行下载模式，内部Flash和Nexus的访问设置保持不变。

4. 审查模式的详细描述

表9.11为在引导模式下审查的作用。

表 9.11 在引导模式下审查的作用

BOOTCFG[0:1]	审查控制 0x00FFFDE0	串行下载控制 0x00FFFDE2	引导模式命名	内部 Flash 访问	Nexus 访问	串行模式
00	! 0x55AA*	任意值	内部－被审查	允许	禁止	私用
	0x55AA		内部－共用	允许	允许	共用
01	任意值	0x55AA	串行－私用密码	允许	禁止	私用
		! 0x55AA	串行－共用密码	禁用	允许	共用
10	! 0x55AA	任意值	外部－无仲裁被审查	禁止	允许	共用
	0x55AA		外部－无仲裁共用	允许	允许	共用
11	! 0x55AA	任意值	外部仲裁被审查	禁止	允许	共用
	0x55AA		外部仲裁共用	允许	允许	共用

* 符号！表示逻辑非(也就是说,是除了给出数值之外的任何数值)。

9.5 应用代码初始化

初始化 MPC5554/5553 的办法很多。本节会给出一些指导办法,来帮助用户开始对 MPC5554/5553 进行初始化。不过在开始之前,最好先了解当 BAM 代码把控制权交给应用程序代码时 MPC5554/5553 的具体状态是什么。

表 9.12 和表 9.13 描述了各种引导模式完成之后芯片引脚的状态。

表 9.12 在 BAM 代码执行完以后,外部总线接口的功能描述

引脚	复位	串行或内部引导模式	无仲裁的外部引导(单主机模式)		有外部仲裁的外部引导(多主机模式)	
	功能	功能	功能	PCR	功能	PCR
ADDR[8:31]	GPIO	GPIO	ADDR[8:31]	0x0440	ADDR[8:31]	0x0440
DATA[16:31]	GPIO	GPIO	GPIO	Default	GPIO	Default
DATA[0:15]	GPIO	GPIO	DATA[0:15]	0x0440	DATA[0:15]	0x0440
BB	GPIO	GPIO	GPIO	Default	BB	0x0443
BG	GPIO	GPIO	GPIO	Default	BG	0x0443
BR	GPIO	GPIO	GPIO	Default	BR	0x0443
TSIZ[0:1]	GPIO	GPIO	GPIO	Default	GPIO	Default
TEA	GPIO	GPIO	GPIO	Default	GPIO	Default
CS[0]	GPIO	GPIO	CS[0]	0x0443	CS[0]	0x0443

续表 9.12

引脚	复位	串行或内部引导模式	无仲裁的外部引导（单主机模式）		有外部仲裁的外部引导（多主机模式）	
	功能	功能	功能	PCR	功能	PCR
WE[0]_BE[0]	GPIO	GPIO	WE[0]	0x0443	WE[0]_BE[0]	0x0443
OE	GPIO	GPIO	OE	0x0443	OE	0x0443
TS	GPIO	GPIO	TS	0x0443	TS	0x0443
TA	GPIO	GPIO	GPIO	Default	GPIO	Default
RD_WR	GPIO	GPIO	GPIO	Default	GPIO	Default
CS[1:3]	GPIO	GPIO	GPIO	Default	GPIO	Default
BDIP	GPIO	GPIO	GPIO	Default	GPIO	Default
WE[1:3]_BE[1:3]	GPIO	GPIO	GPIO	Default	GPIO	Default

表 9.13 在 BAM 代码执行完以后，FlexCAN 和 eSCI 接口的 I/O 功能

引脚	复位后功能	初始串行引导模式	在接收到有效的 CAN 信息后的串行引导模式	在接收到有效的 eSCI 信息后的串行引导模式
CNTX_A	GPIO	CNTX_A	CNTX_A	GPIO
CNRX_A	GPIO	CNRX_A	CNRX_A	GPIO
TXD_A	GPIO	GPIO	GPIO	TXD_A
RXD_A	GPIO	RXD_A	GPIO	RXD_A

下面的初始化清单描述了一种对 MPC5554/5553 做初始化的顺序。当然，初始化步骤在很大程度上与具体的应用有关，其中很多步骤可以完全被忽略。举个例子，如果你所需要做的只是能够在内部 SRAM 中下载和执行标准 C 代码，而不需要访问任何片内外设，那么可以不必做初始化清单中的任何一项初始化，这是因为 BAM 代码已经完成了对存储器的默认配置。对于更复杂的应用，设计者必须结合本书的对应章节和编译器厂商提供的用于初始化 C 运行环境的起始代码，来检查初始化清单。注意，通过精心选择编译器，该初始化清单中的大部分步骤都能够用 C 实现，因为许多编译器都提供 C 语言扩展，从而允许对内核 SPR 寄存器进行访问，来控制该清单中提到的某些资源，比如缓存，SPE 和异常向量表。在这里，还推荐读者去浏览 Freescale 公司的网页，阅读其他一些与 MPC5500 系列芯片的初始化相关的文档。

1. 初始化清单示例

① 明确复位源。

② 激活 SPE。

③ 重新配置 MMU。

④ 初始化 C 运行环境。

⑤ 初始化 PLL。

⑥ 初始化处理器异常。

⑦ 初始化 SRAM。

⑧ 初始化缓存。

⑨ 配置必要的I/O引脚。

⑩ 配置片内外设。

⑪ 初始化外部时钟。

⑫ 初始化外部总线。

⑬ 初始化外部外设。

⑭ 重新配置片内外设桥。

⑮ 重新配置交叉互连模块(Crossbar)属性。

⑯ 运行操作系统或应用程序代码。

2. 确定复位来源

检查SIU_RSR寄存器,确定最后一次复位的来源。复位来源包括:

- 上电复位(POR)。
- Reset引脚上的有效输入信号。
- FMPLL失锁。
- FMPLL参考时钟缺失。
- 看门狗时间溢出。
- 机器状态检查错。
- 软件系统复位。

在这些复位条件中,每一种都会设置一个独立的状态位。

如果产生了软件外部复位信号(software external reset signal),还有另外一个复位状态位会被置位。当通过软件写SIU_SRCR[SER]位来强制RSTOUT输出16 000或2 400个时钟的有效电平,就会出现上述情况。软件可以检测是否出现软件外部复位,但是它并不一定会引起MPC5554/5553的内部复位。

SIU_RSR寄存器也有一个复位干扰(glitch)状态位,RGF。如果复位输入持续保持有效电平超过10个系统时钟,该位会被清除,因此,起始代码并不是必须要检查RGF位。RGF会被置位的唯一条件是复位输入信号有效电平的持续时间在2～10个系统时钟之间。通过软件,任何时候可以清除RGF。

3. 初始化SPE

在企图执行任何SIMD代码之前,必须初始化SPE,否则,会产生一个异常中断。检查你所用的C运行环境所用的运行时(run time)初始化代码,因为该代码可能会用SIMD指令。设置MSR[SPE]可以激活SPE单元。

4. 重新配置MMU

这一步初始化必须结合下一步初始化来一起考虑。为了支持各种C头文件和链接命令文件定义的存储器映射关系,C运行时环境需要被初始化。存储器映射关系必须与MMU的配置一致。在一些应用中,该步骤可能并不是必须的。

5. 初始化C运行时环境

该初始化代码通常由编译器厂商提供,应当已经经过专门的定制,从而可以支持厂商工具链所需的MPC5554/5553 C编程环境。

至此，初始化代码通常都是用汇编程序编写的。后面的一些初始化步骤都能够主要或全部用C代码编写。

6. 初始化 PLL

由于 MPC5554/5553 在复位后的初始频率相当低（当用 8MHz 外部晶振时，系统时钟只有 12MHz），绝大多数应用程序都需要大幅度提高系统总线频率。为了做到这一点，必须调整 FMPLL 运行频率。但在调整 FMPLL 运行频率时，FMPLL 都会暂时出现失锁状态。因此，在改变 FMPLL 频率的时候，必须关闭锁相环失锁复位电路。否则，MPC5554/5553 将复位，系统时钟会再次恢复到很低的初始频率。总线时钟频率可由如下函数定义：

$$f_{sys} = f_{ref} \cdot \frac{(MFD + 4)}{(PREDIV + 1) \times 2^{RFD}}$$

其中，f_{ref}为外部晶振频率，MFD 是取值范围为 0 到 31 的 FMPLL 倍增因子，PREDIV 是范围为 0 到 4 的输入时钟预分频因子，RFD 是范围为 0～7 的降频因子。表 9.14 列出了当 PREDIV 为 0 时这些参数的一些组合和各种晶振频率所对应的一系列系统时钟频率。

表 9.14 FMPLL 分频数值的选择

f_{ref}/MHz	F_{sys}/MHz	MFD	RFD
8	32	0	0
8	56	3	0
8	80	6	0
8	112	10	0
8	128	12	0
12	66	7	1
12	84	3	0
12	132	7	0
16	80	1	0
16	112	3	0
16	128	4	0
16	144	5	0
20	80	0	0
20	120	2	0
20	140	3	0

如果想进一步了解如何去激活和标定频率模块，请到 Freescale 网页上查阅相关应用文档。

如果有需要的话，也可以为 PLL 失锁或时钟丢失的故障激活一个复位或中断，或者在发生 PLL 失锁时激活一个备用时钟源。

7. 初始化处理器异常

如果希望对某种错误状态或中断进行处理，就需要做这一步初始化工作。

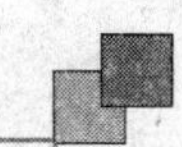

8. 初始化 SRAM

SRAM 存储器使用了 ECC 技术,以 64 位数据为单位进行错误检查和纠正。由于上电复位后 SRAM 的状态是不确定的,因此,上电复位后必须通过 64 位宽度的数据写入操作来初始化 SRAM,以免产生 ECC 错误。在热复位后,如果没有掉电,就不必重新初始化 SRAM,除非应用程序需要初始化 SRAM。通过 SIMD 双字写入操作,可以高效地对 SRAM 进行初始化。不过,必须确保 SPE 先被激活,否则任何执行 SIMD 指令的企图都会引起异常出现。

9. 初始化缓存(cache)

初始化缓存可以使代码执行得更快。第 6 章详细介绍该模块。

10. 配置必要的 I/O 引脚

MPC5554/5553 的通用 I/O 口被组织得非常灵活。大部分具有数字功能(区别于模拟功能,比如供电、FMPLL 和 eQADC)的引脚也具有可供选择的 GPIO 功能。能够选用的 GPIO 的最大数量是 214。这些 GPIO 引脚中的每一个都配有下列独立的寄存器:

- 一个 16 位控制寄存器——SIU_PCR0 到 SIU_PCR213。
- 一个 8 位数据输出寄存器——SIU_GPDO0 到 SIU_GPDO213。
- 一个 8 位数据输入寄存器——SIU_GPDI0 到 SIU_GPDI213。

通过写数据输出寄存器的最低位和读取数据输入寄存器的最低位可以分别设置和读入 I/O 引脚的逻辑电平状态。

除了这 214 个引脚以外,还有 17 个引脚虽然不具有 GPIO 功能,但是却配有 16 位控制寄存器(SIU_PCR214 到 SIU_PCR230),可用来设置引脚的属性。

由 SIU_PCR0 到 SIU_PCR230 这一系列寄存器控制的引脚属性一般可以按照下列类型的引脚进行划分。

- 外部总线的地址、数据、控制和输出时钟信号,调试接口输出信号。这些引脚具有驱动能力控制(DSC),通过设置,它们的属性可以与外部总线特性相符合,从而可避免信号的过冲(overshoot)、下冲(undershoot)和振荡(ringing)。由于这些引脚的首要功能是进行高速信号传输,因此它们被划分为快速引脚。它们的电平一般是在 1.8 V 和 3.3 V之间。注意,GPIO206 和 GPIO207 也被划入该分类中,因为它们的设计可用于未来总线性能的提升。
- RSTOUT,串行 I/O(包括 eQADC SSI)和定时 I/O。这些引脚具有边沿斜率控制(Slew Rate Control, SRC),可用来控制输出信号的上升和下降时间。减小 SRC 的数值,将减小辐射发射,不过代价是增加了时间延迟。这些引脚被划分为慢速或中速引脚。大部分定时 I/O 引脚是慢速引脚,而串行 I/O 引脚是中速引脚。这些引脚的电平为 3.3~5.0 V。

各个引脚所具有的功能的种类取决于引脚自身。附录 B 列出了所有提供的功能。一些引脚只有单一的功能。这些引脚一般具有几乎任何应用都必不可缺的基本特性,比如复位、晶振和调试信号。另外一种功能单一的引脚是模拟输入引脚。其他引脚都能提供 2 到 3 种功能,由对应 SIU_PCRx 寄存器的 PA 位域控制。有一个例外是附加的 Nexus 调试引脚 MDO[4:11],它们可以用来激活全端口模式(Full Port Mode),详见第 20 章的描述。在芯片复位后,这些引脚默认的功能是 GPIO,只能通过使用外部调试工具设置 Nexus 端口控制器(NPC)

的 FPM 位来把它们激活成 Nexus 信号。

一个被用作 GPIO 的引脚有两个单独的控制位来分别控制它的输入缓存器(IBE)和输出缓存器(OBE)。这与一些典型的只有单个数据方向控制位的微控制器不同。在 MPC5554/5553 上,设计分别的缓存器使能位的原因是在引脚只作输出时可通过关闭输入信号的通道来降低功耗。当然,在这种情况下,就不能很方便地监测输出的状态。如果输入缓存器被使能,通过读对应的 SIU_GPDIx 8 位寄存器就能够读入输出引脚的电平状态。

当使用一个引脚的非 GPIO 功能,它的输入和输出缓存器都不需要被激活。引脚数据的方向由所选择的非 GPIO 功能自动配置。不过,通过激活该引脚的输入缓存器,仍然可以从相应的 SIU_GPDIx 寄存器中观察引脚的状态。比如,如果你激活了 IRQ0 引脚的外部中断,通过使能该引脚的输入缓存器(SIU_PCR193[IBE])和检查 SIU_GPDI193 输入数据寄存器,就能够监控中断信号的当前电平值。

表 9.15 给出了 SIU_PCRx 寄存器通用的控制位分配,以及各位所控制的属性。注意,很多 SIU_PCRx 寄存器并不具有所有控制位,因为很多引脚不具有那些控制位所控制的属性。更详细的文档可以从 Freescale 公司网页上下载。

表 9.15 SIU_PCRx 控制位

0	1	2	3	4	5	6	7	8	9	10	11	12	13	14	15
16	17	18	19	20	21	22	23	24	25	26	27	28	29	30	31
—				PA		OBE	IBE	DSC		ODE	HYS	SRC		WPE	WPS

- 位 0 到 3,保留位
- PA,用于选择引脚功能

  0b00　GPIO 功能
  0b01　保留
  0b10　备选功能
  0b11　首要功能

  PA 数值的具体意义请参考附录 B。注意,某些类型的 PCR 只使用其中一个 PA 位,其他的 PCR 使用全部 2 位。上面给出的数值对于 2 种类型的 PCR 是兼容的。
- OBE,设置为 1 时,激活输出缓存器。
- IBE,设置为 1 时,激活输入缓存器。
- DCS,用来为不同的负载电容选择输出驱动能力。

  0b00　10pF 负载
  0b01　20pF 负载
  0b10　39pF 负载
  0b11　50pF 负载
- ODE,设置为 1 时,使能漏级开路(open drain)输出,否则选择推挽(push-pull)输出。
- HYS,设置为 1 时,使能迟滞。迟滞参数请参考 Freescale 的电气规范。
- SRC,用来选择输出信号跳变的斜率。

  0b00　最小斜率

0b01　　中等斜率

0b10　　保留

0b11　　最大斜率

- WPE，设置为1时，为引脚使能弱上拉或下拉电路。弱上拉或下拉电路默认是被使能的。
- WPS，用来选择拉电流的方向。该位为0，选择下拉；该位为1，选择上拉。

芯片复位后，拉电流的方向由WPS决定，默认为上拉。在芯片复位期间，引脚的拉电流方向则是由WKPCFG输入引脚电平决定。

11. 配置片内外设

这一步初始化跟具体的应用相关。各个外设模块的详细情况会在本书的其他章节中介绍。需要注意的一点是，芯片复位后，所有片内外设都会被激活。通过关闭应用中不需要使用的外设模块，可以降低功耗。除了eTPU、eSCI、Flash和NPC，其他所有外设模块的使能控制位都是相应的MCR寄存器中的MDIS位。注意，MDIS控制位的默认值是0，如果需要禁用某个外设模块，必须通过软件将对应的控制位设置为1。表9.16给出了控制位和寄存器的名字。

表9.16　模块使能位

模块名字	控制寄存器	禁用位
eTPU_A	ETPUECR_1	MDIS
eTPU_B	ETPUECR_2	MDIS
eSCI_A	ESCI_A_SCICR3	MDIS
eSCI_B	ESCI_B_SCICR3	MDIS
Flash 存储器	FLASH_MCR	STOP
所有其他模块	＜模块名＞_MCR	MDIS

对于每一个被使能的外设模块，如果打开了输入或输出功能，必须确保对应的PCR寄存器被正确设置，从而使模块信号能连接到芯片引脚上，另外，要针对应用的要求选择合适的引脚属性。

12. 初始化外部时钟

MPC5554/5553共有两种时钟输出：ENGCLK和CLKOUT。ENGCLK的最大频率为MPC5554/5553系统时钟的一半，其具体频率可由一个6位宽的分频因子来定义。ENGCLK与MPC5554/5553系统时钟不同步。CLKOUT的频率可为MPC5554/5553系统时钟的1/2或1/4。CLKOUT与系统时钟的相位关系是可调的，可用来提高外部总线数据输出的保持时间。

13. 初始化外部总线和片外外设

这两步初始化与具体的应用相关。根据应用的需要，这两步初始化很可能需要提前进行。外部总线会在第10章详细介绍。

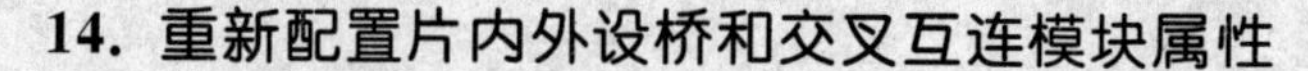

14. 重新配置片内外设桥和交叉互连模块属性

这些模块的复位状态应当能满足几乎所有的应用要求。重新配置某个属性可以略微提高模块的性能,并能提供与 MMU 所提供的保护级别不同的保护。想了解更详细的情况,请参考本书的相关章节和 Freescale 公司提供的文档。

到这里,一般将会执行与应用程序相关的操作,比如,在跳转到应用程序代码之前初始化操作系统。

第10章

外部总线接口

10.1 简 介

现今，嵌入式应用的复杂程序越来越高，即使单片机已经集成了大量的片内存储器，仍然可能需要使用外部存储器。此外，很多汽车类的应用都需要使用外部RAM来调整和优化系统参数。做软件开发时，在把代码写入片内Flash之前，也可以通过暂时使用外部存储器来协助软件的开发。外部总线接口(EBI)就是专为系统存储器的扩展而设计的。通过EBI总线，系统设计者可以利用24位地址总线和4个片选信号扩展出多达4个大小为16 MB的外部存储器。对于那些不需要外部存储器的应用，外部总线接口占用的引脚可以被当作通用I/O口(GPIO)使用，每个引脚都可以被单独配置为通用输入或输出口。

单主机与多主机模式

在复位时，MPC5500系列单片机可以被配置成单主机或双主机模式，具体由引导配置引脚的电平决定。在双主机模式下，主机在使用外部总线之前，必须通过总线仲裁控制信号做总线仲裁。总线仲裁器接收到主机的仲裁请求后，会根据总线的空闲状况做出响应。主机一旦取得总线的所有权，就可以驱动总线对外部资源进行访问。在单主机模式下，单片机在访问片外资源时不需要做总线仲裁，它的仲裁控制信号可以用作其他功能，比如当作GPIO口使用。

本章的前半部分会介绍单主机系统，后半部分会介绍多主机系统。为了使硬件设计人员能通过外接各种存储器设备来扩展系统资源，本节介绍了外部总线信号的基本含义。下一节将会介绍外部总线信号的操作，并给出MPC5554/5553外接存储器的一些例子。外部总线接口信号如图10.1所示。

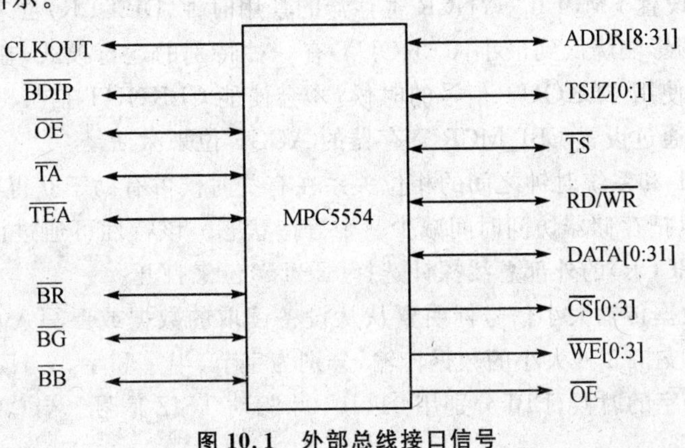

图10.1 外部总线接口信号

10.2　总线接口信号说明

- 地址总线：在单片机内部，地址总线为 32 位宽，但仅仅最低的 24 位被引到 MPC5554/5553 的引脚上。利用 24 位地址总线，MPC5500 单片机能对高达 16 MB 的外部存储空间进行寻址。外部地址总线信号标记为 ADDR[8－31]。在多主机模式下，这些地址线是双向信号，允许外部主机访问单片机片内资源。
- $\overline{\text{TS}}$：传输起始信号标明了外部总线上的一个有效总线周期的起始点。在总线处理的第一个时钟周期内，EBI 会设置该信号，使其有效，在紧随的其他时钟周期内，EBI 会撤销该信号，并一直到完成总线处理。
- 数据总线：数据总线是一个双向 32 位总线，用于在 MPC5554/5553 单片机和外部设备之间传输数据。在一个读操作中，外部存储器设备驱动数据总线，EBI 则在总线周期的最后一个时钟的上升沿锁存总线上的数据。在一个写操作中，EBI 驱动数据总线，选中的外部从设备则在总线周期结束时锁存数据。

EBI 支持 16 位总线模式，用于接 16 位外部存储器和 I/O 设备。这种配置方式允许数据总线信号的低 16 位(D16－D31)用作 GPIO 功能，而数据总线信号的高 16 位(D0－D15)用作数据总线。当需要传输的数据超过 16 位，EBI 会用 16 位数据总线进行多次传输操作。16 位和 32 位数据总线的选择是由外部总线接口模块配置寄存器(EBI_MCR)的数据总线模式位(DBM)决定。

对于 324 引脚的封装，数据总线有 16 位被引出单片机，对于 208 引脚的封装，所有 EBI 总线接口信号都没有被引出。

- RD/$\overline{\text{WR}}$：RD/$\overline{\text{WR}}$信号指明了数据传输的方向。对于读操作，该信号会被拉高，对于写操作，该信号会被拉低。
- CLKOUT：当用 EBI 连接同步存储器设备时，一般需要使用 CLKOUT 信号。在单片机复位后，该信号默认会被使能，其频率为系统时钟的 1/2。如果需要用更低的总线时钟，该信号频率能被降低到系统时钟频率的 1/4。CLKOUT 分频因子是由 SIU 外部时钟控制寄存器(SIU_ECCR)的外部总线分频因子(EBDF)位域决定。如果扩展的是异步存储器设备，可以禁用 CLKOUT 信号，从而降低噪声和电磁干扰(EMI)的影响。CLKOUT 的禁用可以通过设置 CLKOUT 引脚配置寄存器 SIU_PCR229 的数值，或通过设置 FMPLL_SYNCR 寄存器的禁用时钟(DISCLK)位来实现。

为了把 EMI 的影响降低到最小，CLKOUT 有一种特别的运行模式，在该模式下，只有在外部总线接口需要使用 CLKOUT 信号的时候，才会使能 CLKOUT 信号。CLKOUT 的这种自动门控特性可以通过设置 EBI_MCR 寄存器的 ACGE 位来激活。

改变 CLKOUT 和系统时钟之间的相位关系在有些时候可有助于获得额外的输出和输入保持时间，这时可以把存储器访问时间减少一个等待状态。该特性可通过设置 SIU 外部时钟控制寄存器(SIU_ECCR)的外部总线探针选择(EBTS)位来打开。

- TSIZ：该数据传输大小信号标明要从从设备读取的数据或要写入从设备的数据的字节数。EBI 支持 3 种大小的数据传输，分别为字节、半字和字。当读写一个字节、一个半字和一个字的时候，EBI 分别用 01、10、00 驱动 TSIZ 信号。当总线上的主机需要做猝发(burst)操作时也会用00来驱动TSIZ信号。

- $\overline{TA}$：传输响应信号的设置，对于写入操作周期，标志着从设备已经接收到数据(并且已经完成了访问操作)，对于读入操作周期，则标志着从设备已经将数据驱动到总线上。如果总线操作是一个猝发式读入操作，每一个数据读取节拍(beat)都要设置$\overline{TA}$信号。对于写入操作，即使写入数据节拍不止一个，$\overline{TA}$也只需要在访问结束时设置一次。当数据访问操作是由MPC5554/5553的片选逻辑控制时，或当外部主机要访问MPC5554/5553的内部资源时，$\overline{TA}$总是被EBI内部驱动。对于非片选式访问，被选中的从设备应负责设置$\overline{TA}$信号。
- $\overline{TEA}$：传输错误响应信号可由EBI或外部设备设置，用来表示总线周期中出现了一个错误。$\overline{TEA}$的设置会立即结束当前的总线周期。如果出现错误的总线周期是由EBI发起的，会通过IVOR1产生一个机器检查异常(machine check exception)，出错的地址会被存储在数据异常地址寄存器(DEAR)中。关于机器检查的更详细介绍，请参考第8章。当内部总线监控器探测到超时错误，或者当外部主机访问MPC5554/5553的内部模块时由于违规访问产生了内部错误，$\overline{TEA}$会被EBI接口设置。
- $\overline{CS[0:3]}$：片选信号由EBI产生。共有4个片选信号，每一个都配有一个基地址寄存器和一个选项寄存器，可根据目标应用进行全面的配置，从而满足特定的存储器设备的需要和各种时间属性。图10.2给出了片选基地址寄存器的格式。注意，该寄存器的第3～16位可用来选择外部存储器的基地址，而第0到2位则设定为固定值001。将这3位设定为001意味着，虽然外部总线只有24位地址线，外部存储器或I/O外设的地址空间必须位于从0x20000000开始的区域内。既然MPC5500系列单片机支持的存储器块的大小最小为32 KB，EBI解码逻辑在确定基地址的时候并不需要使用基地址寄存器最低的15位。

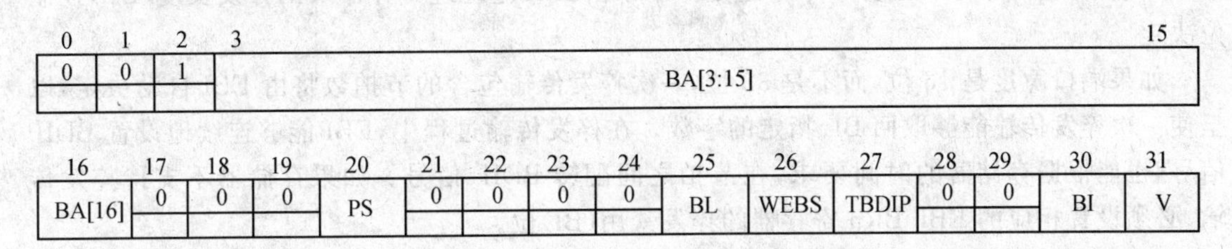

图10.2 EBI基地址寄存器

EBI支持的外部存储器端口宽度包括16位和32位两种。端口宽度的选择由EBI_BRn寄存器的端口大小(PS)位控制。为了使外部总线接口能够单独访问每个字节通道(byte lane)，EBI提供了4个字节使能信号，如图10.3所示。这些使能信号能够被用作字节使能或写使能。根据存储器的要求，这4个信号可被标记为$\overline{BE[0:3]}$或$\overline{WE[0:3]}$。选择字节使能还是写使能是由EBI_BRn寄存器的写使能字节选择(WEBS)位控制。如果WEBS控制位的值为0，字节使能信号表现为写使能信号，并且仅仅在写入操作时才会被设置。在这种情况下，外部存储器将使用输出使能($\overline{OE}$)信号进行数据读取操作。即使访问的数据小于一个字，$\overline{OE}$也会驱动所有字节通道的输出缓冲器。对于存储器送到外部总线的数据，EBI只锁存必需的数据，其他数据会被抛弃。如果存储器要求字节使能信号在读写操作中被设置，那么WEBS控制位必须被设定为逻辑1。

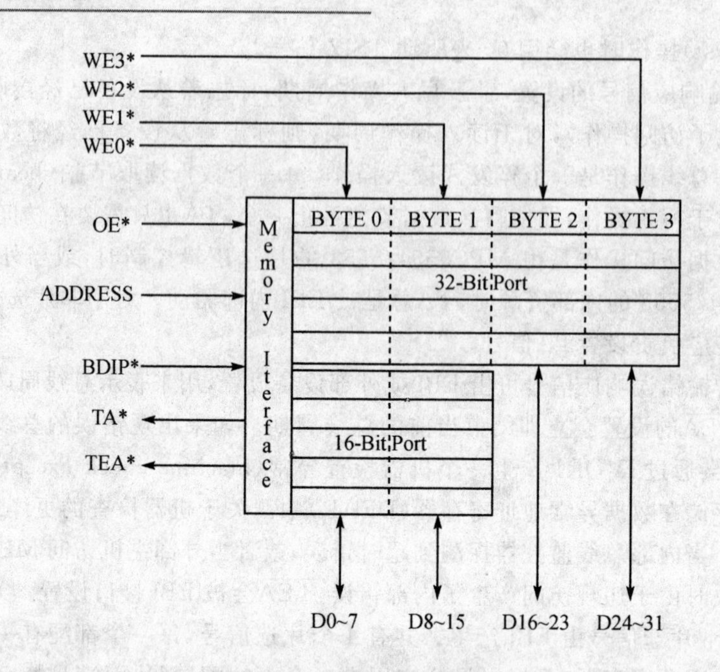

图 10.3 外部存储器结构

注意: 框图中带 * 号标记的信号为低电平有效信号。

为了有效地从存储器读取数据,降低数据传输的开销,EBI 能够以猝发的方式读入多达 8 个 32 位的字。当进行猝发传输时,猝发数据进行中信号会被设置足够长的时间,以完成所需数据的传输。如果存储器支持猝发数据传输,它将用 8 个处理节拍完成数据的传输。

在访问外部资源时,为了降低其他主机的总线延迟,应用软件能够选择猝发式传输 4 个字,来代替传输 8 个字。选择 4 个字还是 8 个字由 EBI 基地址寄存器 n 的猝发长度(BL)控制位决定。

如果端口宽度是 16 位,而不是 32 位,一次猝发传输包含的节拍数将由 EBI 自动决定,以至使一次猝发传输能够取回 BL 指定的字数。在猝发传输过程中,EBI 能够连续地设置 BDIP 信号,也能根据存储器的时间要求,在节拍之间翻转 BDIP 信号。如果存储器不支持猝发传输,必须设置相应的 EBI_BRn 寄存器的猝发禁用(BI)位。

如果为数据传输选择的存储器页面被标记为可被 MMU 缓冲,在取回所有 8 个字的猝发数据后,猝发数据会被存入缓冲器中。

为了向 EBI 表明基地址寄存器和选项寄存器两个寄存器的设置是有效的,应用软件必须设定 EBI_BRn 寄存器的 V 位。为了使 EBI 可以接外部存储器,还需要一些附加的配置。这些附加的配置,比如存储器库的大小、猝发访问或单周期访问所需要的等待状态的数目等,都是由外部总线接口选项寄存器 n(EBI_ORn)决定,如图 10.4 所示。下面会简要介绍 EBI_OR 寄存器的各个位域。

- AM[3:16]——地址屏蔽位:外部存储块的大小可以是 32 KB～16 MB 的任何值。存储块的大小必须写入地址屏蔽域(AM[3:16])。任何清零位都会屏蔽相应的地址位,而任何置 1 的位都会引起相应的地址位与地址总线进行对比。地址屏蔽位能够按照任何顺序被置 1 或清零,从而允许存储器处于地址空间中的多个区域中。

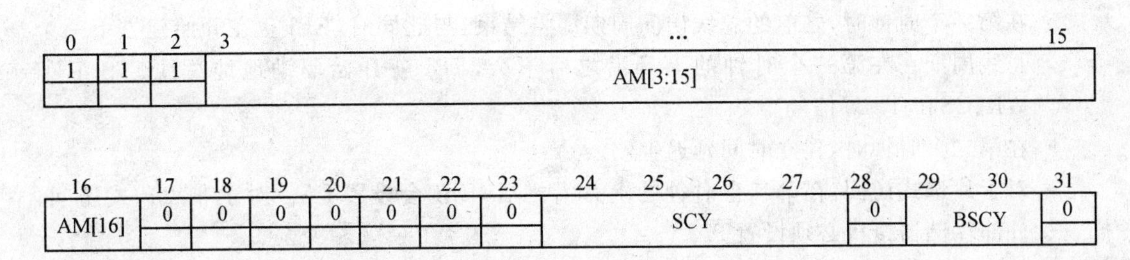

图 10.4　EBI 选项寄存器 n

- SCY[0:3]——周期长度：以时钟数为单位的周期长度代表着在单周期情况下在地址阶段之后要插入的等待状态的个数，也代表着在一次猝发周期的初次访问操作中的等待状态的个数。等待状态的数目可以设置为0～15的任意数值。

　　对于第一个节拍，总的周期长度=(2+SCY)× 外部时钟周期

- BSCY[0:1]——猝发周期长度：该猝发节拍长度域决定了在除第一个节拍之外的其他所有猝发节拍中插入的等待状态的数目。SCY[0:3]位域用来确定第一个节拍的长度，而BSYC[0:1]位域则决定了节拍之间的等待状态的数目。

　　对于各个节拍，总的存储器访问长度=(1+BSCY)× 外部时钟周期

当连接无需插入等待状态的存储器时，外部总线接口信号的时序如图10.5所示。该时序图假定了EBI工作在单主机模式下并且进行外部访问时不需要进行总线仲裁。在访问外部存储器的过程中，事件发生的顺序如下：

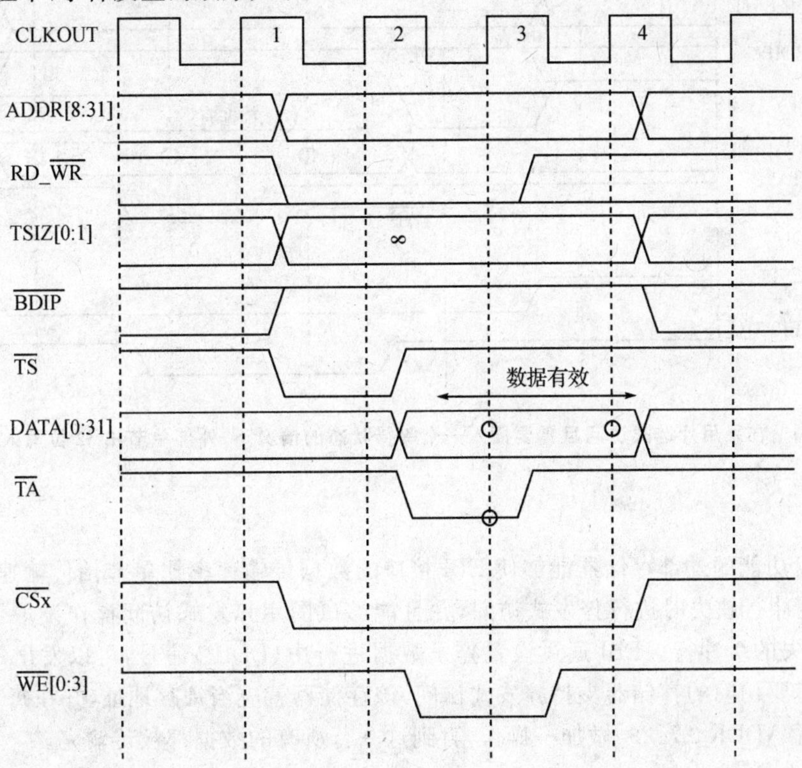

图 10.5　在采用片选式访问且无需插入等待状态的情况下，外部单节拍32位写入周期

- 在第一个时钟时，之前的总线访问周期即将结束，与此同时，EBI 正在开始建立下一个总线周期。在第一个时钟的上升沿之后不久，EBI 就开始驱动地址总线、$\overline{TS}$、RD/$\overline{WR}$、$\overline{CS}$和 TSIZ 信号。
- 在第二个时钟时，建立时间延迟生效。
- 对于片选式访问，在第二个时钟的上升沿之后，EBI 会设置$\overline{TA}$。对于非片选式访问，外部存储器接口必须设置$\overline{TA}$。
- 在第三个时钟的上升沿，EBI 锁存总线上的数据。

如果还需要访问外部资源，EBI 将接着发起新的总线访问周期。在第 3 个时钟的上升沿出现时，如果$\overline{TA}$仍然没有被设置为其有效电平，EBI 会插入一个等待状态，并且在下一个时钟的上升沿再次采样$\overline{TA}$信号。

图 10.6 所示的时序图给出了需要一个等待状态的外部存储器的写入访问时序。在这种情况下，总线周期由 4 个总线时钟构成。EBI 驱动信号的时序与之前非常相似，唯一不同之处是在访问过程中由于$\overline{TA}$的延后设置而需要插入一个额外的等待状态。注意，$\overline{CS1}$和$\overline{WE}$[0:3]的有效电平被延长了一个额外的时钟周期，以保证访问能被顺利完成。

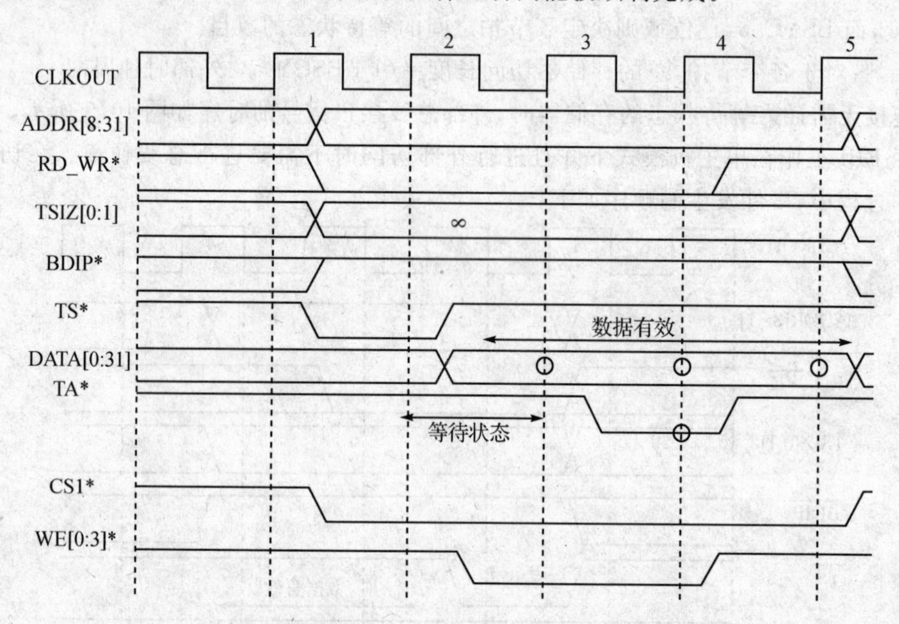

图 10.6　在采用片选式访问且需要插入一个等待状态的情况下，外部单节拍 32 位写入周期

猝发传输

具有猝发功能的外部存储器能够使 EBI 接口的数据传输速率比单节拍传输速率高得多。EBI 支持在缓冲行缺失时进行猝发式访问，并且能够试图用猝发式访问操作读取 8 个字的数据，以填满缺失的缓冲行。EBI 通过设置猝发数据进行中($\overline{BDIP}$)信号，可以发出猝发式访问请求。如果需要访问的存储器支持猝发式访问，该存储器就应当锁存地址，并在每个传输节拍过后在内部对 ADDR[27:29]做加一操作，直到这一行所有的数据都被传输完。

如果猝发周期最初访问的地址没有对齐行边界(line boundary),即8字长边界(8 word boundary),数据传输仍从指定的访问地址开始进行,但当访问地址累加到行边界时,访问地址会绕回8字长边界的起始位置。行绕回猝发式(line wrapping burst)读取操作会向存储器提供一个起始地址(双字对齐),并要求存储器依次把8个数据驱动到数据总线上,从而读入8个32位字。在数据传输的过程中,EBI提供的地址和传输属性保持不变,并通过设置$\overline{TA}$信号结束每个传输节拍。EBI要求访问地址在所有的猝发周期中都与双字边界对齐。

当外部存储器的端口宽度为32位并且猝发长度为8个字时,EBI信号在猝发传输过程中的时序如图10.7所示。EBI能够猝发读取16位宽的存储器,但是相比猝发读取32位宽的存储器,要花费2倍的传输节拍才能读入相同数量的数据。当把对应的基地址寄存器的猝发长度(BL)位设置为1时,EBI也能从16位或32位宽的存储器中猝发读取4个字。在这种情况下,为了读取8个字来填满一个缓冲行,会执行两次猝发长度为4个字的猝发传输操作(访问地址到达4字长边界时会绕回)。

在猝发周期中,猝发数据的持续时间由$\overline{BDIP}$标明。在猝发式读取周期的数据阶段,EBI从选中的从设备接收数据,如果它需要接收更多的数据,它可以继续设置$\overline{BDIP}$信号。在接收到倒数第二个数据时,EBI会撤销$\overline{BDIP}$信号的有效状态。这样,在下一个时钟的上升沿后,从设备会停止驱动新的数据。一些从设备的猝发长度和时序可以通过内部寄存器来配置,因而可能不支持$\overline{BDIP}$的控制。在这种情况下,$\overline{BDIP}$由EBI正常驱动,但存储器会忽略该信号的输出,因此,猝发数据的行为将由EBI和从设备的片内配置决定。

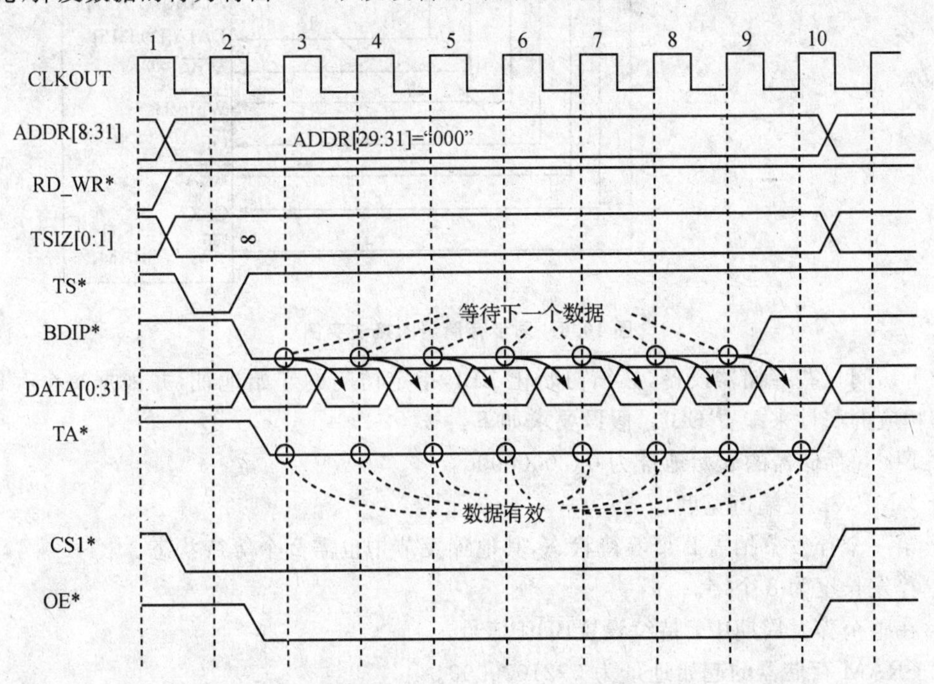

图10.7 在端口宽度为32位并且不需要等待状态的情况下,8字猝发读取操作的时序图

如果猝发式存储器需要在节拍间插入一个或多个等待状态,通过配置相应的片选选项寄存器的BSCY[0:1]位域,片选逻辑可以插入1、2或3个额外的等待状态。为了与不同类型的存储器相匹配,也可以在传输节拍间翻转$\overline{BDIP}$的电平状态,而不是一直用同一种电平驱动

$\overline{\text{BDIP}}$。通过设置相应的 EBI_BRn 寄存器的翻转猝发数据进行中(TBDIP)位,可以控制$\overline{\text{BDIP}}$的翻转。

图 10.8 给出了 EBI 接口与不同端口宽度的猝发 Flash 和 SRAM 存储器相接的例子。在该框图中,Flash 的端口为 32 位宽,SRAM 的端口为 16 位宽。既然两种存储器支持猝发传输,Flash 存储器在每个传输节拍将提供 32 位的数据,而 SRAM 存储器在每个传输节拍将提供 16 位的数据。如果设置的猝发长度为 8 个字,那么 SRAM 将执行 16 个宽度为 16 位的传输节拍。正如我们看到的,EBI 具有调整信号时序的能力,可以满足许多存储器的要求。这些存储器可以不需要借助任何胶合逻辑(glue logic)而直接连接到 EBI 接口上。

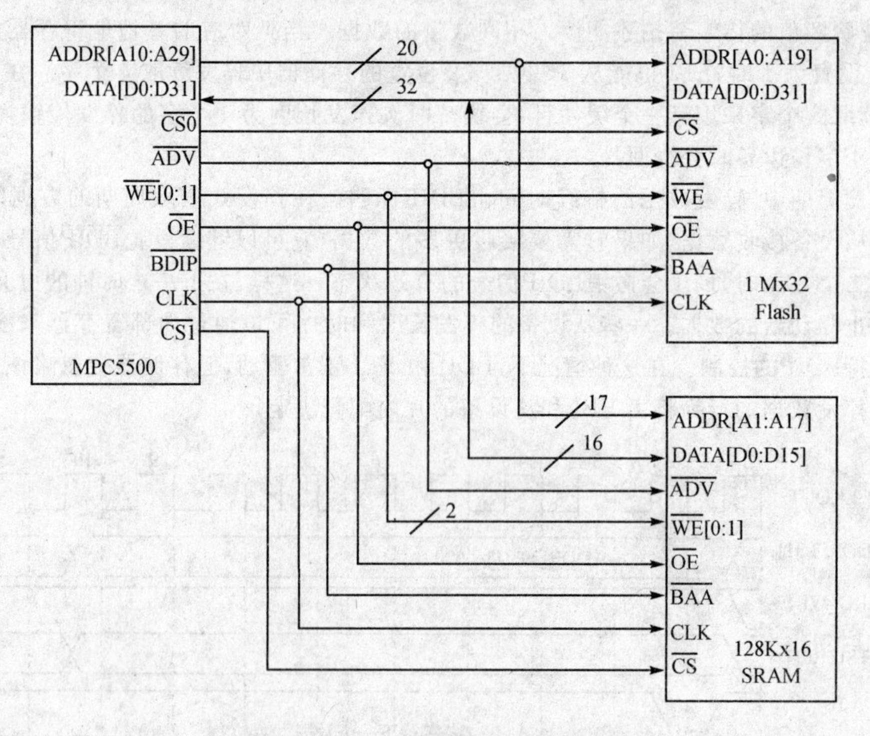

图 10.8 同步存储器的接法实例

为了访问这些存储器设备,必须初始化 EBI,指定访问的起始地址,并根据每个存储器的特点用相应的属性来配置 EBI。假设要求如下:

① Flash 存储器的起始地址为 0x20000000。

- 4 MB,32 位端口宽度。
- 第一个猝发节拍需 2 个等待状态,其他猝发节拍也需 2 个等待状态。
- 猝发长度为 8 个字。
- 在整个猝发周期中,持续设置$\overline{\text{BDIP}}$信号。

② SRAM 存储器的起始地址为 0x21000000。

- 128K×2,16 位端口宽度。
- 第一个猝发节拍需 2 个等待状态,其他猝发节拍需 1 个等待状态。
- 猝发长度为 4 个字。
- 在节拍间,翻转$\overline{\text{BDIP}}$信号。

对于 Flash 存储器，片选 0 寄存器的初始化如下：

- 基地址寄存器 0=0x20000001。
- 选项寄存器 0=0xFFC00024。

对于 SRAM 存储器，片选 1 寄存器的初始化如下：

- 基地址寄存器 1=0x21000851。
- 选项寄存器 1=0xFFFC0022。

10.3 用 EBI 接异步存储器

EBI 是一种同步总线，但是它不仅可以接同步存储器也可以接异步存储器。如果 EBI 接的是异步存储器，它不再支持猝发传输，也不使用 CLKOUT、$\overline{\text{TS}}$和$\overline{\text{BDIP}}$信号，但是 EBI 仍然会驱动这些信号，并总是在总线时钟的上升沿驱动和锁存所有信号(EBI 没有真正的“异步模式”)。图 10.9 给出了 EBI 与异步存储器的接法。通过设置相应的片选选项寄存器中的 SCY 位域，插入适当数目的等待状态，可以控制 EBI 的信号时序来满足异步存储器的访问时间要求，就像访问同步存储器一样。

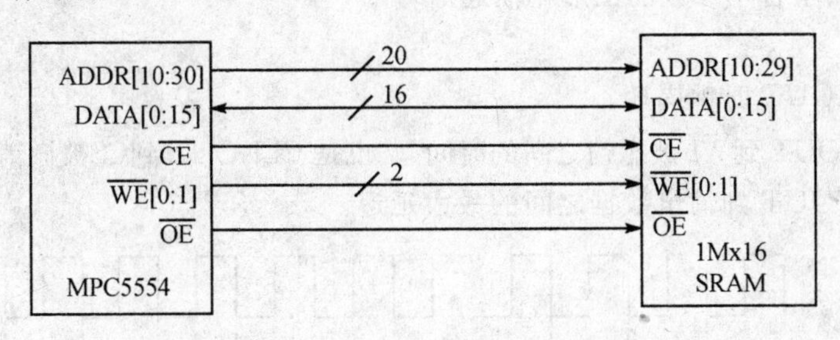

图 10.9 异步存储器的接法实例

1. 等待状态的计算实例

该实例适合对典型的外部 RAM 设备的异步读写访问。

2. 读访问时间的计算

相对$\overline{\text{OE}}$信号的读取时间可用下式表示：

$$t_{ck} \times W + (t_{ck} - t_6) - t_7 \geqslant t_{acc}$$

图 10.10 给出了各个参数的图形化描述。

其中：

- t_{ck}是 MPC5554/5553 EBI 时钟周期。
- W 是等待状态的个数。
- t_5 是 CLKOUT 之后的数据保持时间(hold time)。
- t_6 是 CLKOUT 到输出数据之间的最大延迟。
- t_7 是输入数据的最小建立时间(setup time)。
- t_{acc}是相对$\overline{\text{OE}}$信号外部存储器读访问时间。

求解 W 的数值，并将其上调至紧邻的整数值。

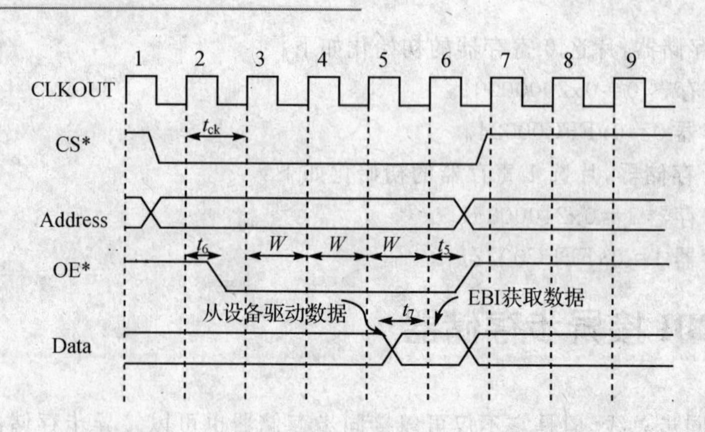

图 10.10　带有 3 个等待状态的异步存储器读取操作

3. 写访问时间的计算

相对$\overline{WE}$信号的写访问时间可用下式表示：

$$t_{ck} \times W + (t_{ck} - t_6) + t_5 \geqslant t_{acc}$$

图 10.11 给出了各个参数的图形化描述。

其中：

- t_{ck}是 CLKOUT 时钟周期。
- t_5 是 CLKOUT 到$\overline{WE}$被撤销之间的时间（t_5 也是 CLKOUT 到$\overline{CS}$被撤销之间的时间）。
- t_6 是 CLKOUT 到输出数据之间的最大延迟。

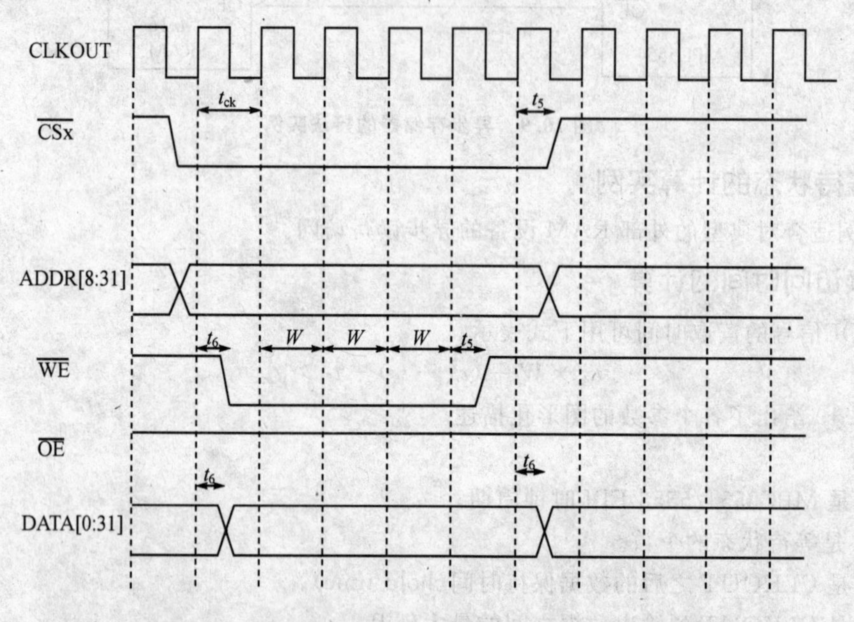

图 10.11　带有 3 个等待状态的异步存储器写入操作

4. 总线周期的结束

对于片选式访问，EBI 会通过产生$\overline{TA}$信号来结束总线周期。对于非片选式访问，外部存储器必须产生$\overline{TA}$信号，并提供给 EBI。如果 EBI 发起了总线周期，但在限定的时间内却没有收到外部存储器返回的$\overline{TA}$信号，在这种情况下，如果还激活了总线监控器(bus monitor)，那么总线监控器将发生超时，并会结束总线周期。超时周期可由 EBI_BMCR 寄存器的总线监控器超时(BMT)位域指定。超时周期是用 CLKOUT 时钟周期衡量的。这样，当采用可配置的总线速度模式时，即使 BMT 位域自身保持不变，有效的超时周期也可以倍增(倍数为 2 或 4)。

$\overline{TEA}$信号的设置会引起总线周期立即结束，并会通知处理器通过 IVOR1 对机器检查异常进行处理。出错的地址会被存放到数据异常地址寄存器(DEAR)中，从而可以被异常处理程序检查。

也可以使用一个外部总线监控器来代替内部总线监控器来产生$\overline{TEA}$信号。实际上，如果目标应用需要的话，还可以同时使能外部和内部总线监控器。为了正确地控制总线周期的结束，$\overline{TEA}$信号的设置必须与外部$\overline{TA}$信号的设置同时进行或在这之前进行。为了避免在随后的总线周期中检测到错误，设计者还必须确保在$\overline{TEA}$信号被设置之后的第二个上升沿之前撤销$\overline{TEA}$信号。

10.4　对多主机的支持

当目标应用需要额外的资源时，对多主机的支持就变得非常有用。在多主机模式下，系统资源被所有主机共享，对这些资源的访问必须经过仲裁。基于这种原因，EBI 包含了支持多主机模式所需要的所有必需的仲裁控制信号。总线仲裁可以由内部片上仲裁器或外部中心总线仲裁器来处理。EBI 的设计支持内部总线仲裁，但外部主机的数量只能有一个。如果需要更多的外部主机，那么必须在外部提供一个外部仲裁器。仲裁模式的选择由 EBI_MCR 寄存器的外部仲裁(EARB)位决定。外部总线主机能够通过设置相应的仲裁控制信号请求并取得的总线的控制权。这些信号包括总线请求($\overline{BR}$)，总线允许($\overline{BG}$)和总线忙($\overline{BB}$)。

这些信号的简要介绍如下：

- $\overline{BR}$——总线请求：总线上的主机可以通过设置该信号来请求外部总线的所有权。当配置为内部仲裁时，$\overline{BR}$是一个输入信号，外部主机可通过设置该信号来请求总线的所有权。

当配置为外部仲裁时，$\overline{BR}$是一个输出信号，EBI 可通过设置该信号来请求总线的所有权。如果总线空闲，一旦 EBI 被准许使用总线时，EBI 就会撤销$\overline{BR}$信号。如果有更多的请求在等待处理，EBI 可以持续设置$\overline{BR}$信号，直到这种需求结束。

- $\overline{BG}$——总线允许：该信号的设置用于允许某个正在请求总线所有权的主机对外部总线的所有权。

当配置为内部仲裁时，$\overline{BG}$是一个输出信号，可被 EBI 设置来表明外部主机可以取得总线的所有权。在外部主机开始总线传输之前，为了确保已经取得总线的所有权，请求总线所有权的外部主机必须取得总线的使用资格。当$\overline{BG}$被设置并且$\overline{BB}$被撤销时，就表示外部主机被允许使用总线。如果有对外部总线的内部请求等待处理，紧跟$\overline{BR}$信号的撤销，EBI 会撤销$\overline{BG}$信号。否则，它会持续设置$\overline{BG}$信号，从而为外部主机保留总线。这样，外部主机不需要再次设置$\overline{BR}$信号就能够设置$\overline{BB}$信号来进行随后的数据传输。

当配置为外部仲裁时，$\overline{BG}$是一个输入信号，由 EBI 采样并检查是否合格。这就允许 EBI 取得总线的所有权来进行外部总线传输。

- $\overline{BB}$——总线忙：该双向控制信号的设置用来表明当前的总线主机正在使用总线。仅仅当 EBI 被配置为外部主机模式时才会使用$\overline{BB}$信号。在单主机模式下，不使用$\overline{BB}$信号。当配置为内部仲裁时，EBI 可通过设置$\overline{BB}$信号来表明它正在使用总线。在该信号被撤销后的两个总线周期之前，外部主机不可以开始进行数据传输。EBI 在完成数据传输之前不会撤销该信号。当不驱动$\overline{BB}$信号时，EBI 可通过采样并检测该信号来了解何时外部主机不再使用总线。

当配置为外部仲裁时，在外部仲裁器批准 EBI 对总线的所有权后，当 EBI 准备开始数据传输时，它需要设置该信号。

1. 内部总线仲裁器

当选择使用内部仲裁时，EBI 驻扎(park)在总线上。假如总线当前没有被其他主机占用($\overline{BB}$被撤销)，EBI 的这种驻扎特性允许 EBI 在企图访问外部总线时跳过总线请求阶段。如果总线空闲，EBI 不需要等待总线仲裁器的允许，可以直接设置$\overline{BB}$信号并开始进行数据传输。内部和外部主机使用外部总线的优先级是由 EBI_MCR 寄存器中的位宽为 2 的外部仲裁请求优先级(EARP)位域的值决定。通过设置该位域，可以使 EBI 的优先级比外部主机的优先级高，也可以使二者的优先级相等，还可以使外部主机的优先级比 EBI 的优先级高。EARP 位域的默认值会使 EBI 和外部主机的优先级相等。

当选择同等优先级，如果其他主机在请求总线的所有权，每个主机在完成当前的数据传输后都会放弃总线的所有权。如果内部和外部主机在同一个时钟周期内请求总线的所有权，内部仲裁器会把总线的所有权给那个在最近一段时间内最不常使用总线的主机。如果没有其他主机请求总线，总线会被继续授予当前的主机，并且，当前的主机可以不经再次总线仲裁而直接开始另一次访问。如果优先级位域的设置使内部和外部主机的优先级不相等，那么当两个主机的请求都在等待处理时，拥有更高优先级的主机总能取得总线。然而，在任何情况下，正在进行中的传输都会被允许完成，即使有优先级更高的主机发起的总线请求在等待处理。在多主机系统中，为了避免总线竞争，只有在主机赢得了总线的所有权才能设置传输起始($\overline{TS}$)信号。

2. 外部总线仲裁器($\overline{BB}$、$\overline{BG}$、$\overline{BR}$)

在双主机系统中，外部总线仲裁器可以由另外一个 MCU(微控制器)充当，而当两个以上的主机存在时，外部总线仲裁器必须是一个单独的外部仲裁器。如果一个 MCU 被配置使用外部仲裁，当它需要外部总线的所有权时，它必须设置$\overline{BR}$信号，并等待外部仲裁器设置$\overline{BG}$信号。在检测到$\overline{BG}$信号被设置并且$\overline{BB}$被撤销了至少 2 个时钟周期后，MCU 会设置$\overline{BB}$信号，来声明其对总线的所有权。在使用外部总线仲裁时，只要 MCU 仍然检测到$\overline{BG}$信号有效，它就可以不经再次总线仲裁而进行背靠背式的总线访问。如果在一次数据传输过程中$\overline{BG}$信号被撤销了，MCU 在进行下一次传输之前必须再次进行总线仲裁。在这种模式下，各个主机的优先级完全取决于外部仲裁器。图 10.12 给出了连接到一个外部仲裁器上的两个主机的时序范例。在该范例中，图中给出的$\overline{BR0}$和$\overline{BR1}$信号对于仲裁器来说是输入信号，来自各主机的$\overline{BR}$引脚。$\overline{BG0}$和$\overline{BG1}$信号对仲裁器来说是输出信号，连接到各主机的$\overline{BG}$输入引脚上。

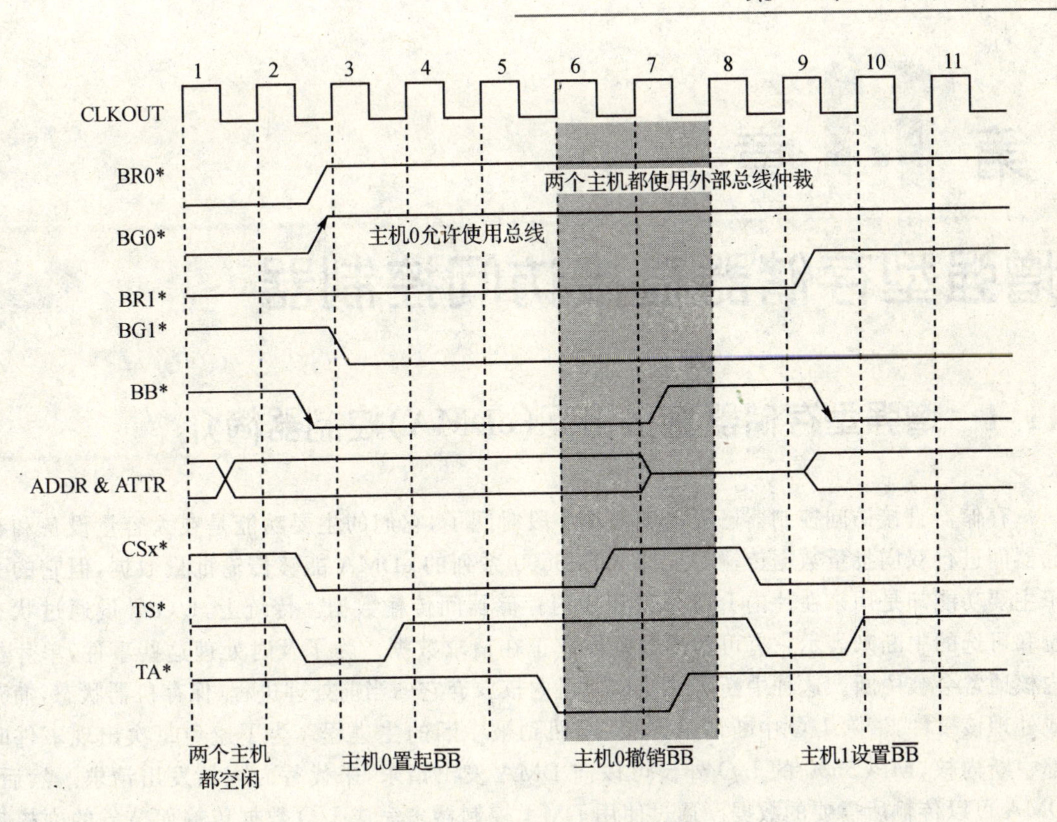

图 10.12　外部仲裁时序框图

第11章

增强型存储器直接访问控制器

11.1 增强型存储器直接访问(eDMA)控制器简介

存储器直接访问控制器已经出现很长一段时间了，它们的主要功能是在大容量设备和存储器间进行双向批量数据传输。虽然 MPC5500 系列的 eDMA 能够传输批量数据，但它的一个主要功能却是用来在片内 I/O 外设和片内存储器间传输数据。传统上，I/O 外设通过状态位和可选的中断来表示它有可读的数据或它正在请求数据。为了及时处理这些事件，单片机内核通常会被中断。这种中断事件使单片机内核放弃它的当前处理进程，保存机器状态，捕获或处理该事件，清除 I/O 中断请求，然后返回到被中断的主进程。为了避免每次出现事件时都中断内核，MPC5500 的 I/O 外设可以向 DMA 发出请求，来代替向内核发出请求。然后，DMA 可以传输所需要的数据。通过使用 DMA 控制器来完成 I/O 数据传输而节省的内核带宽使内核能够在应用程序要求的时限内执行更多的算法和任务或者执行更复杂的任务。

MPC5554 集成的增强型存储器直接访问(eDMA)引擎有 64 个同样的通道，而 MPC5553 的 eDMA 只有 32 个通道。为了服务外设的请求，在物理连接层次上，每个通道都被分配到一个特定片内外设上。除了服务 I/O 设备，这 64 个 eDMA 通道中的任何一个通道还可以用来在 MPC5500 存储空间中的任何地址间传输批量数据。

11.2 eDMA 架构

eDMA 控制器是总线上的一个主机，能够在片内资源，比如 FLASH、SRAM 和 I/O 外设等，以及片外资源之间传输数据。既然只有一个引擎来处理所有 64 个通道(参考图 11.1)，在某个特定时刻，只有一个通道能成为总线上的主机并进行数据传输。eDMA 共有两种可编程的优先级机制：固定优先级和轮转(round robin)优先级。一旦 eDMA 引擎选通一个通道进行数据传输，该通道将通过先读再写的操作把数据从一个存储器地址传输到另外一个存储器地址。eDMA 通道能够接收下列 4 种类型的请求：

① 主机启动的传输——通常，内核可以发起传输请求，来把一段数据从一个存储器空间移动到另外一个存储器空间中。虽然各个 eDMA 通道已被预分配给片内外设，但任何一个通道都能够被应用程序触发来进行数据传输操作。参考表 11.6 给出的通道分配列表。

② I/O 外设请求——I/O 外设请求可能更常用，可用来通知 eDMA 通道在存储器和 I/O 外设之间进行数据传输。

③ 通道链接请求——通道链接请求能够从一个 eDMA 通道传递给另外一个 eDMA 通

道，从而，可以在存储空间中进行有序的数据传输。

④ 分散/聚合操作——分散/聚合操作使一个通道可以通过指向一个新的属性不相同的传输控制描述符(TCD)来重新激活自己。

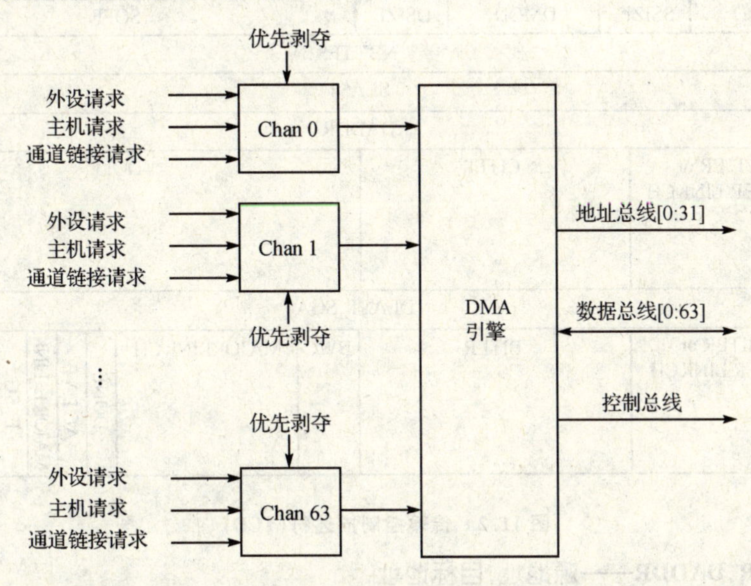

图 11.1　eDMA 基本架构

当这些请求中的任何一个被发起时，并且当 eDMA 引擎选通了一个通道去处理后，eDMA 引擎会根据为该通道配置的属性从源地址到目标地址传输数据。在大部分应用中，eDMA 访问就是短暂的读和写总线访问，用来传输一个字节到少量的数据。一旦传输完所需要的数据，eDMA 通道进入空闲状态，直到被再次通知进行下一次数据传输。

当一个通道正在服务数据传输请求，该通道就被认为是活跃的。活跃的通道在完成数据传输之前是可以被另外的通道剥夺执行权的，从而允许更高优先级的通道执行数据传输。eDMA 引擎只支持一层剥夺。

11.3　通道架构

MPC5554/5553 的 64/32 个通道中每一个都服务于一个特定的 I/O 外设或外部引脚，I/O外设或引脚与通道之间的对应关系不能够被改变。当配置正确时，I/O 外设或引脚能向对应的通道发送 DMA 数据传输请求。在 eDMA 引擎授予其控制权后，该通道可以在无需内核介入的情况下传输数据。eDMA 可以选择在数据传输过程中的特定时刻发出中断。

1. 传输控制描述符

每个通道都有一个独立的传输控制描述符(TCD)，该描述符包含并说明了开始和完成一次数据传输所需要的全部属性。TCD 是一个 32 字节的数据结构体，在执行数据传输请求时，对应的 TCD 会被载入 eDMA 引擎中，用来控制通道的传输操作。软件应当初始化 TCD，在小心操作的请提下，也可以动态地改变 TCD 中的适当区域来满足大部分应用的传输要求。TCD 数据结构如图 11.2 所示，后面会介绍每个字段的功能。

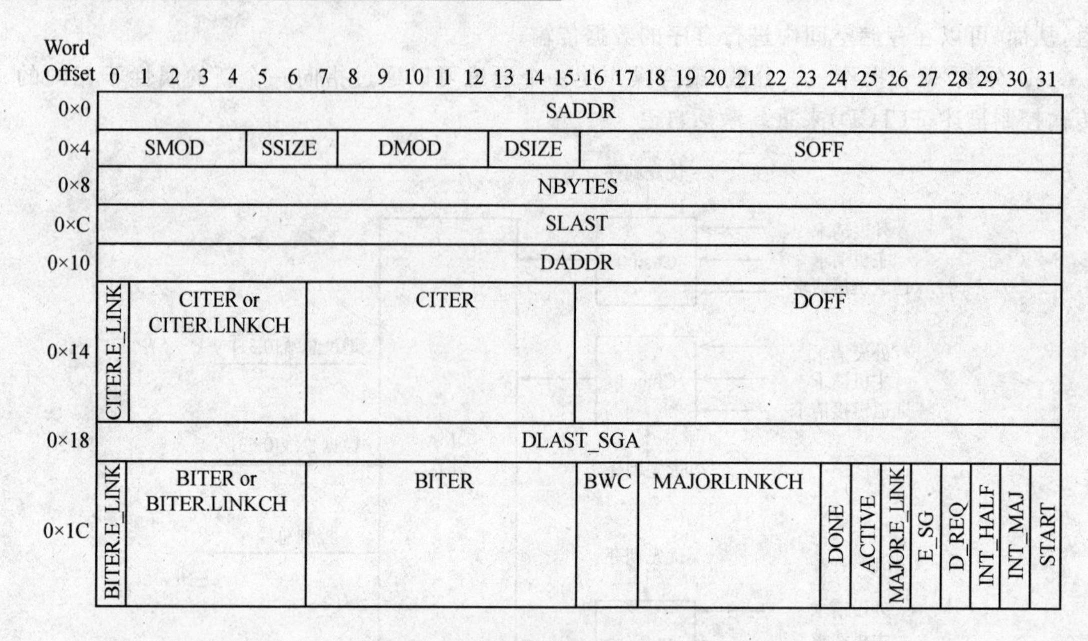

图 11.2　传输控制描述符(TCD)

(1) SADDR,DADDR——源地址,目标地址

这 2 个 32 位的地址指针分别指向该通道进行数据传输时源数据读入的位置和目标数据写入的位置。比如,需要使能 DMA 通道,使其把发送缓存区中的数据传输到 SCI 数据寄存器中,那么 SADDR 应当用源存储器(发送缓存区)的地址初始化,DADDR 应当用 SCI 数据寄存器的地址初始化。同理,当需要从 SCI 模块中接收数据时,指定的 DMA 通道的 SADDR 应当用 SCI 数据寄存器初始化,而 DADDR 应当用目标存储器(接收缓存区)的地址初始化。当接到传输请求时,DMA 通道先从源地址读取一个字节,然后将其写入目标地址中。

(2) SOFF,DOFF——源偏移,目标偏移

这 2 个量都是 16 位的,在它们被加到当前的 SADDR 或 DADDR 上产生下一个存储器地址之前,它们会被符号扩展到 32 位。当访问存储器队列时,SOFF 和 DOFF 能被用来提供灵活的寻址模式。SADDR 和 DADDR 会被增加或减少 SOFF 和 DOFF 指定的数值。比如,SOFF 被设置为数值 4,下一个源地址等于(SADDR+4)。同样,如果 SOFF 为−4,那么下一个源地址就等于(SADDR−4)。也就是说,当每一次源读取操作被完成后,经过符号扩展的源偏移会被加到当前的源地址上来产生下一次源读取操作地址。目标偏移量(DOFF)工作的原理与 SOFF 完全相同。

(3) SMOD,DMOD——源地址模数,目标地址模数

这 2 个 5 位字段可以用来实现取模寻址模式,从而实现环形的源或目标数据队列。每个字段都被当作一个掩码使用,用来确定有多少低地址位被允许改变。比如,当 SMOD 和 DMOD 的数值被设置为 9,那么最低的 9 个地址位可以改变,而高 23 位保持不变,从而提供一个 512 字节的环形队列。为了阐述取模寻址的功能,图 11.3 中的示例演示了基本的概念。该示例假定了我们需要在存储器源地址处建立一个长度为 4 个 16 位字的环形队列,并且,我们需要源地址到达队列的底部时能绕回到队列的顶部。在该示例中,为了实现源队列绕回操作,SMOD 字段应当被设置为 3,源地址偏移量(SOFF)应被设置为 2。这种配置使每次传输操作后源地址的低3位加2，并且当到达队列的底部时，源地址能绕回到队列的起始点。高29个地址位保持不变。清除该字段会禁止取模寻址。

(4) SSIZE，DSIZE——源大小，目标大小

这2个3位的字段分别用来指定每次总线传输过程中从源地址读出的数据和写入目标地址的数据各自的位数或字节数。当源和目标大小不同的时候，eDMA引擎在传输操作过程中将自动合并或解开数据。比如，当SSIZE被设置为传输32位，而DSIZE被设置为8位，eDMA会对源地址进行32位的读操作，然后，会向目标存储器进行4次8位写操作。既然MPC5500内部的片上存储器是按64位组织的，eDMA引擎能够在一个突发周期中突发传输多达4个双字(32字节)。突发式传输是一种快速从或者向片内存储器传输数据的模式。DMA通道也能够从片外突发式存储器设备读入突发数据。选择保留的SSIZE或DSIZE码值将产生配置错误。表11.1列出了eDMA引擎支持的数据传输的大小，数据传输大小常常设置为与符号偏移量相同的数值。

Transfer Number	Address
1	0×40001000
2	0×40001002
3	0×40001004
4	0×40001006

(地址的低3位会绕回。其他地址位保持不变)

图11.3　环形队列寻址

表11.1　SSIZE，DSIZE取值

SSIZE/DSIZE	数据传输大小
000	8位(1字节)
001	16位(半字)
010	32位(1个字)
011	64位(双字)
101	32字节(4个双字)
其他	保留

(5) NBYTES——次要字节传输计数

NBYTES的数值决定了每次DMA请求要传输的数据的字节数。当一个通道是活跃的，eDMA引擎会执行适当数量的读和写周期来传输NBYTES个数据，然后，会更新SADDR和DADDR的数据，为下一次传输请求准备地址指针。NBYTES可以被看成是主循环中嵌套的一个次要循环计数。eDMA通道在TCD中还有一个主循环计数，称为当前迭代计数(CITER)。每完成一次传输请求，eDMA会对CITER减1，并更新该通道的TCD中的CITER字段。更多的信息请参考本节中对CITER的描述。

(6) SLAST，DLAST——末级源地址调整值，末级目标地址调整值

这两个32位的有符号数值在主循环结束时会被分别加到源和目标地址指针(SADDR和DADDR)上。在一个数据队列需要被执行多次时，源地址和目标地址的调整是非常有用的。SLAST和DLAST也可以在无需软件参与的情况下用来更改源和目标地址，使其指向存在于系统存储器中的其他队列。

(7) 分散/聚合

有些时候，我们希望应用程序能收集存储器和I/O空间中散布的数据，并将它们放入一个长队列或深缓存区中，还有些时候，我们可能需要把一个缓存区或队列中的数据分散到存储器和I/O空间中的多个区域中。如果分散/聚合选项被激活，末级目标地址调整字段(DLAST)中的数值将被当成另一个TCD的地址，而不是带符号的调整值。激活分散/聚合模式在主循环传输结束时会使一个新的描述符从系统存储器中载入 eDMA 引擎中。由 DLAST 地址指向的新描述符可以指向一个不同的存储队列，并具有全新的控制和传输属性。这就提供了一种很方便的方法来收集分散在存储器中的数据，并把它们汇集到一个连续的存储区域中，比如单个数据表，或者，把数据从单个源分散到多个目标区域中。

图 11.4 给出了 TCD 分散/聚合操作的一个例子。在该例子中，TCD_A 和 TCD_B 都被存储在 Flash 存储器中。通常来说，在系统启动时或在初始化阶段，应用软件可从 Flash 存储器中拷贝传输控制描述符参数，并将其写入所选的通道的 TCD 中。一旦该通道完成了 TCD_A 所定义的所有数据传输，eDMA 引擎会自动根据 TCD_A DLAST 数值来用 TCD_B 替代 TCD_A。如果 TCD_B 中的 START 位已经被置 1，该通道不需要等待外设 DMA 请求，立即进入仲裁池。如果 TCD_B 中的 START 位被清零，那么该通道会等待它分配的外设发出的 DMA 请求。在该例子中，TCD_B 中的 DLAST 字段指向 Flash 区中存储 TCD_A 的位置，因此，该处理进程将不断重复进行数据传输，直到被软件终结。虽然给出的例子仅仅使用了 2 个 TCD，但是可以根据应用程序的需要联入任意多的 TCD。

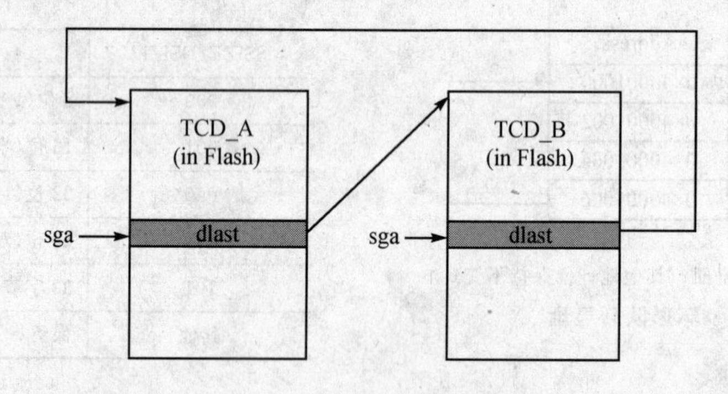

图 11.4　TCD 分散/聚合操作

(8) CITER——当前迭代计数

这个 15 位的数值用作主循环计数，在执行完一次子循环后，eDMA 会对其减 1。一旦 CITER 为 0，eDMA 通道会进行如下操作：调整 SLAST/DLAST 地址，把开始迭代计数从 BITER 中复制到 CITER 中，并且可以选择向内核产生一个中断请求来表明主循环已经完成。当 TCD 第一次被初始化，软件必须向 CITER 和 BITER 写入相同的数值。由于在通道传输过程中 BITER 的数值不发生改变，在主循环结束时，可以用 BITER 来恢复 CITER 的数值，从而完成该通道 TCD 各字段的自动复原。子循环和主循环之间的关系如图 11.5 所示。每个 DMA 请求会启动一次由 NBYTES 计数值决定的子循环。一旦一次子循环被完成，主循环计数(CITER)会被减 1。

(9) E_LINK，LINKCH——通道链接控制字段

通道链接操作在次要循环和主要循环结束时都可以发生。在执行完一次次要循环，一个通道可以通过通道链接模式向其他通道发送一个 DMA 请求。这就允许一个由单个外设或外部信号产生的 DMA 请求引起一连串的数据传输。如果通过设置 E_LINK 控制位激活了通道链接模式，那么 15 位宽的 CITER 中的 6 位字段“LINKCH”用来指定所要链接的通道的编号，CITER 剩下的低 9 位用来定义当前迭代计数。也就是说，当用 E_LINK 控制位激活了通道链接模式，CITER 被分成了 3 个字段。CITER 有两种不同的格式，分别在使能和禁止通道

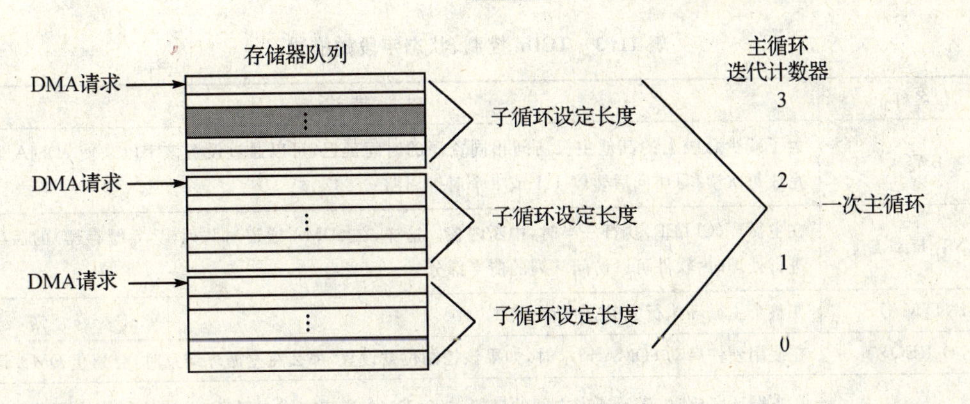

图 11.5 子循环和主循环操作

链接模式时使用,见表 11.2。当通道链接模式被禁止时,主循环计数由 15 位 CITER 字段定义,最大可为 32768,反之被使能时,主循环最大计数为 512。在主循环结束时,也即在最后一次次要循环结束时,E_LINK 通道链接模式会被 MAJOR_E_LINK 通道链接模式抑制。

表 11.2 CITER 字段

15	14～9	8～0	
1 位	6 位	9 位	链接
E_LINKCH=0	15 位 CITER		禁止
E_LINKCH=1	LINKCH[5:0]	9 位 CITER	使能

(10) BITER——主迭代计数的起始值

该 16 位字段 BITER 的格式与 CITER 的格式完全相同,其数值由应用程序根据所需要的次要循环的个数进行初始化。当 CITER 减为 0 时,BITER 的数值会被写入 CITER。在软件第一次加载 TCD 的时候,该字段的数值必须与对应的 CITER 字段一致,否则,在激活错误中断的情况下,会向内核报告一个配置错误

(11) BWC——带宽控制

这个 2 位字段用来控制 eDMA 执行次要循环时的带宽。如果不使用带宽控制,eDMA 通道会连续产生所要求的读/写周期,直到次要循环计数(NBYTES)耗尽。为了减少总线上的其他主机访问相同资源的时间延迟,eDMA 通道在完成每次读/写访问后能够被强制暂停几个时钟周期。BWC 字段可用于激活带宽控制和选择每次读/写操作之后暂停 4 个还是 8 个时钟周期。

除了一些控制、状态位,传输控制描述符(TCD)中的其他字段已经被介绍完了。表 11.3 列出了 TCD 中的这些控制、状态位,并对每个位的功能做了介绍。

BWC,START,INT_HALF,INT_MAJ,D_REQ,MAJOR_E_LINK,MAJOR_LINKCH 和 E_SG 是一些软件可设置的控制位,用来控制 eDMA 通道的运行。ACTIVE 位是由 eDMA 硬件设置和清除。DONE 位是由硬件设置,可以由软件或硬件清除。

表 11.3 TCDn 控制、状态字段的描述

位名称	功 能 描 述
BWC	为了减少总线上的其他主机访问相同资源的时间延迟，可以通过设置该字段来使 eDMA 通道在完成每次读/写访问后暂停 4 个或 8 个时钟周期
INT_HALF	在主循环(CITER)执行一半时，中断内核。这样，在 eDMA 通道对队列(乒乓缓存器)的后半部分进行处理时，软件可以访问队列的前半部分
INT_MAJ	在整个主循环执行完时，中断内核
D_REQ	在使用硬件启动 eDMA 请求时，如果该控制位被设置，那么在主循环结束时，会禁止 DMA 请求
MAJOR_E_LINK	在主循环完成时，激活通道之间的链接。当 eDMA 通道完成主循环时，该控制位的设置可以激活到另一个由 MAJOR_LINKCH 指定的通道的链接。通过一种内部机制来设置目标链接通道的 TCDn_CSR[START]位，目标通道就可以发出一次通道服务请求
MAJOR_LINKCH	在主循环计数耗尽时，eDMA 引擎向该 6 位字段定义的通道发出一个通道服务请求
ACTIVE	eDMA 在每次次要循环的开始时会设置该位，在次要循环结束时会清除该位
DONE	eDMA 在主循环完成时设置该位。在中断服务子程序中，可以测试该位来确定内核是在队列执行的中间还是结束时被中断了。通过向 DMA 清除 DONE 状态(DMAC－DONE)寄存器写入对应通道的编号可以清除该位
E_SEG	可用来激活 eDMA 通道的分散/聚合操作，从而把数据分散到多个目标区域中或者从多个源区域把数据收集起来(详细的介绍请参考 DLAST)
START	在想通过软件发起 DMA 服务请求时，可以通过软件向该位写 1 来明确地启动该 eDMA 通道。一旦 DMA 通道是因 START 位的设置开始执行，该通道在完成所有数据传输之前是不能够被停止的

2. 范例

第一个范例是通过 eDMA 通道把数据队列从系统存储器传输到增强型串行接口(eSCI)发送器。如图 11.6 所示，SADDR 指向数据队列，DADDR 指向 eSCI 数据寄存器。既然 eSCI 数据寄存器只有 8 位宽，NBYTE 设为 1，BITER 则被设为 12，等于主循环中的次要循环数目。每接收到一个 DMA 请求，eDMA 通道就会通过把一个字节的数据从数据队列区传输到 eSCI 数据寄存器来执行一次内层次要循环。关于 TCD 字段的设置，请参考图 11.6。

第二个范例是通过 DMA 通道把数据队列从系统存储器传输到增强型模块化 I/O 定时器系统(eMIOS)。在该例子中，假定要配置 eMIOS 的一个通道来产生一个脉冲宽度和频率可变的调制器。如图 11.7 所示，对应每次 DMA 请求，eDMA 通道都会传输 2 个 32 位的参数，分别是占空比和周期。在该例子中，当 eMIOS 通道发送的 DMA 请求得到 eDMA 的响应时，在每次内层次要循环中，eDMA 通道会传输 8 字节或 2 个字的数据。在 5 次激活后，eDMA 会设置传输控制描述符中的 DONE 状态位，在中断被使能的情况下会向内核发送一个中断请求，然后调整 SADDR，由于 SLAST 被设置为－40 字节，调整后的 SADDR 会指向队列的顶部，最后，eDMA 会因为 D_REQ 被置位而禁止该 eDMA 通道。如果 D_REQ 位被清零，DMA 通道在收到请求后还可以继续向 eMIOS 定时器通道传输数据。图 11.7 为 eMIOS 通道服务的 eDMA 通道。

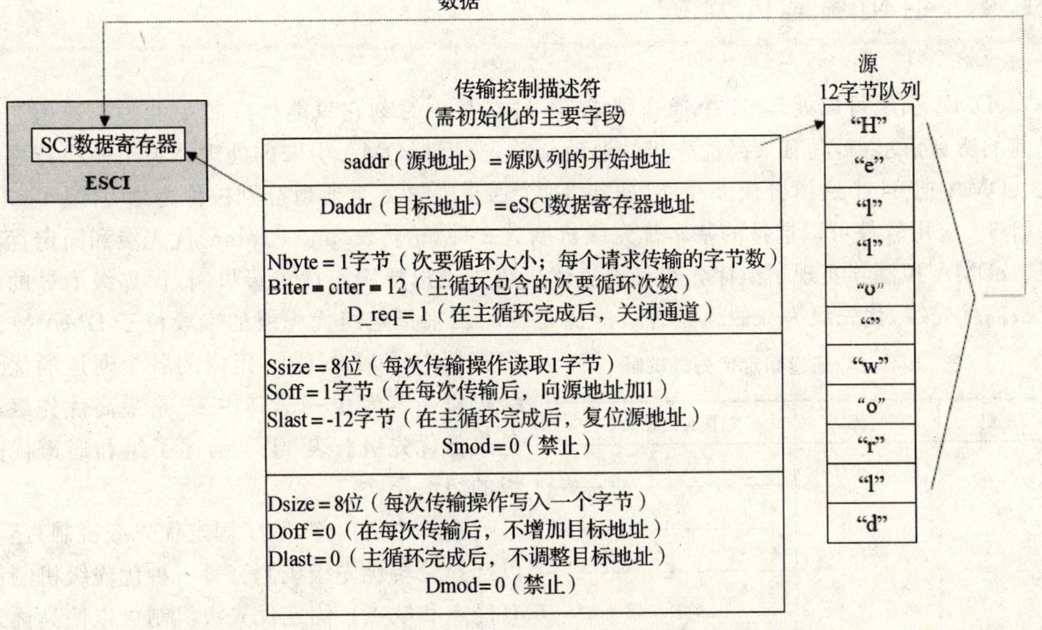

注意:为了在每次 DMA 请求服务完毕后把 saddr 加 1,源偏移被设置为 1。

图 11.6 向 eSCI 发送一个数据队列(Hello world)

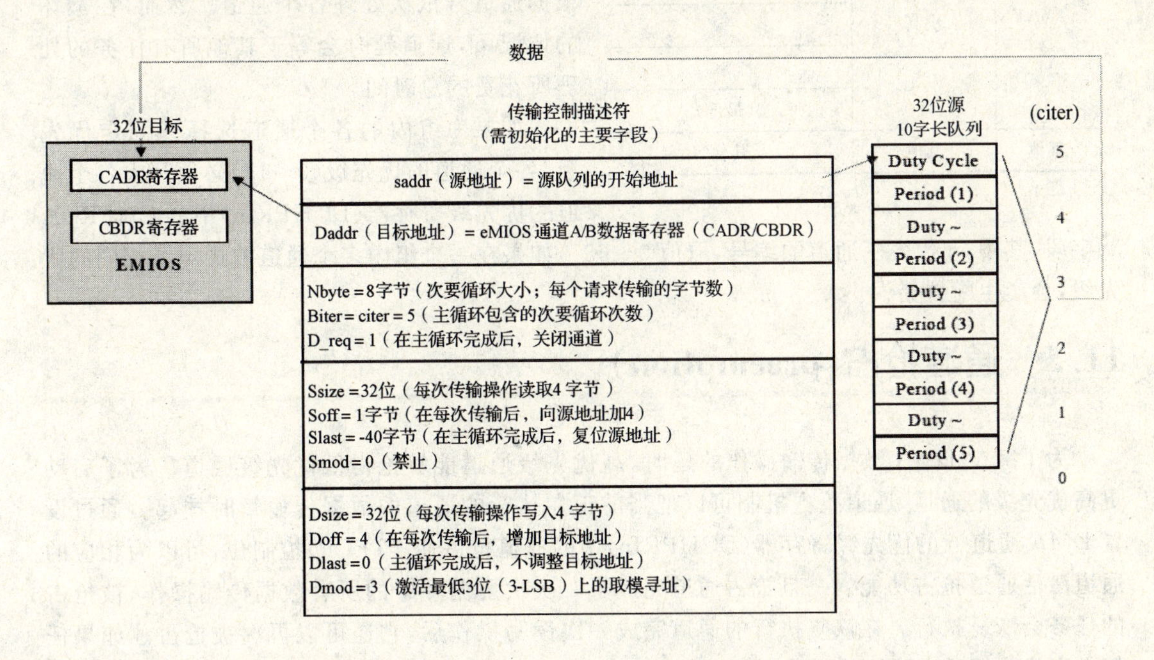

注:虽然 eMIOS A 和 B 寄存器的宽度为 24 位,但它们都是按字对齐排列的。

图 11.7 eMIOS 通道服务的 eDMA 通道

11.4　组和通道优先级

eDMA 引擎可以处理 64 个通道请求，不过在某一时刻它只能处理其中的一个通道。在当前的所有请求中，具有最高优先级的通道会首先得到 eDMA 引擎的处理。为了使执行更有效，eDMA 把 64 个通道分成 4 个组，每组 16 个通道。这 4 个通道分别被称为组 0，组 1，组 2 和组 3。应用软件可以选择的基本优先级机制有 2 种，轮转(round - robin)优先级和固定优先级。eDMA 控制器实现了组优先级和通道优先级。当选择固定优先级机制，优先级为 3 的组有最高优先级，优先级为 0 的组具有最低优先级。用来指定组优先级的字段位于 DMA 控制寄存器中(DMACR)。组内的各个通道的优先级可以指定为 0～15，其中 15 是最高优先级，0 是最低优先级。表 11.4 描述了组和通道优先级的组织层次。

表 11.4　组/通道固定优先级机制

组	组优先级	通道优先级
3	最高	15(最高)
		14
		0(最低)
2	次高	15(最高)
		14
		0(最低)
其他	其他	其他

在一个组内部，除了固定优先级机制，还可以选择轮转优先级机制。每一种优先级机制都有优点和缺点。固定优先级机制可以使高优先级通道的服务延时很短，但是却会明显增加低优先级通道的服务延时。轮转优先级机制可以根据通道号依次处理各个通道。然而，在最坏的情况下，通道延时会等于其他所有任务的处理所花费的总时间。

如果为组内的各个通道选择了固定优先级，各个通道的优先级(0～15)必须写入各个通道的优先级寄存器(DCHPRIn)中的 CHPR[0：3]字段，其中，n 代表了通道的编号，取值 0～63。如果在一个组内多个通道被指定了相同的优先级，会产生配置错误。

11.5　通道抢占(preemption)

为了减少 DMA 数据传输操作的延时，高优先级通道能够抢占低优先级通道。为了启动更高优先级的通道，通道抢占机制可以把当前正在执行的通道的数据传输暂时挂起。通过设置 DMA 通道 n 的优先级寄存器(DCHPRIn)中的通道抢占使能(ECP)控制位，可以为相应的通道激活通道抢占功能。一旦抢占通道完成了一次次要循环中的所有数据传输操作，被抢占的任务会恢复执行。在恢复执行的通道完成一次读写操作后，它还可以再次被抢占。如果任何更高优先级的通道正在请求处理，刚恢复的通道将被再次挂起，从而使更高优先级的通道能得到处理。嵌套式抢占(企图抢占一个抢占中的任务)不被支持。仅仅当通道组和通道都选择了固定优先级，才可以进行抢占。

11.6 出错信号

在通道被激活时或者在其处理过程中,通道可以产生错误。如果通道错误中断被使能,这些错误会通过中断汇报给内核。每个通道都有一个错误使能控制位和一个错误状态位。共有4种与eDMA通道配置相关的基本错误。

1. 配置错误

当多个组被分配了相同的优先级时,或者,在使用固定优先级机制的情况下一个组内的多个通道被分配了相同的优先级时,会出现该错误。

示例1:组3和组1的优先级都被指定为3。

示例2:在一个组内,当使用固定通道优先级机制时,两个或多个通道被分配了相同的优先级。

当企图使用一种平台不支持的源或目标偏移时,会出现第3种错误。比如,当我们把源大小Size设置为32字节突发,却把源偏移Soff设置为2,就会因为源偏移soff没有对齐突发传输的正常边界而造成配置错误。

第4种也是最后一种配置错误是由于为通道TCD中的nbytes和citer字段设置了平台不支持的数值。

2. 访问错误

在通道被服务的过程中,如果有总线错误在执行读或写操作的过程中被检测到,就会出现访问错误。在检测到总线错误时,eDMA引擎可以指出错误是由64个通道中的具体哪个通道造成的,还可以指出错误是在源读取期间还是在目标写入期间出现的。

对于所有被报告的错误(除了组优先级和通道优先级错误),错误通道的编号和错误的原因都会被eDMA引擎写入DMA错误状态寄存器(DMAES)。

当任何错误被报告时,eDMA引擎会立即停止对当前通道的服务操作,并继续服务下一个发出请求的通道。

软件应当查询DMAES寄存器来找到出错的通道编号和错误类型。一旦错误得到处理,软件应当在再次激活该通道之前清除错误中断请求。

64个eDMA通道中的每个都有多个控制和状态位,分别包含在多个64位寄存器中。为了帮组应用软件方便地设置或清除64位寄存器中的各个位,eDMA实现了一种特别的硬件机制。软件通过把通道号写入“置位寄存器”的7位字段就可以设置一个通道位,或者,通过把通道号写入“清零位寄存器”就可以清除一个通道位。表11.5列出了这些7位寄存器,并解释了其基本的操作方法。

表11.5 通道控制/状态寄存器汇总

寄存器名称	功能描述	受影响的64位eDMA寄存器
DMA使能请求(DMASERQ)	使能特定通道的请求	0～63设置DMAERQ{H,L}寄存器的相应位

续表 11.5

寄存器名称	功能描述	受影响的 64 位 eDMA 寄存器
DMA 禁止请求(DMACERQ)	禁止特定通道的请求	0～63 清零 DMAERQ{H,L}寄存器的相应位
DMA 使能错误中断(DMASEEI)	使能特定通道的错误中断请求	0～63 设置 DMAEEI{H,L}寄存器的相应位
DMA 禁止错误中断(DMACEEI)	禁止特定通道的错误中断请求	0～63 清零 DMAEEI{H,L}寄存器的相应位
DMA 清除中断请求(DMACINT)	清除特定通道的中断请求	0～63 清零 DMAINT{H,L}寄存器的相应位
DMA 清除错误标志(DMACEER)	清除特定通道的错误标志	0～63 清零 DMAEER{H,L}寄存器的相应位
DMA 设置 START 位(DMASSTRT)	设置特定通道的 TCD 中的 START 位	0～63 设置相应通道的 START 位
DMA 清除 DONE 状态位(DMACDONE)	清除特定通道的 TCD 中的 DONE 状态位	0～63 清零相应通道的 DONE 位

注：如果写入这些寄存器中的数值大于 63，那么 64 位会被同时置位或清零。

11.7 eDMA 通道分配

MPC5554 有许多 I/O 外设，这些 I/O 外设可以向内核发送中断请求或者向 eDMA 发送 DMA 传输请求。MPC5554 的 eDMA 通道分配如表 11.6 所列。

表 11.6 eDMA 通道分配

I/O 设备	分配的 eDMA 通道
eQADC CFFF 0, 1, 2, 3, 4 ,5	0, 2, 4, 6, 8 ,10
eQADC RFDF 0, 1, 2, 3, 4, 5	1, 3, 5, 7, 9 ,11
DSPI_B _SR TFFF	12
DSPIB_SR_RFDF	13
DSPIC_SR_TFFF	14
DSPIC_SR_RFDF	15
DSPID_SR_TFFF	16
DSPID_SR_RFDF	17
ESCIA_COMBTX	18
ESCIA_COMBRX	19
EMIOS_GFR_F0, F1, F2, F3,F4	20, 21, 22, 23, 24
EMIOS_GRF_F8 , F9	25 , 26
ETPU_CDTRSR_A_DTRS 0, 1 , 2	27, 28 , 29

续表 11.6

I/O 设备	分配的 eDMA 通道
ETPU_CDTRSR_A_DTRS 14，15	30，31
DSPIA_SR_TFFF	32
DSPIA_SR_RFDF	33
ESCIB_COMBTX	34
ESCIB_COMBRX	35
EMIOS_GFR_F6，F7	36，37
EMIOS_GFR_F10，F11，F12	38，39
EMIOS_GFR_F16，F17，F18，F19	40，41，42，43
ETPU_CDTRSR_A_DTRS 12，13	44，45
ETPU_CDTRSR_A_DTRS 28，29	46，47
SIU_EISR_EIF0，1，2，3	48，49，50，51
ETPU_CDTRSR_B_DTRS 0，1，2，3	52，53，54，55
ETPU_CDTRSR_B_DTRS 12，13，14，15	56，57，58，59
ETPU_CDTRSR_B_DTRS 28，29，30，31	60，61，62，63

11.8 eDMA 配置顺序

可以按照如下步骤来配置 eDMA：

① 如果 DMA 模块配置寄存器(DMACR)的默认值不满足要求，则需写该寄存器。该寄存器的默认值意义如下：

- 组和通道都采用固定优先级机制。
- 禁止调试模式。

② 如果使用固定优先级机制，把各通道优先级别写入 DMA 通道 n 优先级寄存器(DCPRIn)，其中，n 是通道号，取值为 0～63。

③ 如果需要的话，使能通道错误中断。要想使能所有通道的错误中断，把数值 64 或更高的数值写入 DMA 使能错误(DMASEEI)寄存器即可。

④ 为每一个会产生 DMA 请求服务的通道初始化传输控制描述符(TCDs)。关于 TCD 的详细描述，请参考图 11.2。

⑤ 为所有需要激活的通道使能硬件服务请求。如果想使能所有通道的请求，可以把数值 64 或更高的数值写入 DMA 使能请求(DMASERQ)寄存器。

当 I/O 外设发出 DMA 传输请求的时候，它能够有效地通过为它分配的 DMA 通道启动 DMA 传输。另外，软件通过设置某个通道的传输控制描述符中的 START 位，也能发出传输请求。

一旦有任何一个通道请求服务，根据仲裁和设置的优先级，就会有一个通道被选择执行。eDMA 引擎将读入所选择通道的整个 TCD。在 TCD 被读取的过程中，第一次传输就会在总线上启动，除非有配置错误被检测到。从源地址(SADDR)到目标地址(DADDR)的传输会一直持续，直到传输完特定数量的字节数(NBYTES)。在传输完成时，eDMA 引擎的本地 TCD.SADDR，TCD.DADDR 和 TCD.CITER 会被写回到 TCD 存储区，如果使能了任何次要循环通道链接，eDMA 会进行通道链接操作。如果主循环计数耗尽，根据配置情况，还会进一步执行后续处理操作，比如，中断，主循环通道链接，以及分散/聚合操作。

11.9 应用实例

该应用实例使用了两个 eDMA 通道来服务增强型队列式模数转换器(eQADC)。在我们查看配置顺序之前，让我们首先从 DMA 传输请求开始检查基本的 eQADC 数据流程。eQADC 能够产生 12 个独立 DMA 请求。用来临时存放转换命令的 6 个命令 FIFO(CFIFO)中的每一个都能产生一个 DMA 请求，同样，用来临时存放转换结果的 6 个结果 FIFO(RFIFO)中的每一个也都能产生一个 DMA 请求。

图 11.8 所示的范例使用了一对 eQADC FIFO，即 CFIFO0 和 RFIFO0。这些 FIFO 的深度都是 4 节，其中 CFIFO 的宽度为 32 位，RFIFO 的宽度为 16 位。CFIFO 和 RFIFO 的深度都为 4 节的原因是为了容忍 eDMA 的处理延迟。对于命令队列，这意味着 CFIFO 可以预先载入多达 4 条命令，然后，等待触发信号出现时再把命令写入 ADC。一旦第一条命令被写入 ADC，CFIFO 将产生一个 DMA 请求，这样在 CFIFO 出现数据不足之前，eDMA 控制器有长达 3 次 ADC 转换周期的时间来响应该 DMA 请求。RFIFO 的工作原理与此类似，该 FIFO 可以载入多达 4 次 ADC 转换结果。一旦 RFIFO 载入第一个转换结果，它会立刻请求 eDMA 把转换结果传输到主存储器中的转换结果队列中。这就使 eDMA 控制器在 RFIFO 溢出之前有长达 3 次 ADC 转换周期的时间来响应该请求。

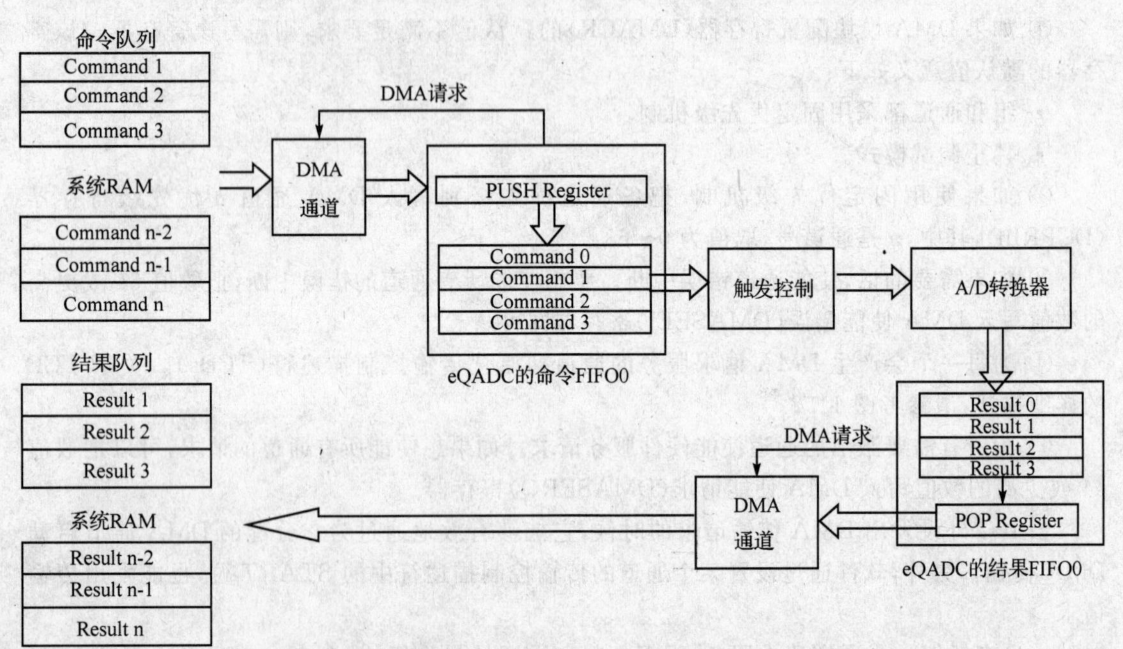

图 11.8 利用 eDMA 通道来服务 eQADC CFIFO 和 RFIFO

当 eQADC 被初始化和使能后，只要 CFIFO 中有空闲位置，eQADC 就会试图请求 DMA 把命令从系统存储队列传输到 CFIFO 中，从而保持 CFIFO 为满。同样，任何时候当 ADC 模块产生的结果被放入 RFIFO 中，eQADC 就会请求一次数据传输，从而保持 RFIFO 为空。

如图 11.8 所示，一个 eDMA 通道可把命令从系统存储队列传输到 CFIFO 中，另外一个 eDMA 通道可把转换结果从 RFIFO 传输到另一个系统存储队列。

在该示例中，我们将使用下列 eQADC 通道进行转换：

- 通道 40：这是一个 eQADC 内部通道，连接到 VRH-VRL/2。
- 通道 41：这是一个 eQADC 内部通道，连接到 VRL。
- 通道 42：这是一个 eQADC 内部通道，连接到 VRH。
- 通道 1：该通道连接到 eQADC 引脚，可以把 VRH 和 VRL 之间的任何电压加到该输入引脚上。

下面的程序代码初始化了 eQADC，使其运行在单次扫描软件触发模式下，还初始化了分配给 CFIFO0 和 RFIFO0 的两个 eDMA 通道，用来服务 eQADC FIFO 对。

```
//****************************寄存器宏****************************************
#include "mpc5554vg.h"
//CFIFO_PUSH 寄存器为 32 位宽
#define CFIFO0_PUSH 0xFFF80010
//RFIFO_POP 寄存器地址为其低 16 位的地址
//这是因为低 16 位才是结果数据
//高 16 位为 0000,不包含任何数据
#define RFIFO0_POP 0xFFF80032

vuint32_t CQUEUE0[4];                                //CFIFO 0 的队列变量声明
vuint16_t RQUEUE0[12];                               //RFIFO 0 的队列变量声明

void dma_init_fcn(void);
void eqadc_init_fcn(void);

//*********************初始化函数 *********************

void dma_init_fcn(void)
{
//DMA 配置寄存器 (DMACR)
  EDMA.CR.R = 0x0000E400;                            //组优先级仲裁机制：固定优先级
                                                     //通道优先级仲裁机制：固定优先级
                                                     //组 3 的优先级：3
                                                     //组 2 的优先级：2
                                                     //组 1 的优先级：1
                                                     //组 0 的优先级：0
                                                     //调试：禁止 (0)

//DMA 使能请求寄存器 (DMAERQH,DMAERQL)
```

```
    EDMA.ERQRH.R = 0x00000000;                //DMA 使能请求寄存器高(Channels 32 - 63)
    EDMA.ERQRL.R = 0x0000000F;                //DMA 使能请求寄存器低(Channels 0 - 31)
  //DMA 使能错误中断寄存器(DMAEEIH, DMAEEIL)
    EDMA.EEIRH.R = 0x00000000;                //DMA 错误中断使能寄存器高 (Channels 32 - 63)
    EDMA.EEIRL.R = 0x00000000;                //DMA 错误中断使能寄存器低(Channels 0 - 31)

  //CFIFO 00 对应的传输控制描述符 - CH0
    EDMA.TCD[0].SADDR = (vuint32_t)&CQUEUE0;  //源地址
    EDMA.TCD[0].DADDR = CFIFO0_PUSH;          //目标地址
    EDMA.TCD[0].SMOD = 0x00;                  //源地址模数
    EDMA.TCD[0].DMOD = 0x00;                  //目标地址模数
    EDMA.TCD[0].DSIZE = 0x02;                 //目标传输大小：32 位
    EDMA.TCD[0].SSIZE = 0x02;                 //源传输大小：32 位
    EDMA.TCD[0].SOFF = 0x4;                   //有符号源偏移量
    EDMA.TCD[0].NBYTES = 0x00000004;          //一次内层次要循环传输的字节数
    EDMA.TCD[0].SLAST = 0xFFFFFFF0;           //末级有符号源地址调整值
    EDMA.TCD[0].DOFF = 0x0;                   //有符号目标地址偏移量
    EDMA.TCD[0].DLAST_SGA = 0x0;              //末级有符号目标地址调整值
    EDMA.TCD[0].BITER = 0x0004;               //主循环迭代计数初始值
    EDMA.TCD[0].CITER = 0x0004;               //主循环迭代计数当前值
    EDMA.TCD[0].BWC = 0x00;                   //带宽控制：无 DMA 传输暂停
    EDMA.TCD[0].MAJORLINKCH = 0x00;           //主链接通道号
    EDMA.TCD[0].MAJORELINK = 0x0;             //主通道链接操作：禁止
    EDMA.TCD[0].DONE = 0x00;                  //通道服务完成
    EDMA.TCD[0].ACTIVE = 0x00;                //通道活跃
    EDMA.TCD[0].ESG = 0x0;                    //分散/聚合操作：禁止
    EDMA.TCD[0].DREQ = 0x0;                   //主循环完成时，禁止通道请求
    EDMA.TCD[0].INTHALF = 0x0;                //次要循环计数中断：禁止
    EDMA.TCD[0].INTMAJ = 0x0;                 //主循环完成中断：禁止
    EDMA.TCD[0].START = 0x00;                 //通道 START 位

  //RFIFO 00 对应的传输控制描述符 - CH1
    EDMA.TCD[1].SADDR = RFIFO0_POP;           //源地址
    EDMA.TCD[1].DADDR = (vuint32_t) &RQUEUE0; //目标地址
    EDMA.TCD[1].SMOD = 0x00;                  //源地址模数
    EDMA.TCD[1].DMOD = 0x00;                  //目标地址模数
    EDMA.TCD[1].DSIZE = 0x01;                 //目标传输大小：16 位
    EDMA.TCD[1].SSIZE = 0x01;                 //源传输大小：16 位
    EDMA.TCD[1].SOFF = 0x0;                   //有符号源地址偏移量
    EDMA.TCD[1].NBYTES = 0x00000002;          //一次内层次要循环传输的字节数
    EDMA.TCD[1].SLAST = 0x0;                  //末级有符号源地址调整值
    EDMA.TCD[1].DOFF = 0x2;                   //有符号目标地址偏移量
```

```
EDMA.TCD[1].DLAST_SGA = 0xFFFFFFE8;          //末级有符号目标地址调整值
EDMA.TCD[1].BITER = 0x000C;                  //主循环迭代计数初始值
EDMA.TCD[1].CITER = 0x000C;                  //主循环迭代计数当前值
EDMA.TCD[1].BWC = 0x00;                      //带宽控制：无 DMA 暂停
EDMA.TCD[1].MAJORLINKCH = 0x00;              //主链接通道号
EDMA.TCD[1].MAJORELINK = 0x0;                //主通道链接操作：禁止
EDMA.TCD[1].DONE = 0x00;                     //通道服务完成
EDMA.TCD[1].ACTIVE = 0x00;                   //通道活跃
EDMA.TCD[1].ESG = 0x0;                       //分散/聚合操作：禁止
EDMA.TCD[1].DREQ = 0x0;                      //主循环完成时，禁止通道请求
EDMA.TCD[1].INTHALF = 0x0;                   //次要循环计数中断：禁止

EDMA.TCD[1].INTMAJ = 0x0;                    //主循环完成中断：禁止
EDMA.TCD[1].START = 0x00;                    //通道 START 位

void eqadc_init_fcn(void)
{
  CQUEUE0[0] = 0x00022A00;                   //Convert channel 42 and enable time stamp
  CQUEUE0[1] = 0x00022800;                   //Convert channel 40 and enable time stamp
  CQUEUE0[2] = 0x00022900;                   //Convert channel 41 and enable time stamp
  CQUEUE0[3] = 0x80020100;                   //Convert channel 1 and enable time stamp
//This is the last command
//EQADC Module Configuration Register (EQADC_MCR)
EQADC.MCR.R = 0x00000000;                    //EQADC SSI is Disabled and Debug Mode Disabled
//EQADC NULL Message Send Format Register (EQADC_NMSFR)

    EQADC.NMSFR.R = 0x0000000;               //Null Message Format
//EQADC External Trigger Digital Filter Register (EQADC_ETDFR)
    EQADC.ETDFR.R = 0x00000000;              //Digital Filter Length = 2
//EQADC CFIFO Control Register 0 (EQADC_CFCR0) CFIFO - 0
    EQADC.CFCR[0].R = 0x0010;                //Single Scan Enable Bit - 0
                                             //CFIFO Invalidate Bit - 0
                                             //CFIFO Operation Mode - Software Triggered
                                             //Trigger - Software Triggered, Single Scan Mode

//EQADC Interrupt and DMA Control Registers (EQADC_IDCR) IDCR0


    EQADC.IDCR[0].R = 0x0000;                //Non - coherency Interrupt is: (0)
                                             //Trigger Overrun Interrupt is: (0)
                                             //Pause Interrupt is: (0)
                                             //End Of Queue Interrupt is: (0)
                                             //CFIFO Underflow Interrupt is: (0)
                                             //CFIFO Fill Enable is: (0)
                                             //CFIFO Fill Select: (0) Manual Mode
```

```
                                                    //RFIFO Overflow Interrupt is: (0)
                                                    //RFIFO Drain is: (0)
                                                    //RFIFO Drain Select is: (0)
//EQADC ADC Time Stamp Control Register (ADC_TSCR)
//ADC_TSCR = 0x0008; Bits 12 - 15 Clock Divide Factor: 16

    EQADC.CFPR[0].B.CFPUSH = 0x00000802;            //Initialize the Time Stamp Control Reg 0
//EQADC ADC Time Base Counter Register (ADC_TBCR) - Initialize to 0x0000
//ADC_TBCR = 0x0000; Time Base Counter Value = 0

    EQADC.CFPR[0].B.CFPUSH = 0x00000003;            //Initialize the Time Base Counter Register 0

//EQADC ADC0 Control Register (ADC0_CR) Enable ADC0
//ADC0_CR = 0x801F; Bits 11 - 15 Clock Prescaler: 64
//Bit 4 External Mux Enable: Disabled (0)
//Bit 0 ADC0 Enable ADC0 Ready to Start: Enabled (1)

    EQADC.CFPR[0].B.CFPUSH = 0x00801F01;            //Initialize the ADC Control Register 0

//EQADC ADC1 Control Register (ADC1_CR) Enable ADC1
//ADC1_CR = 0x801F; Bits 11 - 15 Clock Prescaler: 64
//Bit 4 External Mux Enable: Disabled (0)
//Bit 0 Enable ADC0 Ready to Start: Enabled (1)

    EQADC.CFPR[0].B.CFPUSH = 0x82801F01;            //Initialize the ADC Control Register 1
    EQADC.CFCR[0].B.SSE = 0x01;                     //Trigger the CFIFO0 to configure ADCxs
    while(EQADC.CFSR.B.CFS0 = = 0x3)                //Wait for Triggered State to end so
                                                    //we know queue is done.
{}
    EQADC.FISR[0].B.EOQF = 0x01;                    //Clear the end of queue flag for the configuration
                                                    //command sets.
    EQADC.CFCR[0].R = 0x0000;   //Disable the queue in preparation for queue mode change.

    while(EQADC.CFSR.B.CFS0 ! = 0x0)                //Wait for queue to go to IDLE before
                                                    //setting mode to user setting.
{}

//EQADC Interrupt and DMA Control Registers (EQADC_IDCR) IDCR0
    EQADC.IDCR[0].R = 0x0303;                       //NonCoherency Interrupt is: Disabled (0)
                                                    //Trigger Overrun Interrupt is:Disabled (0)
                                                    //Pause Interrupt is: Disabled (0)
                                                    //End Of Queue Interrupt is: Disabled (0)
                                                    //CFIFO Underflow Interrupt is: Disabled (0)
```

```
                                            //CFIFO Fill Enable is: Enabled (1)
                                            //CFIFO Fill Select: Enabled (1)
                                            //RFIFO Overflow Interrupt is: Disabled (0)
                                            //RFIFO Drain is: Enabled (1)
                                            //RFIFO Drain Select is: Enabled (1)

//EQADC CFIFO Control Register 0 EQADC_CFCR0) CFIFO - 0
    EQADC.CFCR[0].R = 0x0010;               //Single Scan Enable Bit - 0
                                            //CFIFO Invalidate Bit - 0
                                            //CFIFO Operation Mode - Software Trigger
                                            //Trigger - Single Scan Mode

}
void main (void)
{
    dma_init_fcn(); eqadc_init_fcn();
//Software Trigger CFIFO 0
    EQADC.CFCR[0].B.SSE = 0x01;             //Single Scan Enable Bit - 1
                                            //CFIFO Invalidate Bit - 0
                                            //CFIFO Operation Mode - Software Trigger
                                            //Trigger - Single Scan Mode

while(1)
{
    vuint16_t i;
    i = i + 1;
    }
}
```

第12章

串行/解串外围设备接口(DSPI)

12.1 串行设备接口

使用DSPI模块最简单的方式就是将其配置为符合工业标准的SPI模式。自1984年诞生起,SPI就是高速数据传输的理想选择,在MCU与外设器件之间只需要很少量的连接线。图12.1为使用最小连接的SPI接口与Atmel公司的AT25010 EEPROM存储通信原理图。

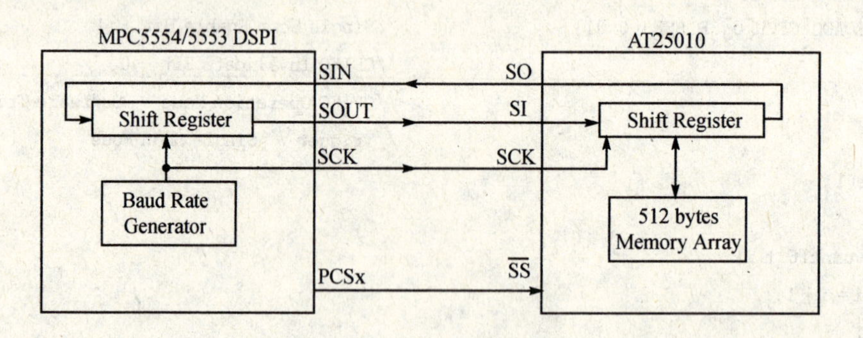

图12.1 SPI最简连接图

Atmel器件手册可以在网站 http://www.atmel.com/dyn/resources/prod_documents/doc0606.pdf 处得到。

DSPI的串行输入/输出引脚与传统Freescale MCU中的SPI引脚有所不同。表12.1将DSPI与传统SPI引脚对应列出,另附上在Microwire协议中的名称。传统SPI中的引脚是双向的,例如MOSI信号在主模式中是输出引脚,但在从模式中是输入引脚。而在DSPI或是Microwire协议中无论器件处于主模式或从模式中引脚输入/输出方向不发生改变。

表12.1 传统SPI引脚与DPSI引脚对应名称

传统SPI引脚名称(主模式)	传统SPI引脚名称(从模式)	DSPI引脚名称	Microwire协议中引脚名称
MOSI	MISOI	SOUT(主、从模式)	SO(主、从模式)
MISO	MOSI	SIN(主、从模式)	SI(主、从模式)
SCK	SCK	SCK	SK
SSx	SSx	PCSx	CS

DSPI 在 SOUT 引脚输出数据，并与 SCK 的时钟信号同步。在所有 4 种普通的 SPI 模式中，DSPI 从外部从器件中采样数据，由 SIN 引脚在时钟相反边沿处接收数据(见图 12.3 中典型 SPI 模式 0 时序图)。DSPI 产生外部选通信号 PCSx(x=0,1,…,5)，在传输数据之前使能串行总线端，然后选通指定从设备，并通知从设备去处理刚刚接收的数据。一个 SPI 系统工作起来就像是一对连接在一起串并转换移位寄存器，再加上 PCSx 选通信号便可进行数据传输。使用时钟相反的边沿进行数据驱动和数据采样，是为主设备和从设备提供相同的建立与保持时间。也就是说，建立时间与保持时间在 SCK 时钟周期中各占一半。本章后面的章节中包含有 4 种普通 SPI 模式详细的时序图。MPC5554/5553 在 SPI 的模式 0 和模式 3 中又各有两种不同的模式。通过牺牲一部分保持时间来扩展可用数据的建立时间，可以使 SPI 总线以更高的速度进行通信。这些不同的模式将在"修改传输格式"一节中予以介绍。

MPC5554 有 4 个完全独立的 DSPI 模块(MPC5553 有 3 个)，运行频率可以达到系统时钟 4 分频下，或稍低一些的 25 MHz。DSPI 中"D"的意思是"解串行(Deserial)"，指该模块能够对片上定时器或中断的信号进行串行化和解串行。通过串行和解串行，片内定时器对应的触点信号可以通过 SPI 接口和外部器件进行传递，取代了通常的定时器专用信号引脚。更进一步的，外部器件的状态信号也可以通过 DSPI 接口串行的输入，并被解串恢复，输入到片内的中断控制器中。这样就可以使得芯片中通常用于定时器和外部中断的引脚用作其他的 GPIO 的用途。例如，它可以串行化 28 路 eTPUA、16 路 eTPUB 以及 8 路 eMIOS，从而节约出 52 个 GPIO 引脚。表 12.3 中详细介绍了定时器通道和中断串行化和解串行的过程。DSPI 也有一个模式允许在进行串行/解串行时插入标准的 SPI 数据传输帧。

12.2　DSPI 的架构与配置

DSPI 有三个基本的操作配置模式：

- 串行外设接口(SPI)模式，此时 DSPI 工作在标准 SPI 或队列式 SPI 模式下。
- 串行解串接口(DSI)模式，此时 DSPI 用于 eTPU 或 eMIOS 模块解串行输出。
- 组合串行接口(CSI)模式，此时 DSPI 工作在以上两种配置的混合状态下。

本章下面将具体介绍这些配置模式。图 12.2 为 DSPI 通道的基本架构框图，描述了 SPI、DSI 和 CSI 三种配置的功能框图。

需要说明的是，配置 SCK、SOUT、SIN、PCSx、MTRIG 和 HT 以使能 MTO 模式的信号多路复用器未在图中显示。MTO 模式在"多种传输操作"小节中予以介绍。

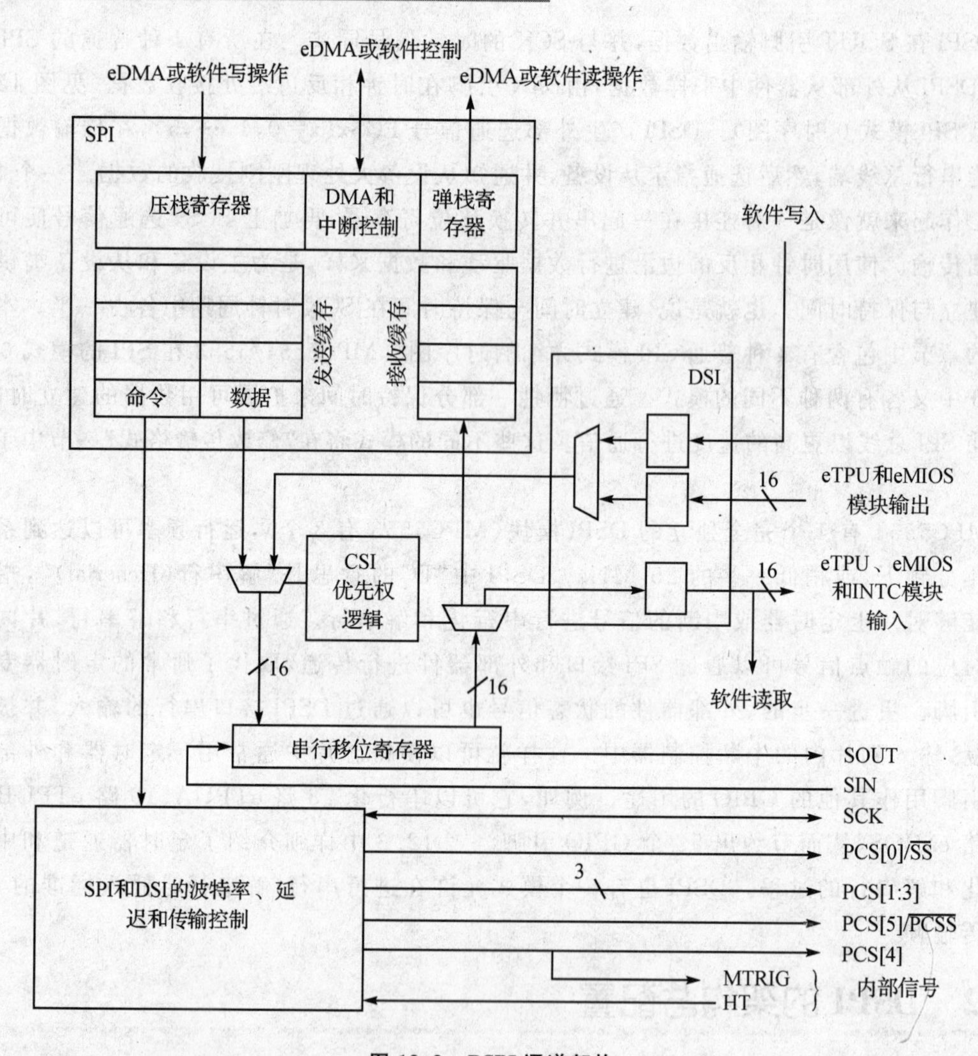

图 12.2 DSPI 通道架构

12.3 串行外设接口(SPI)配置

片上 SPI 接口与 eDMA 控制器和内核直接相连。在串行移位寄存器中写入待发送的数据,或读取串行移位寄存器中接收到的数据,读写操作可以分别进行也可以同时进行。需要指出的是,在标准 SPI 类型的传输中,由串行移位寄存器在 SOUT 引脚输出数据和由 SIN 引脚输入外部信号源的数据是同时进行的,是全双工的数据传输过程。但是,在本章的后续部分会发现,如果外设不支持时,可以不提供数据输出或不接收输入数据。SPI 传输的时钟属性和数据传输时序由配置命令字决定,每次传输都可以分配单独的命令,但一些附加的传输属性则是全局性的。“传输协议属性定义”小节中对这些属性进行了描述。

SPI 通信所需的信号线最小数量为 2,时钟信号 SCK,以及数据输出 SOUT 或是数据输入 SIN。通常也有片选信号 PCS,但并不是必需的。例如 SemTech 公司推出的触摸屏和集成数字电路 UR7HCTS2－S840 只需要使用 DSPI 中 SIN 引脚;Intersil 公司的 PWM 调制器

CDP68hC68W1则只需要使用DSPI中SOUT引脚。在更多的应用中SOUT和SIN引脚还是会同时使用的，当同一个SPI串行总线信号需要连接多个设备时候，还需要多个PCS片选信号与其相连。图12.10中介绍了典型SPI配置的例子，图中还显示了不同性能和协议的SPI设备共享同一个SPI总线的物理层，DSPI可以通过传输配置命令对每次数据传输的属性进行设置，无需软件干预。

MPC5554/5553中每一个DSPI模块都有如下的特性：

- 极性和相位编程可控的串行时钟。
- 多种编程可控延时。
- 4～16位可编程串行字符长度。
- 连续保持片选信号以扩展帧长度。
- 在传输每个字节时自动选择适合的传输特性。
- 8个传输属性配置寄存器。
- 6路外设片选信号，可通过外置多路译码器扩展到64路。
- 毛刺抑制功能允许使用外置多路译码器扩展至32路片选信号。
- 支持eDMA传输。
- 6种中断条件：
  - ◆ 队列传输完成(EOQF)。
  - ◆ 发送FIFO未满(TFFF)。
  - ◆ 当前帧传输完成(TCF)。
  - ◆ 试图传输空的发送FIFO(TFUF)。
  - ◆ 接收FIFO未空(RFDF)。
  - ◆ 试图在接收FIFO满时继续接收数据(RFOF)。
- 修改SPI传输格式使其可以与低速外设通信。

为了理解DSPI为什么需要给每次数据传输的属性进行单独的设置，在后续的"传输协议的属性定义"小节中总结了所有的传输设置属性，并且指出哪些属性是针对单次数据传输，而哪些属性是全局性的。最基本的传输属性是数据与时钟的相位关系，表12.2中列出了时钟相位(CPHA)和时钟极性(CPOL)的控制位共四种不同的组合变化，箭头表示数据采样的位置。与采样边沿对应的反向边沿开始有数据的变化。在模式0和模式1中，空闲状态下的SCK信号为逻辑0；在模式2和模式3中，空闲状态下SCK信号为逻辑1。

表12.2 SPI模式

Mode	0	1	2	3
CPHA	0	1	0	1
CPOL	0	0	1	1

图12.3中所示的模式0传输8位数据，这与原有的比SPI更早的Microwire协议兼容，从设备在PCS信号选通后，第一个时钟沿到来之前开始输出数据。

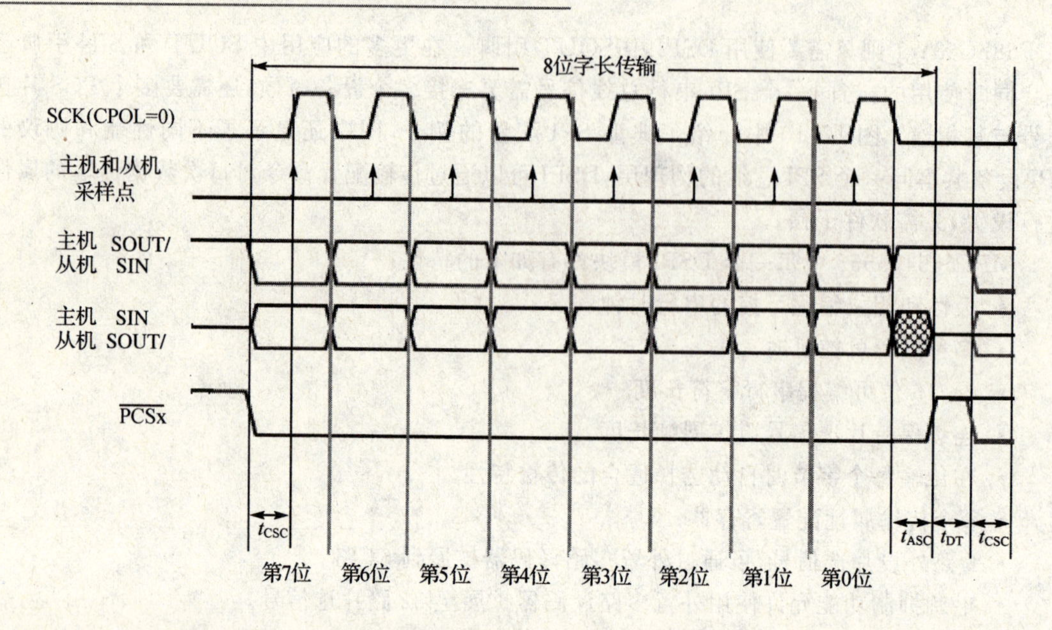

图 12.3　SPI 模式 0：CPOL＝0，CPHA＝0

需要注意的是在模式 0 中，由从设备发出的数据对于 PCS 选通信号有些延迟，但必须在第一个 SCK 时钟沿之前稳定，这是因为 DSPI 将在这个时钟沿上对设备反馈回的数据进行采样。相对的，DSPI 在 PCS 选通信号有效后立刻会由 SOUT 引脚输出数据。这意味着延迟时间 t_{CSC}应该在 PCS 选通信号和第一个时钟沿之间，较好的估计方法是将 t_{CSC}定为 SCK 时钟周期的一半。这可以保证从设备在时钟的上升沿锁存数据前，有至少半个 SCK 时钟周期的数据建立时间。这样，可以允许数据和时钟信号间存在半个 SCK 时钟周期的传输延迟差异。在 SCK 时钟信号的最后一个下降沿和 PCS 选通信号取消之间的 t_{ASC}延迟可作为从设备的数据保持时间。如果你确认不需要数据保持时间，可以将 t_{ASC}延迟设置为 0 并取消延时。t_{ASC}延时后面的 t_{DT}延时决定了下一个数据传输开始之前，PCS 选通信号的无效时间。虽然在本节的 SPI 模式时序图中，显示首先传输 MSB 位，并且数据宽度为 8 位。但 DSPI 实际上可以支持首先传输 LSB 位，而且数据宽度可以设置为 4～16 位。

图 12.4 为模式 1 的时序图。与模式 0 最大的不同在于模式 1 在 PCS 选通信号出现后并不立刻输出数据，而是在 SCK 时钟信号第一个上升沿处 SOUT 才有输出。由于 DSPI 在模式 1 配置下，会在 SCK 的下降沿采样并锁存 SIN 端的输入信号，所以从设备在时钟的第一个上升沿处开始输出其信号即可。因此，相对于仅通过选通信号就开始输出信号的外部设备，这种模式适用与需要时钟边沿才能输出数据的外部设备。t_{CSC}延迟最小可设置为从设备的激活时间，t_{ASC}延迟则需要在 PCS 选通信号失效之前满足从设备的数据保持时间。

由于模式 1 的数据输出是在时钟信号沿上，而不像模式 0 是在 PCS 选通信号上，在模式 1 和 3 中就有可能让 PCS 选通信号对某些外设持续有效。这样做的好处是用于 PCS 选通功能的引脚现在可以被 MPC5554/5553 的其他功能使用。

除了时钟极性相反外，模式 2 和 3 与模式 0 和 1 几乎是完全相同的。模式 2 和 3 的这种特性能让人想到两种用途。比较明显的一种是从设备需要相反的时钟沿来传输数据。另一种则是在支持多主模式 SPI 协议的应用中用来将 SCK 时钟的极性反转。在多主模式的应用中，

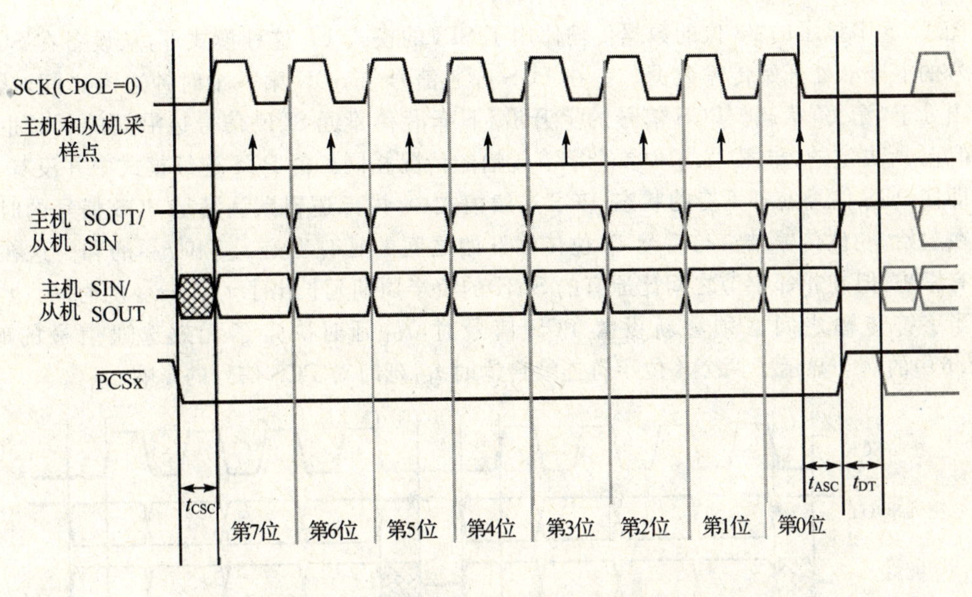

图 12.4　SPI 模式 1：CPOL=0,CPHA=1

SCK 时钟信号是被连接到一起的,使用线或操作来避免总线竞争。虽然 MPC5554/5553 的 DSPI 没有具体说明支持多主模式操作,但其引脚都有漏极开路输出的模式,可用于需要将 SCK 信号互连或与其他信号连接的应用中。如果有类似的需求,可以考虑模式 2 和 3。

在前面提到过,传输过程中可将一个字节配置为从 4～16 位的长度。从图 12.2 可以看出,这些待发送的比特被首先保存在推送寄存器(PUSH register)中,少于 16 位的字节将以右对齐的方式存储。对于多于 16 位的传输,将使用连续传输的方式将 16 位的部分和剩余的不足 16 位的部分合并传输,这期间 PCS 选通信号将持续有效。图 12.5 给出了一个多字节传输的例子。要注意的是字节间的延迟,每一次传输结束后至少需要 3 个系统时钟周期的延时才可以开始下一次传输。

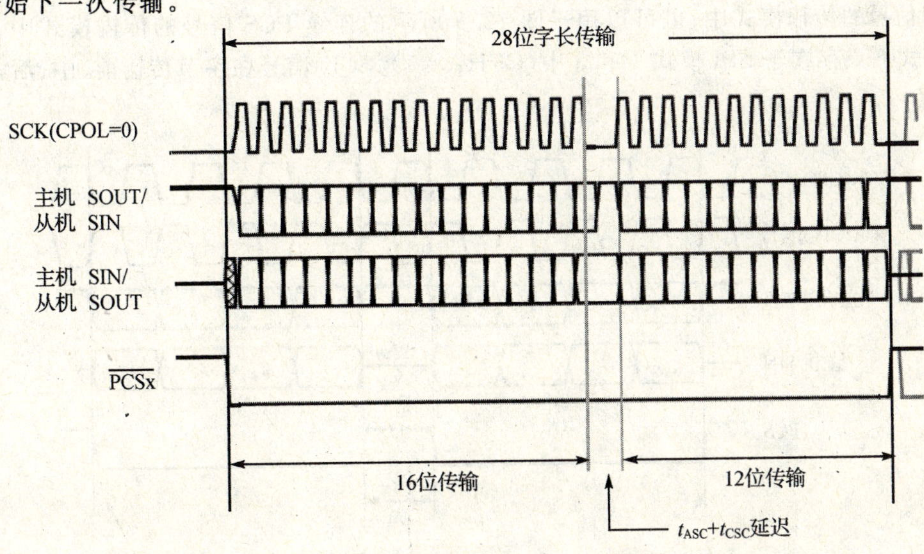

图 12.5　PCS 选通信号持续有效时的多字节传输

图 12.5 中显示的 28 位的数据传输使用了 SPI 的模式 1。这种模式下,从设备在 SCK 时钟信号的上升沿处开始传输数据位。在 PCS 选通信号与 SCK 第一个时钟边沿之间,从设备的输出处于“无关”状态。PCS 信号的上升沿/下降沿和邻近 SCK 信号边沿间的延时也是由 t_{ASC} 和 t_{CSC} 所决定的,与图 12.4 中单个字节传输的情况相同。但 PCS 连续模式中并没有 t_{DT} 延时。即使 PCS 信号处于不变的状态(PCS 连续模式中,内部逻辑默认满足 PCS 信号的时序要求),在起始 16 位传输结束与后续 12 位传输开始之间的延时也是 t_{ASC} 和 t_{CSC} 的和。这在功能上没有影响,但在相邻字节之间比原有的 SCK 的负半周期延长出了 $t_{ASC}+t_{CSC}$ 的时间。

当字符传输之间必须重新设置 PCS 信号时,t_{DT} 延时决定了无效选通信号的时长。图 12.6 中的例子显示了两个 4 位字符连续传输时 t_{DT} 延时对 PCS 信号的影响。

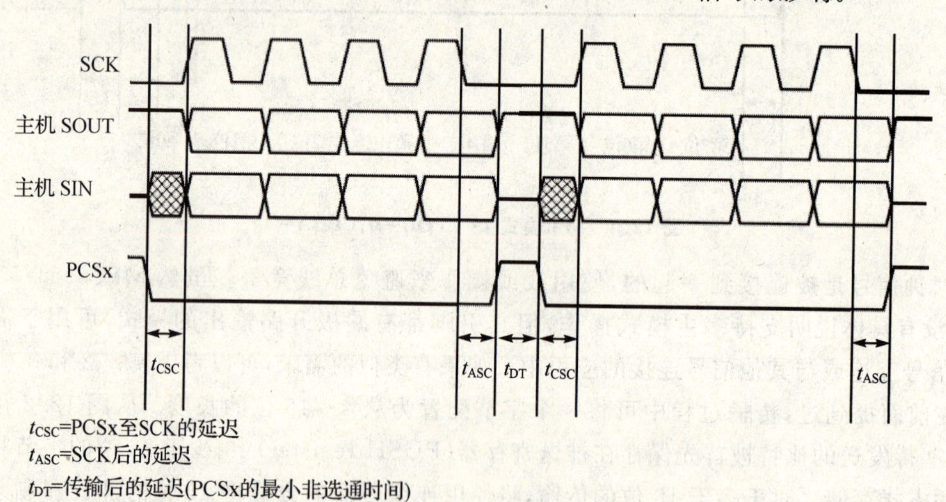

图 12.6　t_{DT} 对字符传输延时的影响(SPI 模式 1)

连续 SCK 时钟信号模式是 MPC5554/5553 的新特性。它既可以用在图 12.7 所示的非连续 PCS 信号的传输模式中;也可以用于图 12.9 所示的连续 PCS 信号的传输模式中。连续 SCK 模式下只存在于 SPI 模式 1 和 3 中(CPHA=1),SCK 信号在字节传输前、中、后都是连续输出的。

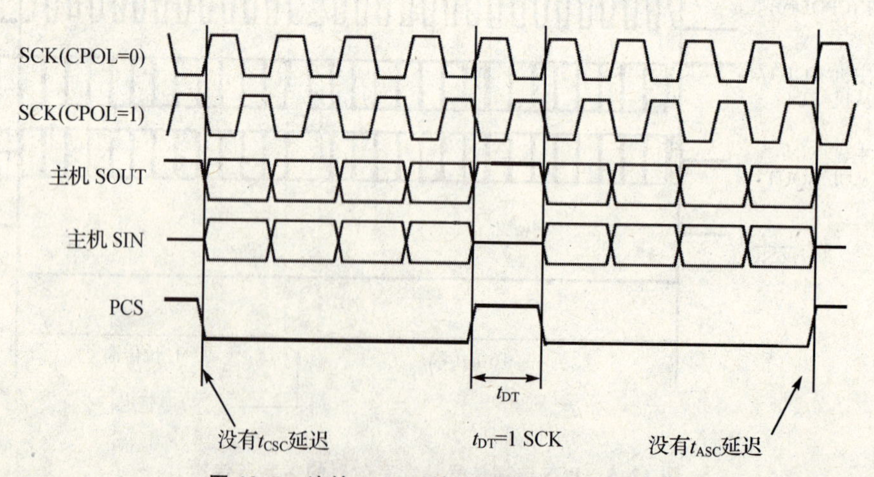

图 12.7　连续 SCK 时钟信号模式,CPHA=1

连续 SCK 模式并不支持 t_{ASC} 或 t_{CSC} 延时，只在非连续 PCS 模式中固定有一个 SCK 周期的 t_{DT} 延时。在使用连续 SCK 模式时，推荐将所有字节传输命令的波特率设为相同的。使用连续 SCK 模式时，如果在帧间切换时钟极性设置，将会导致传输出现错误。在连续 SCK 模式中，SCK 信号不仅在传输启动前就存在，而且在传输结束，即 PSC 信号最终失效后，仍然保持。这是一种特殊的模式，通常情况下传输属性只在传输过程中起效。在这种特殊模式中，SCK 的属性在传输前后仍会由寄存器 CTAR0 中的参数所控制。

虽然 DSPI 在 SPI 模式 1 和 3(CPHA＝1)中可以使用连续时钟模式，但其对应从设备的 SCK 与 PCS 之间的时序关系应该是模式 2 和 0。这种模式下，主设备与从设备在 PCS 选通后立即输出第一个数据位，这样在双方开始对数据进行采样之前，能够保证半个 SCK 周期长度的有效 t_{CSC} 延时。另外，t_{ASC} 延时值为 0，因为在最后一个字节传输完成后的 SCK 信号沿出现后，PCS 选通信号立即失效。

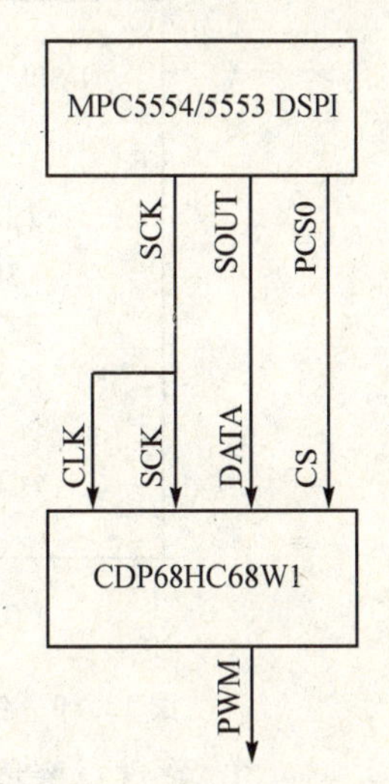

图 12.8　持续 SCK 模式例子

图 12.8 是一个 DSPI 与 Intersil CPD68hC68W1 PWM 器件连接的简单实例，它需要提供一个时钟给 PWM 信号的发生，还有另一个时钟做串行数据传输。使用 DSPI 的连续 SCK 模式后，这两个时钟信号可合二为一，使得 PWM 输出频率满足应用需求。Intersil 器件没有串行输出信号。

如果 PCS 信号在传输期间持续有效且 t_{DT} 延时被取消，那么多字节传输就不会带来字节间的任何多余延时。图 12.9 是两个 4 位数据以连续 SCK 模式传输，PCS 选通信号持续有效。注意这个例子可等效于一个 8 位数据的传输，这张图也能说明持续 SCK 模式时连续 PCS 信号的影响与作用。

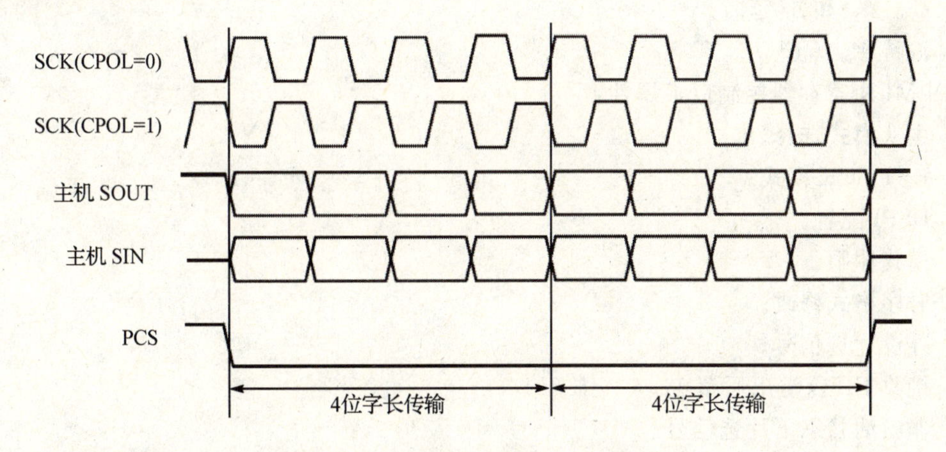

图 12.9　连续 SCK 信号和 PCS 信号

1. 传输协议的属性定义

上一节中描述了 DSPI 的 SPI 模式中多种不同属性。所有这些属性都在一个模块配置寄存器(MCR)和 8 个时钟与传输属性寄存器(CTAR0～7)中进行配置。

MCR 包含有对所有数据传输都有效的全局属性。CTAR 则是用于单个数据传输时的局部属性。8个CTAR寄存器拥有相同的格式。当在串行总线上传输数据时，会根据推送寄存器中的32位命令字选择相应的CTAR寄存器作为其属性。传输多个数据时，可以为每个数据制定一个CTAR寄存器作为其局部属性。这就允许DSPI可与多种不同的外设在同一串行总线上进行通信，动态选择其匹配的传输属性进行通信，而无需软件干预。图12.10是单个DSPI与3个从设备进行通信的例子，每一个从设备都有不同的波特率、字节大小、时钟极性和相位以及延时。

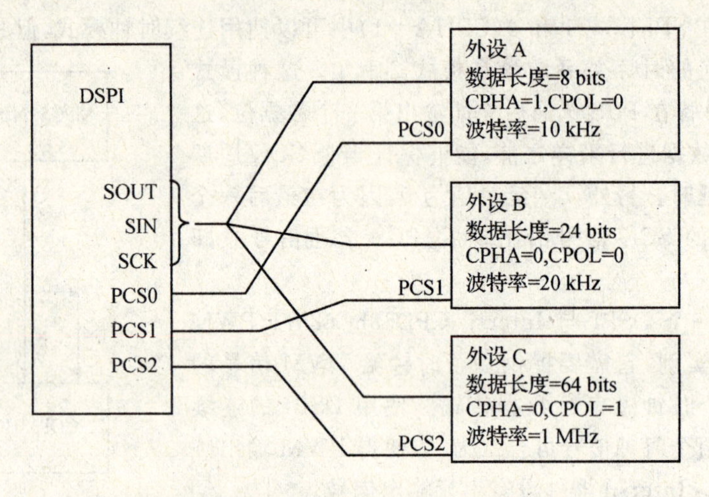

图12.10 传输属性的动态选择允许一个串行总线上运行多个协议

每一个CTAR寄存器控制以下属性：

- 帧大小。
- 时钟极性和相位。
- 位传输顺序——MSB或LSB首先传输。
- t_{ASC}、t_{CSC}和t_{DT}延时。
- 波特率。

SPI MCR寄存器控制以下属性：

- 主从模式选择。
- 连续SCK模式。
- DSPI配置。
- 模式休眠。
- 时序格式修改。
- 外设片选信号。
- 接收FIFO溢出后覆盖。
- 非激活状态下片选信号。
- 禁用模块、Tx和Rx FIFO。
- 清除Tx和Rx FIFO。
- DSPI主模式SIN采样点。
- 中断传输。

2. 外设片选操作及特性

在没有附加关联逻辑的情况下,DSPI 模块中 6 路 PCSx 选通信号的每一路都可以独立使用,这样在同一条串行总线上就可以最多和 6 个从设备进行通信。为了确保同一时间只有一路 PCS 有效,在传输命令字中同一时间只允许一个 PCS 位置位。

PCS 的 0~4 位也可以组成一个 5 位二进制数,通过外部多路选通电路在同一条串行总线上最多可选通 32 路独立外设,当然还要确保没有超出手册规定的总线负载能力。在这种模式中,第 5 位 PCS 将作为外部选通电路的选通信号来使用,用来消除编码改变时,其输出片选信号上可能出现的毛刺。在 DSPI_MCR 寄存器设置 PCSSE 位可启动该模式。图 12.11 为 PCSS 信号相对于 PCS 信号的时序图。

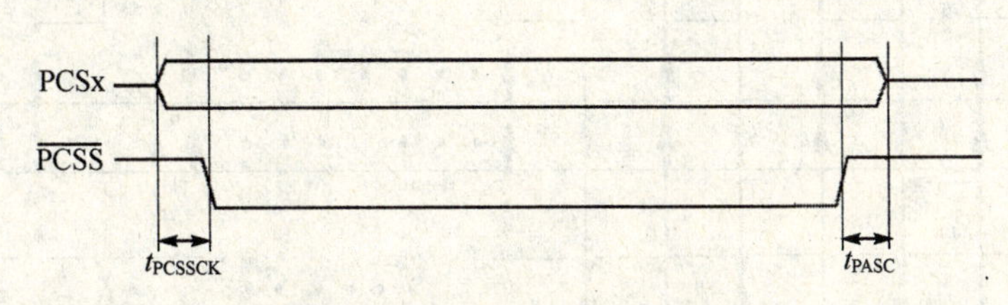

图 12.11　外设片选信号选通时序

注意到 PCSS 信号始终是拉低的,PCSx 信号则是根据传输命令中 PCS 位由一些高低电平混合而成,另外在 DSPI_MCR 寄存中的 PCSIS 状态全局性地定义了所有 PCS 信号的非活动状态。

图 12.12 为 32 路无毛刺多路选通电路连接图。

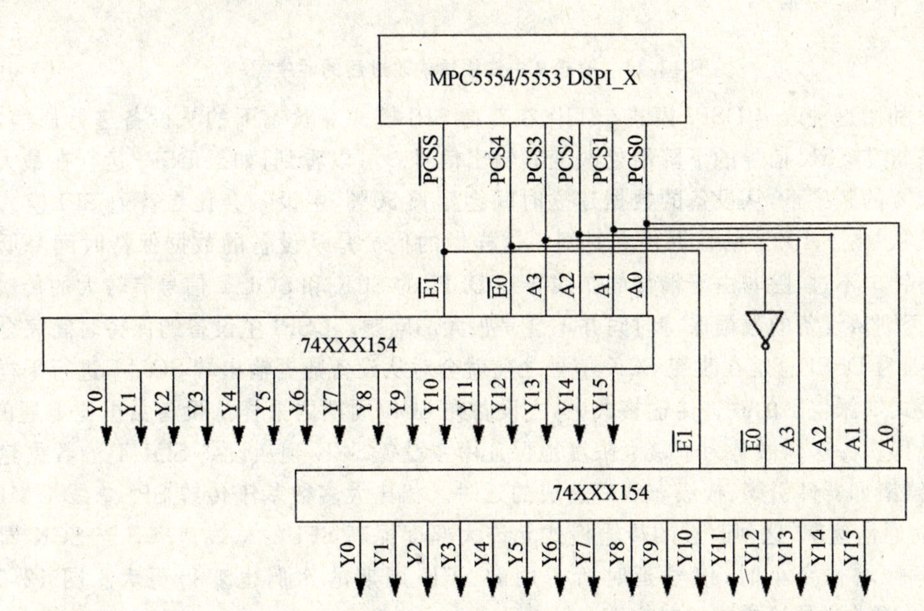

图 12.12　32 路无毛刺多路选通电路连接图

3. 改进的传输格式

对于传输格式有两种不同的改进方式。它们基本上都是由模式 0 和 3 派生而来,可以使

DSPI模式工作在更高的频率下，最高可达总线速率的1/4或25 MHz。这些传输格式的改进有助于主设备和从设备在牺牲一定保持时间的代价下改善数据建立时间。

图12.13为模式0的派生格式时序图。这种派生传输格式与普通的模式0有两处不同。首先，DSPI主设备在SCK信号的上升沿后一个时钟周期开始改变SOUT的输出数据。其次，DSPI主设备数据采样点虽然名义上是在SCK信号的上升沿处，但实际上会有一到两个系统时钟的延时。

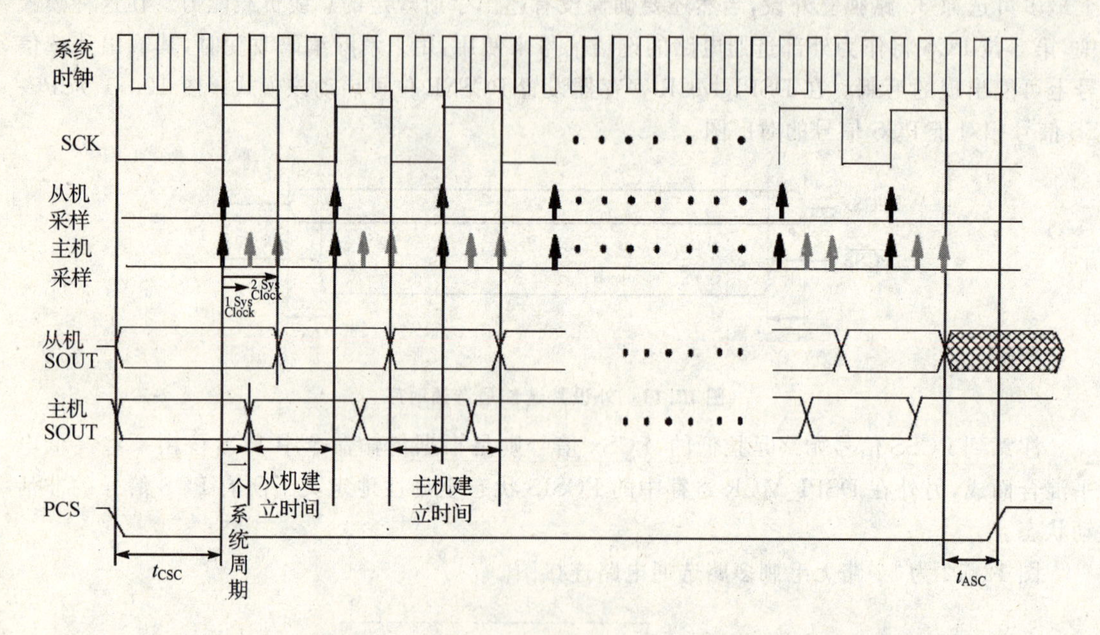

图12.13　模式0中传输格式改进后的时序图

假设利用这种改进DSPI模式与工作在普通SPI模式0状态下的从设备进行通信，此时的从设备将在SCK信号的下降沿处改变其输出信号。可以看到，如果DSPI运行在最大的系统时钟1/4的频率下，从设备的数据建立时间会延长50%，主设备会比在普通SPI模式0状态下延长从0%～100%的数据建立时间。这样做的代价是从设备的数据保持时间降低到一个系统时钟。不过，除非由于糟糕的布线导致DSPI的SCK和SOUT信号有较大的传输延迟的偏移，否则从设备的数据保持时间并不会是很大的问题。DSPI主设备的保持时间完全不存在问题，因为DSPI总是在改变SCK信号之前就会对从设备数据输出端SOUT进行采样。

由模式3派生出的改进传输格式中，主设备在SCK周期内采样从设备数据比普通的SPI模式要晚得多。这样做是为了最大限度地保证由主设备SCK到从设备SOUT的数据建立时间，以补偿诸如器件引脚、板级布线等造成的延时。相比大多数基于传统SPI总线1 MHz或2 MHz的通信速率，这种改进的传输格式允许大幅度提高SPI的总线速率。当SCK周期随着波特率的增长变小时，信号延时所占用的SCK周期的比例也变得更大。图12.14是CPHA=0时改进传输格式的时序图。

主设备在最后一个SCK信号沿半个周期后才采样从设备SOUT的最后一位数据位。在最后一位采样时将不会再有主机SCK时钟信号沿。SCK到PCS的延时必须大于或等于SCK的半周期，否则在主机采样最后一位数据嵌选通信号将失效。在其他数据位时，从设备数据发生变化时主设备会立即采样，这意味着从设备端数据的保持时间相当一部分是由SCK

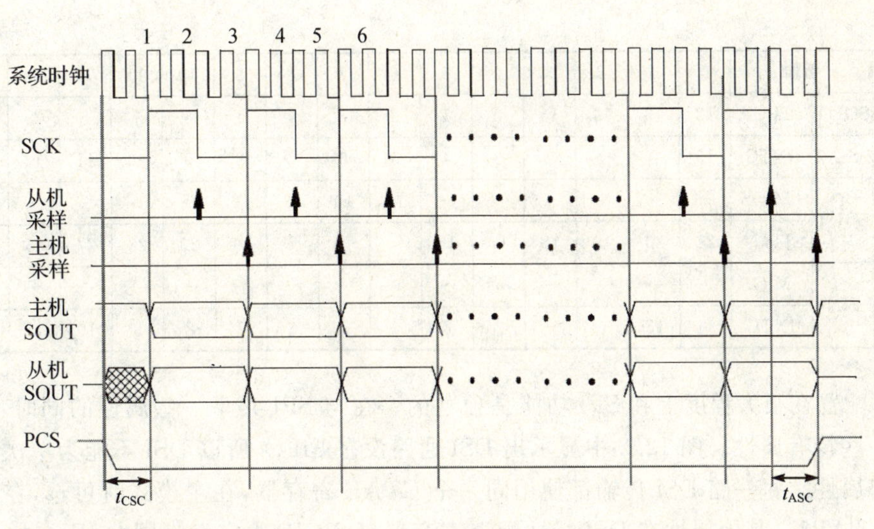

图 12.14　模式 3 中改进传输格式的时序图

与从设备 SOUT 端往返延时所决定。DSPI 的从设备在 SIN 数据的中间进行采样,并没有保持时间的问题。需要谨记的是,从设备只有半个周期的数据建立时间。当系统时钟 100 MHz,SCK 最大运行到 25 MHz 时,从设备的数据建立时间只有最多 20 ns(此处原文误为 80 ns),而且还要扣除引脚和布线延时。

12.4　串行解串接口(DSI)配置

DSI 配置允许片上定时器模块的输出信号经过一个或多个 DSPI 模块输出到器件外部。每一路 DSPI 可以串行化 16 路定时器输出通道的信号,或是软件控制的 16 位寄存器的内容。DSPI 在 SIN 引脚处收到的数据也可以进行解串,并转发至并行的定时器通道、中断控制器或 16 位寄存器中。支持串行化和/或解串行化的片上模块有 eMIOS、eTPU 和 INTC。每一个定时器模块和中断控制器都映射到制定 DSPI 模块中的指定数据位。DSPI 和各模块的位映射表如表 12.3 所列。

表 12.3　DSPI A、B、C、D 中传输字节的位映射表

DSPI	引脚		0	1	2	3	4	5	6	7	8	9	10	11	12	13	14	15
A	SOUT	eTPUB	15	14	13	12	11	10	9	8	7	6	5	4	3	2	1	0
	SIN	n/c	—	—	—	—	—	—	—	—	—	—	—	—	—	—	—	—
B	SOUT	eMIOS	11	10		—	—	—	—	—	—	—	—	—	—	—	13	12
		eTPUA	—	—	21	20	19	18	17	16	29	28	27	26	25	24	—	—
	SIN	eMIOS	—	—	—	—	—	—	—	—	—	—	—	—	—	—	13	12
		eTPUA	—	—	—	—	—	—	—	—	29	28	27	26	25	24	—	—
		INTC	0	1	2	3	4	5	6	7	8	9	10	11	12	13	14	15

续表 12.3

DSPI	引脚		0	1	2	3	4	5	6	7	8	9	10	11	12	13	14	15
C	SOUT	eTPUA	12	13	14	15	0	1	2	3	4	5	6	7	8	9	10	11
	SIN	INTC	15	0	1	2	3	4	5	6	7	8	9	10	11	12	13	14
D	SOUT	eMIOS	—	—	—	—	—	—	11	10	13	12	—	—	—	—	—	—
		eTPUA	21	20	19	18	17	16	—	—	—	—	29	28	27	26	25	24
	SIN	eMIOS	—	—	—	—	—	—	—	—	—	—	—	—	—	—	15	14
		INTC	14	15	—	—	2	3	4	5	6	7	8	9	10	11	12	13

DSI 配置在很大程度上和 SPI 功能是独立的。在与 SPI 共享一些属性的同时,DSI 也有自己的一些特有属性。图 12.2 中显示出 DSI 通路没有 FIFO,所以 DSI 不能为单次数据传输设置局部属性。每一路 DSI 传输都使用同一个 CTAR 寄存器,在主模式时可选,在从模式时固定为 CTAR1。其他属性在 DSI 特性配置寄存器(DSICR)中定义。因此,所有的 DSI 属性都是全局性的。

已选 CTAR 寄存器控制的属性列表如下:

- 帧大小。
- 时钟极性和相位。
- 位传输顺序——MSB 或 LSB 首先传输。
- t_{ASC}、t_{CSC}和 t_{DT} 延时。
- 波特率。

DSICR 控制的属性列表如下:

- 多路传输操作。
- 多路传输操作计数器。
- 传输数据源。
- 触发信号极性。
- 触发接收。
- 数据传输变更。
- 持续 DSI 外设片选信号。
- DSI 时钟与传输属性寄存器。
- DSI 外设片选信号 0-5。

另外,DSI 支持 DSPI MCR 寄存器中控制的传输格式改进功能。

1. DSI 触发

欲使 DSI 配置达到无须软件干预而自动操作的目标,在主模式中,有两种硬件方法可以初始化一个 SPI 传输。串行数据可能会从 SOUT 端连续输出,也可能只在定时器改变状态时输出。连续输出可以不需要干预而进行连续传输;而仅有变化才会输出,可以减少数据总线和时钟信号跳变,同时也减少了系统的噪声。

2. 多路传输操作

多路传输操作(MTO)是 DSPI 的子模式,MPC5554/5553 中允许 DSPI 模块合并为并行或串行的级联配置。这种子模式只在DSI模式中配置有多个DSPI时才能体现出优越性。它也可以通过将多个DSPI模块的时钟合而为一来达到节约外部引脚的目的。同时,字节传输选通信号也可以合并,同样可以节约外部引脚。使能MTO时,需要首先配置SIU_DISR寄存器,设置合适的HT、MTRIG触发信号路径,并将PCS和SCK信号在内部DSPI模块间连通起来,然后置起DSPI_DSICR中的MTOE位。并行和串行级联可工作在一个SPI主机以及一个或多个SPI从机的模式。

当其配置为并行级联时,每一个DSPI的SOUT和SIN引脚都被激活,但MPC5554/5553中所有的DSPI都共享同一个SCK和PCS。因此,这等效于多个字节同时传输,其中每个字节都是4～16位,并行输出到各自对应的外设。图12.15是一个典型的3个DSPI模块和外设之间并行MTO的配置。

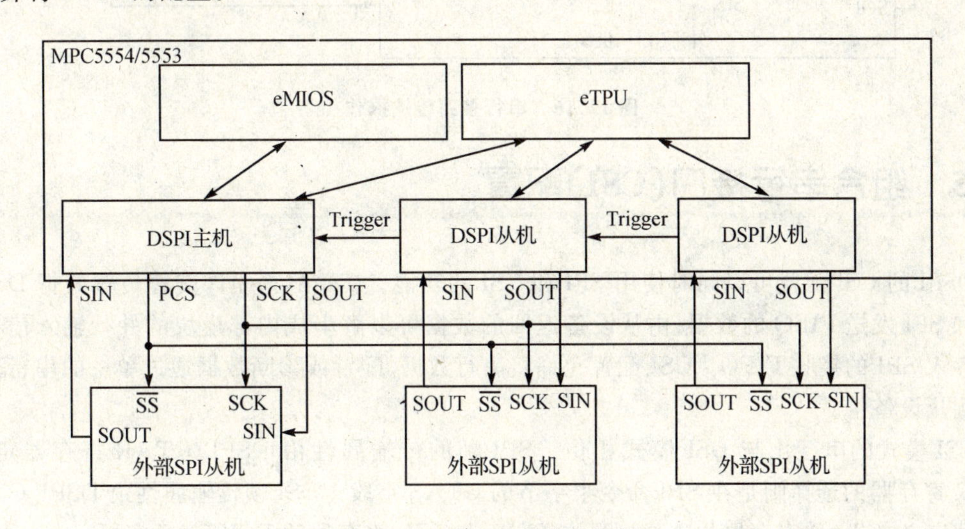

图12.15　并行多路传输操作

DSPI作为主机时向外部SPI设备提供SCK和PCS信号。虽然图12.15中没有显示,但SCK和PCS信号在级联中仍然以内部连通的方式与其他DSPI通过相连。DSPI从机和主机的触发器也在内部连通以确保任何DSI触发条件都可以在级联主机或从机中起到作用,这在“DSI触发”小节中有所描述。连接有DSPI主机或从机的任意定时器的信号变化都会引发一次SPI传输。

串行级联允许多个DSPI的数据位级联至一个DSI帧中。最多64位数据,可由多个级联DSPI模块的DSI帧组合而成。图12.16是一个用于与外设通信的串行级联的典型配置。虽然在图中没有标出,SCK和PCS信号也是内部相连的,但与并行情况不同的是,串行级联只有一对SOUT和SIN信号。数据是通过主机与从机间的内部通路传输的。DSI触发和并行系统类似。字节的位数在定时器模块中可被配置为4～16位,由CTAR寄存中的FMSZ字段具体确定,这与普通SPI操作是一样的。DSPI主机级联中可使用任意CTAR寄存器来定义SPI的属性。其他的DSPI均为从机,它们的属性只能在CTAR1寄存器中定义。

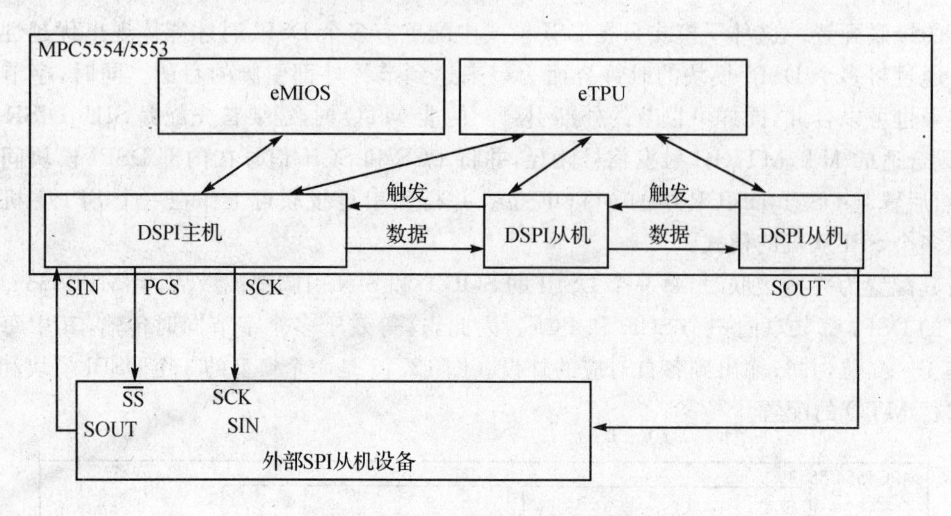

图 12.16 串行多路传输操作

12.5 组合串行接口(CSI)配置

DSPI 的 CSI 配置可以同时使用 SPI 和 CSI 的功能。CSI 配置允许交替传输并行 DSI 数据帧和 SPI 发送 FIFO 的数据;由从设备返回的数据可以解串成内部模块的并行输入信号或直接存入 SPI 的接收 FIFO。CSI 配置允许将串行数据、配置或诊断数据通过单一的串行连接传输到从设备中。

CSI 模式的串行化与 DSI 模式相仿。SPI 帧的传输属性由 DSPI_CTAR 寄存器定义,CTAR 寄存器的选择则是在 SPI 命令半字节的 CTAS 字段。DSI 帧传输属性由 DSPI_CTAR 寄存器定义,CTAR 寄存器的选择则是在 DSPI_DSICR 寄存器的 DSICTAS 字段。

CSI 配置中的帧数据解串行后,根据传输逻辑进入 DSPI_DDR 寄存器或是 SPI 接收 FIFO 中。当进行 DSI 帧传输时,返回数据进行解串行后被锁存至 DSPI_DDR 寄存器中;当进行 SPI 帧传输时,返回数据直接写入 SPI 接收 FIFO 中。

12.6 使用 DSPI 传输与接收数据的编程方法

每一路片上 DSPI 通道的设计都支持两种不同的方式来收发 SPI 模式数据。最便捷的(同时也是效率较低的)方式是使用软件将数据字节(带有特殊命令字)写入推送寄存器,然后通过软件查询标志位或等待数据接收完成中断,接着通过读取弹出寄存器的返回内容,并清除标志位完成本次传输,软件可以接着写入新的传输数据/命令字节对。例 12.1 中是相应代码。

12.7 利用 DSPI 支持 DMA 传输的特性创建队列

使用中断来完成收发数据会增加处理器的负担,具体取决于系统所支持的串行通信通道的数量。为了减少处理器负荷,DSPI 模块可以在有数据传输或接收时,产生 DMA 请求来代替中断。在第 11 章中可以了解到 eDMA 控制器如何响应片上硬件的 DMA 请求来产生这些

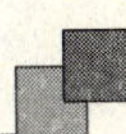

信号。

每一路 DSPI 都需要一个 eDMA 通道向发送缓冲发送数据,需要另外一个 eDMA 通道从接收缓冲接收数据。因此,MPC5554 中 4 路 DSPI 就需要 8 路 eDMA 通道(MPC5553 有 3 路 DSPI,因此需要 6 路 eDMA 通道)。表 12.4 为收发缓冲与 eDMA 通道的连接对应关系。图 12.2 中显示,发送和接受缓冲都是利用 FIFO 来实现的,每个发送缓冲的 FIFO 都有 4 级深度,以确保不会因为 eDMA 控制写入推送寄存器的延时而导致数据发送过程被打断。类似的,每个接收缓冲 FIFO 也有 4 级深度,以保证不会因为 eDMA 控制读取弹出寄存器的延时而导致当前接收的数据无处保存。有了发送和接收的缓冲 FIFO,可以同时处理收发中断或收发 DMA 请求。

正如刚才提到的,每个发送缓冲的 FIFO 都有 4 级深度。在复位后,发送缓冲的 FIFO 产生 eDMA 请求以要求填充数据。当 eDMA 控制器和 DSPI 被设置为共同操作后,eDMA 将从其传输控制描述块定义的队列中开始读取数据填充所有使能的 SPI 发送缓冲。当串行移位逻辑发送完成上一个数据的串行发送过程后,发送缓冲将按顺序将下一个待发数据提供给串行移位逻辑。发送缓冲不需要被填满,只要有待发数据,哪怕只有一个字节,也会立刻传送到移位寄存器中。除非有暂停或中止条件,或是 DMA 在响应其他模块的请求而导致无法传输新的数据对,否则数据将不断地被发送出去。

由于发送缓冲的 FIFO 有 4 级深度,所以在第一个串行数据移出前可以预先装载 4 个待发数据。当第一个数据开始串行传输时,发送缓冲将产生 DMA 请求,这样在发送缓冲变空或失载(underrun)之前允许 eDMA 控制器有三个字节传输周期的响应时间。这种情况在 DSPI 配置为从机时变得更有意义。串行移位寄存器由外设得到时钟,新的数据也需要被驱动到 SOUT 端。如果发生失载的情况,可以通过状态位或中断信号通知处理器,也可以被忽略。这样做的唯一结果就是串行数据传输中将出现间断。一旦 eDMA 能够及时发送数据到发送缓冲,传输过程将会恢复正常。

12.8 DSPI 与 eDMA 的连接

在 MPC5554 中,DSPI 的 DMA 请求信号是与特定的 eDMA 通道相连的,连接关系如表 12.4 所列。

表 12.4 TX FIFO 和 RX FIFO 与 eDMA 通道连接对应表

发送缓存	eDMA 通道	接收缓存	eDMA 通道
0	0	0	1
1	2	1	3
2	4	2	5
3	6	3	7

12.9 DSPI 初始化例子

例 12.1 中的部分代码描述了如何初始化一个主模式的 DSPI。与 Freescale 取得联系可

得到例程中相应的头文件。在函数中,EnableDSPI 需要有以下列操作:

- 使能 DSPIA 的 SCK、SIN、SOUT 和 PCS0、PCS1 引脚。
- 将 DSPI 设置为主机,SPI 模式,非连续 SCK,设置波特率。
- 向 EQQF 位和 TCF 位写入 1 以确保清除这两位。

函数 DSPISend 有下列操作:

- 等待直到 FIFO 中的通道数据少于 4。
- 如果发送的不是最后的数据,将数据和发送命令一起写入 Push 寄存器,并选择 CTAR0 寄存器,选通 PCS0 和 PCS1。
- 如果发送的是最后的数据,将同样的命令值写入 Push 寄存器,并将 EOQ 位置 1。

例 12.1　DSPI 主机初始化与软件发送

```
void EnableDSPI (void)
{
/*为 DSPI 操作配置合适的引脚
    SIU.PCR[93].R = 0x0640;                      /*使能为 SCKA*/
    SIU.PCR[94].R = 0x0500;                      /*使能为 SINA*/
    SIU.PCR[95].R = 0x0640;                      /*使能为 SOUTA*/
    SIU.PCR[96].R = 0x0640;                      /*使能为 PCSA0*/
    SIU.PCR[97].R = 0x0640;                      /*使能为 PCSA1*/
    SIU.DISR.R = 0;                              /*为 DISPI_A 选择 SINA 和 SCKA*/
/*设置配置选项:主机,SPI 模式,非连续 SCK,,PSCx = 0,dspi 使能, FIFO 缓存使能,中断*/
    DSPI_A.MCR.R = 0x813f0001;
/*设置 CTAR0: 16 位, 时钟极性/时钟相位, msb 位优先传输, 预分频值为 2, 波特率分频值 1024*/
    DSPI_A.CTAR[0].R = 0x7a00bbba;
    DSPI_A.MCR.B.CLR_TXF = 1;                    /*清除计数器*/
    DSPI_A.MCR.B.CLR_RXF = 1;
    DSPI_A.SR.R = 0x90000000;                    /*通过清除 EOQF 和 TCF 位使能串行传输*/
}                                                /*DSPI 使能结束*/

void DSPISend (uint16_t data, uint16_t notLast)
{
    while (DSPI_A.SR.B.TXCTR = = 4)              /*通过检查发送计数器确认 FIFO 中的空余情况*/
    {}
    if (notLast)
        DSPI_A.PUSHR.R = data + 0x80030000;      /*ctar0, 数据, PCS0,1*/
    Else
        DSPI_A.PUSHR.R = data + 0x88030000;      /*ctar0, EOQ, 数据, PCS0,1*/
}                                                /*SPI 发送结束*/
```

第13章 增强型串行通信接口(eSCI)

13.1 增强型串行通信接口介绍

异步串行通信是最常用的通信接口之一，也是长距离有线数字传输中性价比最高的媒介之一。工业标准的SCI协议自20世纪80年代起就广泛存在于微控制器中，增强型串行通信接口(eSCI)所执行的就是该协议。协议兼容RS-232电平接口，可用于PC以及工业领域、汽车制造业和诸如销售终端机的商业领域中。eSCI属于异步通信，支持全/半双工数据传输，并在标准和非标准波特率下都可以进行操作。例如，运行于128 MHz系统时钟的MPC5500，eSCI的收发通信可工作在低至1 kHz，高至8 MHz的波特率。一幅eSCI数据帧可以是8或9个数据位，并带有1～2位的停止位。eSCI发送器硬件可以有选择性的产生并发送奇偶校验位，在接收器中会对其进行校验以确保接收数据的完整性。eSCI可选择性地使用处理器中断请求或向eDMA控制器发送DMA请求。使用eDMA控制器可允许建立任意长度的数据收发队列，并且传输过程只需要极少量甚至不需要软件干预。

13.2 eSCI构架

MPC5554和MPC5553都有两路eSCI模块，每一路都包含有可独立工作的发送器和接收器。eSCI支持全/半双工操作。发送器与串行总线上的发送数据引脚(TxD)相连，接收器与串行总线上的接收数据引脚(RxD)相连。与传统SCI相比，eSCI提供了本地内联网(LIN)总线的功能。LIN总线协议是SCI协议的加强版，通过eSCI加上一系列的硬件模块构成，如图13.1所示。在MPC5500系列处理器中，eDMA控制器支持与eSCI的通信。每一路eSCI都分别给接收器和发送器配有eDMA通道。软件可选择性地设置eSCI模块向eDMA发送数据传输请求或向处理器发送中断请求。使能DMA模式允许将数据收发队列设计为任意深度。

注意： eSCI清除标志位的过程与传统SCI的清除方式有所改变。为了清除eSCI中已经置1的标志位，需要向其写入逻辑1，写入逻辑0将不起任何作用。与MPC5XX系列不同，读取标志位与访问数据寄存器将没有互锁关系。这意味着在MPC5500系列处理器中，向发送寄存器写入数据和从接收寄存器读取数据将与MPC5XX系列的SCI有很大的不同。本章稍后将给出例子。

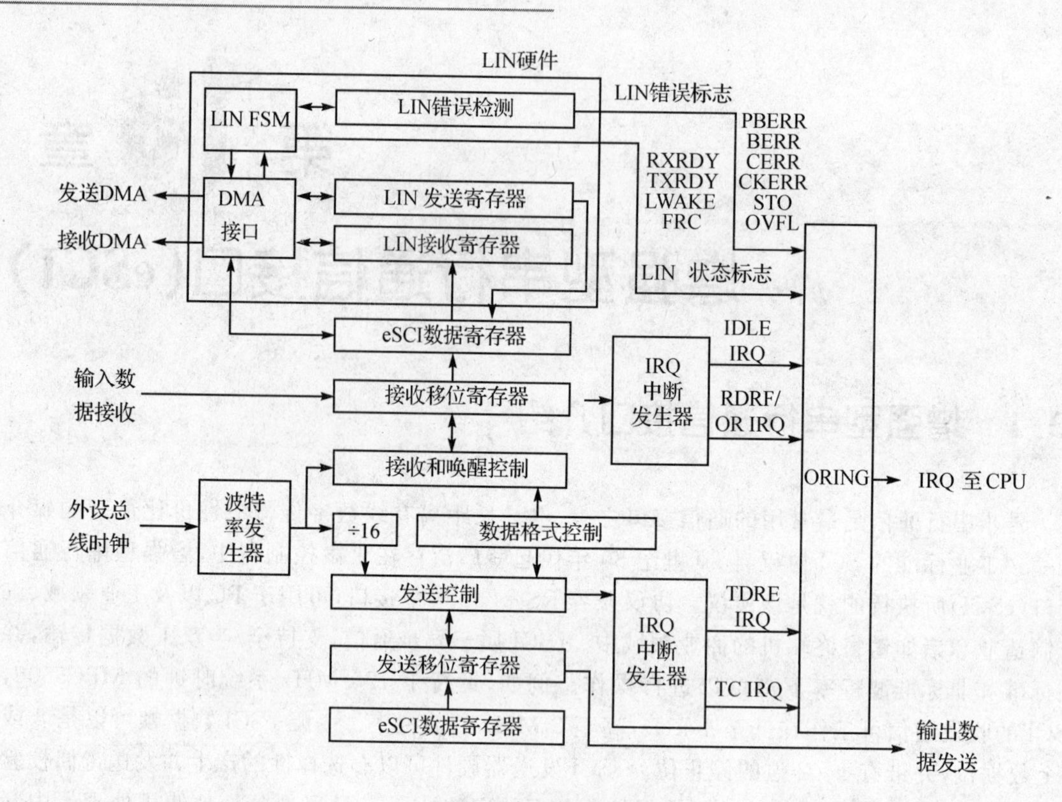

图 13.1　eSCI 功能模块图

13.3　发送操作

发送器是由两个寄存器组成的双缓冲结构：一个串行移位寄位器和一个数据寄存器。软件无法直接访问串行移位寄存器。发送数据时，软件必须写入数据寄存器(ESCI_DR)中。双缓冲结构允许软件在写入下一个发送数据的同时将前一个数据串行移出，移出的数据带有一个启动位、一个可选的极性位以及一个停止位，如图 13.2 所示。发送器移出的数据位数根据串行格式决定。eSCI 使用 8 位或 9 位的数据长度，在 ESC_CR1 寄存器中的 M 位对其进行设置。当前数据串行移位发送完成后，下一个数据会由 ESCI_DR 寄存器中传输到移位寄存器，同时 ESCI_DR 寄存器变空，由状态寄存器(ESCI_SR)中的发送寄存器空(TDRE)标志位置 1 来表示。eSCI 可以选择性地向处理器发送中断或是向 eDMA 控制发送传输请求。

如果发送端移位寄存器为空且数据输出(TxD)端处于空闲状态，在最后一个数据位从 TxD 上发送出后，eSCI 将置传输完成(TC)标志位为 1。TX 标志位可以解释为处理器或 eDMA 通道无法在有效时间内向发送器提供发送字符的情况。

注意：发送完停止位后，总线至少需要保持一个位时间的高电平，表示进入空闲状态。

如果在新的数据写入 SCI_DR 寄存器前没有清除 TDRE 标志位，数据将无法发送。

当软件在 SCCR1 寄存器中设置终止发送(SBK)位为 1 时，eSCI 可以产生一个或多个终止字符，同时将其发送出去。终止字符的发送从 SBK 标志位置 1 开始，到 SBK 位清楚或发送使能(TE)位清楚结束。为了确保只发送一个终止字符，软件需要将 SBK 标志位快速地置 1

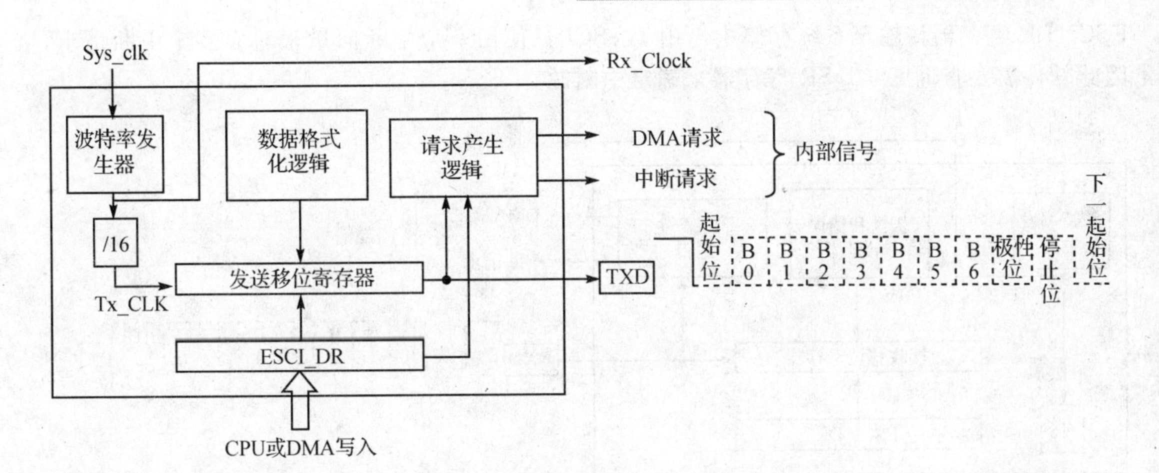

图13.2　发送器功能模块简化图

后立刻归0。在终止字符的最后,至少需要一个位时间的高电平,以确保后续传输的起始位可以被检测到。如果TE保持置1的状态,数据与中断字符全部发送后处于挂起的空闲态,TDRE位和TC位会置1并且TxD会保持在空闲状态。

为了在两条信息间插入分隔符或是唤醒已休眠的接收器,软件可以在数据从串行移位寄存器发送出去之前将TE位清0后再置1。控制发送器在完成当前数据传输后,强行发送持续一个字节时间的空闲态高电平。当空闲态高电平发送完成后,发送起检查TDRE位,如果置起则进入空闲状态,否则发送器会载入下一个需要传输的字符。

TDRE和TC标志位的使能由ESCI_CR1寄存器中的发送中断使能位(TIE)和发送完成中断使能位(TCIE)进行控制。

数据位的发送速率由波特率发生器所决定,波特率为系统时钟除以分频因子,分频因子最小为1,最大为8192。波特率发生器的输出会被再次进行16分频,然后才供给发送器时钟。在eSCI控制寄存器1(ESCI_CR1)中波特率由13位的波特率位字段(SBR)所控制。典型的数据收发也会像大多数UART型的系统一样使用同一个常见的波特率。因此,发送器和接收器会使用同一个波特率发生器。但接收器的工作时钟会是波特率或发送器时钟的16倍。这是因为对于发送器来说,每一个数据位的发送只需要一个串行时钟,而为了确保串行总线电平的识别精度,接收器会在接收每一位数据时使用16个发送器时钟进行数据位采样。数据位采样会在本章稍后进行介绍。

13.4　接收操作

像发送器一样,接收器也有双缓冲结构,包括有一个接收串移位器和一个并行数据接收寄存器(ESCI_DR)。同样的,串行移位器也不能被软件访问。由于是双缓冲结构,当下一个数据正在接收时,本次接收的数据可以保存在ESCI_DR寄存器中。参考图13.3中eSCI接收器部分模块图,其中使用了8位数据位,1位奇偶检验位和1位停止位。当接收数据移入后会自动传输至ESCI_DR寄存器中。eSCI接收数据寄存器满(RDRF)标志位,接着可能会触发处理器中断或是向eDMA控制器发送DMA请求。中断控制或eDMA会响应或是将数据由

ESCI_DR 寄存器传输至系统存储中。由于 eSCI 只使用一个中断向量来对应多个中断请求，因此软件需要查询 ESCI_SR 寄存器来确定中断源。

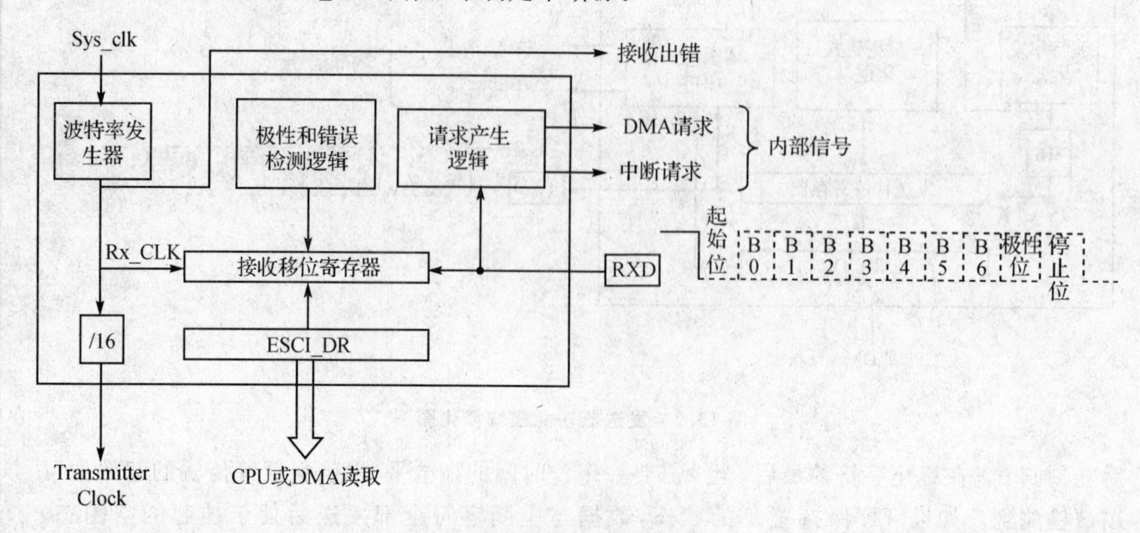

图 13.3　接收器功能模块简化图

正如前面所提到的，接收器工作时钟频率是发送器时钟的 16 倍，这允许对输入信号进行 16 倍于波特率频率的采样。采样时钟称为 RT 时钟，用来对每一个数据位进行同步。根据最近的 RT 时钟同步和数据流的情况将数据移入串行接收移位器中。从这一刻开始，数据移动将与 MCU 的系统时钟同步。为了保证数据位采样的稳定性，在每一位中采样三次然后使用表决逻辑来确定该位的值。三次采样取某两次采样相同的值即可，如图 13.4 所示。起始位的采样点位于 RT1、RT3 和 RT5，如果认为是潜在有效的起始位，接收器会在预期的位置处再采样三次，采样点分别位于 RT8、RT9 和 RT10。如果所有的采样结果都正确，则开始接收后续的数据位，否则会拒绝该起始位并且等待下一个下降沿。有效起始位后的每一个数据位都会在该位的中间进行采样，如图 13.4 所示。

采样时如果其中一位与另两位不同，会在 ESCI_SR 中将噪声标志(NF)位置 1。NF 置 1 并不代表产生错误，仅是指出接收到的该字符带有噪声。

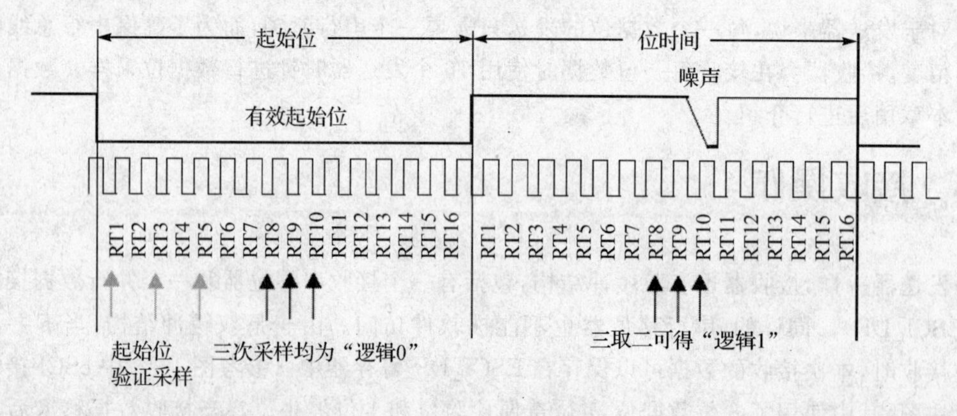

图 13.4　位采样技术

进入接收器的数据位数取决于串行格式。eSCI 使用 8 位或 9 位数据长度，在 ESCI_CR1 寄存器的 *M* 位进行设置。如果使用 8 位长度，总帧长为 10 位；如果使用 9 位，总帧长为 11 位。每一幅有效帧都必须以一个起始位开始并至少以一个停止位结束。当接收到停止位时，串行移位器中的数据会被传输至 ESCI_DR 寄存器中。在下一次传输开始之前，RDRF 位必须清 0。如果移位器在接收到另一个字符时 RDRF 位仍然置 1，传输会被中止并且 eSCI_SR 寄存器中的过载错误(OR)位会被置 1。OR 标志位置 1 表示软件丢失了一个或多个字节，需要以更快的速度来读取接收器的数据。当 OR 标志位置 1 时，ESCI_DR 寄存器中的数据被保存，但移位器中的数据会丢失。

虽然部分错误状态是在数据接收过程中就能够发现的，但 ESCI_SR 寄存器中的噪声标志位(NF)、奇偶检验位(PF)和帧错误标志位(FE)都会在数据从串行移位器传输到 ESCI_DR 寄存器之后才会被置 1。这是由于接收错误状态标志位与 RDRF 标志位是同时置位的，它们没有独立的中断使能。

13.5　单线操作

在普通操作模式下，eSCI 使用两个引脚，一个用做发送，另一个用做接收。为使外部信号线数量尽可能的少，软件可以将 eSCI 配置为单线模式，将 TXD 引脚同时用做发送和接收。在 ESCI_CR1 寄存器中设置 LOOPS 位和 RSRC 位可启动这一模式。当使用单线操作模式时，RXD 引脚与内部接收器断开，可作为通用 I/O 引脚，如图 13.5 所示。发送器与接收器将通过 ESCI_CR1 寄存器中的 TE 位和 RE 位的设置来启用。

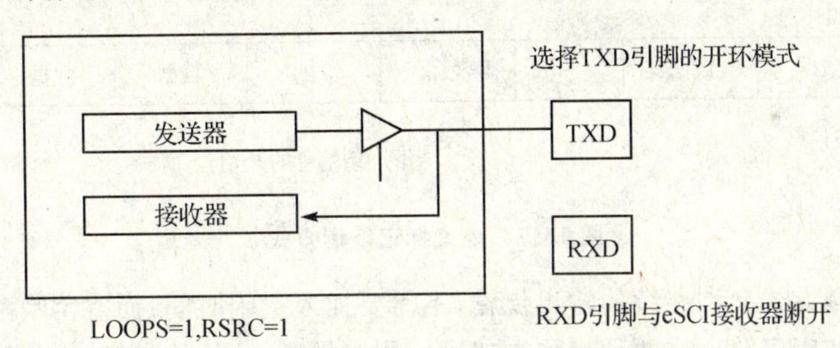

图 13.5　单线操作模块图

在单线模式中，多个发送器试图在同一时间发送数据可能会导致 TXD 信号线上出现竞争。为了避免这一情况，eSCI 使用接收活动状态位(RAF)。RAF 标志位指示此时是否有信息传输。发送器在发送信息之前首先要查询对应 ESCI_SR 寄存器中的 RAF 标志位。如果标志位被置 1，说明另一个发送器正在发送信息，必须等待 RAF 位被清 0。当检测到空闲状态时会自动清零该位，表示目前无信息在发送，其他发送器可使用 TXD 信号线。

13.6　多点传输模式

此模式允许发送设备直接传输至单个接收器，或者通过在信息前加地址帧的方式发送至一组接收器。这意味着所有连接到一起的串行接口都必须使用相同的传输协议。为了实现正确的多点传输，接收器必须通过在 ESCI_CR1 寄存器中设置接收唤醒位(RWU)来启用唤醒模式。当 RWU 位置 1 时，接收器中断和状态标志位被禁用以防止其向处理器产生中断请求。虽然可以通过软件将 RWU 标志位清 0，但在唤醒时间(接收下一条信息的第一个字符时)中 RWU 位可被硬件自动清 0。ESCI_CR1 寄存器中的 WAKE 控制位提供了两种唤醒方式供选择。这两种方式分别为空闲唤醒以及地址标记唤醒，如图 13.6 和图 13.7 所示。当 WAKE 位清 0 时为空闲唤醒方式，当置 1 时为地址标记唤醒方式。在空闲唤醒方式下，接收器忽略总线传输的内容，直到接收到一个或多个空闲字符，此时清除 RWU 位进入正常工作模式，等待第一个帧的到来，然后通过接收寄存器满标志位(RDRF)产生中断请求。当选择地址标记唤醒方式时(WAKE=1)，如果所传输数据的最高位置为 1，代表着接收的字符是包含有地址信息的地址帧。接收到地址帧时，这清除 RWU 位并唤醒所有的接收器。所有的接收器会检测地址帧内的地址信息，并和自身设备预置的特定地址进行比较，结果匹配的接收器将会继续接收后续帧。不匹配的接收器会将 RWU 位置 1 并返回备用态。当下一个地址帧出现在 RXD 信号线上时重复上述过程。

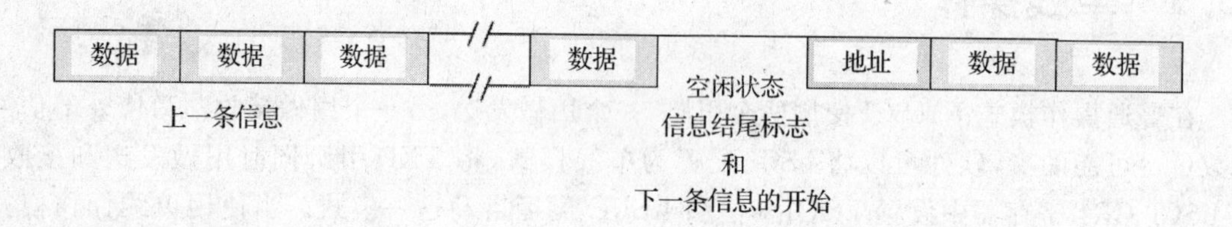

图 13.6　空闲唤醒方式

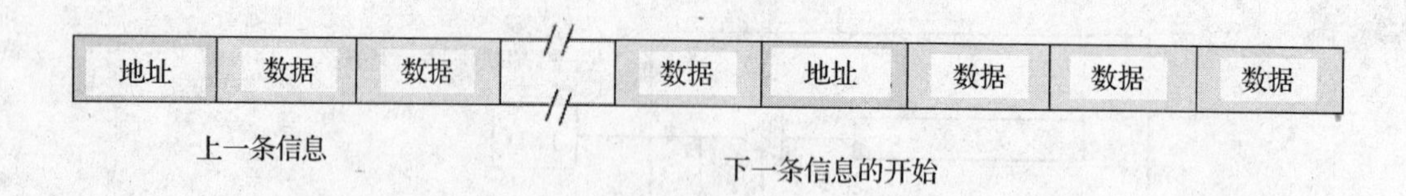

图 13.7　地址标记唤醒方式

地址标记唤醒方式允许连续的输出传输，不需要插入空闲时间；而空闲唤醒在数据帧之间则至少需要一个空闲字符。这两种唤醒方式可以用来提高 eSCI 的带宽，当传输的信息长度较短时使用地址标记唤醒，当信息较长时使用空闲信号线唤醒。

13.7　中　断

eSCI 可以产生多种中断请求，两种源于发送器，另外有 6 种源于接收器。发送器在其为空以及传输完成时产生中断。接收器产生中断的来源有：接收器满、空闲信号线检测以及检测到的错误状态。表 13.1 列出了可由 eSCI 模块发送至处理器的所有的中断请求。由于所有的中断请求共享一个中断向量，因此当发生中断时，软件应去读取 ESCI_SR 寄存器的值以确定中断源。

表 13.1　eSCI 中断产生

中断源	标志位	状态标志寄存器	局部中断使能位	描　述
发送器	TDRE	ESCIx_SR[0]	TIE	表示一个字节由传输移位寄存器传输至 ESCIx_DR 中
发送器	TC	ESCIx_SR[1]	TCIE	表示一次传输完成
接收器	RDRF	ESCIx_SR[2]	RIE	表示 eSCI 数据寄存器中接收数据可用
接收器	IDLE	ESCIx_SR[3]	ILIE	表示接收器输入空闲
接收器	OR	ESCIx_SR[4]	ORIE	表示过运行情况发生
接收器	NF	ESCIx_SR[5]	NFIE	在接收器输入端检测到噪声错误
接收器	FE	ESCIx_SR[6]	FEIE	帧错误发生
接收器	PF	ESCIx_SR[7]	PFIE	接收数据的奇偶校验码不匹配，奇偶校验出错

如果 eDMA 被使能并允许其与发送器和接收器传输数据，TDRE 和 RDRF 标志位在 eDMA 读写对应的 ESCI_DR 寄存器时被自动清 0。

13.8　eSCI 接收与发送配置

1. 初始化过程

依下列步骤进行 eSCI 收发使能：

① 初始化合适的 PCRs 并将 eSCI 信号接至外部引脚。

② 清除 ESCIx_CR2[MDIS]以开启 eSCI 模块。

③ 使用式(13-1)选择需要的波特率：

$$\text{eSCI 波特率} = \text{eSCI 系统时钟} / (16 \times \text{SBR}) \tag{13-1}$$

例如，在系统时钟为 128MHz 的条件下选择 9600 的波特率，SBR 值应为 833。

④ 在 eSCI 控制寄存器 1(ESCIx_CR1)中写入 SBR 值以启用波特率发生器。在同一个写周期时还可以同时选择下列配置：

- 通过 *M* 位设置字符长度为 8 位或 9 位。
- 通过 LOOPS 位和 RSRC 位选择普通操作模式或单线操作模式。
- 如有需要，设置 PE 位使能奇偶校验位，设置 PT 位选择是奇校验或偶检验。
- 设置 ILT 位选择普通或短空闲信号线检测
- 如有需要，设置 RWU 位选择唤醒方式将接收器置于备用态。WAKE 位选择空闲唤醒或是地址标记唤醒。
- 根据应用使能发送器和接收器的中断。中断使能位 TIE、TCIE、RIE、ILIE 等。
- 最后，设置发送使能位(TE)和接收使能位(RE)启用发送器和接收器。

此时发送移位寄存器将开始发送空闲态电平或空闲字符。

注意：由于 TDRE 和 TC 标志位的默认值会指示发送器为空，因此发送器被使能后立刻会产生中断或 DMA 请求。

2. 单字节发送的中断服务子程序

① 读取 ESCI_SR 寄存器确定是接收器或发送器在请求。

② 如果 TDRE 标志位为 1,写入逻辑 1 来对其清 0,然后将下一个发送字符写入 ESCIx_DR 寄存器中,如果 eSCI 为 9 位数据格式,将第九位写入 ESCIx_DR 寄存器的 T8 位。

③ 重复步骤 1 和 2 来发送每一字节。

当最后一个字节写入 ESCI_DR 寄存器,同时所有的数据位都移出串行移位寄存器时,TDRE 和 TC 标志位将置 1。对其写入逻辑 1 将清除这些标志位。

如果没有其他信息需要发送,将发送使能标志位(TE)清 0 以禁用发送器。

3. 单字节接收的中断服务子程序

① 读取 ESCI_SR 寄存器确定是接收器或发送器在请求。

② 当 RDRF 标志位被置 1 时,如果有需要,检查与接收字符相关的错误标志位。

③ 对 RDRF 标志位写入逻辑 1 进行清 0,如有需要,清除所有相关的错误标志位。

④ 如果没有错误标志位置 1,读取 ESCI_DR 寄存器。

⑤ 将接收字符存储至存储器中。

13.9　LIN 介绍

前面已经提到过,eSCI 提供本地内联网(LIN)总线的功能。LIN 总线协议是 SCI 协议的加强版,通过 eSCI 加上一系列的硬件模块构成。该总线为单线低成本异步串行总线协议,需要的物理接口和外部连接如图 13.8 所示。LIN 接口是基于普通 UART 格式的简单主从协议,并且使用 DMA 数据传输以减少软件开销。

使用 LIN 总线的典型应用如下:车门控制(车窗升降、车门锁、后视镜),方向盘和操纵杆,车座控制及加热,天窗(光/雨感应,使用偏好)控制,控制屏,发动机及天气控制传感器,雨刷电动机,无线控制射频接收,以及智能交流发电机。LIN 总线用于分布式的带有局部智能的电子器件。各节点有能力检测自身失效并将出现的错误发送到中央数据存储器。

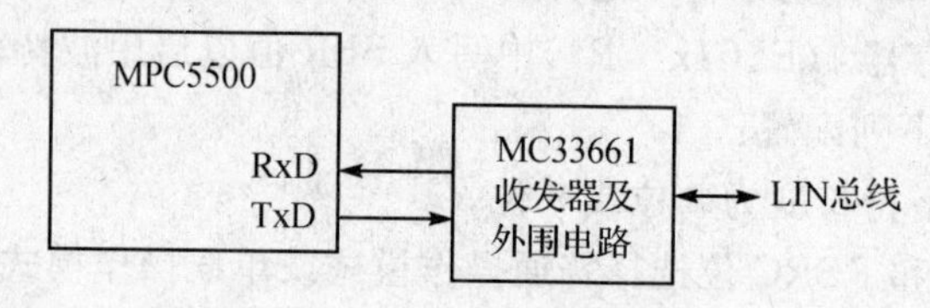

图 13.8　LIN 总线的物理接口

LIN 总线通信协议与基于信息地址符的 CAN 总线协议类似。通信时并不需要专门指定的一个接收器,接收设备都对总线通信进行监听,通过识别标识符来接收信息。这意味着一条信息可能会有多个目的地。主机发送出的信息头由一个同步终止符(这是唯一的帧起始标记)、一个包含有时钟信息和标识符的同步字段组成,标识用于说明信息含义。

通过识别信息标识符,网络上的节点会精确地知道怎样处理信息,一个接收节点会发送应答反馈信息,其他的节点则接收或忽略该信息。除非主节点有相关命令,否则从节点是无法发起信息传输的。

虽然MPC5500可以操作更高速率的物理总线，但LIN总线网络的通信速率相对较低，最大速率大约20 kb/s。

LIN总线信息的收发使用检验和来保证其准确。在MPC5500的LIN总线中，有两个附加的CRC检验字节来保证数据有更高的完整性。发送器硬件产生校验及CRC码，接收器硬件对其进行校验，如有错误会报告给处理器。应用软件还可以让LIN总线硬件再追加两个CRC检验字节。这两个追加字节不属于LIN总线标准，但可以成为应用层的一部分，作为LIN协议的数据字节进行处理。这在发送较长数据帧时非常有用。

信息协议

信息协议有3种典型的基本类型：

① 主机发送信息至从机。

② 主机请求从机发送信息。

③ 主机发送命令至一个从机，令其向另一个从机发送信息。

主机享有LIN总线的全部控制权，它通过控制信息头来控制总线的信息收发，并最终控制所有从机的总线活动。

注意：MPC5500系列器件只能配置为LIN总线主机。

为初始化传输过程，软件将eSCI配置为LIN模式。下面的例子将LIN总线配置为双线操作模式，并初始化与eDMA控制器的操作。LIN总线物理接口也可以选择单线模式。如果不需要DMA操作，LIN总线信息将通过软件来发送。

下面是通过软件设置为LIN总线主机并发送数据的步骤：

① 初始化合适的PCRs并将eSCI信号接至外部引脚。

② 清除ESCIx_CR2[MDIS]以开启模块。

③ 写寄存器ESCI_CR1以设定需要的波特率并使能发送器和接收器的操作。

④ 初始化TXDMA和RXDMA传输控制描述符(TCDs)并使能与eSCI模块对应的eDMA通道。TCD SADDR参数应指向RAM数据队列，DADDR参数应指向LIN传输寄存器(ESCI_LTR)，如图13.9所示。eDMA通道分配选择请参阅第11章中的相关内容。

⑤ 写ESCI_CR2寄存器以选择如下参数：

- 通过设置BSTP位在发生位错误或物理总线错误时抑制DMA发送请求。
- 通过设置IEBERR使能位错误中断。
- 通过设置RXDMA和TXDMA使能DMA收发操作。
- 通过设置BRK13位选择13位中断字符。

部分设置可根据实际应用选择

⑥ 在LIN控制寄存器(ESCI_LCR)中的对应字段中选择如下参数：

- 唤醒分隔符。
- 产生双停止标志位和奇偶校验位。
- 通过设置LIN模式位使能LIN总线硬件。
- 使能所需要的LIN总线中断，如LIN收发完成，帧传输完成以及其他错误中断。

正如前面所提到，标识符(ID)是用来指明信息的目的地以及含义的。同步终止符、同步头和ID统称为信息头。LIN总线主机发送信息头时不关心信息传输的方向和目的地。为遵守LIN 1.X规范，发送数据的字节数会在ID的第4和第5位中进行定义，如表13.2所列。

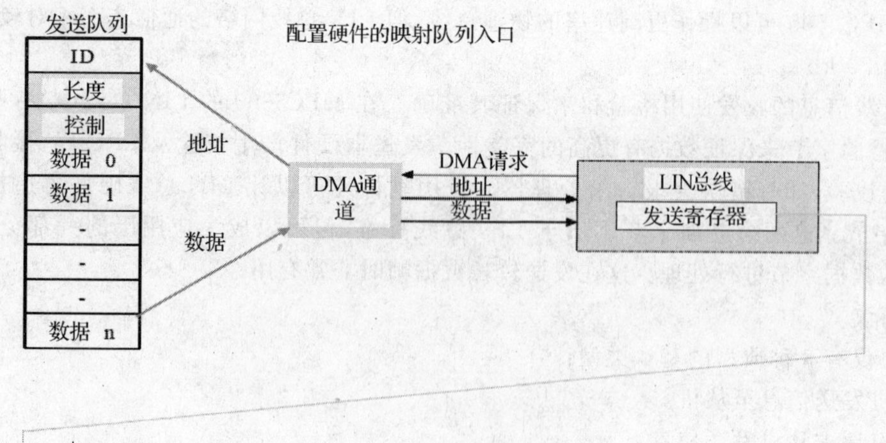

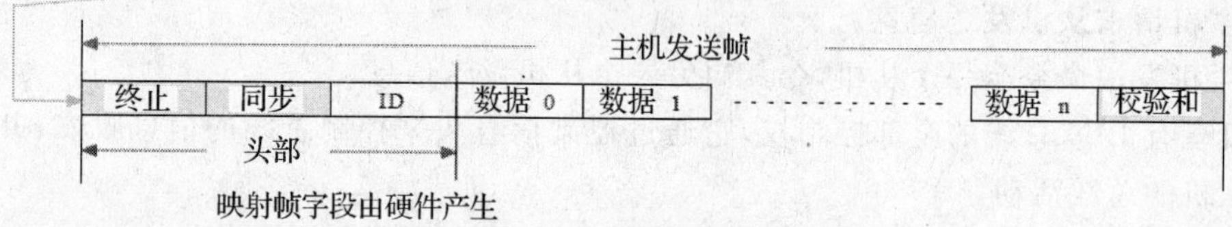

图 13.9 LIN总线信息发送队列

表 13.2 ID数据长度位解码,LIN版本1.X

ID[5:4]	数据长度
0 0	2
0 1	2
1 0	4
1 1	8

MPC5500中使用图13.9所示的数据长度值来定义发送的字节数。TX队列中的控制字符定义了帧的方向(发送或接收),校验和以及CRC校验的设置。有两个CRC校验字符是可选的,可能会以扩展帧的格式进行传输。CRC校验字符并不是LIN标准中的一部分,但可以成为应用层中的一部分并在LIN协议中当作数据字符进行处理。帧传输的最后一个字符是校验和字符,它是由发送器的硬件产生并由接收器的硬件进行检查。软件可以配置LIN的硬件当CRC校验或校验和出现错误时发送中断至主机。同样地,软件也可以配置eDMA通道或LIN硬件在整个帧发送完成时产生中断到处理器。在达到队列末端时通常会有DMA中断信号,同时LIN硬件通过将ESCI_SR寄存器中的FRC标志位置1来向处理器发送请求。软件应该在中断服务子程序中通过向FRC标志位写1来对其清0。

1. LIN接收序列

为从总线从机处接收信息,主机通过发送带有必须控制信息的信息头来启动接收过程。控制信息必须以与TX帧同样的方式写入ESCIx_LTR寄存器中。为了确保从机在预定时间内响应,主机会在信息头后立刻发送超时字段,如图13.10所示。超时时间是以单个位传输时间作为单位进行规定的。根据LIN标准1.3版本,这个值必须使用式(13-2)进行计算:

$$超时时间 = (10 \times NDATA + 44) \times 1.4 \tag{13-2}$$

式中,NDATA为发送信息中的字节数。

超时周期从主机发送LIN终止字符时开始计算。由于超时发送并不是用来进行数据传输的,所以计数器会被设定为0。

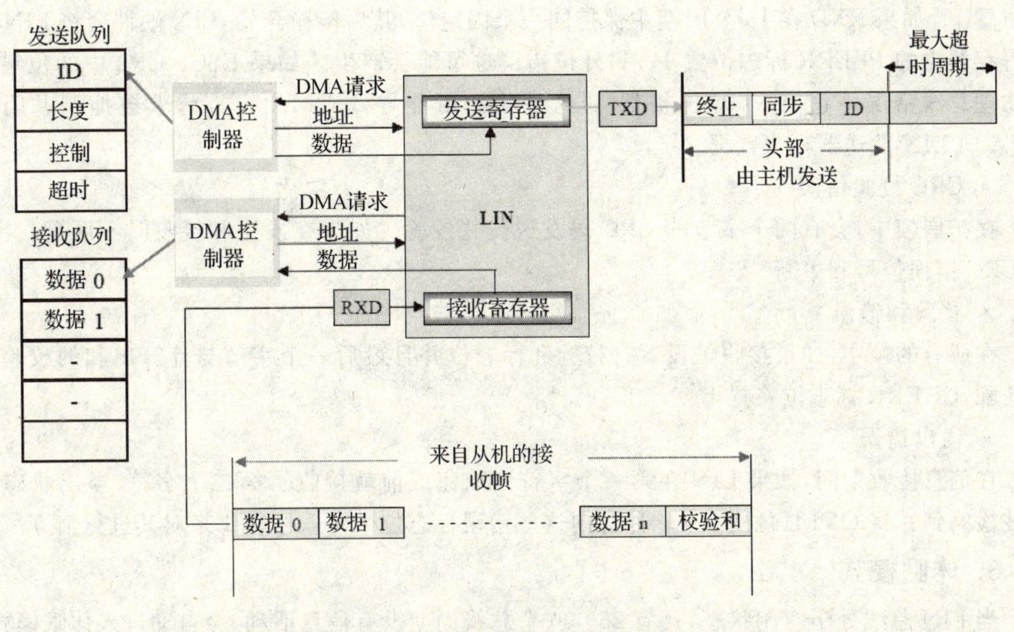

图 13.10　由从机处传输来的接收帧格式

当LIN从机接收信息头时,它会立刻将数据、CRC校验(如果有的话)与校验和一起发送出去。LIN主机检验由从机传输来的CRC和校验和字节。校验和字节通常不出现在ESCIx_LRR中,这部分工作是由LIN硬件来完成的,如果校验和的值不正确LIN硬件会产生中断。

在传输一个RX帧时可能会用到两路eDMA通道:一个负责将信息头/控制信息由存储器传输至ESCIx_LTE中,另一个负责把即将到来的数据字节由ESCx_LRR传输至存储器开辟出的缓存中。在RX帧中最后一个字节存储完成后,eDMA控制器将向处理器产生中断请求表示传输完成。

主机也会负责控制从机间的信息收发,允许从机间互相通信。

2. 错误信号

LIN硬件可以在信息收发的过程中检测多种错误状态。下面是对这些错误的简要总结:

• 位错误

LIN设备会接收发送来的每一个字节并与预期值相比较,如果不匹配,则向处理器发送位错误信号并且LIN接口会回到起始态。当LIN控制寄存器中的LIN在同步(LRES)控制位被置1,则位错误发生后以上操作自动执行。软件通过将LRES位置1和清0,可以强制返回起始态。

• 超时错误

在RX帧中LIN硬件可检测到从机的超时错误。精确的从机超时错误值可通过ESCIx_LTR中的超时位来进行设置。如果在寄存器中指定的时钟周期数内帧仍不完整,LIN设备将返回其起始态并会产生从机超时(STO)中断信号。

• 物理总线错误

如果LIN总线持续保持在同一个固定值时即发生物理总线错误。这种错误状态可能会产生多种错误标志。如果输出持续为低电平,eSCI会将eSCI状态寄存器中的帧错误(FE)标志位置1。如果RXD在15个周期中保持同一个固定值,其后传输开始,LIN硬件会将LIN状态寄存器中的PBERR标志位置1。另外位错误也可能会产生。如果ESCI_CR2中的位错误或物理总线错误停止(BSTP)位被置1,这种状态可能导致DMA_TX请求被抑制并阻止DMA向LIN发送器写入数据。

- CRC校验错误

在扩展帧中,会有两个字节的CRC码发送被并校验。如果在发送和接收时不匹配,会产生CRC错误信号和中断。

- 校验和错误

在所有的帧中,如果接收帧设置有校验和标志位并且最后一个字节与计算出和的校验和不匹配,CKERR标志位将置1。

- 溢出错误

在信息接收期间,如果LIN在第一个字符读取完成前就接收了第二个字符,溢出状态就会被检测到并将OVFL位置1。软件应向这些错误标志位中写入逻辑1来对其进行清0。

3. 休眠模式

当LIN总线处于空闲状态,且有25 000个总线周期没有信息活动,会自动进入休眠模式。如果LIN主机周期性地制造一些总线活动则可避免进入休眠模式。不然软件就需要使用定时器来检测超时状态。LIN主机和从机都可以通过发送中断信号来使总线退出休眠模式。

当LIN控制寄存器中的WU位被写入时,LIN硬件会产生一个中止符。在中断传输后并且在唤醒分隔符周期完成前,LIN硬件不会发送数据(不会置TXRDY标志位)。这个唤醒分隔符的周期可由LIN控制寄存器中的WUD位来进行设置,如表13.3所列。中断信号由LIN从机发送并由LIN硬件接收,通过在LIN状态寄存器中将WAKE标志位置1来表示。

表13.3 唤醒分隔符时间位编码

WUD[1:0]	唤醒位时间
0 0	4
0 1	8
1 0	32
1 1	64

4. 初始化eSCI与eDMA的队列缓存

例13.1和例13.2中的代码建立了两条eDMA通道,提供给一个eSCI模块(使用ESCI_A)的发送和接收队列。eSCI发送器使用eDMA的通道18,eSCI接收器使用eDMA的通道19。变量定义缓存TxBuffer[BUFSIZE]和RxBuffer[BUFSIZE]对易失性数据空间中的队列进行分配。例13.3中的代码定义了初始化例子中的常量并对eSCI与eDMA通道的操作进行初始化。例子中<Desired Baudrate>的值可由“配置eSCI发送与接收”小节的式(13-1)中得到。

例13.1 eSCI接收队列初始化

```
/* eDMA 通道 18 与 ESCI_A 发送器有硬件连接 */
vuint8_t TxBuffer[BUFSIZE] = "Hello World\r\n"
        EDMA.TCD[18].SADDR = (vuint32_t) TxBuffer; /* 源地址为发送缓存 */
        EDMA.TCD[18].SMOD = 0;                      /* 源地址模式 */
        EDMA.TCD[18].SSIZE = TCD_SSIZE_8BIT;        /* 源传输长度 */
        EDMA.TCD[18].DMOD = 0;                      /* 目标地址模式 */
        EDMA.TCD[18].DSIZE = TCD_DSIZE_8BIT;        /* 目标传输长度 */
```

```
    EDMA.TCD[18].SOFF = 1;                          /* 源偏移校正为1,并读取发送缓存的下一个
                                                       字节 */
    EDMA.TCD[18].NBYTES = 1;                        /* 内部"最小"字节计数 */
    EDMA.TCD[18].SLAST = -16;                       /* 将源地址校正至上一次主循环缓存的首部 */
    EDMA.TCD[18].DADDR = (vuint32_t) &ESCI_A.DR.R + 1;
  /* 目的地址为 SCI_A Data 寄存器。+1是将8位字节数据存储于16位数据寄存器的低8位 */
    EDMA.TCD[18].CITERE_LINK = 0;                   /* 在最小循环完成时禁用通道连接 */
    EDMA.TCD[18].CITER = BUFSIZE;                   /* 由 eDMA 控制器在每一次交互后更新现有
                                                       主交互计数器 */
    EDMA.TCD[18].DOFF = 0;                          /* 目的偏移校正为0,持续写入同一个寄存器 */
    EDMA.TCD[18].DLAST_SGA = 0;                     /* 在第一次主循环交互结束时进行校正 */
    EDMA.TCD[18].BITERE_LINK = 0;                   /* 在最小循环完成时禁用通道连接 */
    EDMA.TCD[18].BITER = BUFSIZE;                   /* 主交互的初始计数为发送 eDMA 的主循环
                                                       次数 */
    EDMA.TCD[18].BWC = TCD_BWC_NOSTALLS;            /* 为非 eDMA stalls 设置控制带宽 */
    EDMA.TCD[18].MAJORLINKCH = 0;                   /* 连接通道数,本例中未使用 */
    EDMA.TCD[18].DONE = 0;                          /* 通道完成标志,由 eDMA 控制器清0/置1 */
    EDMA.TCD[18].ACTIVE = 0;                        /* 通道激活标志,由 eDMA 控制器清0/置1 */
    EDMA.TCD[18].MAJORE_LINK = 0;                   /* 禁用通道之间的连接 */
    EDMA.TCD[18].E_SG = 0;                          /* 禁用分散/聚集描述符 */
    EDMA.TCD[18].D_REQ = 1;                         /* 任务完成后清除 DMA 请求 */
    EDMA.TCD[18].INT_HALF = 0;                      /* 在主循环完成一半时不产生中断 */
    EDMA.TCD[18].INT_MAJ = 0;                       /* 在主循环完成时不产生中断 */
    EDMA.TCD[18].START = 0;                         /* 通道启动 */
/* 开始由队列向 ESCI_A 传输寄存器发送数据 */
    EDMA.ERQRL.B.ERQ18 = 1;
```

例13.2 eSCI发送队列初始化

```
/* eDMA 通道19与 ESCI_A 接收器硬件相连接 */
vuint8_t RxBuffer[BUFSIZE];
    EDMA.TCD[19].SADDR = (vuint32_t) &ESCI_A.DR.R + 1;
    /* 源地址为 SCI_A Data 寄存器。+1是将8位字节数据存储于16位数据寄存器的低8位 */
    EDMA.TCD[19].SMOD = 0;                          /* 源地址模式 */
    EDMA.TCD[19].SSIZE = TCD_SSIZE_8BIT;            /* 源传输长度 */
    EDMA.TCD[19].DMOD = 0;                          /* 目标地址模式 */
    EDMA.TCD[19].DSIZE = TCD_DSIZE_8BIT;            /* 目标传输长度 */
    EDMA.TCD[19].SOFF = 0;                          /* 源偏移校正为0,持续读取同一个寄存器 */
    EDMA.TCD[19].NBYTES = 1;                        /* 内部"最小"字节计数 */
    EDMA.TCD[19].SLAST = 0;                         /* 源地址校正值为0,至上一次主循环缓存的
                                                       尾部 */
    EDMA.TCD[19].DADDR = (vuint32_t) RxBuffer;      /* 目标地址为接收缓存 */
    EDMA.TCD[19].CITERE_LINK = 0;                   /* 在最小循环完成时禁用通道连接 */
    EDMA.TCD[19].CITER = BUFSIZE;                   /* 由 eDMA 控制器在每一次交互后更新现有主
                                                       交互计数器 */
    EDMA.TCD[19].DOFF = 1;                          /* 在每一次写入操作后移动至接收缓存的下
```

```
                                                        一个地址处 */
    EDMA.TCD[19].DLAST_SGA = 0;                       /* 主循环交互结束时进行校正 */
    EDMA.TCD[19].BITERE_LINK = 0;                     /* 在最小循环完成时禁用通道连接 */
    EDMA.TCD[19].BITER = BUFSIZE;                     /* 在主交互计数起始处,要能容纳接收缓存中
                                                        的内容 */
    EDMA.TCD[19].BWC = TCD_BWC_NOSTALLS;              /* 为非 eDMA stalls 设置控制带宽 */
    EDMA.TCD[19].MAJORLINKCH = 0;                     /* 连接通道数,本例中未使用 */
    EDMA.TCD[19].DONE = 0;                            /* 通道完成标志,由 eDMA 控制器清 0/置 1 */
    EDMA.TCD[19].ACTIVE = 0;                          /* 通道激活标志,由 eDMA 控制器清 0/置 1 */
    EDMA.TCD[19].MAJORE_LINK = 0;                     /* 禁用通道之间的连接 */
    EDMA.TCD[19].E_SG = 0;                            /* 禁用分散/聚集描述符 */
    EDMA.TCD[19].D_REQ = 0;                           /* 任务完成后清除 DMA 请求 */
    EDMA.TCD[19].INT_HALF = 0;                        /* 在主循环完成一半时不产生中断 */
    EDMA.TCD[19].INT_MAJ = 0;                         /* 在主循环完成时不产生中断 */
    EDMA.TCD[19].START = 0;                           /* 通道启动,使能接收队列 */
    EDMA.ERQRL.B.ERQ19 = 1;
```


例 13.3　常量定义及 eSCI 初始化

```
/* 本例中的代码变量定义 */
#define BUFSIZE 13
#define ENABLE_TX_DMA 0x0400                          /* SCIn_CR2 的第 5 位, 1 表示使能 */
#define ENABLE_RX_DMA 0x0800                          /* SCIn_CR2 的第 4 位, 1 表示使能 */
#define ENABLE_SCI 0x7fff                             /* SCIn_CR2 (MDIS) 的第 1 位, 0 表示使能 */
#define ENABLE_BSTP 0x2000                            /* SCIn_CR2 的第 2 位, 1 表示使能 */
/* 传输控制描述符定义 */
#define TCD_SSIZE_8BIT 0x0
#define TCD_SSIZE_16BIT 0x1
#define TCD_SSIZE_32BIT 0x2
#define TCD_SSIZE_64BIT 0x3
#define TCD_SSIZE_32BYTE_BURST 0x5
#define TCD_DSIZE_8BIT 0x0
#define TCD_DSIZE_16BIT 0x1
#define TCD_DSIZE_32BIT 0x2
#define TCD_DSIZE_64BIT 0x3
#define TCD_DSIZE_32BYTE_BURST 0x5
#define TCD_BWC_NOSTALLS 0x0
#define TCD_BWC_STALL4CYCLES 0x2
#define TCD_BWC_STALL8CYCLES 0x3
/* ESCI_A 初始化 */
    ESCI_A.CR2.R &= ENABLE_SCI;                       /* 清除 MDIS 位 */
    ESCI_A.CR2.R |= (ENABLE_BSTP | ENABLE_TX_DMA | ENABLE_RX_DMA );
                                                      /* 使能 BSTP, RXDMA 和 TXDMA */
/* 设置 CR1 的波特率; 使能收发功能 */
    ESCI_A.CR1.B.TE = 1;
    ESCI_A.CR1.B.RE = 1;
    ESCI_A.CR1.B.SBR = <Desired Baudrate>;
```

第14章 局域网控制总线(FlexCAN)

14.1 局域网控制总线介绍

局域网控制总线(CAN)是一种串行通信协议,用于对数据完整性要求很高的汽车及工业应用中,例如载重卡车、工业控制以及汽车电子。CAN 总线是一种多主机协议,使用非破坏性冲突解决方案保证高优先级的信息可以首先在总线上传输。CAN 总线支持的最高速率为1 Mb/s。

MPC5554 有 3 个 FlexCAN 模块(MPC5553 上只有两个),支持 CAN 总线规范 2.0A 和 2.0B。每一个模块都有 64 路信息缓存以及 3 个信息过滤模板。

CAN 总线协议具有错误检测与错误通报的特点,并能对受损信息进行重发处理。CAN 总线可以将偶发性错误与节点的永久错误区分开,并阻止错误节点导致的网络通信受阻。本章中首先会介绍 CAN 总线协议,然后介绍 FlexCAN 架构的特点。

层级架构

CAN 规范的建立是为了使得任何按照 ISO/OSI 参考模型所设计的 CAN 模块都能兼容。具体的 CAN 设计的架构可能存在差别,但总线通信协议必须符合 CAN 规范以保持兼容。CAN 规范 ISO 参考模型定义了一个数据链路层和一个物理层。数据链路层由两个子层组成:

- 逻辑连接控制子层(LLC),用来处理信息过滤、过载通知以及恢复管理。
- 进入媒介控制子层(MAC),用于呼应信息帧、仲裁、错误检测确认及通信。MAC 子层提供自检机制,称为错误限制,可以将偶发性错误和永久性错误区分开。

CAN 规范并没有定义物理层也没有指定收发器,它允许用户根据应用需求定义自己的物理层。可用的物理媒质包括有双绞线(带屏蔽或不带屏蔽)、单根通信线、光纤或是与供电耦合的变压器。物理层处理信号传输、位时序、位解码与同步问题。典型的 CAN 总线传输速率由 5 kb/s～1 Mb/s。低速传输速率允许通信距离长达 1 km,高速传输速率则用于 40 m 以下的通信距离。大多数应用中使用 NRZ 位格式和双绞线进行传输。

14.2 CAN 信息协议

CAN 总线协议支持多种信息帧的传输,其中收发的数据帧占多数。多个 CAN 节点可以使用同一个总线连接并共享带宽。在本节中,假设使用标准(2.0A)或扩展(2.0B)ID 帧格式。

1. 数据帧

图 14.1 中的数据帧由 7 个字段组成。数据帧总是由起始帧信号(SOF)开始。所有的CAN 传输节点使用 SOF 标志启动它们的发送序列。由于 CAN 是一个多主机总线,所有的发送节点都会与起始帧信号同步并同时开始发送信息。在 SOF 标志位后,CAN 发送节点开始总线仲裁。总线仲裁在信息 ID 传输时间内完成。注意到图 14.1 中是由 29 位组成的扩展格式的 ID。标准 ID 则是 11 位。拥有最高优先级(最小的 ID 编号)的节点赢得仲裁。所有其他试图使用总线的节点被迫放弃并自动变为接收器。发送节点每发送一位,都要对总线状态进行反馈检查,以确定是否有效控制总线。这意味着每个节点都必须使用 CAN 接收器来进行仲裁操作。当一个节点向总线发出一个隐性电平位,并反馈发现总线为显性电平位时,该节点失去仲裁。在 CAN 的术语中,隐性位为逻辑 1,显性位为逻辑 0。

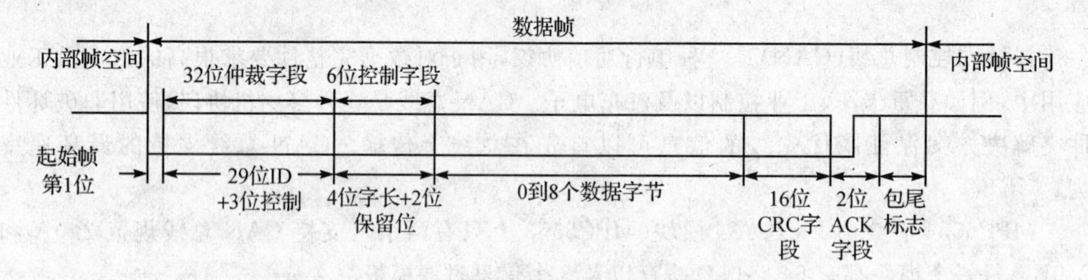

图 14.1　数据帧扩展 ID 格式

当仲裁过程完成,取得总线使用权的节点开始发送信息帧。

为了确保数据的完整性,CAN 模块硬件在信息发送中计算循环冗余校验码(CRC),并由接收节点进行校验。CRC 码是 15 位的字段,其后有一个隐性分隔符。

数据帧的最后一个字段是两位确认字段 ACK,表明信息接收成功,无错误发生。接收器反馈确认字段,由一个显性位和一个隐性位组成。如果发送器没有检测到 ACK,会重新发送数据帧。

2. 远程帧

远程帧与数据帧类似,它与数据帧的区别在于远程传输请求(RTR)位,其优先级也低于数据帧。远程帧用于请求其他节点发送数据帧。当 FlexCAN 接收到远程帧时,帧内的 ID 信息会与所有 ID 中带有 1010 字段的发送信息缓存进行比较。如果有匹配,则对应的缓存中的信息将发送出去。1010 字段表明该数据帧只是作为远程帧的响应。接收节点并不保存远程帧,只用于触发请求数据的传输。

如果具有相同信息 ID 的数据帧和远程帧同时进行初始化,数据帧会有优先权。远程帧特有的 RTR 位在总线仲裁期间被使用。由于 RTR 位在数据帧为显性位,而在远程帧为隐性位,因此在 RTR 位传输期间发送远程帧的节点将会失去仲裁。

3. 过载帧

当接收节点需要花费一些时间来处理接收到的数据帧或远程帧时,将会发送过载帧。CRC 分隔符、ACK 分隔符、帧结束与间断字段都有固定的位形式,CAN 节点会按照这个固定形式来检查总线信息。不符合这个固定形式的数据将被发送节点认定为过载帧。过载帧由两个字段组成:6 个显性位构成的过载标志和 8 个隐性位的分隔符。关于细节请参阅 Bosch

Controller Area Network document，版本 2.0。

4. 错误检测

为了保证数据的高度完整，CAN 总线提供错误通报和节点自检。一旦某个节点赢得仲裁，其他所有的节点都会变为接收器并监听发送来的帧。这样就保证了只有完全正确的帧才能得到处理，其他的各种情况都会通报出一个错误。错误通报和恢复是 CAN 总线非常重要的特性，因为在任一节点检测到任何错误时，它都会向总线报告。为与 CAN 协议兼容，总线必须可以识别 5 种全局错误。他们分别是：

- 位错误：每一个发送位都被总线上的节点监视。如果被监视位与发送位极性相反，CAN 总线会将其解释为位错误。但在 ID 传输期间，即使出现位极性相反的情况也不会发送位错误信号，这只会表明该节点已经失去仲裁并且必须取消传输过程。
- 填充错误：为了确保在传输过程中有足够数量的跳变信号，发送器通常会在连续发送超过 5 个相同位时插入一个极性相反的位，用来同步收发器。接收器会检查并去除该填充位。但如果接收器没有检测到填充位，错误信号就会发送到 CAN 总线上。
- 循环冗余校验(CRC)：在有噪声的长距离串行数据发送时，有时会带来数据的丢失。为了确保能检测到数据丢失，发送器和接收器会对传输帧进行 CRC 校验。接收器从接收到的帧中计算 CRC 校验码，并将结果与接收到的 CRC 码进行比较。如果不相同，则会由一个或多个接收节点通过发送错误帧来向总线报告 CRC 错误。错误帧的信号会导致发送器立刻取消信息的传输。CAN 总线的该错误是可恢复的，并当做偶发性错误。
- 格式错误：该错误出现在固定格式的位字段中出现一个或多个不合规定的数据位时。CRC 分隔符、ACK 分隔符、帧结束与间断字段都有固定形式的位，必须被 CAN 总线按预先设定来接收。否则会产生格式错误通报，并被发送器解释为过载帧。
- ACK 错误：每一次帧发送完成都必须有 ACK 反馈至发送器中，表明信息接收成功。ACK 错误是一个由一个显性位和一个隐性位组成的两位字段。如果发送器没有接收到 ACK 标志位，会将错误标志告知总线。

除了总线上错误帧带来的错误信号，每一个 CAN 节点也可以通过设置错误标志位，来向处理器申请中断请求。FlexCAN 模块通过在错误状态寄存器(ESR)中设置对应的错误标志位来报告错误情况。

5. 错误信号

如果在信息收发的过程中出现了以上 5 种错误的任意一种，就会产生错误标志信号。对于位错误、填充错误、格式错误和 ACK 错误来说，错误标志信号会在下一位数据传输的时候产生；对于 CRC 错误，错误标志信号在 ACK 数据传输后产生。错误标志信号会使发送器立刻取消信息传输。这里有两种模式的错误标志：主动和被动。

6. 错误主动和错误被动节点

错误主动节点发送由连续 6 个显性位组成的错误标志来告知错误状态。从帧头到帧尾的所有字段中均使用填充位。在总线上出现连续 6 个显性位会破坏位填充的规则，可能导致其他节点做出同样的反应。错误主动标志位的长度最小为 6 位，最大为 12 位，如图 14.2 所示。

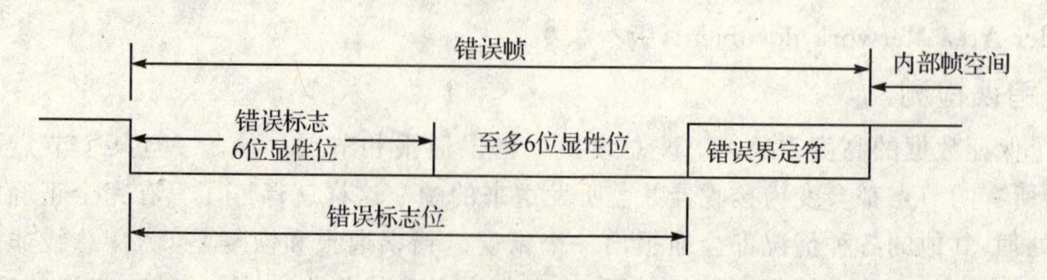

图 14.2 错误主动帧

错误被动节点在检测到错误后会试图发送由连续6个隐性位组成的错误被动标志。在此之前，错误被动节点会等待至少3个或更多的连接隐性位，如图14.3所示。

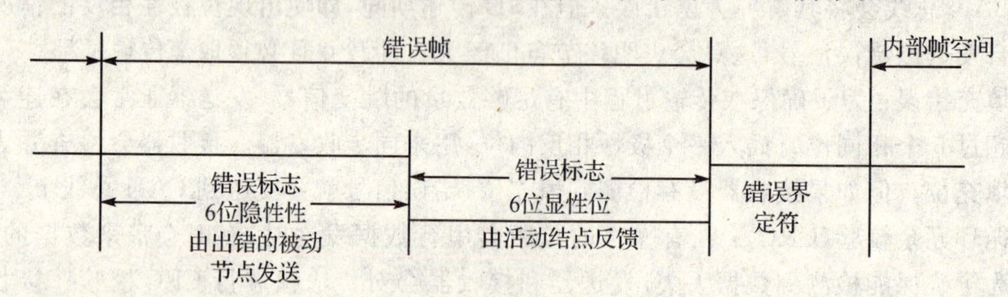

图 14.3 错误被动帧

7. 故障限制

CAN总线规范保证了信息会被所有的节点接收或拒绝，以确保只有完全正确的信息才会被处理。错误信息出现后会有错误标志使发送节点立刻取消传输。取消的信息会在最多29个位时间后由CAN总线自动重发。

为了避免网络长时间的中断，永久故障的节点将不再被允许参与传输过程。

出现故障后网络节点可以是以下三种可能状态中的一种：错误主动、错误被动或是总线关闭状态。为使CAN硬件可以在三种状态中区分，每一个节点都有8位接收错误计数器和8位发送错误计数器。这两个8位的错误计数器的增减取决于信息接收的成功与否。错误计数器是只读的，可以在错误计数寄存器(ECR)中进行读取。错误主动节点状态由接收和发送错误计数器的值来表明。当两个计数器的值为0～127时，节点处于错误主动态。在这种状态下，节点会在错误帧期间发送错误主动标志。如果某一个计数器的值超过127，节点会变为错误被动态。在这种状态下，节点会在错误帧期间发送错误被动标志。错误主动与错误被动帧格式如图14.2和图14.3所示。在检测到5个全局错误中的一个时，错误计数器会增加1或8个计数值，成功的信息传输会使错误计数器减1。

当任一计数器的值达到255时进入总线关闭状态。在这种状态下，节点关闭输出驱动并不在网络中作为发送器，但其仍然会继续监听总线。如果控制寄存器(CTRL)中的总线关闭恢复(BOFF_REC)位被取消置位，根据CAN规范2.0B将自动从总线关闭状态中恢复。自动恢复的节点将在检测到128次连续11个隐性位时返回错误主动状态。

错误状态和节点状态的改变会反应在FlexCAN错误寄存器(ESR)中，并可能以中断请求的方式通知内核。节点状态改变和错误状态通报可以通过设置FlexCAN CTRL寄存器中的相应中断位来进行使能。

14.3　FlexCAN 构架

FlexCAN 模块基于局域网控制总线构架，每一个模块中都包含有 64 个 16 字节的信息缓存。信息缓存中的内容可由两条独立的串行信息缓存被送出或由 CAN 总线取走，如图 14.4 所示。

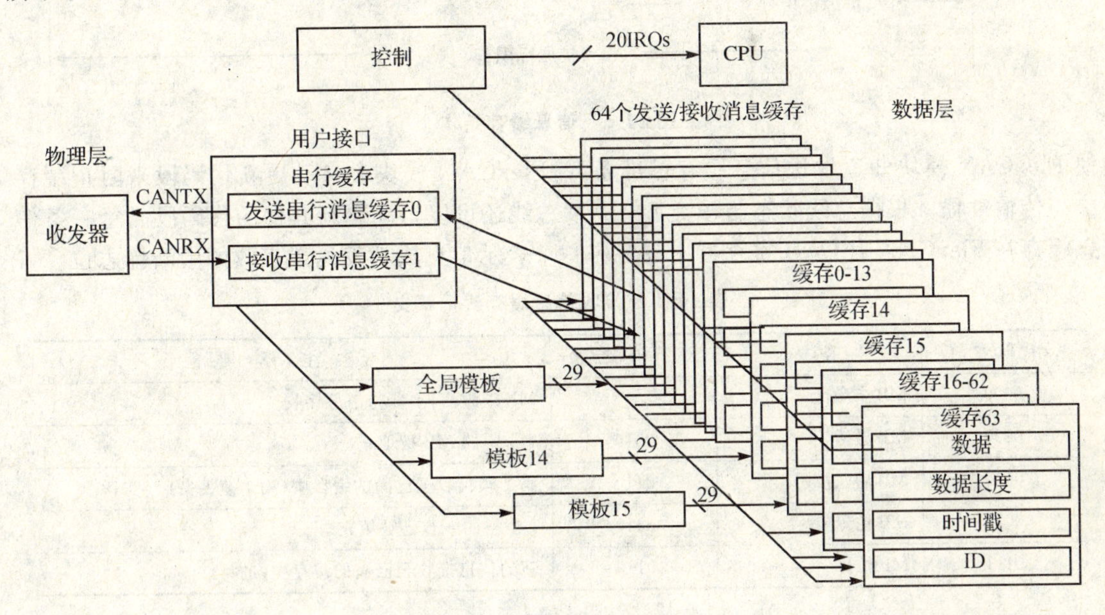

图 14.4　FlexCAN 模块图

在接收器一端，CAN 信息被收集至串行 Rx 信息缓存中，当整体信息接收都没有错误时，信息 ID 会与所有接收信息缓存中的 ID 进行比较，信息也会被放置在 ID 匹配的接收缓存中。

在发送器一端，信息从选中的缓存中传输至 Tx 串行信息移位缓存中，并准备传输。

当信息发送或接收成功时，FlexCAN 模块通过中断请求（如果中断被使能）通知内核。FlexCAN 模块只提供通信数据层的逻辑，需要通过外部收发器连接到物理层。收发器可以提供驱动 CAN 所需要的大电流，通常还有过载保护。

14.4　信息缓存结构

信息缓存用来存储要发送的信息帧或存储由 CAN 总线上接收到的信息。每一个信息缓存(MB)都由 16 个字节组成，包含有控制信息和数据并可以指定为发送(Tx)缓存或是接收(Rx)缓存。将信息缓存设定为发送或接收可由向信息缓存中写入对应的代码段来决定。表 14.1 为接收代码定义，表 14.2 为发送代码定义。图 14.5 为带有 11 位标准 ID 或 29 位扩展 ID 的信息缓存。

信息缓存在复位后的默认状态是非激活态。为激活接收缓存，软件应向编码字段写入二进制字段 0100。当有信息填充至缓存时，FlexCAN 模块会自动将代码段更新为二进制 0100_2 来表明接收成功且缓存已满。对于发送信息缓存，软件应向编码字段写入二进制字段 1100，

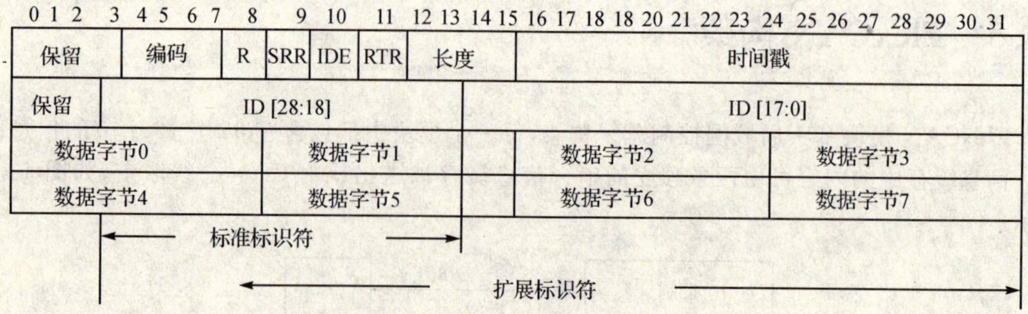

0 1 2	3 4 5 6 7	8	9	10	11	12 13 14 15	16 17 18 19 20 21 22 23 24 25 26 27 28 29 30 31
保留	编码	R	SRR	IDE	RTR	长度	时间戳
保留	ID [28:18]						ID [17:0]
数据字节0		数据字节1			数据字节2		数据字节3
数据字节4		数据字节5			数据字节6		数据字节7

← 标准标识符 →

← 扩展标识符 →

图 14.5 信息缓存结构

使 FlexCAN 模块知道发送信息缓存已准备好，FlexCAN 模块会自动更新代码段来阻止缓存参与传输过程。根据总线状态与帧类型，CAN 总线还可以自动更新其他的代码段。每一条信息缓存在 FlexCAN IFLAG 寄存器中都对应一个表示信息成功发送或接收的中断标志位。

表 14.1 接收信息缓存代码释义

Rx 代码(之前)	描述	Rx 代码(之后)	注　释
0000	MB 未激活	—	MB 未激活，不参与信息接收
0100	MB 激活	0010	1 个空的 MB 被填充
0010	MB 满(过载)	0110	第 2 帧接收至已满的缓存中(第 1 帧丢失)
0011	MB 忙碌	0010	1 个空的 MB 已被填充
0111	MB 忙碌	0110	新的信息接收至已满的缓存中(过载)

表 14.2 发送信息缓存代码释义

RTR	软件设置 Tx 代码(之前)	成功发送后 Tx 代码(CAN 更新)	描　述
x	1000	—	MB 尚未准备好发送
0	1100	1000	MB 已发送成功
1	1100	0100	远程帧将被发送并且 MB 变为 Rx
0	1100	1010	只有在接收到远程帧后 MB 才会发送
0	1110	1010	在得到远程帧响应后数据帧将被发送

替代远程请求(SRR)位只在扩展 ID 格式时使用，软件必须在 Tx 信息缓存中将其设置为 1。接收时 SRR 位会被存储至 Rx 信息缓存中。接收时其值为 0 代表仲裁丢失。

在发送信息之前，软件将 ID 写入发送信息缓存中来对发送信息的目的地、类型和优先级进行识别。当监听器接收到信息时，会将 ID 段与所有接收信息缓存的 ID 进行比较，ID 匹配的信息缓存会自动存储接收信息。CAN 总线协议支持两种帧格式，标准格式和扩展格式，通过扩展标识(IDE)位进行区分。标准格式是 11 位的 ID(IDE＝0)，对应字段为信息缓存的 ID[28:18]；扩展格式是 29 位的 ID(IDE＝1)，对应字段为信息缓存的 ID[28:0]。接收信息就是通过 ID 段来识别并过滤至合适的信息缓存中。

大多数 CAN 信息属于数据帧，其次是远程帧。总线协议通过信息缓存中的远程传输请求(RTR)位来区别这两种帧。该位置 1 表示当前信息缓存用远程帧替代数据帧。

远程帧中并不包含数据,而数据帧中则包含有 0～8 字节的数据。信息中的字节数在信息缓存中由一个 4 位的长度字段来决定。在发送器中,软件将长度字段写入信息缓存中指示发送信息的字节数。在接收器中,CAN 硬件写入长度字段表明接收到信息的字节数。长度字段通常设置为二进制的 0000 至 1000 之间的值来代表信息长度为 0～8 字节。超过 8 的值会被默认为 8 字节的长度。

CAN 节点间的信息同步对于 CAN 的发送与接收是非常重要的。FlexCAN 模块中集成有 16 位自由运行的计数器,可作为收发时间戳。在信息接收开始时,自由运行计数器的值会被暂存下来,如果该接收信息没有任何错误,该暂存值被写入到对应的接收缓存的时间戳字段。

在信息接收过程中,收到的信息 ID 会与若干预设的 ID 掩码进行比较,其结果决定信息的存储位置。对于目的地为接收信息缓存 0 到 13 和 16 到 63 的信息,FlexCAN 使用全局掩码寄存器。为保持与 MPC500 系列 TouCAN 的兼容,FlexCAN 默认仅使能 16 个信息缓存,其余 48 个缓存可以由软件控制来使能。接收信息缓存 14 和 15,使用两个单独的掩码寄存器。

14.5　FlexCAN 时钟源

FlexCAN 模块的时钟可由晶体振荡器或系统锁相环(PLL)时钟提供。图 14.6 为 MPC5500 的系统和 CAN 总线时钟选择。复位后对锁相环配置输入进行采样来决定 PLL 操作模式。关于 PLL 配置请参阅第 9 章的相关内容。

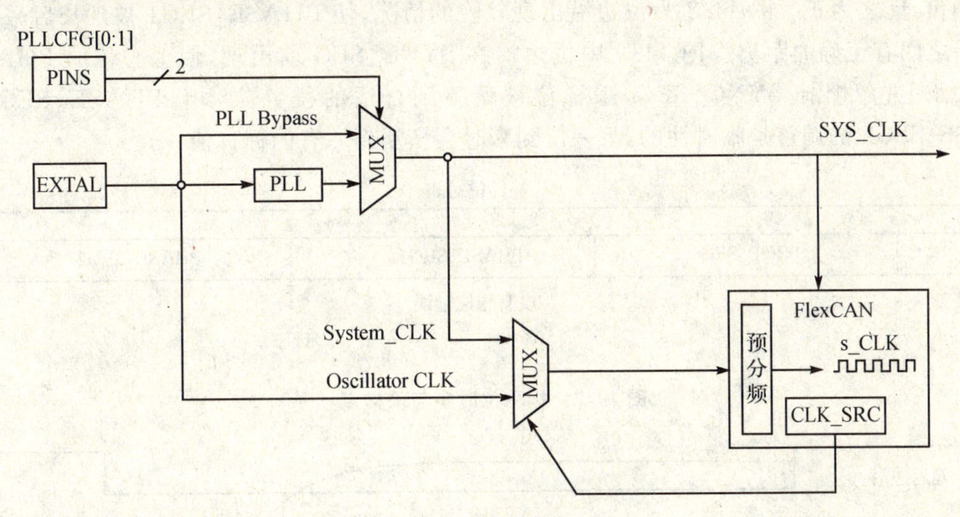

图 14.6　FlexCAN 时钟选择逻辑

FlexCAN 模块的时钟选择由 CTRL 寄存器中的时钟源(CLK_SRC)位所控制。使用晶体振荡器时钟可以消除任何由于 PLL 工作于频率调整模式而带来的时序误差。一旦时钟源选定,CAN 时钟将通过一个 8 位的预分频器产生串行总线的时钟,称为 s-clk。FlexCAN 预分频器可将选定的时钟分频由 1 到最大 256 的数值。

位时序

FlexCAN 模块提供了灵活的时钟设计来满足 CAN 总线要求的标称波特率。标称波特率定义为“不考虑再同步情况的理想发送器每秒传输的比特数”。换句话说，位时间(标称位时间)决定了传输波特率，如下：

$$标称位时间=1/标称波特率 \tag{14-1}$$

CAN 总线规范要求对总线负载和往返延迟进行补偿，尽可能减少对同步的要求。出于这个原因，标称位时间(NBT)由 4 个互不重叠的时间段组成。每一个时间段都以时间份额(tq)进行划分定义，一个 tq 相当于一个 s_clk，如图 14.6 所示。4 个时间段的简介在表 14.3 中解释。

表 14.3　标称位时间的时间段组成

时间段名称	时间段长度	功能描述
SYNC_SEG	恒为 1 tq	同步 CAN 总线上的所有节点。该段中会出现信号沿
PROP_SEG	可编程为 1～8 tq	对总线负载和往返延迟进行补偿
PHASE_SEG1	可编程为 1～8 tq	对振荡器漂移和收发节点间的正相位偏差进行补偿
PHASE_SEG2	可编程为 1～8 tq	对振荡器漂移和收发节点间的负相位偏差进行补偿

PHASE_SEG1 末端的采样点读取总线电平，如图 14.7 所示。由于总线负载、时钟振荡器漂移和往返延时等原因，采样点可能会发生偏移并得到错误结果。为了确保在正确的时间点进行采样，PHASE_SEG1 和 PHASE_SEG2 可以根据相位错误自动延长或缩短。如果输入边沿出现在 SYNC_SEG 时间段内，可认为是同步操作；如果出现在 SYNC_SEG 之前，则相位错误为负，反之为正。图 14.8 为位边沿出现较晚的情况，使 PHASE_SEG1 被延长后采样点与边沿之间有正确的距离。图 14.9 中位边沿在 SYNC_SEG 前出现，使上一位的 PHASE_SEG2 缩短并忽略掉 SYNC_SEG，采样位被调整到合适的位置。对于 PHASE_SEG1 和 PHASE_SEG2 的调整是临时性的，下一位到来时会恢复到原有的标称值。

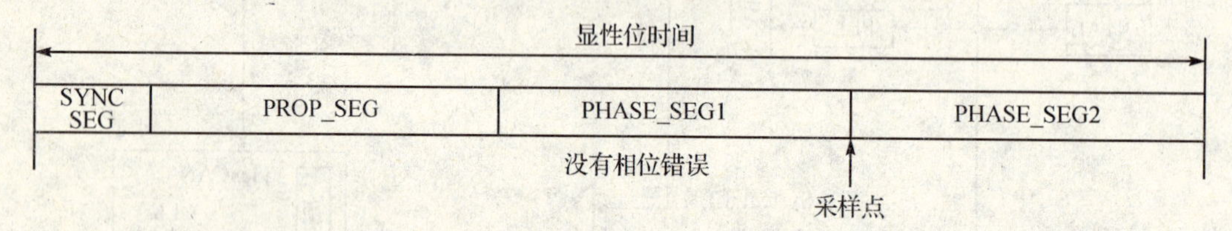

图 14.7　标称位时序与采样点

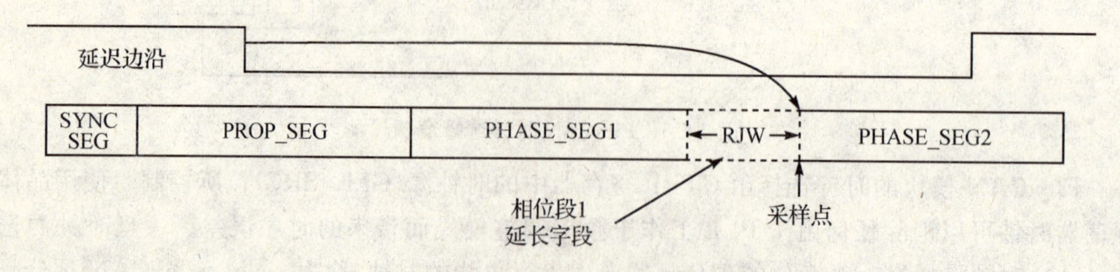

图 14.8　正相位偏差(相位段 1 延长)

PHASE_SEG1 延长和 PHASE_SEG2 的缩短数量由再同步偏移宽度(RJW)所决定，RJW 用来补偿收发节点间的相位差。PROG_SEG、PHASE_SEG1 和 PHASE_SEG2 的取值

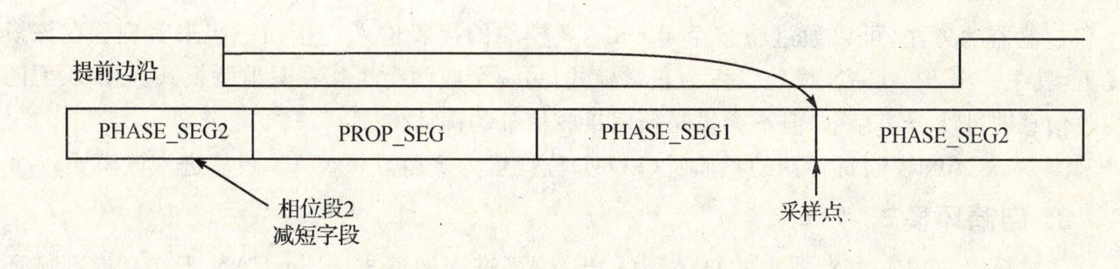

图 14.9　负相位偏差(相位段 2 缩短)

范围为 1～8 tq,而 RJW 的范围为 1～4 tq。软件可为 FlexCAN 控制寄存器(CTRL)中每一个时间段选择时间份额值。下面的公式可用来计算标称时间份额值:

$$\text{位时间}=\text{SYNC\_SEG}+\text{PROP\_SEG}+\text{PHASE\_SEG1}+\text{PHASE\_SEG2} \quad (14-2)$$

$$\text{采样点}=1+\text{PROP\_SEG}+\text{PHASE\_SEG1} \quad (14-3)$$

RJW 的取值通常小于或等于 PHAE_SEG2。

14.6　信息过滤

FlexCAN 包含三个掩码寄存器用做对接收信息的 ID 进行过滤,其中一个是全局性的,另两个是专用的。接收全局掩码寄存器(RXGMASK)应用于除接收信息缓存 14 和 15 外所有的信息缓存标识符。接收掩码(RX14MASK)和接收掩码(RX15MASK)寄存器只分别应用于接收信息缓冲 14 和 15。3 个掩码寄存器都为 32 位宽,可用于标准和扩展 ID 板式过滤。掩码寄存器中置 1 会强制检查对应位与正在接收信息的 ID 位是否匹配,置 0 则没有强制检查。

如果接收到的信息与不止一个接收信息缓冲的 ID 匹配,它将会被保存到编号最低的缓存中,并有可能覆盖掉原先的数据。为防止这种情况的发生,软件应在信息接收完成后立即读取接收缓冲代码段。读取接收缓冲的代码段将会锁定该缓存,以确保在软件将其解锁之前不再有其他信息写入。

软件通过读取另一个接收信息缓存代码段或读取自由运行计数器对接收信息缓存进行解锁。读取另一个信息缓存的代码段将会锁定该缓存,并将已锁定的其他信息缓存解锁;读取自由运行计数器会将所有锁定的缓存解锁。

14.7　CAN 模式

FlexCAN 模块有 4 种功能模式:普通模式、冻结模式、只监听模式和自循环模式,另有一种低功耗模式。

1. 普通模式

当所有 CAN 协议的功能都被使能后,该操作模式下 FlexCAN 模块可收发信息帧和错误帧。信息缓存和波特率初始化后,HALT 位必须清零才能进入该模式。

2. 只监听模式

在该模式中,FlexCAN 如同错误被动节点一样工作,并冻结其接收和发送错误计数器。由于 MPC5554 包含 3 路 FlexCAN 模块,监听模式提供在单一 CAN 总线上增加有效接收缓存和过滤器的方法,可以通过将多个 FlexCAN 模块的接收输入连接在一起来实现。在该模式下,其中一个 FlexCAN 模块设置为正常模式,另一个或两个工作在只监听模式。ID 匹配的接收信息被过滤至缓存中,但不会发送任何接收信息的确认位。

当 FlexCAN 控制寄存器的只监听(LOM)位设置为 1 后,FlexCAN 模块进入该模式。

3. 自循环模式

通过设置 CTRL 寄存器中的自循环(LPB)位可进入该模式。FlexCAN 工作在内部循环状态,可用于自检。发送器的输出在内部被反馈至接收器的输入。RxCAN 的外部输入引脚被忽略,TxCAN 的外部输出引脚恒为隐性状态(逻辑 1)。发送过程中 FlexCAN 的行为跟平常相同,并将其自己发出的信息当做外部远程节点发来的信息。当信息发送或接收完成时,FlexCAN 像普通模式一样会向内核产生中断。在自循环模式中,发送器的外部输出引脚可用做 GPIO 或其他可用的功能。

4. 冻结模式

当上电或系统复位后可进入冻结模式,允许应用软件来初始化 CAN 控制寄存器和信息缓存。为启动发送或接收程序,FlexCAN 模块配置寄存器中的 FRZ 和 HALT 位必须清零。本章结尾的例子中即为初始化步骤。

5. 禁止模式

将 MCR 寄存器中的模块禁止(MDIS)位设置为逻辑 1 可以进入低功耗模式。模块禁用后,将关闭 FlexCAN 的时钟和信息缓存管理。FlexCAN 控制寄存器在此模式下仍可通过软件访问通过该模式。

在 MPC5500 系列中,这是唯一可用的低功耗模式。

14.8　FlexCAN 发送程序

本节描述了信息收发所需要的步骤。步骤中假设 FlexCAN 控制寄存器已根据应用需要进行过初始化,并且引脚配置寄存器(PCR)也已将 FlexCAN 信息引出至外部引脚。

在发送信息时,软件应执行下列步骤:

① 更新控制/状态字段清空并停用发送缓存。

② 写入信息缓存 ID、SRR、IDE、RTR、长度和将要发送至发送缓存的数据。

③ 更新控制/状态字段以启用发送缓存并确认信息长度。至此信息缓存已准备好发送。

当信息缓存准备好发送时,FlexCAN 硬件将执行下列步骤:

① 取得总线仲裁权后发送信息。

② 信息缓存中的内容发送完成之后,将自由运行定时器的值写入时钟戳字段。

③ 代码段更新至非激活状态。

④ 在 IFLAG1 或 IFLAG2 寄存器中更新信息缓存的状态标志,具体使用哪一个寄存器由信息缓存的编号决定。

64 个信息缓存中每一个都可以向内核产生中断,FlexCAN 配置有两个 32 位寄存器向每一个缓存提供中断标志。这些标志在 IFLAG1 和 IFLAG2 寄存器中提供。

14.9　FlexCAN 接收程序

为启动接收程序,软件应执行下列步骤:

① 写入控制/状态字段停用接收缓存。

② 写信息缓存 ID。

③ 更新信息缓存代码段以启用接收缓存,接收信息缓存可以接收 ID 匹配的信息。

FlexCAN 执行下列步骤接收信息:

① 将接收信息由串行信息缓存发送至匹配 ID 值最小的接收缓存中。

② 在自由运行定时器、代码段和数据长度中更新时间戳字段。

③ 在 IFLAG1 和 IFLAG2 寄存器中设计状态标志。

如果信息缓存中的中断被使能,中断管理可以执行下列步骤来接收数据:

① 读取代码段以锁定接收信息缓存。

② 读取信息长度字段以确定接收字节数。

③ 由信息缓存中读取信息并存入存储器中。

④ 读取自由运行计数器或另一个信息缓存,以解锁该信息缓存。

⑤ 更新代码段以启用缓存接收下一条信息。

⑥ 退出服务子程序前清除信息缓存中断请求。

例 14.1 的程序代码使用 C 语言将 FlexCAN 模块配置为内部循环模式,信息缓存 0 用来发送,信息缓存 1 用来接收。

例 14.1　配置 FlexCAN 为内循环模式的 C 代码

```
/* 本例程将 FlexCAN_A 配置为收发循环模式 */
/* 发送信息存储至信息缓存 0 中 */
/* 接收信息存储至信息缓存 1 中 */
#include "flexcan_init.h"
#include "mpc5554vg.h"
#include "typedefs.h"
/* FlexCAN 初始化函数 */
uint8_t flexcan_init(void)
{
    uint8_t init_status = 0;
    init_status += FlexCAN_A_init();
    return init_status;
}                                             /* flexcan_init(void)结束 */
/* FlexCAN_A 初始化函数 */
uint8_t FlexCAN_A_init(void)
{
uint16_t i, x;
uint8_t status;
volatile uint16_t j;                          /* 重置 FlexCAN 模块 */
CAN_A.MCR.B.SOFTRST = 1;                      /* 设置重启位 */
```

```
while( CAN_A.MCR.B.SOFTRST = = 1){}
CAN_A.MCR.B.MDIS = 1;                    /*禁用 FlexCAN 模块*/
CAN_A.CR.B.CLKSRC = 1;                   /*设置 CAN 的时钟源:1 为总线，0 为外部晶振*/
CAN_A.MCR.B.MDIS = 0;                    /*使能 FlexCAN 模块*/
CAN_A.MCR.B.HALT = 1;                    /*将 HALT 位置 1*/
CAN_A.CR.R = 0x000AF003;                 /*设置 FlexCAN 控制寄存器*/
CAN_A.MCR.B.MAXMB = 0x3F;                /*设置 FlexCAN 最大的缓存大小为 64 MB*/
for(x = 0; x < 16; x + +)                /*清除信息缓存*/
{
CAN_A.BUF[x].CS.R = 0;
CAN_A.BUF[x].ID = 0;
for(i = 0; i < 8; i + +) CAN_A.BUF[x].DATA.B[i] = 0;
}                                        /*初始化接收模板寄存器*/
CAN_A.RXGMASK.R = 0x1FFFFFFF;            /*全局信息接收模板*/
CAN_A.RX14MASK.R = 0x1FFFFFFF;           /*信息缓存 14 的接收模板*/
CAN_A.RX15MASK.R = 0x1FFFFFFF;           /*信息缓存 15 的接收模板*/
                                         /*缓存中断初始化*/
CAN_A.IMRH.R = 0x00000000;               /*缓存 32-63 的中断模板*/
CAN_A.IMRL.R = 0x00000000;               /*缓存 0-31 的中断模板*/
/*将 HALT 和 FREEZE 位置 0 使得 TouCAN 同步。*/
CAN_A.MCR.B.HALT = 0;                    /*退出静止模式*/
CAN_A.MCR.B.FRZ = 0;                     /*禁用静止模式*/
/*等待同步完成*/
for(j = 1; j < 255; j + +){} /*delay*/
if(CAN_A.MCR.B.NOTRDY = = 1)
    status = 1;
else
    status = 0;
return status;
}
/*FlexCAN_A_init(void) 结束*/

#pragma section code_type ".rappid"
void main()
{
    int i = 0;                           /*初始化变量(i)*/
    flexcan_init();
//建立发送信息缓存 0
//建立接收信息缓存 1
CAN_A.BUF[0].CS.B.RTR = 0x0;
CAN_A.BUF[1].CS.B.CODE = 0x0;
/////////////建立发送缓存/////////////
CAN_A.BUF[0].CS.B.RTR = 0x0;
CAN_A.BUF[0].CS.B.CODE = 0x8;
CAN_A.BUF[0].CS.B.LENGTH = 0x8;
```

```
CAN_A.BUF[0].CS.B.CODE = 0xC;
//发送信息缓存数据字段
CAN_A.BUF[0].DATA.B[0] = 0x01;              //第 1 字节
CAN_A.BUF[0].DATA.B[1] = 0x23;              //第 2 字节
CAN_A.BUF[0].DATA.B[2] = 0x45;              //第 3 字节
CAN_A.BUF[0].DATA.B[3] = 0x67;              //第 4 字节
CAN_A.BUF[0].DATA.B[4] = 0x89;              //第 5 字节
CAN_A.BUF[0].DATA.B[5] = 0xAB;              //第 6 字节
CAN_A.BUF[0].DATA.B[6] = 0xCD;              //第 7 字节
CAN_A.BUF[0].DATA.B[7] = 0xEF;              //第 8 字节
CAN_A.BUF[0].ID = 1;
//////////////建立接收缓存//////////////
CAN_A.BUF[1].CS.B.RTR = 0x0;
CAN_A.BUF[1].CS.B.CODE = 0x0;
//CAN_A.BUF[1].CS.B.LENGTH = 0x8;
CAN_A.BUF[1].ID = 1;
CAN_A.BUF[1].CS.B.CODE = 0x4;
while (1) {}
}
```

第 15 章

增强型队列式模数转换器(eQADC)

15.1 模数转换器介绍

现实世界中自然界的信息主要是模拟信号,因此几乎所有的嵌入式应用中都至少包含一个测量模拟信号的传感器。模拟信号源的重要属性是它并不是一系列的单个值,而是会在一个确定的范围内产生连续值。与原先的器件类似,MPC5554/5553 包含有一个模数转换器(ADC),它可以测量最多 40 路输入通道的信号。出于各种原因,对模拟信号的测量总是会带来信息丢失。分辨率和精确度可以量化信息丢失的程度。用来存储代表模拟信号数字量的位的数量即为分辨率,它是由转换时钟的基本设计所决定的。精确度的内容是指数字量化后可能会带来的误差,它是由分辨率(量化误差)、电流和电压偏移量以及测量系统的噪声(片内和片外)共同组成的。

15.2 eQADC 架构

MPC5554/5553 中的模数转换器称为增强型队列式模数转换器(eQADC)。虽然它被定义为一个单独的模块,但实际上 eQADC 是由两个可独立控制的 ADC 单元组成的。每一路 ADC 都可以独立转换由外部引脚输入的 40 通道模拟信号,还可以转换大量的内部参考信号。这对 ADC 的标定以及模拟信号测量的精度改进大有裨益。在本章"ADC 结果的标准化整合"一节中对其有所描述,图 15.1 为 eQADC 的模块图。

eQADC 中的 ADC 被设计为冗余符号型差分转换器。这意味着每一路 ADC 实际上需要两路输入转换,一个正输入和一个负输入。在称为"单端"的默认模式中,负输入在内部被自动连接到低电压参考(Vrl)。负责转换模拟信号的所选通道被引出至 ADC 的正输入端。转换结果就是输入至所选通道的模拟电压值。

如果有需要,每一路 ADC 还有一种模式可以将负输入引入至模拟通道。在这种情况下每一路模拟测量都使用两路输入通道,但也因此减少了可用的外部通道数量。最多可选 4 个差分测量,每个两通道,共使用 8 路模拟通道。差分测量的实际结果为 ADC 上两路输入信号的差值。在使用所有差分测量的情况下,模拟转换的最大数量将减少为 36 个,由 32 路单端转换(32 通道)和 4 路差分转换(8 通道)组成。

MPC5554/5553 的 eQADC 支持两种不同的方式来启动转换并存储转换结果。

最简单(但也可能是效率最低)的方式是使用软件启动转换,接着通过查询标志位或响应转换完成的中断,读取转换结果。接下来软件读取对应的寄存器,清除标志位并写入新的转换

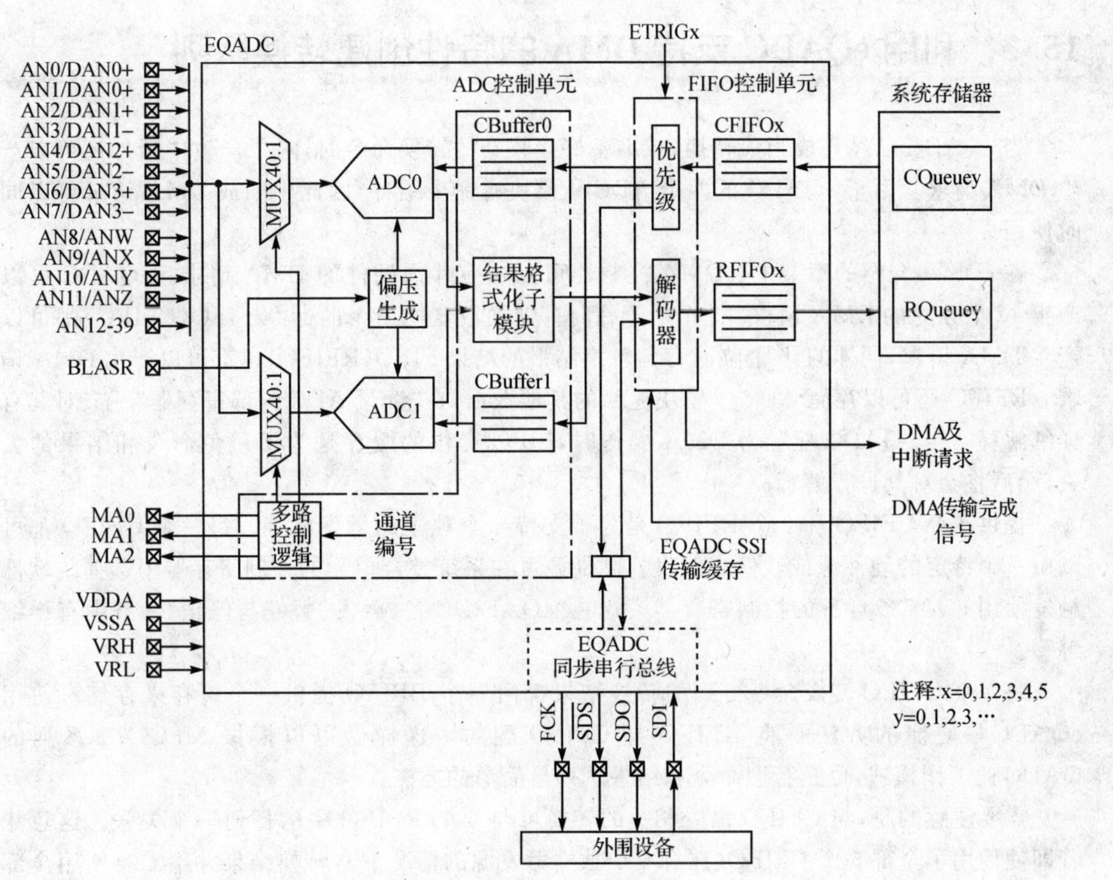

图 15.1　eQADC 模块图

命令。这种方式的一个优点是只要知道软件何时启动转换命令,理论上讲就可以确定转换时间。可以将启动转换和读取结果的代码写入定时器中断的子程序中。如果转换时间并不是很重要,则可以将软件写入应用代码的主循环程序或子程序中。

然而,上面提到的方面总是会消耗处理器的处理能力。更进一步,如果应用要求在确定的时刻对多个模数通道进行转换,处理器可能没有足够的处理能力来满足这些要求。因此,在需要优化处理器负荷的应用中,最好使用 eQADC 的独有特性来使数模转换在精确的时间和位置发生。

eQADC 的独有特性:

① 支持 DMA 控制器。

② 来自其他硬件的触发源。

eQADC 可以在转换完成时产生中断,软件可以在中断子程序中读取 ADC 转换值。另外,ADC 在准备好接受另一条转换命令时也可以产生中断,因此中断子程序可用于 ADC 转换以及读取转换结果。除了产生中断,eQADC 还可以配置产生 DMA 请求,可以直接发送至 DMA 控制器中而不通过处理器。这一工作方式将在下一节中解释。

15.3 利用eQADC支持DMA的特性创建转换队列

当eQADC已经完成当前转换,或准备好接收新的转换命令时,除了产生中断外还可以产生DMA请求。由于eQADC的两个ADC子模块有命令缓冲,因此中断或DMA请求可以同时使用。

在eDMA介绍的章节中,eDMA控制器可以响应片内硬件的DMA请求。eQADC可以产生12个独立的DMA请求。6个用于临时存储模数变换命令的命令FIFO(CFIFO)都可以产生DMA请求,同样的,6个临时存储转换结果的结果FIFO(RFIFO)也都可以产生DMA请求。RFIFO还可以存储ADC子模块返回的其他数据,在"读写ADC内部寄存器"一节对其有详细解释。当eQADC配置为DMA操作时,FIFO提供的缓存是为了避免命令和结果的丢失,稍后将会对其进行解释。

提供6个CFIFO和6个RFIFO是为了支持6个独立的触发队列。每一个CFIFO都可以由一个特定的硬件源或软件来触发。硬件源可在系统整合单元的控制寄存器中选择。软件触发使用eQADC自身的控制寄存器。这在"eQADC预备、触发、暂停与停止"一节中有详细解释。

每一个CFIFO转换命令得到的转换结果都由一个RFIFO提供一个缓存来存储。使用eQADC最便捷的方法是将RFIFO与CFIFO配对。这样做可以模拟MPC5XX系列的QADC的工作模式,也是管理命令和结果队列最简单的方法。

需要注意的是,与CFIFO命令相关的转换可与6个RFIFO中的任何一个关联。这意味着即使使用了全部6个CFIFO(在有6个独立触发源的情况下),转换结果并不需要使用全部6个RFIFO。对应的,不使用全部6个CFIFO的情况下,同一个CFIFO中不同的转换结果可保存到不同的RFIFO。通过这种配置方法,将允许和eQADC FIFO关联的eDMA通道用于其他需要DMA传输的功能,例如系统内存与FlexCAN模块。

每一个CFIFO可以存储4个转换命令,即命令深度为4个。在复位并使能后,CFIFO硬件将在其为空时产生DMA请求。当eDMA控制器与eQADC初始化共同操作后,eDMA开始按照其传输控制描述块所制定的转换命令填充到所有使能的CFIFO中。当设定的触发事件发生时,CFIFO将把从eDMA收到的每一条命令按顺序传输至所选的ADC子模块中。要注意的是CFIFO并不需要等待模数转换完成。在CFIFO中至少有一个命令时,触发事件会连续传输命令至ADC中,直到有暂停或停止状况发生,或是eDMA响应其他模块的请求而不能提供新的命令。如果在CFIFO满之前没有触发事件发生,CFIFO将停止产生DMA请求。

使用4级深度的CFIFO和RFIFO是为了容许DMA处理过程出现的延迟。在命令队列中,CFIFO可预载4个命令然后等待触发器将命令传输至ADC。在第一条命令由CFIFO传输至ADC子模块后,CFIFO内部还存有3条转换命令,此时CFIFO将发送新的DMA请求,eDMA控制器只要在剩余的3个转换命令全部执行完之前响应CFIFO请求即可。如果CFIFO为空,并且ADC也已经完成了转换命令,则发生了CFIFO空载,此时将设置状态位和并触发可选的处理器中断。也可以忽略空载,这样做的后果是相对前面的几次变换,后续模数转换的时间(或位置)就无法确定了。一旦有新的命令传输至CFIFO,转换将继续正常运行。

另一个不希望出现的情况是,当CFIFO为空并等待eDMA传输转换命令时,出现了新的触发条件。这种情况下 eQADC 接口设置触发器的空载标志位并产生可选的中断。

eQADC 由多个命令 FIFO(CFIFO)将转换命令传输至片上 ADC 或片外的变换器件。模块可以并行并独立地由片内 ADC 或外部变换器件接收数据并保存到结果 FIFO(RFIFO)中。可以由软件或其他硬件模块来触发 CFIFO 向片内 ADC 或外部变换器件传输命令。eQADC 监控 CFIFO 和 RFIFO 的状态,并在 FIFO 和系统内存间进行数据传输时产生 DMA 和中断请求。

15.4 eQADC 与 eDMA 的连接与优先级

在 MPC5554/5553 中,eQADC 的 DMA 请求信号与 eDMA 通道之间有固定的连接关系,如表 15.1 所列。

表 15.1 CFIFO 和 RFIFO 与 DMA 通道的连接

CFIFO	eDMA 通道	RFIFO	eDMA 通道
0	0	0	1
1	2	1	3
2	4	2	5
3	6	3	7
4	8	4	9
5	10	5	11

CFIFO 有两种类型的优先级,RFIFO 只有一种。二者向 eDMA 控制器申请 DMA 请求的优先级由 eDMA 的配置寄存器决定,所有 12 个 FIFO 都连接到同一个组 eDMA 通道中。eDMA 的优先级和 eDMA 通道分组的介绍参见第 11 章。

每一路 CFIFO 都可以在同一时刻被精确触发,但对应 6 个 CFIFO 只有两个 ADC 子模块,因此所有的 CFIFO 同时请求进行转换就会出现冲突。这个资源分配的问题通过 CFIFO 硬件优先级机制来解决。

CFIFO 优先级与 CFIFO 的编号固定关联,编号小的 CFIFO 拥有更高的优先级。当不同 CFIFO 中的命令同时向同一个 ADC 发送,仲裁机制将首先选择优先级最高的 CFIFO。这里没有轮询仲裁。在命令传输至 ADC 后,上一次失去仲裁的 CFIFO 必须与其他等待传输命令的 CFIFO 再次进行仲裁。

仲裁带来的影响是 ADC 转换命令的队列可能会被打断。需要注意的是当转换命令由 CFIFO 传输至 ADC 子模块,一旦启动就不能被打断。但是如果 CFIFO 失去仲裁,它必须等待上一次转换命令执行完后才能进行再次仲裁。一个没有被间断的转换序列被认为是连贯的。如果序列变得不连贯,eQADC 将设置对应 CFIFO 的标志位(NCFx),这种情况也可以选择产生中断。在第一个命令传输至 ADC 子模块后 NCFx 标志位将立刻置位。

图 15.2 是一个队列式 ADC 系统的例子,转换命令队列与一个 eDMA 相连接,每一个转换结果返回到一个不同的结果缓冲中。图中的 CCW 表为转换命令字,包含两条转换命令,A 和 B。两条命令都由 eDMA 的通道 0 传输至 CFIFO,并都由 ADC0 完成转换操作。但是命令

A 的转换结果保存到结果缓冲 A,命令 B 的转换结果保存到结果缓冲 B。转换结果的保存地址包含在转换命令字中。

注意:一个队列可能存在于系统 SRAM 中一块内存区域。它的位置、深度和宽度由 eDMA 通道传输控制描述符(TCD)来决定。

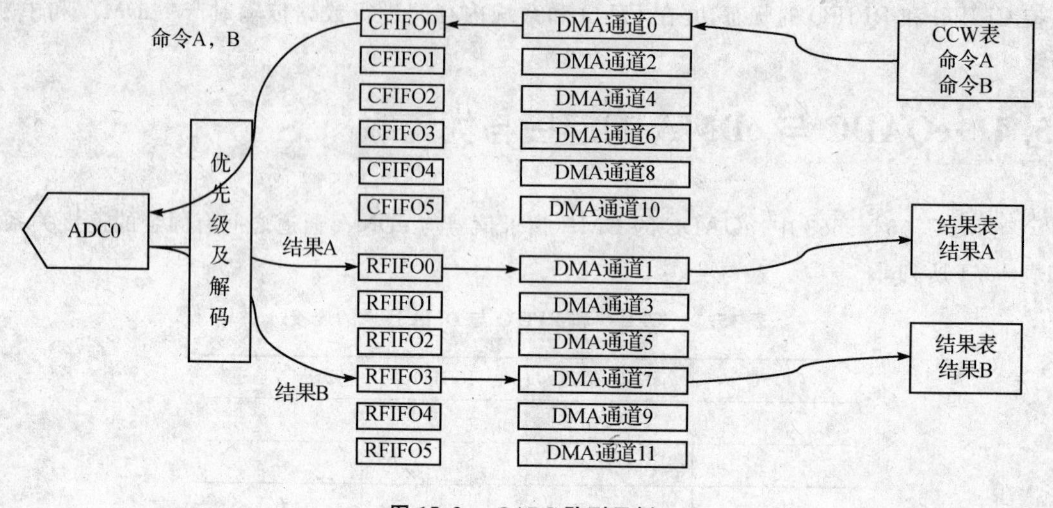

图 15.2 eQADC 队列示例

15.5 eQADC 预备、触发、暂停与停止

eQADC 队列的正常状态如下所示:

① 空闲。

② 预备。

③ 触发。

④ 暂停。

⑤ 停止。

具体会出现哪些状态取决于所用的 CFIFO 的操作模式。每一个 CFIFO 都可以配置为单次扫描或是连续扫描,对不同的扫描模式 CFIFO 支持不同的触发机制。每一个 CFIFO 都可以和一个固定的 eDMA 通道进行关联操作,eDMA 所传输的转换命令将指明 CFIFO 的工作模式和触发机制。表 15.2 介绍 CFIFO 的队列操作模式。

表 15.2 预备、触发、暂停与停止队列的条件

模 式	预备①	触发①	暂停	停止②	暂停标志是否置 1?	EOQ 标志是否置 1?
软件式单次扫描	无	SSE 位置 1	无	EOQ 命令	从不	检测到 EOQ
边沿式单次扫描	SSE 位置 1	有效边沿(上升沿、下降沿或其中之一)	PAUSE 命令	EOQ 命令	PAUSE 发生	检测到 EOQ

续表 15.2

模　式	预备①	触发①	暂停	停止②	暂停标志是否置 1?	EOQ 标志是否置 1?
门禁式单次扫描	SSE 位置 1	门禁开启	无	EOQ 命令或门禁关闭	门禁关闭	检测到 EOQ
软件式连续扫描	无	无	无	软件在配置寄存器中写入禁止模式	从不	检测到 EOQ
边沿式连续扫描	无	有效边沿(上升沿、下降沿或其中之一)	PAUSE 或 EOQ 命令	软件在配置寄存器中写入禁止模式	PAUSE 发生	检测到 EOQ
门禁式连续扫描	无	门禁开启(高或低电平)	无	门禁关闭	门禁关闭	检测到 EOQ

① 如果进入预备或触发状态所需条件为“无”时，模式值写入 ADC 配置寄存器时，就会立刻转换成预备或触发模式。

② 软件可以通过设置禁用 CFIFO 队列的模式来中止任何已触发的队列。

1. 单次扫描模式

单次扫描模式会使存储于队列中的 eQADC 转换命令序列执行一次。队列的初始点由 eDMA 控制器通道的 TCD 所决定，结束点则由 eDMA 通道的 d_req 位或上一次执行的转换命令所包含的控制位(EOQ)所决定。

这两种类型的结束点有一些细微的差别，这是受 CFIFO 的 4 级深度所影响的。只要 CFIFO 未满时就会产生一个中断或请求，只有当 CFIFO 满时才会停止。如果队列结束点由 eDMA 通道的 d_req 位所决定，则 CFIFO 并没有填满，它将持续产生 DMA 请求，这将迫使 eDMA 控制器在到达队列末尾时忽略 DMA 请求。

如果转换结束点是由上一次执行的转换命令的 EOQ 位所决定，eDMA 将继续读取命令队列并传输直到 CFIFO 满。如果使用这种方式，eDMA 连续读取命令队列将有可能超出队列的有效范围，而读入一段不存在的物理地址或用于其他目的的内存内容。例如结果队列、堆栈空间或易失性变量。因此在再次触发队列前，必须清空 CFIFO 的内容。如果转换队列设置成环形，则不需要清空 CFIFO。在这种情况下，转换停止时，保存在队列里的剩余内容就是该转换队列的起始的转换命令。这意味着在队列重新触发前不需要额外的开销。

边沿式和门控式单次触发扫描模式需要硬件源来提供触发信号。由于有 6 个独立的 CFIFO，所以触发信号可以来自于 6 个不同的硬件源。硬件源可以是外部的硬件输入 eMIOS 或 eTPU 通道。这些可能的触发信号源和 CFIFO 的对应连接有一些限制。表 15.3 中列出了 eDMA 通道和 CFIFO 编号的可行配置。

表 15.3 eQADC 触发源

eQADC 中的 CFIFO 通道	eQADC 中的 eDMA 通道	eTPUA 通道	eMIOS 通道	ETRIG 输入*
0	0	ETPU[30]	eMIOS[10]	ETRIG[0]
1	2	ETPU[31]	eMIOS[11]	ETRIG[1]
2	4	ETPU[29]	eMIOS[15]	ETRIG[0]
3	6	ETPU[28]	eMIOS[14]	ETRIG[1]
4	8	ETPU[27]	eMIOS[13]	ETRIG[0]
5	10	ETPU[26]	eMIOS[12]	ETRIG[1]

* 只有两路外部硬件输入触发源，每一路可以控制 3 个 CFIFO，因此一个外部输出可能会触发 3 路 ADC 转换。记住，一共只有两个片内 ADC，因此最多只能同时触发两路转换。

举例来说，eQADC 的 CFIFO 1(连接至 eDMA 的通道 2)可被 eTPU[31]、eTPU[11]或 ETRIG[1]所触发，通过在 SIU_ETISR 寄存器中写入 TSEL1 位字段对其进行选择。SIU_ETISR 共有 6 个 TSEL 位字段，每一个都对应一个 CFIFO。当一个定时器用做 ADC 触发器时，触发信号会在内部连接，不占用外部的输入/输出引脚，节省下来的引脚可用做 GPIO。

在单次扫描模式中，EOQ 命令位的功能与其他模式下是一致的。EOQ 命令会永久性地停止转换，直到软件重新预备队列并复位 CFIFO 输入计数器(TC_CF)至 0。在门控模式中，控制信号关闭时也会永久性地停止转换。应用于 CFIFO 触发输入的门控逻辑，可以设置为低电平或高电平。

PAUSE 命令位的作用效果取决于单次扫描模式的类型。对于边沿触发式队列，PAUSE 位将暂时中止队列，使能后也可以产生中断。对于其他类型的单次扫描模式，PAUSE 位没有任何作用。

2. 连续扫描模式

连续扫描模式下，队列在预备启动后，可以持续运行而不受任何软件的干扰和影响。这意味着针对 CFIFO 的 eDMA 控制器 TCD 应该配置为环形队列模式，或是其他一些更复杂的模式——通道链接或分散/聚合模式。在连续扫描模式中，队列的结束点仍然应该包含在 TCD 所定义的范围内，但配置成环形队列后，当到达队列结束点时，它又会重新回到队列的起始点，或通道链接和分散/聚合模式所提供的其他新位置。DMA 的通道链接或分散/聚合模式在第 11 章中已有说明。

对于连续转换，并没有一个明确的结束点的概念，因此 EOQ 命令位功能将有所改变。它只在边沿触发的连续扫描模式中存在，并且与 PAUSE 位的功能一致。如果它在命令中被置位，它将暂停队列直到一个新有触发事件到来，这和 PAUSE 位的功能是一样的。需要注意的是如果 EOQ 命令暂停了边沿触发的连续扫描队列，它将置 EOQF 标志位为 1，并在使能时产生 EOQ 中断，而不是 PF 位和相应的中断。

PAUSE 命令位产生的不同效果取决于选择了哪一种连续扫描模式。在边沿触发队列中，PAUSE 位将暂停队列并在使能时产生中断。对于其余模式，PAUSE 位没有任何作用。

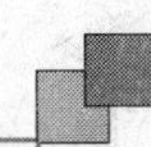

15.6　命令模式以及 eQADC 队列的结构

本章的上一节中介绍了 eQADC 的特性。本节将解释命令的具体格式，如图 15.3 所示。

0	1	2	3	4	5	6	7	8	9	10	11	12	13	14	15
EOQ	PAUSE	RESERVED			EB	BN	CAL	MESSAGE_TAG				LST		TSR	FMT

16	17	18	19	20	21	22	23	24	25	26	27	28	29	30	31
CHANNEL_NUMBER								0	0	0	0	0	0	0	0

图 15.3　转换命令格式

为设置一个有效的命令而需要设置的基本字段如下。

(1) EOQ

只有在单次扫描模式中并且处于命令队列的末尾，才会置该位为 1。在连续扫描模式或单次扫描模式但并不在末尾，将该位清 0。

注意： 在同一命令中不应该将 PAUSE 位和 EOQ 位同时置 1，如果同时置 1 则 PAUSE 位被忽略。

(2) PAUSE

在边沿触发的单次或连续扫描模式中，置该位为 1 将暂停队列，直到另一触发到来方可继续。

(3) BN

该位选择将命令发送至两个内部 ADC 的其中一个。它影响命令的仲裁以及转换发生的速率。

(4) MESSAGE_TAG

该位定义了当 ADC 完成转换时结果的发送地址。取值范围 0 到 5 是接收转换结果的 RFIFO 编号。

(5) TSR

将该位置 1 可在得到转换结果的同时获得一个时间戳。时间戳是在 ADC 子模块到达电压采样窗末尾时锁存的处理器时基计数器的值。首先返回转换结果，紧接着是时间戳的值。eQADC 的逻辑设计确保结果和时间戳成对地返回。

(6) CHANNEL_NUMBER

这些位决定了哪路模拟输入会被转换。表 15.4～表 15.7 为通道编号的定义。这里有 3 种不同的通道——单端、差分和内部参考通道。单端通道可用于非多路复用或多路复用操作模式。在非多路复用模式中，外部引脚会直接连接到片上所选择的 ADC。通道编号对应于所选的实际引脚，如表 15.4 所列。在多路复用模式中，唯一的差别是输入端 AN8、9、10 和 11 中的每一路都有 8 个分配的通道编号，对应名称为 ANW、ANX、ANY 和 ANZ。每一个通道编号都用来选择这 4 个输入端，同时使 eQADC 在引脚 AN12、13 和 14 上产生 3 位数字逻辑，用于选择外部多路复用器提供的 8 个模拟输入端中的 1 个。更多细节请参阅“使用外部多路复用器扩展 ADC 通道数量”一节的内容。

表 15.4　非多路复用,单端通道

通道编号(十进制)	模拟输入引脚名称
0 至 39	AN0 至 AN39

表 15.5　内部参考通道

通道编号(十进制)	参考电压
40	VRH
41	VRL
42	(VRH－VRL)/2
43	75% * (VRH－VRL)
44	25% * (VRH－VRL)

表 15.6　非多路复用,差分输入通道

通道编号(十进制)	模拟输入引脚名称
96	DAN0＋和 DAN0－
97	DAN1＋和 DAN1－
98	DAN2＋和 DAN20－
99	DAN3＋和 DAN3－

表 15.7　多路复用通道

通道编号(十进制)	模拟输入引脚名称	MA 代码(AN12、13、14)
64 至 71	ANW(AN8)	0 至 7
72 至 79	ANX(AN9)	0 至 7
80 至 87	ANY(AN10)	0 至 7
88 至 95	ANZ(AN11)	0 至 7

命令队列是 32 位宽,可存储于任何 eDMA 控制器能读取的内存地址中。MPC5554/3 的数据空间可以是 Flash 或 SRAM,也可以是 eTPU 参数空间的 RAM 中,甚至还可以是 FlexCAN 的缓冲区。但 eQADC 队列不可以存储在高速缓存中,因为 eDMA 控制器无法对其进行访问。

图 15.4 所示的命令队列将具有如下的属性:

① 一旦开始触发,模拟通道 23 使用 ADC0 来执行 4 个连续转换,然后队列暂停直到另一个触发到来。

Command#	EOQ (0)	PAUSE (1)	RESERVED (2 3 4)	EB (5)	BN (6)	Cal (7)	MESSAGE_TAG (8 9 10 11)	LST (12 13)	TSR (14)	EMT (15)	CHANNEL_NUMBER (16 17 18 19 20 21 22 23)	CONVERSION COMMAND CODE (24 25 26 29 29 29 30 31)
1	0	0	000		0	0	0101	00	0	0	00010111	0
2	0	0	000		0	0	0101	00	0	0	00010111	0
3	0	0	000		0	0	0101	00	0	0	00010111	0
4	0	1	000		0	0	0101	00	0	0	00010111	0
5	0	0	000		0	0	0100	00	0	0	00010110	0
6	0	0	000		0	0	0100	00	0	0	00010110	0
7	0	0	000		0	0	0100	00	0	0	00010110	0
8	0	1	000		0	0	0100	00	0	0	00010110	0
9	0	0	000		0	0	0101	00	0	0	00000000	0
10	0	0	000		0	0	0101	00	0	0	00000001	0
11	0	0	000		0	0	0101	00	0	0	00000010	0
12	0	1	000		0	0	0101	00	0	0	00000011	0

图 15.4　命令队列例子

② 转换结果存储于 eDMA 通道 11 定义的队列中。MESSAGE_TAG 中的值实际对应于与 eDMA 通道 11 硬件相连的 RFIFO5。

③ 另一个触发到来时,在模拟通道 22 中执行 4 个连续转换。

④ 第 2 次 4 个连续转换的结果存储于 eDMA 通道 9 定义的结果队列中(与 RFIFO4 硬件相连)。

⑤ 第 3 个触发会在模拟通道 0、1、2 和 3 中执行最后 4 个转换。在最后 1 个转换完成后,队列即行停止,直到软件对其重新预备。

⑥ 转换结果像首次 4 个结果一样存储于相同的结果队列中。

第 11 章中的例子对如何使用 eQADC 与 eDMA 控制器完成一个简单的模数转换器队列进行了说明。

15.7　ADC 内部寄存器的读写

ADC 内部寄存器并不是 eQADC 编程模型的一部分,这意味着它们无法由软件直接进行读写。这些寄存器只能通过 CFIFO 的配置命令来间接访问。配置命令的格式如图 15.5 所示。需要注意的区别是第 24 位到 31 位在转换时为 0,但在配置命令中则是指向内部寄存器的非零地址。(没有地址全为 0 的内部寄存器。)

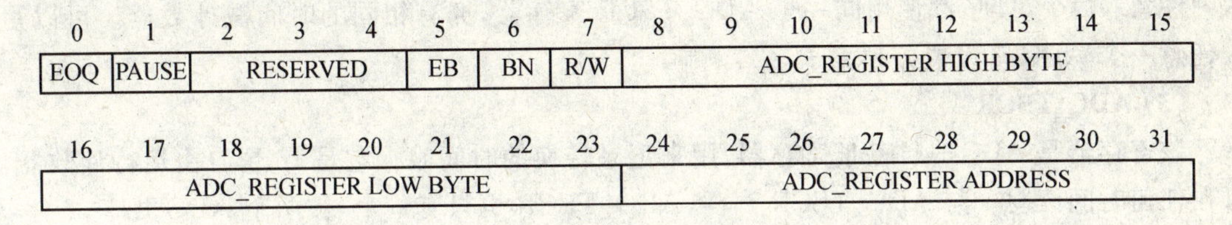

图 15.5　配置命令格式

eQADC 的两个 ADC 子模块(ADC0 和 ADC1)中每一个都有 5 个内部寄存器。图 15.6 所示为内部寄存器的映射与访问。

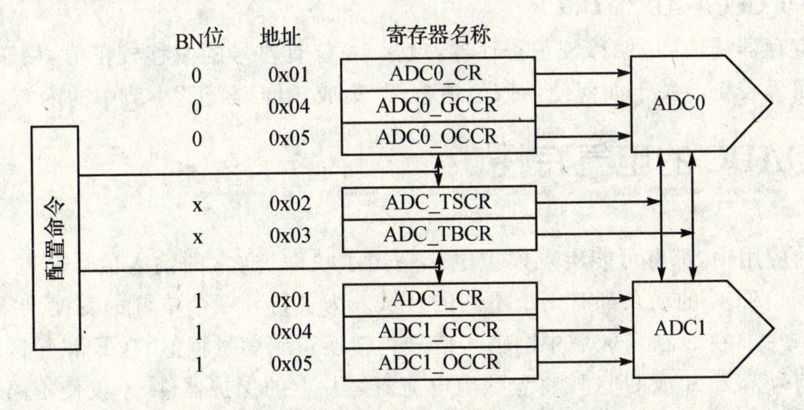

图 15.6　内部寄存器映射与配置命令写入访问

之所以没有把这些寄存器集成在编程模型中,是为了让软件能够通过同样的模式使用连接在 SSI 总线上的片外模数转换器,这部分内容请参考“对片外模数转换器的支持”。

内部寄存器的名称与用途如下所示：

(1) ADC0_CR，ADC1_CR

这两个控制寄存器用于开启ADC的偏置电流，使能每路ADC的外部多路复用器，以及设置ADC的工作频率。必须在ADC处于关闭状态时，才能设置ADC的工作频率，并且应该在设置ADC工作频率的同时开启ADC。ADC的工作频率不能超过12 MHz。关闭不用的ADC，可以减少系统消耗。

当使能外部多路复用器时，MPC5554/5553的MA引脚将根据所制定的转换通道编号输出对应的控制电平。关于该模式的细节请参阅"使用外部多路复用器增加ADC通道数量"一节的内容。该寄存器的控制字段允许为每一路ADC设置工作频率，范围为系统时钟频率的2～64分频，增量为2。时钟频率决定转换时间，也是设置在高突发采样时所能实现的采样频率的参数。在这种情况下，为了确保采样不被打断，需要将转换命令发送到具有最高优先级的命令缓冲FIFO0。

(2) ADC_TSCR

该寄存器是ADC时间戳控制寄存器，包含有一个4位的系统时钟分频器，用来设置时钟戳计数器的计数时钟，它决定了时间戳计数器的计时间隔。分频因子的取值范围是0～512，0值表示禁用时间戳计数器。如果要修改分频因子，必须首先写入0禁用计数器，然后再写入新的值。

注意：两个ADC都使用同一个ADC_TSCR寄存器，拥有相同的时间戳计数器。可以写入任意一个ADC来设置分频因子。

(3) ADC_TBCR

该寄存器是ADC时钟基址寄存器，用来记录转换的时间戳。它是16位自由运行计数器，可在任何时间读写。与ADC_TSCR一样，ADC_TBCR也只有一个，被两个ADC共享。

(4) ADC0_GCCR，ADC1_GCCR

这两个寄存器是ADC增益校正寄存器，包含有一个15位无符号增益校正值，用于对ADC转换结果进行精确校正。关于如何使用该值请参阅"集成ADC校正"小节中的内容。

(5) ADC0_OCCR，ADC1_OCCR

这两个寄存器是ADC偏移校正寄存器，包含14位有符号的偏移校正值，用于对ADC转换结果进行精确校正。关于如何使用该值请参阅"集成ADC校正"小节中的内容。

15.8 eQADC的电气特性

在许多的应用中，都有可能出现模拟电压超出了ADC通常的输入信号范围。如图15.7所示，每一路eQADC的输入都有7个不同的区域。为了得到一个单调的变换结果，输入信号必须在D区域中。在B和C区域中的输入信号将转换得到满量程值，在E和F区域则会得到最小值。当信号落入A或G区域将导致灌电流流过片上的保护器件，不仅使本路输入超出范围，还会影响相邻的输入通道。

在计算测量精度时需要考虑输入阻抗，因为总会有漏电流流入或流出MPC5554/5553。模拟电压源的最大阻抗必须限制于某个值来满足应用中的精度需求。漏电流随温度而变化，会使输入端出现失调电压。MPC5554/5553中MA2到MA0组比其他模拟输入具有更高的

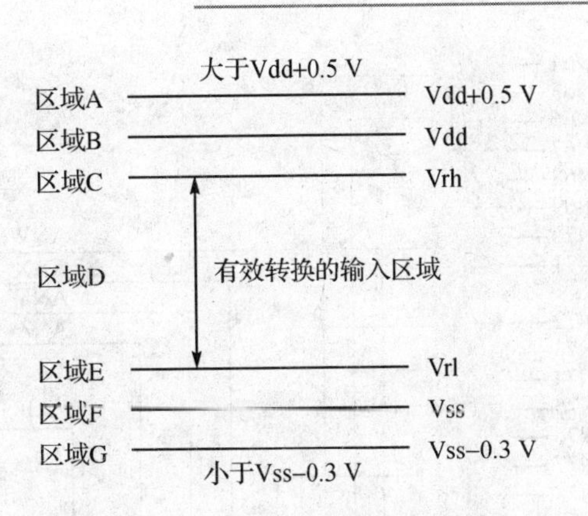

图 15.7 输入电压的各区域

漏电流,因为它们还有数字电平的输出能力。以上这些在系统设计中必须有所考虑。输入阻抗(阻性和容性)还是决定转换中采样时间的因素之一。

另一个需要考虑的因素就是 eQADC 输入电压的偏移量,主要由于 Vdd 和 Vss 的布线信号上通过了大电流而产生的。这些错误可以通过一些方法消除,如将 eQADC 的 Vrh 和 Vrl 输入直接连接到被测量模拟信号的参考电源和地。

15.9 使用外部多路复用器扩展 ADC 通道数量

eQADC 可以使用 1～4 个外部多路复用器来扩展模拟信号的通道数量。4 组外部多路复用器最多可扩展至 32 路模拟输入通道,其中每一组都由 8 个通道组成。当使用了多路复用器后,AN12 到 AN14 三路模拟通道将自动配置为 3 位数字编码输出,可以设定每组 8 个通道中的一个。片上逻辑则决定 ANW、ANX、ANY、ANZ 4 组通道的选择。此时其他通道均不受影响,因此差分输入、其他非多路复用的单端输入和内部参考电压仍旧可以参照表 15.4、表 15.5 和表 15.6 中的通道号进行转换。

图 15.8 为使用 4 个外部多路复用器的例子。表 15.8 列出了使用外部多路复用器时系统可用的最大通道数量。

表 15.8 模拟输入最多通道数

外部 8 通道多路复用器数量	模拟输入最多通道数
1	44
2	51
3	58
4	65

15.10 集成 ADC 校正——ADC 转换结果的标准化

eQADC 提供了一个机制,来消除片内 ADC 的增益和偏置误差,这可以对不同的芯片的 ADC 转换结果或者同一芯片在不同温度下的转换结果进行标准化。

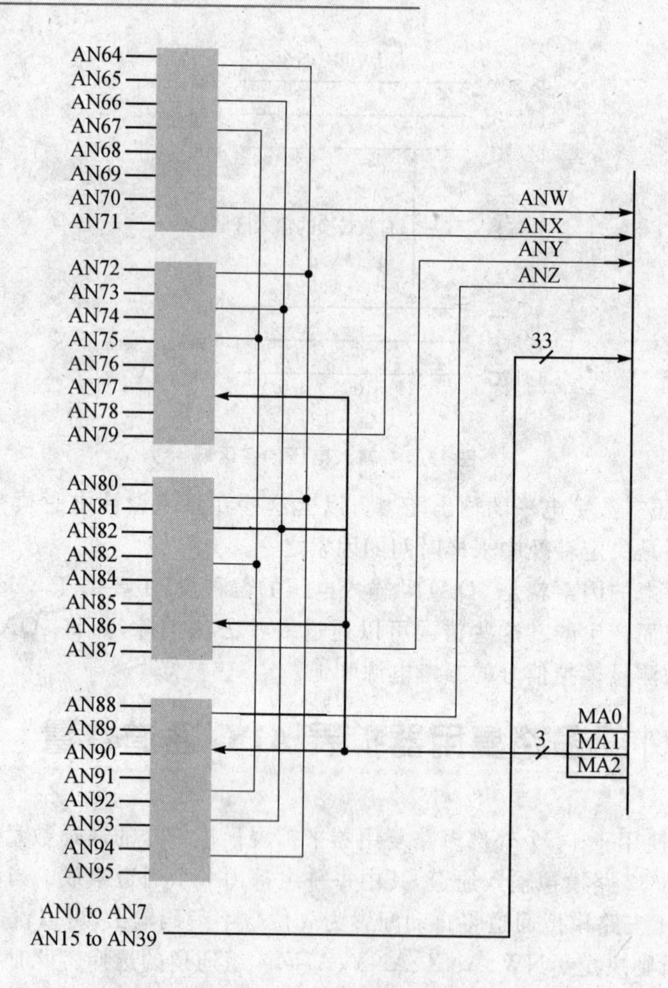

图 15.8　多路复用输入例子

在 Freescaler 的文档中将这种方法称为校准,但这里改称标准化。因为 ADC 会有固有的失调误差,而 ADC 的有效增益通常设计为小于 1,以确保在输入到达满量程值前输出结果不会达到饱和。举例说明,ADC 的转换结果范围为 0 到 0xFFF,此时满量程的输入值 Vdd(通常是 5 V)将不能产生满量程的输出结果 0xFFF,而是会小一些,如图 15.9 中的 0xFE5。因此,为了标准化结果,必须首先扣除失调值,然后调整结果将增益还原至 1。图中的粗线代表标准化后的输出结果。注意 eQADC 的转换器输出结果会左移两位,因此满量程值为 0x3FFC。

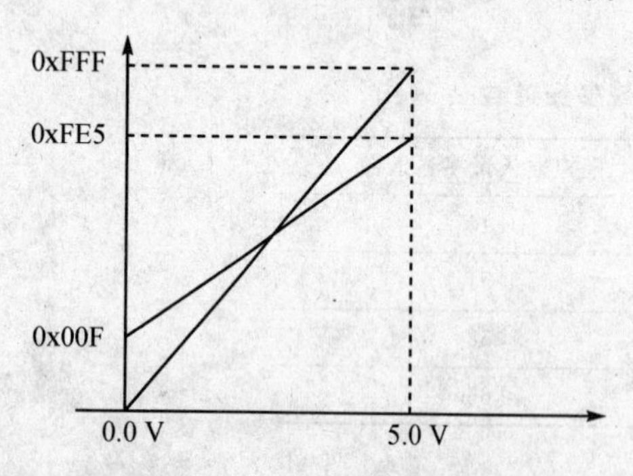

图 15.9　偏移及增益标准化

在使能标准化处理后,ADC 的初步转换结果将通过硬件乘加(MAC)单元来完成标准化。标准化并不影响模数转换的性能。MAC 单元执行下列的算法来将 ADC 初步结果(ADCResult)转换为标准化结果(NormResult):

$$\text{NormResult} = \text{GCC} \times \text{ADCResult} + \text{OCC} + 2 \tag{15-1}$$

GCC为增益"校准"常数，在ADC0_GCCR和ADC1_GCCR寄存器中定义；OCC为偏移量"校准"常数，在ADC0_OCCR和ADC1_OCCR寄存器中定义。

增益和偏移量常数是需要确定的。对于两个未知数GCC和OCC，需要一对联立方程进行求解：

$$\text{NormResult1} = \text{GCC} \times \text{ADCResult1} + \text{OCC} + 2 \tag{15-2}$$

$$\text{NormResult2} = \text{GCC} \times \text{ADCResult2} + \text{OCC} + 2 \tag{15-3}$$

为了求解GCC和OCC，必须得到一对标准化结果已知的电压值的测量值ADCResult1和ADCResult2。eQADC有两个片上的已知电压，通道编号44和43对应电压分别为0.25Vdd和0.75Vdd。因此，通过测量它们未标准化时的值可以解出GCC和OCC。

整理式(15-2)和式(15-3)可得：

GCC＝0.5Vdd/(ADCResult2－ ADCResult1)

OCC＝(0.75Vdd)－(GCC×ADCResult2)－2

Vdd的值就是满量程下12位测量的结果。考虑到结果的移位，满量程下Vdd对应0x3FFC。

因此，0.5Vdd＝0x1FFE，0.75Vdd＝0x2FFD。

ADCResult1可由通道44转换得到，ADCResult2可由通道43转换得到，都是在非标准化(非校准)的模式下。

GCC和OCC的计算值写入增益和偏移"校准"寄存器中。

当"校准"模式使能时ADC的初步结果将输入至MAC单元，使用式(15-1)来计算输出，并将结果保存到RFIFO。

eQADC会连续自动地使用GCC和OCC常数标准化每一个ADC转换结果，直至标准模式被禁用。可以在任何时间设置新的GCC和OCC值。

对片外AD转换器的支持

一些应用中可能会用到与片内ADC具有不同特性的ADC。MPC5554/5553的eQADC有一种模式允许转换命令直接连接到外部器件中，而不是片内的ADC子模块。命令路径的选择由命令自身的一个控制位来决定。eQADC命令控制逻辑将命令发送至高速串行接口(SSI)，这是一个和SPI接口非常类似的接口。字段中的特定位在发送至外部器件之前被抽取出来，其余位不发生变化。片外器件的转换结果将连接至对应的FIFO，和片内ADC是相同的。

因此，如果外部ADC与片内ADC响应相同的命令格式，并提供与片内ADC相同的转换结果格式，那么对于应用软件来说，片内ADC和片外ADC的接口是完全透明的。

在MPC5500系列处理器的新型号中如果没有片内模数转换器，这点将会非常有用。此时通过将SSI总线外挂的ADC虚拟成内部ADC，原有的为MPC5554/5553编写的代码仍然可以运行。

第 16 章

增强型 I/O 模块和定时器系统

16.1 定时器系统介绍

定时器是嵌入式实时应用中的灵魂，用来产生驱动电机等器件的输出信号，并监视输入信号的频率和脉宽。汽车电子应用中如引擎和传动控制、气囊、防抱死系统都需要由微控制器的定时器系统精确控制。高精度定时器也应用在工业自动控制领域，为机械提供速度与定位的精确控制。

在汽车电子应用中，定时器可用于驱动电磁泵、火花塞和电喷嘴。一些小巧的温度和压力传感器以一系列脉冲编码的形势输出信息。定时器可以部分或全部地解码这些信息，然后提供给应用软件。定时器还可以方便的对输出信号进行同步。

即使不用于产生输出信号或监视输入信号，定时器也可以在微控制器内部产生周期的定时事件。定时器的这类功能常用于嵌入式实时操作系统的任务调度中，或提供看门狗功能。

MPC5554 和 MPC5553 都包含有一个 24 通道增强型 I/O 系统(eMIOS)和两个增强型时间处理单元(eTPU)，但在 MPC5553 的实际封装中只集成了 1 路 eTPU。每 1 路 eTPU 都由 32 路相同结构的独立通道组成。基于 MPC5554 的系统，最多可以提供 88 个能执行复杂时序任务的 I/O 通道。eTPU 定时器将在第 17 章中讨论，本章将讨论 eMIOS 定时器及其各种工作模式。

16.2 eMIOS 架构

eMIOS 提供许多特性和不同的工作模式。eMIOS 的连续双重事件处理功能允许通道在向处理器发出中断请求前完成两个脉冲沿的捕获或产生。同时，eMIOS 也可选择用 DMA 传输请求取代中断请求来进行 DMA 传输，以减轻处理器的负荷。

eMIOS 由 24 路独立的通道组成，这些通道都可以由处理器控制和访问。在本章中对标准规格的定时器通道用缩写 UC(Unified Channel)来表示。“标准规格”说明这些通道的功能基本上是完全一致的，本章会解释几个微小的差异。

每一个通道都可以选择三种时基总线中的一种，时基总线可与共享定时/转角计数总线 STAC(Shared Time or Angle Conter bus)多路复用。STAC 总线可以由处理器的一个 eTPU 产生，它和计数器总线 A 复用，可以使得处理器内的所有 3 个定时器相关模块(eMIOS 和两个 eTPU)实现同步。关于 STAC 总线的更多信息请参阅第 17 章中的相关内容。图 16.1 为 eMIOS 的模块图、时基总线及其与通道间的连接。

计数器总线A可以分配到通道23的内部计数器或是STAC总线上，如果有需要还可以用做所有eMIOS通道的时钟基础。eMIOS模块配置寄存器可以用于选择总线A的驱动时钟源。eMIOS通道控制寄存器(eMIOS_CCRn)中的BSL[1:0]位可选择通道究竟使用哪个时钟基础。关于时钟基础的选择请参阅表16.1。

计数器总线B由通道0的内部计数器所驱动，可以用做通道0～7的时钟基础。计数器总线C由通道8的内部计数器所驱动，可以用做通道8～15的时钟基础。计数器总线D由通道16的内部计数器所驱动，可以用做通道16～23的时钟基础。关于时钟基础的选择请参阅表16.1。

A、B、C和D这4个时钟基础计数器共享同一个时钟源。该时钟源由系统时钟进行全局分频得到，分频因子范围为1～256。由全局分频器的输出再驱动某个特定的通道分频器，并将时钟再次分频1～4再输出。更多时钟基础的内容将在后面继续讨论。

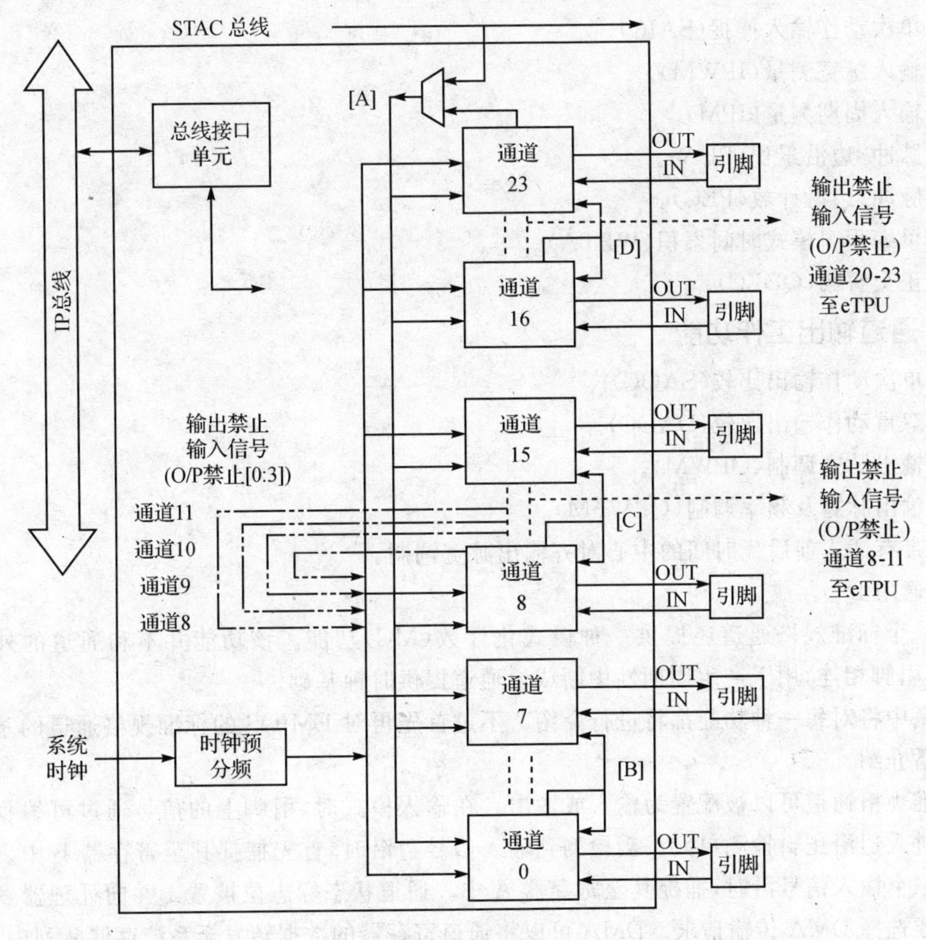

图16.1　eMIOS模块图

16.3　标准规格的通道架构

图16.2中的模块图显示了标准规格通道的硬件架构细节。标准规格通道的一个重要特

性是其具有连续双重事件匹配功能。通道的这种特性可以用来产生或测量非常小的脉宽或周期。如图所示，在每个标准规格通道里有两个寄存器，CADR 和 CBDR，并允许应用软件去访问。当通道被配置为连续输出事件匹配动作时，这两个寄存器的值可以用于产生脉宽和周期。类似地，在通道被配置为连续输入事件匹配动作时，这两个寄存器可以用来捕捉脉冲的上升沿和下降沿。除此之外，标准规格通道还提供了双缓冲，将 A1 和 A2 两个物理寄存器映射到相同的 CADR 寄存器地址，将 B1 和 B2 两个物理寄存器映射到相同的 CBDR 寄存器地址中。在本章稍后会给出双缓冲通道的示例。应用软件仅需访问 CADRn 和 CBDRn 寄存器，n 为通道编号。根据所选的操作模式，标准规格通道可以自动管理并正确地访问寄存器。每一个标准规格通道都可以设置为一种预设的标准功能，用来执行特定的输入/输出时序任务。这些功能列举如下：

1. 通道输入工作功能

- 单次动作输入捕捉(SAIC)。
- 输入脉宽测量(IPWM)。
- 输入周期测量(IPM)。
- 脉冲/边沿累积(PEA)。
- 脉冲/边沿计数(PEC)。
- 可编程窗模式时间累积(WPTA)。
- 正交解码(QDEC)。

2. 通道输出工作功能

- 单次动作输出比较(SAOC)。
- 双重动作输出比较(DAOC)。
- 输出脉宽调制(OPWM)。
- 输出脉宽及频率调制(OPWFM)。
- 带有插入前后死时间的中心对齐输出脉宽调制。
- 通用 I/O。

每一个标准规格通道还提供一种模式化计数(MC)功能。该功能并不和通道的外部输入/输出引脚相连，用于产生周期性中断或给通道提供时钟基础。

本章中将对每一种功能都将进行介绍。不过首先再对 EMIOS 的标准规格通道的基本结构做一番介绍。

标准规格通道可以被配置为输入或输出。在输入模式时，引脚上的信号通过可编程数字滤波器进入边沿逻辑检测单元。当检测到输入信号边沿时，首先捕捉其至寄存器 B 中。当检测到第二个输入信号沿时，捕捉其至寄存器 A 中。通道状态标志位被置 1 并向处理器发送中断请求或选择 DMA 传输请求。DMA 可以将通道寄存器的数据转发至系统存储队列中。

在连续输出事件匹配模式中，软件在相应通道的寄存器 A 和 B 中写入两个延时值。寄存器 A 中的延时值定义了脉冲的上升沿，寄存器 B 中的延时值定义了脉冲的下降沿。当选定时钟基础的计数器增加至寄存器 A 的值时，匹配事件触发使得输出所需的逻辑电平。在每个时钟脉冲到来时，计数器会继续增加，当其等于寄存器 B 的值时，第二个匹配事件触发使得输出相反的逻辑电平。此时通道标志位被置 1 并向处理器发送中断或发送 DMA 请求。DMA 通

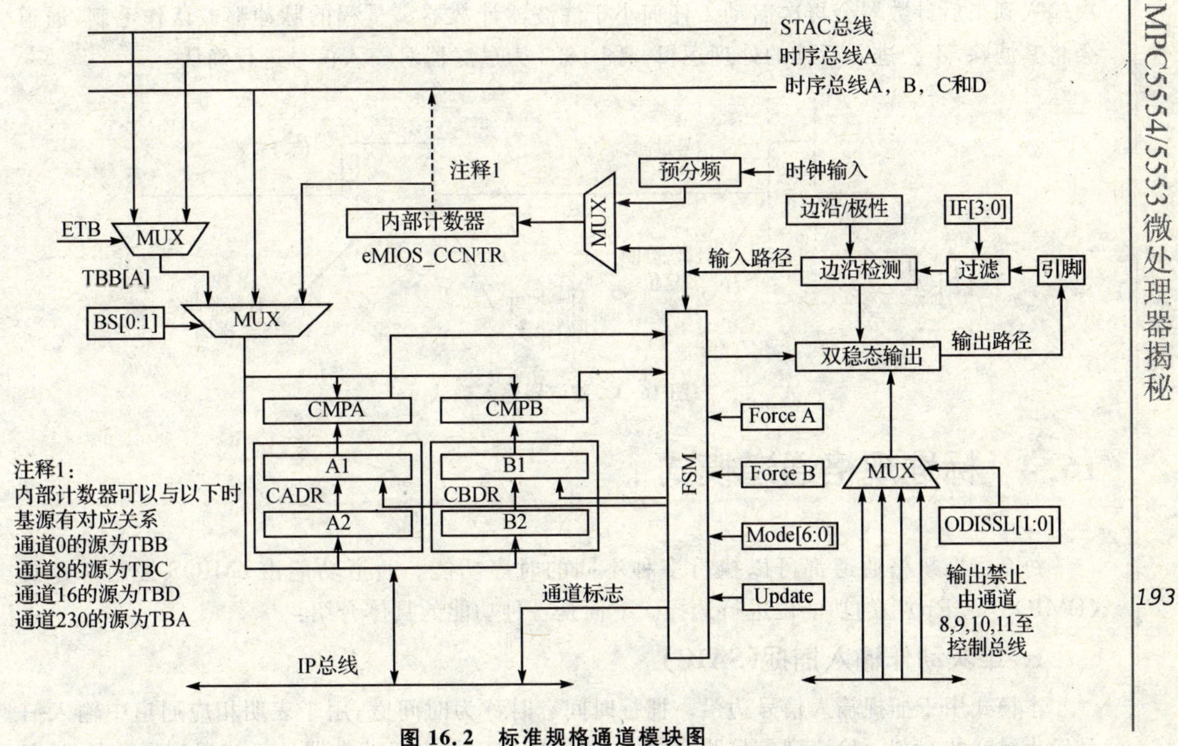

图 16.2　标准规格通道模块图

道可将系统存储队列里的值发送至通道寄存器中来输出一系列连续信号。

到目前为止，所讨论的标准规格通道的连续事件匹配功能还没有涉及任何特定的工作功能。

标准规格通道的时钟基础选择由总线选择控制位来决定，见表16.1。

表 16.1　标准规格通道的时钟基础总线选择

总线选择 BSL[1:0]	时钟基础选择
0 0	计数器总线(A)
0 1	通道 0 至 7：计数器总线(B)， 通道 8 至 15：计数器总线(C)， 通道 16 至 23：计数器总线(D)
1 0	禁用
1 1	内部计数器

3. 通道输入滤波单元

当通道被配置为输入时，输入信号可以通过输入滤波器来去除持续时间小于预期输入周期的干扰信号。当信号状态发生改变时，滤波器内的5位计数器在输入信号保持稳定时开始计数。如果过滤器中的计数器溢出，则信号状态通过了滤波单元，其电平状态传递到后续的边沿检测逻辑。

注意： 输入信号至少要持续4个系统时钟周期，否则将无法被输入通道所识别。

如果在过滤器计数器溢出之前，相反的边沿逻辑出现在引脚上，则计数器会复位。在下一次输入到来后计数器会再次启动。任何小于滤波器计数器满量程的脉冲都被认作毛刺，通道会将其滤除，不会进入后续的处理逻辑。图 16.3 为过滤器对输入信号进行确认。

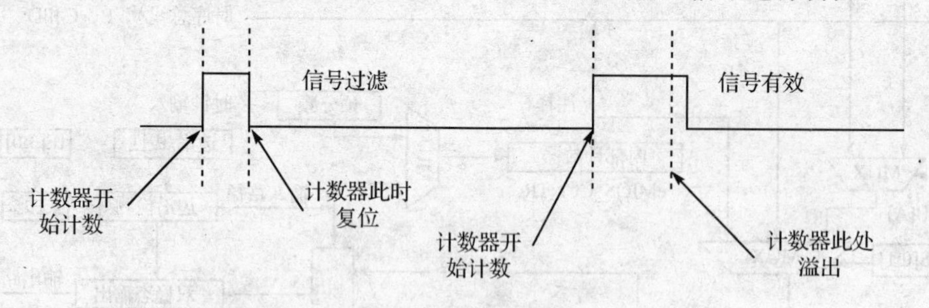

图 16.3 滤波器输入确认

16.4 标准规格通道模式

每个标准规格通道都可以执行多种不同的时序功能。通道功能由 eMIOS 控制寄存器(EMIOS_CCRn)中的功能位进行选择。下面是各种功能的具体介绍：

1. 单次动作输入捕捉(SAIC)

本模式用于捕捉输入信号边沿。捕捉时间有时称为时间戳，用于表明相应通道中输入信号发生跳变的时刻。检测到信号跳变时，将通道所使用的时基计数器的值捕捉到通道的 A 寄存器中并设置状态标志位。状态标志可用来向处理器产生中断请求，或向 DMA 控制器发送 DMA 传输请求。

如果通道被配置为产生中断请求，中断处理程序可以读取寄存器 A 中的捕获时间，并将其存储至系统存储器中。当第二个信号沿到来时，通道会捕捉其边沿时间，并向处理器发送中断请求。中断处理程序会用第二次的捕获时间减去第一次的捕获时间，以计算脉冲宽度或两次跳变的时间间隔。软件在退出中断服务程序之前必须将标志位清零。如果不清零，在退出控制器后处理器会发现上一次的事件一直处于待处理的状态。

在通道控制寄存器(EMIOS_CCRn)中设置 EDPOL 和 EDSEL 位可以配置输入捕捉究竟是由上升沿、下降沿或共同触发。

2. 输入脉冲宽度测量(IPWM)& 输入周期测量(IPM)

标准规格通道支持双重连续动作，允许在处理器干预前捕捉两个信号边沿，只向处理器发送一次中断，以减少软件开销。标准规格通道利用硬件进行连续两个边沿的捕捉，可以测量非常窄的脉冲。

在 IPWM 模式中，通道将检测到的第一个信号沿捕捉至缓存寄存器 B2 中，此时通道不再有其他动作；检测到的第二信号沿被捕捉至缓存寄存器 A2 中，同时暂存在 B2 中的前一个值会被发送至缓存寄存器 B1 中，通道标志位置 1 并发送中断请求。由 B2 到 B1 的转存操作使得通道仍然可以立刻捕捉下一个信号沿到 B2 中，这样就构成了双缓存机制。如图 16.4 中输入脉宽测量的示例，双缓存机制为软件提供了足够的时间在第二个脉冲的第二个边沿到来前进行操作，而不会导致数据丢失。软件读取两个捕获值，用第二个减去第一个来得到两次跳变间的间隔。应用软件在输入脉宽测量期间必须同时进行时基计数的溢出判断。当通道 FLAG

标志位置1时，如果产生了新的输入捕捉事件，寄存器A2和B1将会更新至最新值，FLAG保持置1状态。读取标准规格通道的CADRn和CBDRn值会返回对应寄存器A2和B1的捕捉值。

输入脉冲前边沿的极性由通道控制寄存器CCRn中的边沿极性(EDPOL)位所决定。

通道逻辑两次捕获值寄存器的连贯读取进行保护，当读取了CADRn寄存器后，在没有读取CBDRn之前将禁止B2和B1寄存器间的传输。在读取CBDRn之后，重新允许从B2向B1传输数据。

前面提到过，寄存器B1和B2都映射至CBDR。这表明软件只能访问寄存器CBDR。图16.4中解释了寄存器B1/B2的双缓存机制。

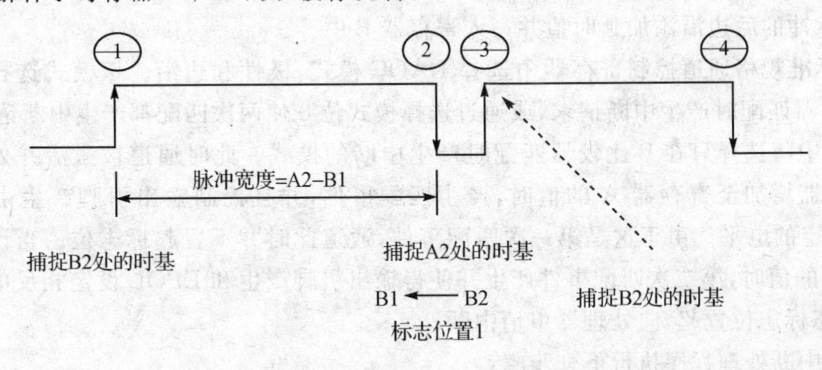

注释：由于双缓存的作用，软件在脉冲边沿4之前的1和2时读取捕捉脉冲不会出现信息丢失的情况。

图16.4 输入脉冲宽度测量(IPWM)

输入周期测量(IPM)操作与IPWM测量类似，但IPM并不捕捉输入信号相反极性的信号沿，而是其捕捉相同极性的连续信号沿。IPM模式允许捕获2个连续上升沿或2个连续下降沿来对输入信号的周期进行测量。EMIOS_CCRn寄存器中的EDPOL位定义了所捕获边沿的极性。

3. 单次输出比较(SAOC)

如果应用需要在每次发生匹配事件，输出引脚发生状态变化时都通知处理器进行处理的情况下，可选用本模式。将单次输出比较的匹配值写入寄存器A2，然后这个值自动传输至寄存器A1，并与所选时基的计数器进行比较。当发生匹配时，引脚状态将根据EDSEL位的设置进行翻转或是根据EDPOL位的设置输出相应电平，同时通道FLAG置1来表明发生了输出比较匹配事件，并向处理器发送中断。向CADRn寄存器写入的值存储于寄存器A2中，读取CADRn将返回寄存器A1的值。通过向eMIOS通道再写入新的匹配值可产生连续的时序或脉冲。

软件向CCRn寄存器的FORCMA位写入1，可以模拟产生一个输出比较匹配事件。强制产生的输出比较并不会将通道中断标志位置1，因此也不会向处理器产生中断。

4. 连续输出比较(DAOC)

连续输出比较模式常用于产生非常狭窄的脉冲或周期信号，最短可达两个系统时钟周期。

满足比较器A和B的比较匹配会产生对应输出信号的前边沿和后边沿。当DAOC模式刚被使能时，两个比较器都被禁用，直至处理器或DMA写入寄存器A和B。一旦向两个寄存器写入后，比较器A和B都会被使能，直到发生对应的匹配事件。

该模式向寄存器A和B写入两个不同的延时值，从输出引脚产生两个跳变边沿。寄存器A的值代表脉冲的前边沿，寄存器B的值代表脉冲的后边沿。

通道的输出引脚在比较器A发生匹配时输出EDPOL字段设定的电平值，并在比较器B发生匹配时输出EDPOL的相反电平值。匹配发生后自动禁止比较器，以防止通道逻辑产生不必要的输出脉冲。比较器只有在寄存器A和B都再次写入值时才会重新使能，产生第二个输出脉冲。软件必须执行下列步骤来建立通道的双输出比较：

① 读取选所通道的时钟基础。

② 为脉冲的前边沿添加延时值并写入寄存器A中。

③ 为脉冲的后边沿添加延时值并写入寄存器B中。

④ 在标准规格通道控制寄存器中选择DAOC模式，极性和边沿。该模式选择允许通道只在B比较器匹配时产生中断请求，或通过选择模式位0使两次匹配都产生中断请求。

本示例中将选择只在B比较器匹配时产生中断的模式。此时通道被激活并处于运行状态。当计数器增加至寄存器A的值时，产生匹配事件，并且控制输出引脚产生由边沿极性EPOL所决定的电平。由于这是第一次匹配事件，通道此时并不置起标志位。当计数器增加至寄存器B的值时，第二次匹配事件产生并使得输出引脚产生和EPOL设定相反的电平。同时，通道状态标志位置起，向处理器申请中断。

相应的中断处理程序执行下列步骤：

① 读取寄存器B中的匹配时间，再加上下一次预期跳变的间隔时间，将其和存储至寄存器A中。

② 将第一步得到的值，再加上预期的第二次跳变的间隔时间，并写入寄存器B中。寄存器A和B中的值对应决定了下一次输出脉冲的前边沿和后边沿。

③ 在从中断控制器返回之前，向通道中断请求标志位写入“1”对其进行清零。

以上过程可重复产生一系列的脉冲。图16.5为双重动作输出比较示意图。

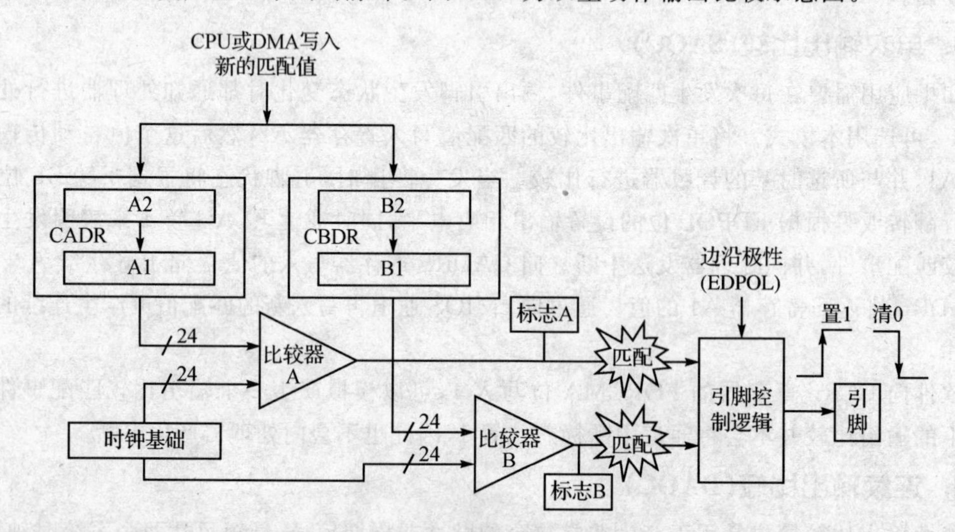

图16.5 双重动作输出比较(DOAC)

软件将CCRn寄存器的FORCMA或FORCMB位置起，可以模拟产生比较器A和比较器B输出比较匹配事件。模拟产生的输出比较并不会将通道中断标志位置1,因此也不会向处理器产生中断。

5. 脉宽及频率调制(OPWFM)

脉冲宽度与脉冲频率在许多应用中都需要使用,电机控制、音调产生,单次和连续脉冲生成都可以使用脉宽调制。

在产生PWM信号时,脉冲信号的占空比写入寄存器A,脉冲信号的周期值写入寄存器B。会自动选择内部计数器作为通道时基,因此EMIOS_CCRn寄存器中的BSL[1:0]位不起作用。当比较器A匹配时,根据EDPOL位的值输出指定电平;当比较器B发生第二次匹配时,根据EDPOL位值进行输出相反电平。内部计数器在寄存器B发生匹配时清零,并从0x000000重新计数,如图16.6所示。只要通道处于使能状态,寄存器A与B的匹配事件会持续产生波形。软件可以通过将Mode[1]位置1或清零,可以设置仅在比较器B发生匹配或比较器A和B匹配时都向处理器产生中断。用户也可以选择禁止中断并允许通道以相同周期和占空比产生持续输出脉冲。此外,还可以将内部存储器队列中的周期和占空比值用DMA通道传输至定时器寄存器A和B中,使能DMA通道即可允许eMIOS通道在没有软件干预的情况下产生复杂的波形。

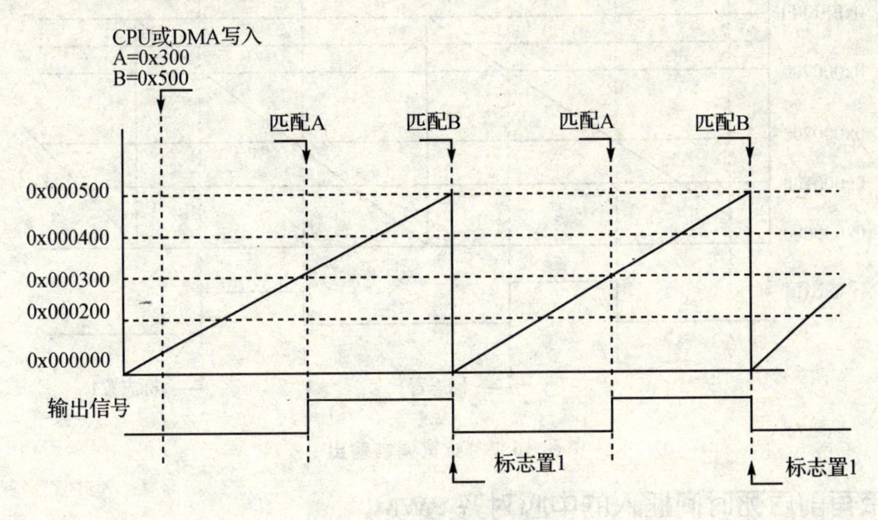

图16.6 脉宽及频率调制

在此模式中,占空比可以是0%和100%。将寄存器A和B写入相同值可产生0%的占空比。当B匹配发生时,输出会在每个脉冲周期都输出EDPOL的值。为了得到100%的占空比,需要向寄存器A写入0x00000000,通道输出EDPOL的相反值(此处原文有误,经过查阅芯片文档后更正。译者注)。

再发生任意一次匹配时都可以更新两个寄存器的值。

6. 脉冲宽度调制输出(OPWM)

OPWM可用于产生周期固定但占空比变化的PWM信号。周期由计数器的最大值决定。在本模式中,自由运行计数器在新周期启动前从0x000000向0xFFFFFF累加。为产生PWM信号,软件应该写入寄存器A和B。当计数器增加至寄存器A的值时,比较器A匹配事件使得输出EDPOL的值,当比较器B匹配发生时,输出EDPOL的相反值。两次匹配决定了输出信号的脉宽。

当 MODE[1]清零，状态标志位在发生比较器 B 匹配时置位；当 MODE[0]置 1 时，两次匹配都可将状态标志位置位。状态标志位置起的同时，可选择向处理器发送中断或 DMA 传输请求。

当标志位置起时，如果比较器 A 和 B 随后仍然有匹配事件，PWM 脉冲会持续产生。

为得到 100%占空比，寄存器 A 和 B 必须设置为相同值。软件可以在任意时刻通过置起 FORCMA 和 FORCMB 位强制输出引脚产生由 A 和 B 匹配应产生的相应电平。FORCMA 和 FORCMB 操作中，通道标志位并不置 1。

当发生连续的 A 和 B 匹配时，会根据边沿极性(EDPOL)位的设置产生连续的脉冲输出。

图 16.7 为 OPWM 波形以及比较器 A 和 B 匹配时的引脚动作。软件可以关闭向处理器或 DMA 的请求，允许标准规格通道在不需要软件干预的情况下产生连续 PWM 信号。

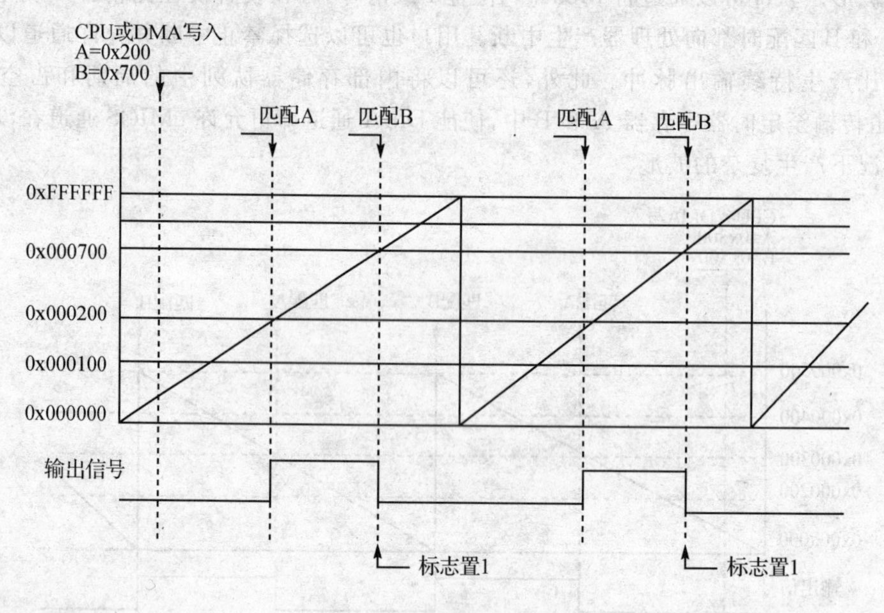

图 16.7 脉宽调制输出

7. 带有前后死时间插入的中心对齐 PWM

中心对齐方式允许用户在脉冲前或脉冲后插入自定义的“死时间”。将 2 路标准规格通道配置带有死时间插入的 PWM 功能，连接至 H-bridge 电路，可用于驱动伺服电动机。带有死时间插入的 PWM 模式可以防止破坏性的电流对 H-bridge 电路造成损坏。

图 16.8 为用于驱动电动机的 H-bridge 电路。在本例中，假设晶体管 Q1 和 Q3 目前处于导通状态。如果在 Q2 和 Q4 导通的同时 Q1 和 Q3 截止，则这个过程中有可能会损坏晶体管甚至电源，因为高低边的切换延迟可能出现电源和地的瞬间短路，导致晶体管被击穿。

死时间的插入补偿了晶体管的切换延迟并防止了击穿电流的出现。

在前边沿插入死时间，PWM 输出占空比为通道寄存器 A 与 B 的差值。在后边沿插入死时间，PWM 输出占空比为通道寄存器 A 与 B 的和。Mode[0]位用来选择使用前边沿还是后边沿插入死时间。

使用标准规格通道产生中心对齐 PWM 信号，需要通过 BSL[1:0]位字段选择计数器总

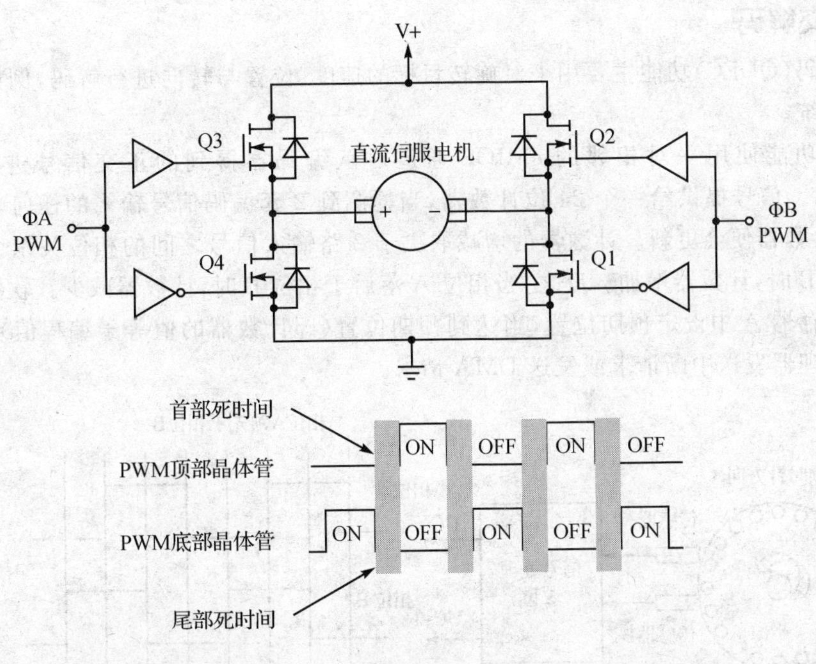

图 16.8　直流电动机 H—bridge 驱动以及 PWM 信号时序要求

线，这种模式下的计数器必须运行于双向计数模式。

寄存器 A 包含 PWM 信号的理想占空比，并与所选的计数器总线时基进行比较。寄存器 B 包含死时间长度，并与通道内部寄存器进行比较。

在前边沿插入死时间时，寄存器 A 与所选时基的第一次匹配会清除内部计数器，输出和 EDPOL 位设定值相反的电平值，并使用内部计数器作为通道时基。当寄存器 B 与内部计数器匹配时，将产生匹配并输出 EDPOL 位所设定的电平值，时基再次切换成回计数器总线。只要通道保持使能，就会一直输出这样的脉冲序列。

在后边沿插入死时间时，寄存器 A 与所选时基的第一次匹配会触发输出 EDPOL 位的值。在下一次寄存器 A 与所选时基匹配时，内部计数器清除并且作为时基计数器。当寄存器 B 与内部计数器的时基匹配时，将触发输出 EDPOL 位的相反值，时钟基础再切换回所选的计数器总线。

当 MODE[1]被清零时，PWM 后边沿输出信号会将通道标志位置 1；当 MODE[1]被置 1 时，前后边沿都会将通道标志位置 1。如果中断使能，将会向处理器发送中断请求。

8. 具有输出信号屏蔽功能的输入端口

软件可以将标准规格通道 8、9、10 和 11 设置为“具有屏蔽 eMIOS 和 eTPU 输出功能”的输入通道。如果使用该模式，这几个标准规格通道的标志位 FLAG 置起时，会立刻关闭指定的 eMIOS 和 eTPU 通道的输出。屏蔽信号是在模块内部产生的，因此关闭操作只会延迟几个时钟周期，用于对输入信号进行必要的滤波和验证。该模式可用于在电动机停机时快速将其关闭，以防止产生过大的电流。当软件清除这几个通道的标志位时，相关的输出通道会被重新启用，并且工作于正常的输出状态。这个功能可以提供一个不需要软件干预的实时紧急关闭功能。

9. 正交解码

正交解码(QDEC)功能主要用来对旋转目标的速度、位置与转向进行解码,例如电动机与运动控制系统。

QDEC 功能使用一对相邻的 eMIOS 通道对从编码器得到的正交信号进行解码,如图 16.9所示。信号提供给一个 24 位计数器,当检测到 2 套编码信号输入的任何 1 个发生有效传输时,计数器便会更新。计数器的增减取决于 2 路输入信号之间的相位关系。当相位 A 超前于相位 B 时,计数器增加。反之,当相位 A 落后于相位 B 时,计数器减少。软件在标准规格通道的寄存器 A 中设定预期位置,当达到预期位置(即计数器的值等于编程值)时,标志位置 1 并向处理器发送中断请求或发送 DMA 请求。

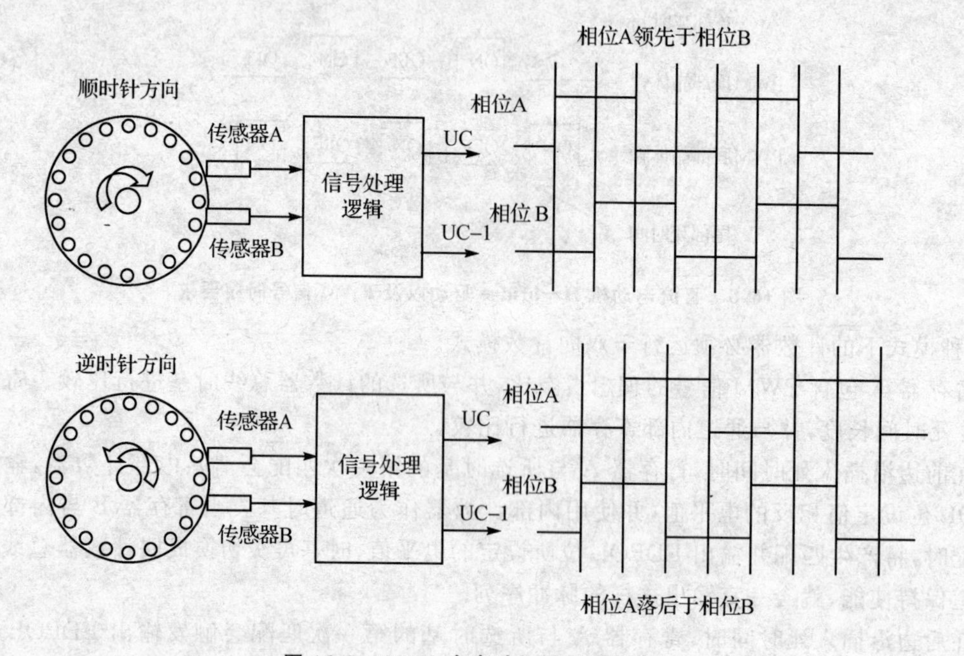

图 16.9　QDEC 在电动机控制中的应用

eMIOS QDEC 还有一种模式可以工作在双向计数器状态,其计数方向由输入方向信号控制。在该模式中,标准规格通道 n 的输入引脚必须连接方向信号,标准规格通道 $n-1$ 的输入引脚必须连接编码器的计数信号。

标准规格通道 n 的 EDPOL 位用于设定方向信号电平和计数方向的对应关系,标准规格通道 $n-1$ 的 EDPOL 位用于设定计数器的计数沿是上升沿还是下降沿。

10. 脉冲边沿积累(PEA)

在汽车及工业应用中,有时会需要对事件进行计数来对移动物体进行寻迹。例如曲轴上的齿数,或是流水线上的产品数量。

eMIOS 通道的脉冲边沿积累(PEA)功能可以检测并计量输入事件的个数,并且测量由第一个到最后一个输入事件之间的时间。

为了启用脉冲累积,软件将需要达到的累积值写入通道寄存器 A 中。在出现第一个脉冲边沿时,清零通道内部计数器并开始计数。同时,检测到第一个边沿时,还将当前的通道时基数值锁存到寄存器 B 中。当达到所需的累积计数脉冲后,会产生内部计数器与寄存器 A 之间的匹配事件，此时会将当前的通道时基数值锁存到寄存器A中，并设置通道状态标志位，向处理器发送中断请求。

在捕捉第一次和最后一次输入边沿后，应用软件用寄存器A的值减去寄存器B的值可计算出计数所需的时间。

PEA模式通过Mode(0)位来选择单次计数或是持续计数。在连续模式中，通道操作在当前累积计数完成后立刻重复。反之则只进行一次累积计数。

11. 脉冲边沿计数(PEC)

本模式与PEA功能类似，但事件的计数是由可编程的启动和停止时间来决定的。寄存器A用于保存计数启动时间，寄存器B用于保存计数停止时间。在向寄存器A和B写入启动和停止时间后，当比较器A发生匹配事件时，内部计数器清零并准备计数；当比较器B发生匹配事件时，内部计数器停止计数，并置起通道标志位。读取通道计数寄存器会返回检测到的输入脉冲数。

比较脉冲边沿计数和脉冲边沿积累模式，在没有任何有效计数脉冲时，脉冲边沿计数总能在指定的时间窗口到达后发出状态请求，而脉冲边沿积累模式在没有达到预设的脉冲计数时，将不会产生任何状态请求。

12. 通用I/O(GPIO)

复位后，所有的eMIOS通道均默认为通用I/O。eMIOS引脚为多功能复用引脚，每个引脚都可以配置为标准规格通道功能或是通用输入/输出。引脚功能分配由系统集成单元(SIU)中的引脚配置寄存器控制。即使引脚被分配至SIU内的eMIOS通道，通道模式仍然可以选择GPIO功能而非通道功能。如果引脚被配置为GPIO，软件可以通过访问SIU通用数据输入(SIU_GPDI)来读取输入引脚状态，或通过写入系统集成模块通用数据输出寄存器(SIU_GPDO)来控制引脚输出状态。

将GPIO模式作为一种eMIOS功能的原因，是为了防止改变通道模式时，输出信号出现毛刺。在更改操作模式前，推荐通过软件先将通道切换至GPIO模式。此时修改CADRn和CBDRn寄存器中的参数值是安全的，然后通过写入通道CCRn寄存器来选择新的操作模式。如果通道模式不按以上过程更改，将有可能产生不必要的毛刺。

16.5 eMIOS全局配置

本节首先介绍eMIOS模块配置寄存器(EMIOS_MCR)，然后介绍标准规格通道的控制和状态寄存器。eMIOS模块配置寄存器格式如图16.10所示。

① MDIS——模块禁用。

在不使用eMIOS模块时，软件可以将该位置1以降低功耗。当该位置1时，通道硬件的时钟被关闭，但eMIOS寄存器仍旧可以访问。

② GTBE——全局时基使能。

在EMIOS_MCR中将GTBE位置1会使能eMIOS和两个eTPU的时钟基础，并允许其同步启动。该位在ETPU_MCR中有镜像，与EMIOS_GTBE功能相同，都可以在初始化时立刻同步所有的定时器。换句话说，将eMIOS GTBE位置1同样会将eTPU GTBE位置1，反

图 16.10 eMIOS 模块配置寄存器(EMIOS_MCR)

之亦然。

③ ETB——外部时基使能。

软件将该位置 1 可以引入 eTPU 时钟基础,这在计数器总线 A 中称为共享定时/转角计数总线(STAC)。该位默认将时钟总线 A 分配至 eMIOS 通道 23 的内部计数器。

④ GPREN——全局预分频使能。

该位必须设置为逻辑 1 才可以使能 eMIOS 全局分频器,向通道的内部计数器提供时钟。

⑤ SRV[3:0]——服务端时间槽。

SRV 位选择由 eTPU_A 或 eTPU_B 驱动的特定服务端来提供角度信息。如果使用该功能,eMIOS 将会监听由 STAC 总线驱动的角度信息。更多信息请参阅第 17 的相关内容。

⑥ GPRE[7:0]——全局分频位。

在系统时钟用于时基计数器之前,该 8 位字段将系统时钟分频,分频值由 1~256。

16.6 标准规格通道配置

每个标准规格通道都有 5 个寄存器来控制通道的配置与操作。这些寄存器是 EMIOS_CCNTRn、EMIOS_CADRn、EMIOS_CBDRn、EMIOS_CCRn 和 EMIOS_CSRn。下面将这些寄存器做简单的介绍。

计数器寄存器(EMIOS_CCNTRn)是 1 个只读寄存器,包括有当前通道内部计数器的值。

根据具体的功能,模式寄存器 A(EMIOS_CADRn)包含内部寄存器 A1 或 A2 的值,复位时 A1 和 A2 清零。同样的,根据具体功能,模式寄存器 B(EMIOS_CADRn)也包含内部寄存器 B1 或 B2 的值,复位时 B1 和 B2 清零。

控制寄存器 n(EMIOS_CCRn)用来控制标准规格通道的输入/输出操作。图 16.11 为各个位的介绍说明。

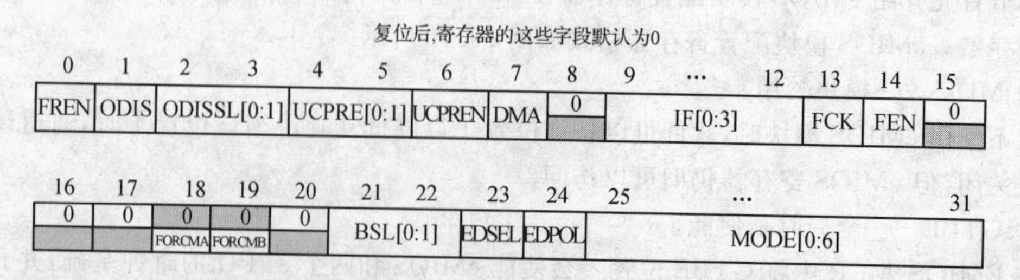

图 16.11 eMIOS 控制寄存器(EMIOS_CCRn)

(1) ODIS

除GPIO模块外，ODIS控制位可以在其他任何输出模式中禁用输出引脚。该功能的具体介绍参见“具有输出信号屏蔽功能的输入端口”小节。

(2) ODISSL[1:0]

这个字段设置能够对本通道输出信号进行屏蔽的输入通道的编号，ODISSL的值和输入通道编号的对应关系如表16.2所列。

表16.2　禁用输出的输入信号连接表

eMIOS Input Channel	ODISSL Value
8	3
9	2
10	1
11	0

(3) UCPRE[1:0]

该字段在时钟应用于通道计数器之前将时钟预分频1～4，并且允许每路通道为其内部计数器选择时钟。图16.12为每1路标准规格通道可用的时钟选择。注意到全局预分频器的输出是作为所有通道计数器的输入时钟。如果全局预分频器和标准规格通道预分频器的分频值都设置为1时，标准规格通道的时钟与系统时钟相同。

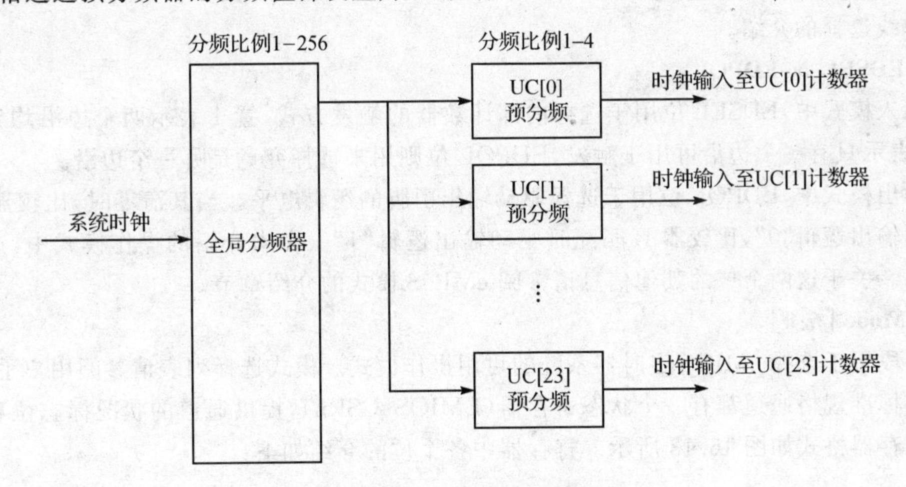

图16.12　通道时钟选择

举例说明：

在系统时钟为80 MHz时，为通道0提供8 MHz的内部计数频率，为通道16提供4 MHz内部计数频率的步骤如下：

- 将全局预分频器的分频值设置为5，则会产生16 MHz的全局时钟。
- 将UC0预分频器的分频值设置为2，则会将全局时钟2分频后提供给通道0。
- 将UC16预分频器的分频值设置为4，则会将全局时钟4分频后提供给通道16。

(4) DMA

DMA控制位提供向处理器产生中断请求或是向DMA通道产生传输请求的选项。该位默认值为“0”，在通道标志位置1时选择产生中断请求。当EMIOS_CCRn寄存器中的标志使能(FEN)位设置为逻辑“1”时，才能使用中断请求或DMA传输请求。产生的信号类型由DMA控制位决定。另外，只有下列15个eMIOS通道拥有相应的DMA通道：eMIOS通道0－4，6－11，16－19。其他的eMIOS通道不支持DMA传输，其DMA控制位只能是默认值“0”，不能对其更改。

(5) IF[0:3]和 FCK

这两个字段用于在 EMIOS 通道配置为输入时，使能并控制数字输入滤波器的操作。输入滤波器的 3 位字段用来选择可以通过滤波器的最小脉宽，范围在两个滤波器时钟到 16 个时钟。滤波器时钟(FCK)控制位设置滤波器的时钟源，时钟源可以是经过预分频的时钟(该位清零)或是直接由系统时钟提供(该位置 1)。滤波器有 3 个时钟周期的延迟，将 IF 字段全部写入 0 可以禁用滤波器。

(6) FORCMA 和 FORCMB

为了向系统提供输出通道的完全控制权，可以使用 FORCMA 和 FORCMB 控制位来操作强制匹配比较器 A 和强制匹配比较器 B。当其置 1 时，启用强制比较功能。该位在复位时被清零，其读取的返回值恒为 0。FORCA 和 FORCB 控制在每个使用比较器 A 和 B 的输出操作模式中都可以应用。

(7) BSL[1:0]

该 2 位用于标准规格通道选择计数器总线或是内部计数器。更多信息请参阅表 16.1 关于时基总线选择的介绍。

(8) EDSEL & EDPOL

在输入模式中，EDSEL 位用于选择内部计数器的触发方式，置 1 表示两个边沿均导致触发，清零表示只有一个边沿可用于触发，EDPOL 位则用来选择究竟是哪一个边沿。

在输出模式中，EDPOL 位用于选择驱动输出引脚的逻辑电平。当其清零时，比较器 A 匹配时驱动输出逻辑“0”，比较器 B 匹配时驱动输出逻辑“1”。在未介绍的操作模式中，这些位不起作用。关于这两个位的其他信息请参阅 eMIOS 模式的介绍章节。

(9) Mode [6:0]

该字段用于选择 eMIOS 定时器系统的可用操作模式。模式选择列表请参阅用户手册。

每路标准规格通道都有一个状态寄存器(EMIOS_CSRn)，提供通道的状况标志位和引脚状态。寄存器格式如图 16.13 所示。寄存器中各个位的介绍如下：

0	1						…							15
OVR	0	0	0	0	0	0	0	0	0	0	0	0	0	0
OVRC														

16	17				…						28	29	30	31
OVFL	0	0	0	0	0	0	0	0	0	0	0	UCIN	UCOUT	FLAG
OVFLC														FLALC

图 16.13　通道状态寄存器(EMIOS_CSRn)

(1) OVR

当上一个请求仍旧处于服务状态时，标准规格通道产生了新的中断或 DMA 请求，则该位置 1。此时软件需要采取适当的处理动作并将 OVR 标志位写入逻辑“1”对其进行清零。

(2) OVFL

当标准规格通道的内部计数器溢出时该位置 1。在测量输入信号时用于向软件提示计数器已发生翻转。但该标志位的置 1 并不产生中断请求。软件需要记录计数器翻转的次数来精确测量输入信号。

(3) FLAG

当标准规格通道检测到传输事件，或标准规格通道发生输入/输出匹配事件时该位置1。软件需要向其写入逻辑"1"来对其进行清零。如果标准规格通道产生DMA传输请求，在DMA通道传输完成后会自动将其清零，表明请求任务已被处理完。

(4) UCIN，UCOUT

通道引脚状态位UCIN和UCOUT允许软件访问以查询引脚的当前逻辑电平。在外部逻辑的驱动能力过强而有可能将引脚电平改变时，该功能会非常有用。UCIN反映输入引脚的状态，UCOUT反映输出引脚的电平。

下面的例子逐步配置UC_0用于执行连续双重输出比较功能。通道引脚在第一次匹配时输出高电平，在第二次匹配时输出低电平。程序会在所选计数器频率的基础上输出20%占空比的方波。

```
//**********************EMIOS初始化函数例程**********************
 #include "mpc5554.h"
 #define delay_1 0x100
 #define delay_2 0x400
 void siu_init_function(void)
 {
     SIU.PCR[179].R = 0x0E00;                    //引脚配置寄存器 - PCR[179]
 //第4和5位：主要功能 - eMIOS通道0用于输出
 //第6位：输出缓存 - 使能
 }
 void init_EMIOS0_DAOC (void)
 {
     vuint32_t Match_1;
     vuint32_t Match_2;
     siu_init_function();
 EMIOS.MCR.R = 0x14000500;                       //使能全局时基和预分频。选择系统全局分频值为5。
 EMIOS.CH[0].CCR.B.FEN = 0x01;                   //选择通道时钟为全局时钟3
 EMIOS.CH[0].CCR.B.UCPRE = 0x02;                 //选择通道时钟为全局时钟的1/3
 EMIOS.CH[0].CCR.B.UCPREN = 0x1;                 //使能UC预分频并开启通道时钟
 EMIOS.CH[0].CCR.B.IF = 0x2;                     //选择输入过滤器为4个时钟周期
 EMIOS_CCR.UC0.B.FCK = 0x1                       //在输入过滤器中使用系统时钟
 EMIOS.CH[0].CCR.B.FEN = 0x1;                    //使能通道中断
 EMIOS.CH[0].CCR.B.BSL = 0x3;                    //通道中使用内部时钟基础
 EMIOS.CH[0].CCR.B.EDSEL = 0x0;                  //只在比较器B中设置通道标志
 EMIOS_CCR.UC0.B.EDPOL = 0x1                     //在第一次和第二次匹配时对应驱动通道引脚为高
                                                 //电平和低电平
 Match_1 = EMIOS.CH[0].CCNTR.R + delay_1;        //取得当前时间并计算第一次的匹配值
 Match_2 = EMIOS.CH[0].CCNTR.R + delay_2;        //计算第二次的匹配值
 EMIOS.CH[0].CCR.B.EDPOL = 0x1;                  //在第一次匹配时驱动引脚为高电平，第二次匹配
                                                 //时为低电平
 EMIOS.CH[0].CCR.B.MODE = 0x6;                   //选择DAOC并使能相应通道
 EMIOS.CH[0].CADR.R = Match_1;                   //在EMIOS_CADR寄存器中写入第一次匹配值时间
```

```
    EMIOS.CH[0].CBDR.R = Match_2;               //在 EMIOS_CBDR 寄存器中写入第二次匹配值时间
    }
    void DAOC_ISR (void)                        //UC0 的服务子程序
    {
    vuint32_t Match_1;
    vuint32_t Match_2;
    Match_1 = EMIOS.CH[0].CBDR.R + delay_1;     //计算第一次匹配值的时间
    Match_2 = EMIOS.CH[0].CBDR.R + delay_2;     //计算第二次匹配值的时间
    EMIOS.CH[0].CADR.R = Match_1;               //在寄存器 A 中写入第一次匹配值时间
    EMIOS.CH[0].CBDR.R = Match_2;               //在寄存器 B 中写入第二次匹配值时间
    EMIOS.CH[0].CSR.B.FLAG = 0x1;               //在返回主程序前清零 UC0 标志位
    EMIOS.CH[0].CSR.B.OVFL = 0x1;               //在返回前清零 UC0 标志位
    }
    //当使用整体的寄存器字段取代上面的位字段 C 代码时
    //通道控制寄存器 0 中可以通过一次写操作写入所有的控制字段
    void main(void)
    {
    INTC_InstallINTCInterruptHandler(DAOC_ISR, 51, 8);
    INTC.CPR.R = 0;
    init_EMIOS0_DAOC();
    while(1)
        {
        vuint16_t i; i = i + 1;
        }
    }
    //注释：当选择了某一种确定模式时，通道会开始使能并可以启动操作
```

第 17 章

增强型定时处理单元(eTPU)

17.1 eTPU 简介

增强型定时处理单元(eTPU)是基于 MPC500、M68300 和 M68HC16 系列处理器上集成的时间处理单元的改进扩展版本。和 TPU 一样,eTPU 是一个精简指令的处理引擎,用于完成和定时相关的硬件 I/O 端口处理任务。eTPU 可以完成非常高速和复杂的定时信号处理,而不需要处理器的参与。

MPC5500 系列是面向汽车和自动机车的应用而设计的,需要处理大量的定时通道。该系列的部分器件甚至集成了两个 eTPU 模块,MPC5554 就提供了两个 eTPU,MPC5553 只提供了一个 eTPU。每个 eTPU 模块包含了 32 个独立的 I/O 信号通道,每个通道包含两个匹配寄存器、两个捕获寄存器和两个比较器,可以处理连续双重事件。

eTPU 可以执行多种简单或复杂的定时功能,以满足具体应用的需要。例如可以参照特定的角度或定时让 I/O 通道输出脉冲信号,利用 I/O 通道来计数或测量复杂的输入事件,在输入通道和输出通道之间建立关联。每个 eTPU 通道都可以向处理器发出通道请求,而部分 eTPU 通道还可以向 DMA 控制器发出 DMA 请求。

17.2 eTPU 架构

图 17.1 显示了 eTPU 的基本结构和不同的组成部分。本节将简略说明这些部分,而在后面的章节将给出详细的说明。

主机接口单元(host interface block)提供了一组 eTPU 微引擎的通用寄存器和一组用于初始化的控制寄存器以及状态寄存器。

MPC5554 微控制器提供了 16 KB 的共享代码存储区 SCM(shared code memory)。该存储区对 CPU 来说是可以读写的,而对 eTPU 来说是只读的,用于提供微引擎的指令。在 eTPU 模块初始化期间,CPU 将 eTPU 二进制程序代码(选定的 eTPU 功能集)加载到 eTPU 代码存储器中。然后,eTPU 代码存储器就被锁住。一旦 eTPU 运行,代码存储器就只能由 eTPU 访问,而且为只读。当 CPU 试图访问 SCM 时将产生机器状态检查错误。

两个 eTPU 微引擎还共同使用一个三端口的数据交换空间,该空间用于在 eTPU 和 CPU 之间交换数据(参数、变量和结果)。两个 eTPU 微引擎也可以通过这个空间交换信息,不需要处理器或 DMA 的参与。

硬件任务调度器为 I/O 通道分配服务时间,保证所有的通道请求都能得到及时的响应并

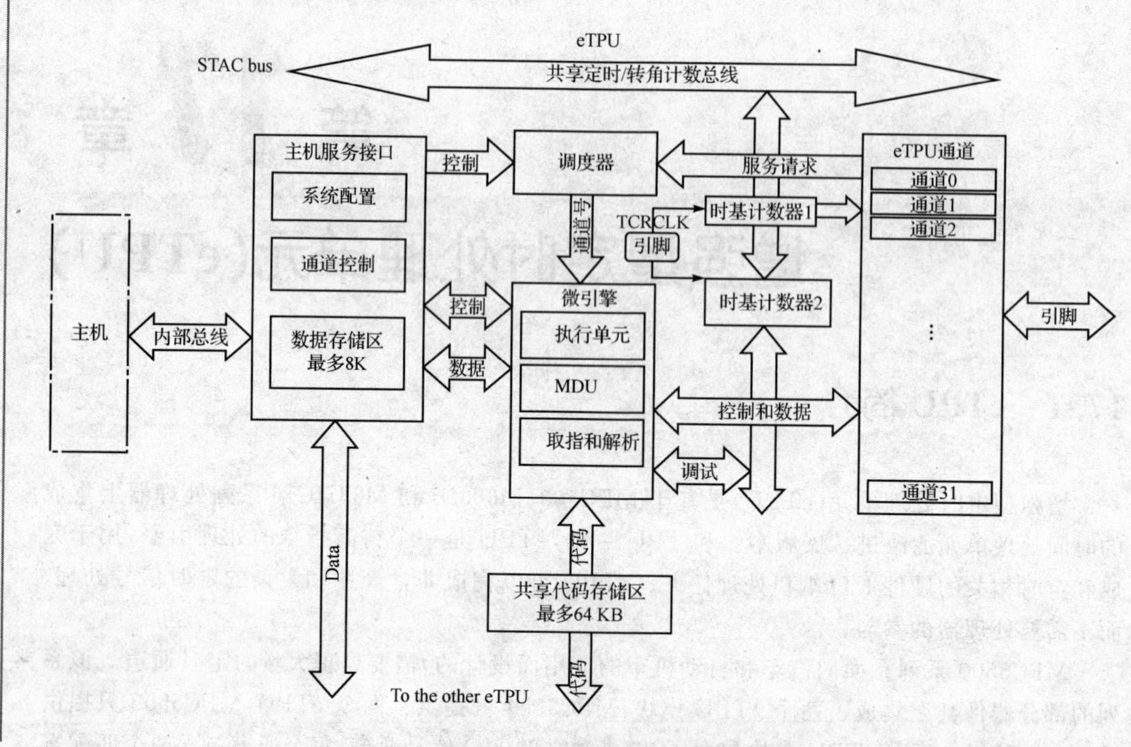

图 17.1　eTPU 的基本结构

按照预先设置的方式进行处理。需要服务的 I/O 通道向任务调度器置起请求信号，表明该通道有事件等待处理。调度器根据 I/O 通道的优先级和内部调度算法做出决定。处理器可以为每个使用的 I/O 通道分配高、中和低三个优先级。

微引擎的执行单元可以访问参数 RAM、配置通道硬件、读取时间信息、执行算术和逻辑运算、根据众多标志位进行条件跳转。其并行架构可以允许在一个指令周期执行多个操作。

时基计数寄存器 TCR1 和 TCR2 提供了固定的参考时间，所有的 I/O 通道都可以使用这个参考时基。这两个时基计数寄存器可以使用多种计数时钟。通过外部的 TCRCLK 引脚，可以使用一个外部的时钟信号来对 TCR1 或 TCR2 进行计数。系统时钟经过一个可编程的分频因子后也可以用来对 TCR1 和 TCR2 进行计数。eTPU 通过共享的定时/转角计数总线(Shared Time And Counter Bus，STAC)可以为包括处理器在内的整个系统的定时器提供统一的时间信息。

17.3　标准功能集

Freescale 在其公司的网站上提供了如下功能的 eTPU 代码：

飞思卡尔 eTPU 功能库			
一般定时任务	通信接口	引擎控制	电动机控制
通用 I/O	SPI	转角时钟	电动机控制 PWM 生成器
输入捕获	UART	摄像机解码	正交解码器
输出比较	带有 Float 控制的 UART	燃料控制	HALL 解码器
频率和周期测量	IIC	点火控制	电流控制器
脉冲/周期积加		转角脉冲	速度控制器
排队的输出匹配			PWSM 矢量控制
脉冲宽度调制			ACIM V/Hz 控制器
同步 PWM			ACIM 矢量控制
			DC 总线断路控制器
			模拟传感
			步进式电动机

相信 Freescale 还会进一步提供更多的功能。

功能代码的程序容量是需要仔细考虑的,不同的功能的代码容量从几十个字节到几千字节不等。所有这些功能的总代码量将远远超过器件实际提供的 16KB 容量。飞思卡尔网页上提供了一个编辑工具,仅将应用需要使用的特定 eTPU 功能的代码组织在一起。访问 www.freescale.com/eptu 网页可以获得这个工具以及其他更多的相关信息。

17.4 用户自定义功能

虽然 Freescale 提供了很多完整的 eTPU 功能,但根据应用的特定需求仍然经常需要开发自定义的 eTPU 功能。自定义的 eTPU 功能在很多场合可以避免使用昂贵的外部额外的硬件,例如 FPGA 或 ASIC。

可以使用 Byte Craft 公司提供的 eTPU 的 C 编译器来开发自定义的 eTPU 功能。eTPU 的程序由一系列 eTPU 事件的处理线程构成。例如将会有一个初始化线程,来处理主机服务请求的事件。

I/O 通道的输入引脚的信号跳变产生一次跳变事件,并由一个 eTPU 线程来处理。该线程可以使用保存在捕获寄存器中的跳变时刻信息进行一些计算,例如计算周期或更新累积高电平持续时间,并重新配置通道以捕获下一次跳变。

I/O 通道的输出功能使用匹配寄存器。可以设置在发生匹配时输出引脚的动作。匹配事件引发的处理线程可以更新匹配寄存器和输出引脚动作设置,这样就可以输出一个预先确定的信号脉冲。利用 C 语言编程,可以产生非常灵活和复杂的输出脉冲信号。

利用多通道功能可以在不同的 I/O 通道及引脚之间建立关联。这对很多应用是非常方便的,例如包含了数据和时钟信号的串行通信应用。最简单直接地处理多通道的方法是在一个 eTPU 线程中直接修改通道寄存器。通道寄存器所指定的通道将处于激活状态,对这些通道所进行的读写操作只影响被设置为激活的通道。

另外一个处理多通道的方式是设置通道关联,通道关联允许从一个通道发出请求到另外一个通道,要求该通道执行特定的动作。例如串行通信的时钟引脚产生跳变,其处理线程可以向对应的数据信号通道发出关联请求,这个关联请求会激活数据信号通道的相应处理线程,该线程就可以对数据信号进行判断,并得到一个串行通信数据位。

17.5 通道结构

根据微引擎提供的控制信息,每个通道由专门的硬件来处理匹配或跳变事件。每个通道可以选择从两个时基计数寄存器 TCR1 和 TCR2 获得时间信息。应用程序通过设置控制寄存器来确定 TCR 寄存器的计数频率,而 eTPU 的代码设置每个通道使用 TCR1,TCR2 还是两个都使用。所有的 eTPU 通道都具有相同的结构。在角度模式时,需要使用通道 0 来连接角度逻辑并提供额外的功能,这将在后面的章节讲解。所有的通道都可以运行任意功能,根据所使用的功能对应的引脚也可以相应设置为输入或输出。MPC5554/5553 部分 eTPU 通道的输入输出逻辑的信号连接到了单独的引脚上,这些通道可以同时执行输入和输出的功能。

系统初始化时,需要为每个通道设定功能,同时设定其优先级。频繁运行的功能应分配高优先级,而不经常使用的功能分配低优先级。

如图 17.2 所示,每个通道都包含了如下的一些寄存器:两个 24 位的匹配寄存器,两个 24 位的捕获寄存器和两个 24 位的大于等于比较器。

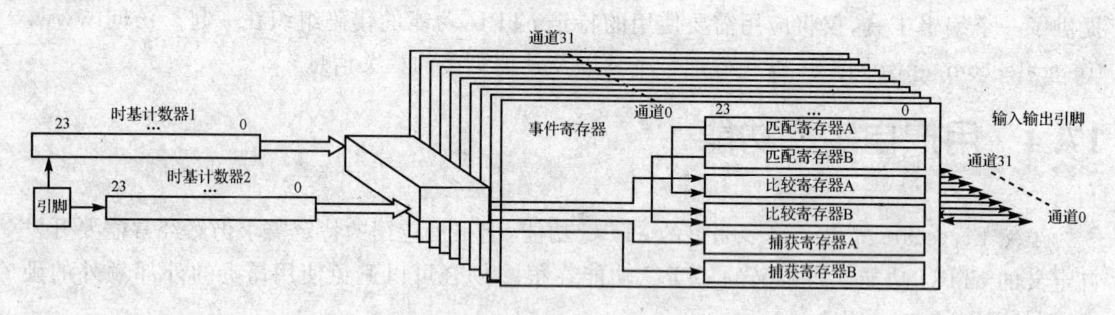

图 17.2 eTPU 通道寄存器

通过设置匹配寄存器 MatchA 和 MatchB,可以控制产生两个匹配事件。第一个匹配事件产生时,可以控制通道引脚输出电平;第二个匹配事件产生时,再取消引脚的输出电平。通过控制两个匹配事件的间隔,可以控制所产生的信号的宽度。如果只有一个匹配寄存器,当产生匹配事件后,需要微引擎处理才能设置下一个匹配事件,这就限制了所产生的脉冲的宽度。两组匹配寄存器可以设置双重事件,能够在不需要微引擎处理的情况下产生非常窄的脉冲。

两组捕获寄存器 CRA 和 CRB 用来存储信号发生跳变时的时间计数器的值。例如可以使用 CRA 记录信号从低电平跳转到高电平的时刻,用 CRB 记录后续的从高电平跳转到低电平的时刻,这样 CRB 和 CRA 的差值就是高电平的持续时间。两组捕获寄存器可以连续记录两次跳变时刻,而不需要微引擎的参与,这可以测量非常快速的信号。

如果已经发生了两次匹配事件,或者已经记录了两次跳变信号,这时通道会向微引擎发出服务请求,调度器将会给该通道分配一定的处理时间。

每个 eTPU 通道都包含匹配寄存器和捕获寄存器,用来完成波形产生和脉冲测量等任务。

通道服务请求服务如图 17.3 所示，当通道发生特定的事件时，会向调度器发出服务请求，要求分配的处理时间。有 4 种基本的请求类型。

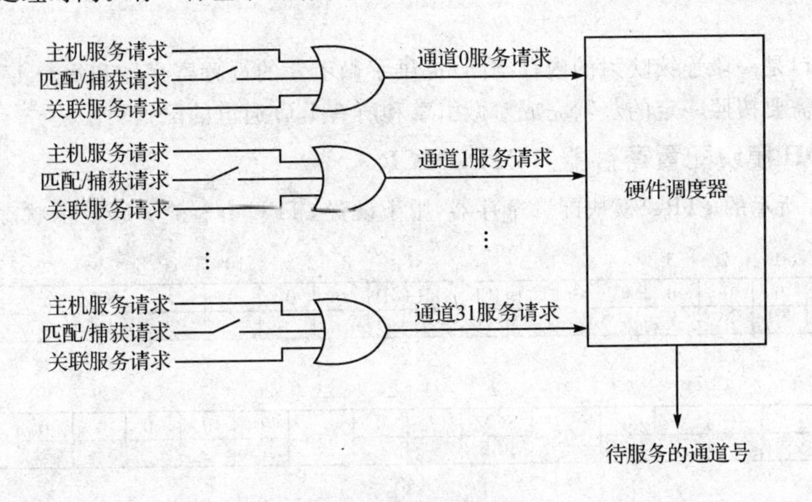

图 17.3　通道请求服务

第 1 种是主机服务请求(Host Service Request，HSR)，该请求是由主机发起的，具有最高的优先级。主机可以发出 8 个不同的请求。通常，主机请求用来完成通道初始化，或者进行通道设置的修改。例如使用第一个主机请求用于完成通道初始化，第二个请求用于通知主机修改了通道参数，第三个请求用于修改通道输出引脚的信号状态。主机通过写入特定通道的主机服务请求寄存器 CxHSSR 的 HSR 位域来申请服务，微引擎在完成服务后请求对应的请求位。HSR 位域提供了主机和 eTPU 之间的交互，主机在发出新的请求之前，需要查询 HSR 位域，确保上一个请求已经被 eTPU 微引擎处理完成。

第 2 种请求是匹配完成请求。当发生了一次匹配事件，或者在双重事件模式下的第二次匹配事件发生时，会产生匹配完成请求。由主机或 DMA 提供新的匹配信息。

第 3 种请求是捕获完成请求。当发生了一次指定的信号跳变，或者在双重事件模式下发生的第二次信号跳变，会产生捕获完成请求。根据通道所使用的功能，eTPU 微引擎将结果写入到通道的参数 RAM 中，由主机或 DMA 读取。

第 4 种请求是关联服务请求。任何一个通道都可以向两个 eTPU 模块的所有其他通道发出关联服务请求。关联请求和具体的通道功能没有对应关系，根据功能需要可以选择是否使用关联请求。

eTPU 拥有 32 个 I/O 通道，但只有一个微引擎。很多通道可能在同一时间请求服务，调度器根据预先设置的通道优先级和内部调度算法做出决定。这种算法使用带优先级的伪轮询机制：优先响应高优先级的通道；在没有高优先级通道请求的情况下轮询中优先级和低优先级通道请求，而对中优先级通道的轮询频率是对低优先级通道轮询频率的两倍。这种算法使它能够更快、更高频率地为高优先级通道服务；另一方面又防止低优先级通道被高优先级通道消除。

17.6 主机接口

主机接口是一段连续映射的内存空间,提供了微引擎的设置寄存器和每个I/O通道的控制寄存器。需要按照一定的步骤完成对微引擎和所有I/O通道的配置工作。

1. eTPU模块配置寄存器 ETPUMCR

图17.4所示的eTPU模块配置寄存器,用于设置eTPU并检查eTPU的状态。

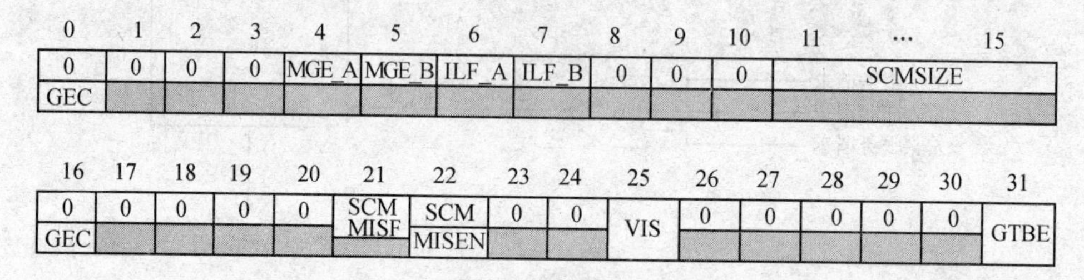

图17.4 eTPU模块配置寄存器ETPUMCR

该寄存器的部分位域说明如下:

(1) 全局异常清除位(Global Exception Clear,GEC)

该位用于指示全局错误状态以及两个eTPU产生的错误状态,标志发生了异常指令或eTPU微代码异常。当SCM模块的MISC位置起时,GEC位也随之置起。程序需要向该位写入1才能清除该位。当GEC位清除时,ETPUMCR寄存器中其他的所有错误状态位也都被一同清除。

(2) 微代码全局异常位 MGE_A,MGE_B

每个eTPU微引擎都有对应的微代码异常位,用于标志在微代码的执行过程中出现了异常状况,例如通道没有检测到预先指定的信号,eTPU通过该状态位通知处理器对这种情况进行处理。

(3) 异常指令标志 ILF_A,ILF_B

这两个标志位分别用于指明eTPU_A和eTPU_B的微引擎发现了非法指令。

(4) 共享代码存储区大小 SCMSIZE

MPC5500系列会有一系列不同的器件,每个器件的共享代码存储区都可能是不一样大的。该位域是只读的,复位后程序代码可以通过读取该位域来确定当前的器件所提供的共享代码存储区的大小。MPC5554器件该位域内容是二进制的00111,对应16 KB的共享代码存储区,而MPC5553的内容是二进制的00101,对应12 KB的共享代码存储区。

(5) 共享代码存储区内容检查标志

处理器和eTPU都可以访问共享代码存储区。eTPU使用内容检查电路来检查共享代码存储区的内容是否被意外更改。当允许该功能时,硬件持续的对存储区内容进行检查,将存储区的内容按照特定算法计算产生一个校验码,并且和ETPUMISCCMPR寄存器保存的值进行比较。如果比较结果不一致,会产生全局异常标志,并置起ETPUMCR寄存器的SCM-MISCF位。

EPTUMISCCMPR寄存器的值由处理器在初始化共享代码存储区时写入。

(6) 可见位 VIS

该位用于设置处理器是否能够访问共享代码存储区。首先设置该位,以便由处理器或DMA将微代码写入共享代码存储区,然后将该位清零,由eTPU微引擎锁定并使用共享代码存储区。

必须在两个eTPU微引擎都处于停止状态时,才能将VIS位修改成置起状态,这需要通过设置ETPUECR寄存器的MDIS位来停止微引擎。当VIS位处于置起状态时,微引擎将处于停止状态不能运行。

(7) 全局时基允许位 GTBE

2. eTPU引擎配置寄存器ETPUECR

每个eTPU微引擎都有独立的控制和状态寄存器EPTUECR。图17.5给出了该寄存器的位域结构,各位域的说明如下:

0	1	2	3	4	5	6	7	8	9	10	11	12	13	14	15
FEND	MDIS	0	STF	0	0	0	0	HLTF	0	0	0	0	FPSCK		

16	17	18	19	20	21	22	23	24	25	26	27	28	29	30	31
CDFC		0	0	0	0	0	0	0	0	0	ETB				

图17.5 eTPU控制和状态寄存器EPTUECR

(1) 强制结束位 FEND

设置该位可以强行终止当前执行的eTPU微引擎线程。通常只在发现了指令异常或共享代码存储器内容检查错误异常的时候,才需要强行终止微引擎线程。

(2) 模块停止位 MDIS 和模块停止标志位 STF

设置MDIS位将停止eTPU微引擎的工作时钟。MDIS位置起后,微引擎仍然要运行直到当前的线程结束。因为线程的运行时间不是固定的,所以程序需要检查停止标志位STF以判断微引擎是否已经停止。

在下面的情况下,需要停止eTPU微引擎:

- 处理器需要写入共享代码存储区。
- 为了降低系统功耗。
- ETPUMCR寄存器报告了异常指令错误。
- ETPUMCR寄存器报告了存储区内容检查错误。

每个eTPU微引擎都有单独的控制寄存器,所以系统应用可以设置关闭一个微引擎,而只使用剩下的那个eTPU微引擎。

(3) 输入滤波器时钟分频设置 FPSCK[0:2]

当通道作为输入功能时,其输入信号首先通过一个滤波器,以去除那些明显比预期信号宽度更窄的干扰脉冲。FPSCK位域可以控制该滤波器的工作时钟的分频因子,从2到256。每个eTPU的输入滤波器时钟是可以独立设置的,但每个eTPU的所有通道都使用相同的输入滤波器时钟。

(4) 通道滤波器设置 CDFC[0:1]

该位域用于设置输入通道的滤波器参数。eTPU提供了3种滤波模式,具有不同的信号延迟和噪声滤除能力。表17.1给出了这3种模式的简单介绍。

表17.1　eTPU的输入滤波模式

CDFC位域	滤波模式
00	双采样模式：使用从系统时钟分频得到的时钟作为采样时钟(分频因子由ETPUECR寄存器的FPSCK位域确定)。当前后两次采样得到的信号一致时，认为信号有效。这是默认的滤波模式
01	三采样模式：使用和双采样相同的采样时钟。但对信号进行三次采样，用三次采样值进行三取二的结果作为滤波的输出结果
10	预留
11	连续采样模式：输入信号在整个滤波周期内必须保持稳定，这个模式按照系统时钟的二分频，对前后两次采样的数据进行连续的比较。信号在整个有效周期内必须保持稳定，否则滤波器不会更新输出信号

(5) 处理线程基地址 ETB[0:4]

这个5位的位域用于设置每个eTPU的通道处理线程在共享程序存储区的起始地址。该位域设为零表明通道处理线程的基地址从共享程序存储区的最低地址开始。

17.7　时基TCR1和TCR2计数时钟

eTPU微引擎可以选择使用不同的时基计数时钟，以适应不同的应用。eTPU可以使用两个时基计数器TCR1和TCR2。所有的I/O通道都使用这两个24位的计数器来进行匹配和捕获操作。eTPU通道的初始化代码通过读取这两个计数器来取得当前的时间；记录这两个计数器的值可以保存信号跳变的时刻；计数器的值和匹配寄存器相同时就产生了匹配事件。通过eTPU时基设置寄存器ETPUTBCR可以设置TCR1和TCR2的计数时钟。

1. TCR1计数时钟

图17.6给出了TCR1的计数时钟原理图，通过TCR1CTL位域可以设定TCR1的计数时钟来源为：

- 从TCRCLK引脚输入的经过数字滤波后的外部时钟。
- 系统时钟的二分频时钟。
- 停止。

当TCR1使用外部时钟或系统二分频时钟作为计数时钟来源时，还可以通过TCR1P位域再设置1～256的分频因子。共享的定时/转角计数总线STAC可以使用的最高频率为系统时钟的4分频。

如果TCR1使用STAC总线提供的时钟信息时，EPTUTBCR寄存器的时钟来源设定和分频设定功能就没有影响了，此时TCR1直接接收从STAC总线传输过来的由其他模块提供的时钟计数或转角计数信息。从图中可以看出，当TCR1为STAC从设备时，读取TCR1实际上是读取STAC总线上的当前计数；而TCR1为STAC主设备时，读取TCR1时是取得

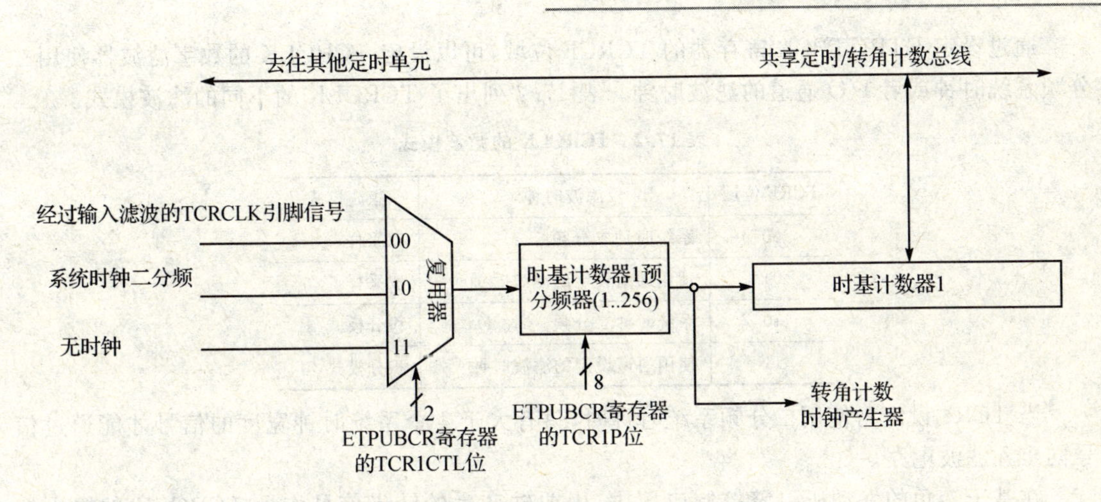

图 17.6　TCR1 的时钟选择设定

TCR1 的当前计数值。也就是说，作为从设备时，TCR1 从 STAC 总线获得时间计数值；作为主设备时，TCR1 将自己的时间计数值传输到 STAC 总线上。

例如 MPC5554 的两个 eTPU 模块，可以使用一个作为 STAC 的主设备，而另外一个作为 STAC 的从设备，直接使用主设备提供的时钟计数信息，使得两个 eTPU 的通道都具有完全相同的时基计数。STAC 总线主从设备的设定通过 eTPU 总线设置寄存器 ETPUSTACR 来设置，将在本章后续段落详细描述。

2. TCR2 计数时钟

如图 17.7 所示，TCR2 的计数时钟通过 TCR2CTL 位域来设置，可以使用多个不同的时钟来源。

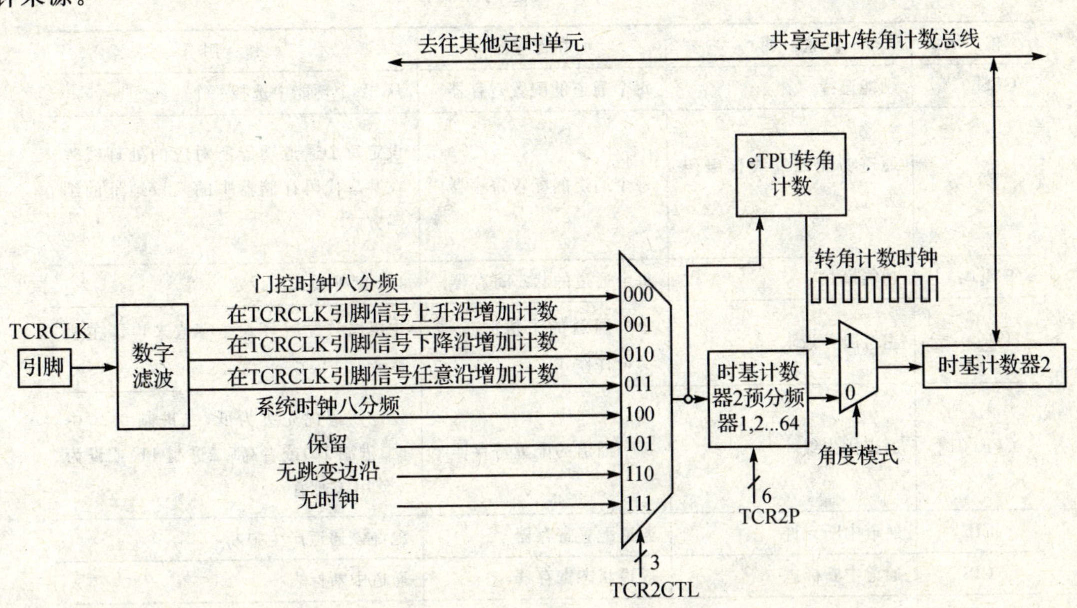

图 17.7　TCR2 的时钟选择设定

通过设定ETPUTBCR寄存器的TCRCF位域，可以设定TCRCLK的数字滤波器使用二分频系统时钟或者I/O通道的滤波时钟。表17.2列出了TCRCLK的不同的滤波模式。

表17.2 TCRCLK的滤波模式

TCRF位域	滤波时钟	滤波模式
00	系统时钟二分频	双采样
01	使用通道设定的滤波时钟	双采样
10	系统时钟二分频	积分模式
11	使用通道设定的滤波时钟	积分模式

当TCR2设定为使用二分频系统时钟时，只有大于4个系统时钟宽度的信号才能通过信号同步和滤波电路。

在基于转角的发动机引擎控制应用中，由曲轴产生的转齿信号作为TCRCLK的输入信号，用于递增TCR2计数器。可以设置使用输入信号的上升沿、下降沿或者任意边沿来递增TCR2计数器。这个转齿信号同时也通过内部逻辑输入到eTPU的第0个I/O通道，这样该通道对应的引脚仍然可以作为通用I/O来使用。eTPU第0个通道的输入信号边沿设定模式必须和TCR2的输入信号边沿设定一致。

17.8 I/O通道的控制和状态

表17.3列出了每个I/O通道的所有控制位域和状态标志，表中也给出了这些位域所在的寄存器和简单的功能描述。

表17.3 I/O通道的控制位域

位 域	说 明	所在寄存器	作 用
CFS[0:4]	功能选择	每个通道的配置寄存器	从32个功能中选择一个
ETCS	通道功能处理线程编码方式	每个通道的配置寄存器	设定每个通道功能所对应的处理线程在共享代码存储器中的入口地址的编码方式
FM[0:1]	功能模式	每个通道的状态寄存器.	4个额外模式的设定
HSR[0:2]	主机服务请求	每个通道的主机服务请求寄存器	主机向该位域写入非零值来申请主机服务
CPR[01]	通道优先级	每个通道的配置寄存器	设定通道优先级为低(二进制01)，中(二进制10)或者高(二进制11)或设为0禁用该通道
CIE	通道中断允许	通道配置寄存器	允许该通道产生中断
CIS	通道中断标志	通道状态寄存器	通道中断标志
CIOS	中断嵌套标志	通道状态寄存器	通道中断嵌套标志
DTRE1	数据传输请求允许位	通道状态寄存器	允许该通道产生DMA请求

续表 17.3

位　域	说　明	所在寄存器	作　用
DTRS	数据传输请求状态位	通道状态寄存器	DMA 传输状态位
DTROS	传输请求嵌套标志	通道状态寄存器	DMA 嵌套标志
IPS	引脚输入状态	通道控制寄存器	反映了输入引脚的信号在经过输入数字滤波器后的状态
OPS	引脚输出设定	通道控制寄存器	给出了向该通道输出引脚所驱动的信号的状态
ODIS	输出禁用	通道配置寄存器	输出禁用
OPOL	输出极性	通道配置寄存器	设定通道的输出极性
CPBA[0:10]	通道参数基地址	通道配置寄存器	设定该通道所占用的三端口参数 RAM 的地址

每个位域的详细描述如下：

(1) 通道功能选择(Channel Function Select,CFS)

通过微代码编程可以得到不同的功能，用来输出特定的波形或处理特定的输入信号。这些功能可以是非常简单的，例如产生一个固定频率的波形；也可以是非常复杂的，例如异步串行通信信号，或者基于角度信息的定位系统，或者步进式电动机的控制装置。

在共享代码存储区中共可以保存 32 种不同功能的微代码。通过 CFS 可以指定每个通道执行这 32 种功能的一种。多个通道可以指定执行相同的功能。

(2) 入口地址设定(ETCS)

每个通道功能所对应的处理线程在共享代码存储器中具有特定的入口地址，这个入口地址具有两种不同形式，需要根据通道使用的功能的具体要求设置。

(3) 功能模式(FM)

功能模式可以为每个功能提供额外的 4 种不同的模式设定。需要根据所使用的具体功能来设置功能模式。每种功能的微代码会读取这个模式设定，但是只能由处理器或 DMA 来修改这个模式设定。

(4) 主机服务请求(HSR)

主机向这个 3 位的位域写入非零值来申请主机服务。具体的服务请求类型请参考本章的主机服务请求一节。

(5) 通道优先级(Channel Priority,CPR)

这个 2 位的位域可以设定通道优先级为低(二进制 01)，中(二进制 10)或者高(二进制 11)。复位后，这个位域被设置为二进制 00，表示该通道被禁用。在初始化时，应该在其他所有位域都正确设置完成后才修改该优先级位域。程序也可以通过修改该位域为 0 来停止一个已经运行的通道。

(6) 通道中断允许(CIE)和通道中断标志(CIS)

eTPU 通道通过设置 CIS 标志可以向处理器发出中断请求。当该通道的中断允许位 CIE 设置为 1 时，处理器将响应该中断请求。程序需要向 CIS 位写入 1 来清除 CIS 标志，写入 0 没有任何作用。

(7) 通道中断嵌套标志(CIOS)

当CIS标志置起时,eTPU通道又产生了新的中断请求,此时将置起CIOS标志。处理器响应并处理中断时,需要检查CIOS标志,判断是否发生了中断嵌套。程序需要向CIOS位写入1来清除CIS标志,写入0没有任何作用。

(8) 通道数据传输请求允许(DTRE)和通道数据传输请求标志(DTRF)

部分eTPU通道具有申请DMA传输的功能。当该通道需要进行DMA数据传输时,将置起DTEF标志。如果DMA传输允许位DTRE设置为1的话,DMA控制器将响应并处理该通道的数据传输请求。当该通道的数据DMA传输结束后,DMA控制器将自动清除DTRF标志位。

(9) DMA传输请求嵌套标志(DTROS)

这个标志位和CIOS类似。当DTRF标志置起时,eTPU通道又产生了新的DMA传输请求,此时将置起DTROS标志。当处理器对该通道进行处理时,需要检查DTROS标志,判断是否发生了DMA请求的嵌套。程序需要向DTROS位写入1来清除CIS标志,写入0没有任何作用。

(10) 通道引脚输入状态(IPS)和输出状态(OPS)

IPS位反映了输入引脚的信号在经过输入数字滤波器后的状态,程序通过读取该位来得到输入引脚的信号状态。OPS位给出了向该通道输出引脚所驱动的信号的状态。如本章所述,I/O通道的输入输出信号可以使用同一个引脚,也有可能是两个独立的引脚。

(11) 输出禁用(ODIS)和输出极性(OPOL)

eTPU的I/O通道按照每8个为一组,通过eMIOS的特定输入引脚的控制,可以被置于禁用状态。表17.4列出了eMIOS控制引脚和所控制的eTPU通道对应关系。例如eMIOS通道11可以控制eTPU_A的通道0～7。

表17.4　eMIOS控制eTPU输出禁用的对应表

eMIOS通道	所在eTPU引擎	eTPU通道
11	A	0～7
10		8～15
9		16～23
8		24～31
20	B	0～7
21		8～15
22		16～23
23		24～31

通过ODIS位可以设定该通道是否接收对应的eMIOS控制引脚的影响。如果通道设定了ODIS位,当对应的eMIOS引脚给出禁用信号时,该eTPU通道引脚将输出和OPOL相反的状态。

(12) 通道参数基地址(Channel Parameter Base Address,CPBA)

MPC5554的eTPU和处理器/DMA控制器之间使用一个三端口的参数RAM,同时两个

eTPU 也可以通过该参数 RAM 来传递数据和配置。每个通道都有其确定的通道参数基地址 CPBA,可以设定为 0～3 KB 范围内的任意 8 字节边界地址。

参数 RAM 映射到处理器/DMA 的地址空间 0xC3FC8000－0xC3FC9BFF,处理器/DMA 可以按照字节、半字和整字来访问参数 RAM,而 eTPU 可以按照最高字节、低 24 位或整字方式访问参数 RAM。

17.9　角度模式

角度模式非常适用于那些需要处理角度信号的应用。大多数具有旋转部件的应用都是这类应用,例如汽车发动机或者电动机等。在汽车发动机的应用中,其机轴转齿的信号可以作为 eTPU 的 TCRCLK 信号输出,如图 17.8 所示。

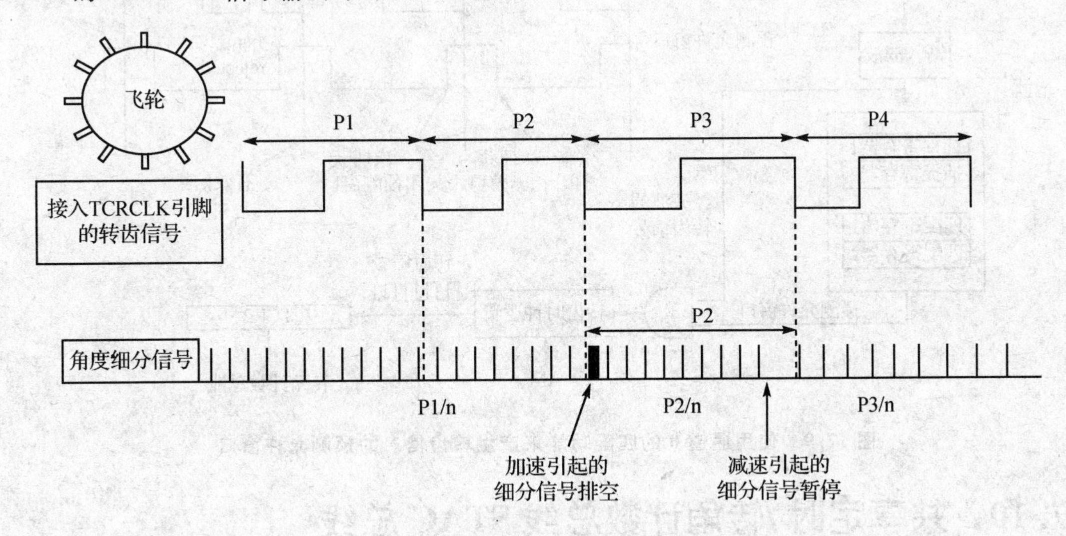

图 17.8　角度脉冲的加减速信号

该信号经过了一个可编程的数字滤波模块以去除其中不需要的噪声信号,作为 TCRCLK 的输入。一个角度细分模块根据 TCRCLK 信号的频率,产生角度细分信号。可以设置在每个转齿信号的持续时间内,产生若干倍数的角度细分信号,用于递增 TCR2 时基计数寄存器。微代码可以动态调整细分信号输出频率,来修正发动机加减速所对应的转齿信号周期的变化。微代码可以使用各种算法来预测产生新的转齿信号周期,简单的就是直接使用上一次的转齿信号周期作为预期值,而复杂的则可以使用多次加权平均的加速度预估算法。如果实际的转齿周期和预期的不一致,新的转齿信号先于预测值到来,则角度细分模块会加速将该转齿周期对应的剩余细分信号输出,以达到相同的角度位置。如果转齿信号晚于预测值,则角度细分模块会暂停细分信号输出。

角度模式使用通道 0 的逻辑来测量转齿信号的周期,经过计算得到预期的转齿信号周期后,再根据设定的细分数目计算细分信号的周期。角度细分模块可以产生 1024 倍的细分信号。假设对具有 60 个转齿的发动机应用使用 128 倍的细分信号,则每个细分信号可以对应 0.05 度的角度分辨率。通过修改细分信号的数目可以提高角度分辨率。

大多数的转齿齿轮都设置了缺失转齿,以精确齿轮的角度位置。eTPU 的角度模式可以支持最多 3 个缺失转齿,并能够在缺失转齿的位置自动插入角度细分信号。

通过设置 ETPUTBCR 寄存器的 AM 位来选择角度模式。eTPU 通道可以使用时间信息模式或角度信息模式来精确的处理诸如燃油喷射和点火控制等应用。

角度模式还使用了通道 0 的匹配功能来产生转齿信息的预测允许窗口,如图 17.9 所示。根据前一个转齿信号的周期,可以通过算法预测下一次转齿信号的到来时刻。根据这个预测的时刻,再加上一些允许的误差范围,来设置通道 0 的两个匹配寄存器。这两个匹配事件将产生一个预测允许的脉冲窗口信号,只有当转齿信号落在这个预测窗口内时才有效,而在预测窗口外部的信号被视为无效。

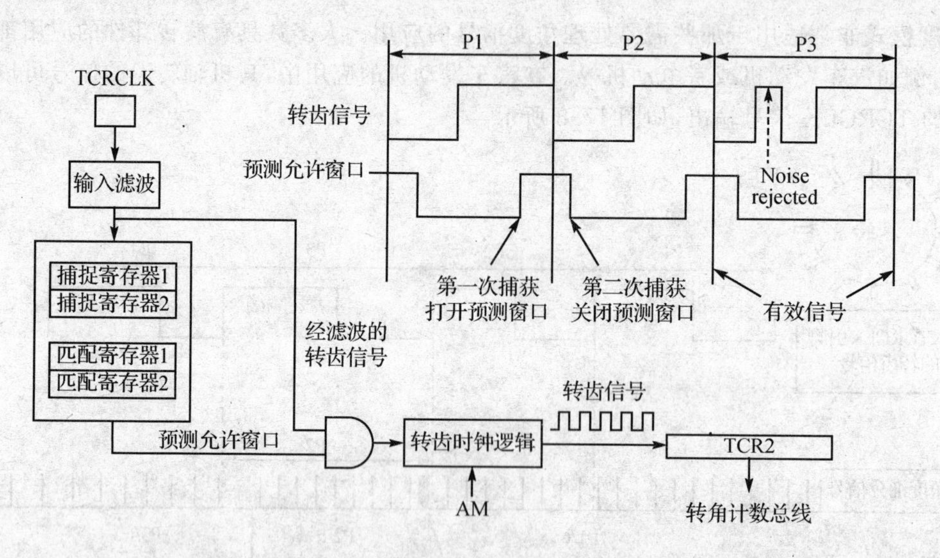

图 17.9 使用通道 0 的匹配功能来产生转齿信息的预测允许窗口

17.10 共享定时/转角计数总线 STAC 总线

共享定时/转角计数总线在 MPC5554 中用于同步 eTPU 和 eMIOS 模块的时间信息。可以指定一个 eTPU 将一个 TCR 时基计数器的信号输出到 STAC 总线上,而其他所有模块都使用这个信号作为其时基计数器的值。TCR1 和 TCR2 都可以通过 eTPU_A 或 eTPU_B 输出到 STAC 总线。图 17.10 所示的 ETPUSTACR 寄存器用于配置 STAC 总线的输入输出。将 TCR 信号输出到 STAC 总线的称为主设备,其他所有使用 STAC 信号作为时基信号的称为从设备。

0	1	2	3	4	5	6	7	8	9	10	11	12	13	14	15
REN1	RSC1	0	0	SERVER_ID1				0	0	0	0	SRV1			

16	17	18	19	20	21	22	23	24	25	26	27	28	29	30	31
REN2	RSC2	0	0	SERVER_ID2				0	0	0	0	SRV2			

图 17.10 eTPU STAC 控制寄存器

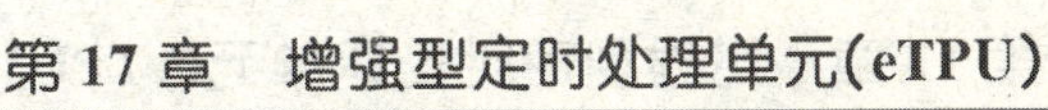

每个从设备只能从一个主设备获取时基信号,而主设备可以向多个从设备发送时基信号。多个主设备通过分时复用的方法将其时基信号发送到 STAC 总线,每个主设备都通过 ETPUSTACR 控制寄存器的 SERVER_ID1/2 位域设定一个固定的设备号。在 MPC5554 处理器中,可能有 4 个主设备:eTPU_A 和 eTPU_B 的 TCR1 及 TCR2。

从设备必须设置 ETPUSTACR 控制寄存器的 SRV1 和 SRV2 位域,分别为子设备的 TCR1 和 TCR2 时基计数寄存器指定信号来源。

表 17.5 列出了如何通过设置 RSC 位和 REN 位域来确定是主设备还是从设备。

表 17.5　STAC 总线主从设备的设定

RSCx	RENx	设定值
0	0	关闭
0	1	从设备
1	0	忽略
1	1	主设备

在设定从设备所使用的时基信号来源时,有一些限制:从设备不能从处于同一个 eTPU 模块的主设备获取时基信号;使用角度模式的 eTPU 不能设定为从设备。

MPC5554 的 4 个可能的主设备已经预先分配了固定的设备号:

- eTPU_A:TCR1:设备号为 0。
- eTPU_A:TCR2:设备号为 2。
- eTPU_B:TCR1:设备号为 1。
- eTPU_B:TCR2:设备号为 3。

例 17.1 的伪代码给出了一个设置 STAC 总线的例子。在该例子中,使用 eTPU_A:TCR1 作为主设备并将信息传递给 eTPU_B:TCR2,使用 eTPU_B:TCR1 作为主设备并将信息传递给 eTPU_A:TCR2。

例 17.1　STAC **总线配置**

```
Engine A ETPUREDCR:
REN1 = REN2 = 1
RSC1 = 1 (TCR1 Server)
RSC2 = 0 (TCR2 Client)
SRV2 = 1 (SRV1 don't care)

Engine B ETPUREDCR:
REN1 = REN2 = 1
RSC1 = 1 (TCR1 Server)
RSC2 = 0 (TCR2 Client)
SRV2 = 0 (SRV1 don't care)
```

17.11　eTPU 初始化流程

这里通过一个例子来说明 eTPU 的初始化流程。这个例子假设系统是从上电复位状态开始进行初始化的,并且 eTPU 将配置成 PWM 输出功能。

1. eTPU 模块配置

① 如果使用共享程序存储区内容校验功能,需要通过程序或编译器计算得到共享程序存

储区即将初始化的内容对应的校验码,并写入到ETPUMISCCMP寄存器中。

② 如果使用MPC5554处理器,设置ETPU_ECR_A和ETPU_ECR_B寄存器的MDIS位,停止两个eTPU模块。

③ 设置ETPUMCR寄存器的可见位VIS,使得处理器/DMA能够修改共享程序代码区。清除所有的全局异常标志,并设置共享程序存储区内容校验功能使能位。

④ 将eTPU微码指令端复制到共享程序存储段内。

⑤ 清除可见位VIS,允许eTPU使用并锁定共享程序存储段。

⑥ 清除两个eTPU的MDIS位,允许其时钟开始运行。

⑦ 设置ETPUECR寄存器,设置滤波器时钟预分频因子FPSCK,通道数字滤波器设置和处理线程基地址ETB。

⑧ 向参数RAM写入必要的全局参数。

⑨ 设置eTPU时基配置寄存器ETPUTBCR,选择TCR1和TCR2的时钟来源、设置数字滤波模式、TCRCLK信号滤波模式,并设定是否使用角度模式。

⑩ 如果需要使用STAC总线,设置ETPUSTACR寄存器,配置STAC主设备和从设备。

2. eTPU通道配置

① 写入通道配置寄存器ETPUCxCR(此处的x对应通道数),为通道指定一个功能、指定其参数起始地址CPBA、设置是否允许通道中断申请和DMA数据传输请求、为通道指定优先级。

② 如果使用的功能还需要进一步确定功能模式,向ETPUCxSCR寄存器写入模式设置FM。

如果需要更改一个已经初始化完成的通道,需要首先修改其优先级设置为0,以关闭该通道。

3. 通道功能初始化

① 将通道功能所需的参数写入参数RAM。

② 设置ETPUMCR寄存器的全局时基允许位GTBE。

③ 通过写入ETPUCxHSRR寄存器,发出一个初始化的主机服务请求。

④ 如果需要初始化多个通道,程序需要查询HSR位域,检查eTPU微引擎是否已经完成了前一个通道的初始化服务。

17.12 eTPU练习

安装本书光盘所附的ASH WARE公司的eTPU仿真程序和Byte Craft公司的eTPU的C语言编译器。启动ASH WARE的eTPU仿真程序并出现图17.11所示的窗口。

在图17.11箭头所示处右击,出现图17.12所示的波形。

顶部的波形是输入到eTPU第23个通道的信号,该通道运行“脉冲测量”功能,测量输入脉冲的宽度。脉冲宽度是指在其上升沿和下降沿之间,TCR1计数器变化的计数数目。参考该功能的实现代码“eTPU_C_MeasurePulse.c”。

第二个标记为“MeasurePulse_Threads”的波形显示了该通道信号跳变的处理线程的执行。因为该线程测量输入信号,所以总是在输入信号的下降沿执行。

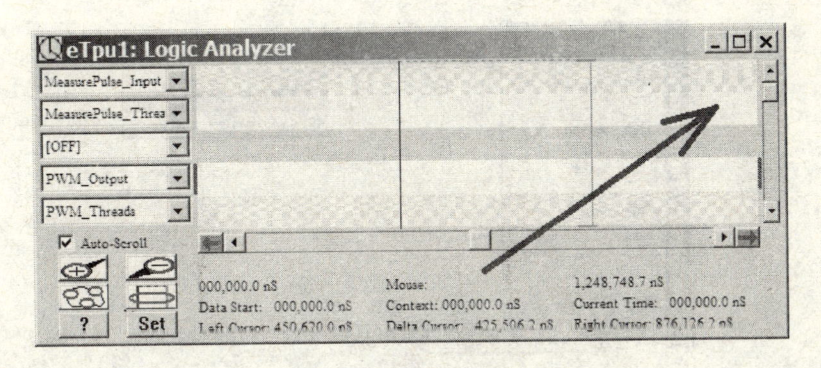

图 17.11　ASH WARE 的 eTPU 仿真程序界面

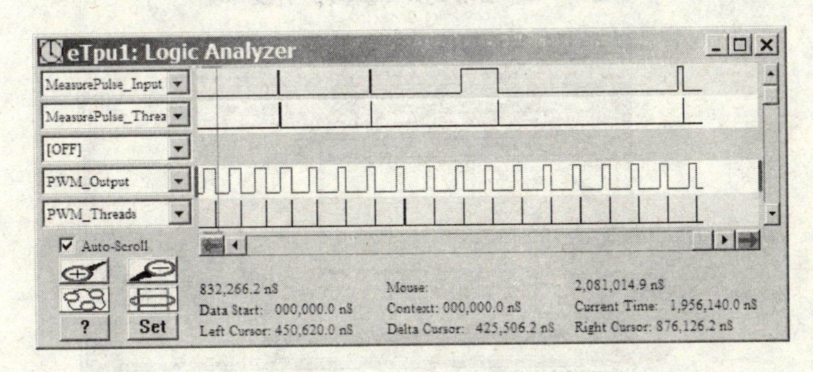

图 17.12　未修改波形

第三个信号是从 eTPU 通道 4 输出的信号波形。该信号是由 eTPU 产生的 PWM 信号，该功能的代码可以参考“eTPU_C_PWM. C”。该功能使用匹配寄存器 MatchA 来产生 PWM 信号的上升沿，使用匹配寄存器 MatchB 来产生 PWM 信号的下降沿。在代码中使用下面的指令来产生对应的匹配寄存器值：

NextFallingEdge ＝ LastFallingEdge ＋ Period；

NextRisingEdge ＝ NextFallingEdge － HighTime；

在每次下降沿之后，线程根据上面的两个公式计算的结果更新 MatchA 和 MatchB 匹配寄存器，以产生一个后续的周期波形。这个线程的执行由第 4 个波形信号指示出来。

现在来修改这两个功能，使得仅当第 23 通道的输入信号的脉宽在一个指定的范围内时，才产生输出的 PWM 信号。

启动 Byte Craft 集成开发环境，如图 17.13 所示，并打开本练习所使用到的代码。

在修改之前先编译一遍，以确保环境和代码是正确的。注意下面的两点说明：在编译前必须选定 ALL. C；必须单击图 17.14 所示的编译按钮(注意到有两个按钮非常相似)。

如果一切正常，应该可以看到“compiled with no error appears”的提示信息。现在选中“eTPU_C_MeasurePulse. C”，来修改该功能。

首先定义一个全局变量，用来指明输入信号脉宽是否在指定范围：

```
nt IsError;
```

在第 55 行计算脉冲宽度的代码后面，添加下面的这段判断语句。

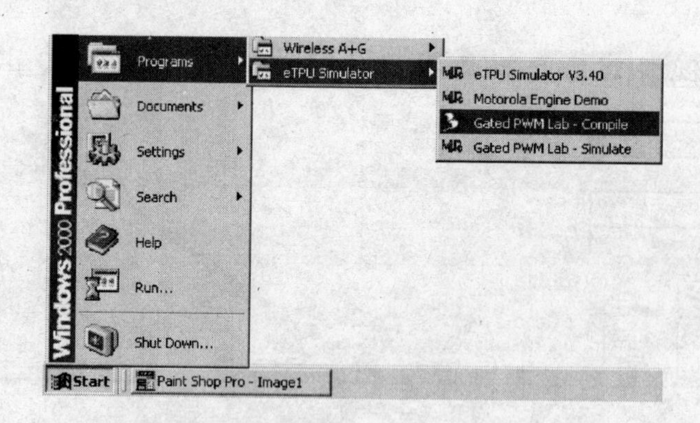

图 17.13　启动 Byte Craft 集成开发环境

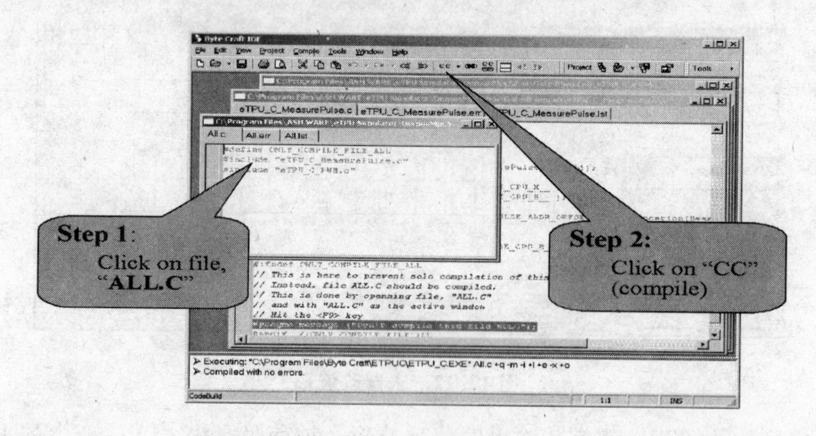

图 17.14　编译代码

```
If(PulseWidth < EIGHT_MICROSECONDS) || (PulseWidth > THIRTY_MICROSECONDs)
     IsError = 1;
Else
    IsError = 0;
```

保存修改并按照上面的说明进行编译。

打开文件"eTPU_C_PWM. C"，首先声明外部变量 IsError：

```
Extern int IsError;
```

在第58行的地方，增加下面的语句。

```
If(IsError == 0)
    OnMatchAPinHigh();
Else
    OnMatchAPinLow();
```

在原来的程序中，MatchA 匹配时，将输出高电平，MatchB 匹配时输出低电平，这样产生一个具有上升沿和下降沿的脉冲。而增加上面的代码后，如果 IsError 变量不为零，则 MatchA 匹配时，仍然输出低电平。这样就没有任何匹配事件输出高电平信号，所以输出引脚上也就观察不到任何的信号了。

保存并编译所有的文件。回到 eTPU 仿真器界面中，单击 file 菜单，选择 load executable... 菜单，打开刚才修改编译得到的程序。

选择 reset 子菜单，清除仿真波形。按照前面的做法重新开始仿真，并得到图 17.15 所示的波形。注意 PWM 的输出受到输入信号脉冲宽度的控制。

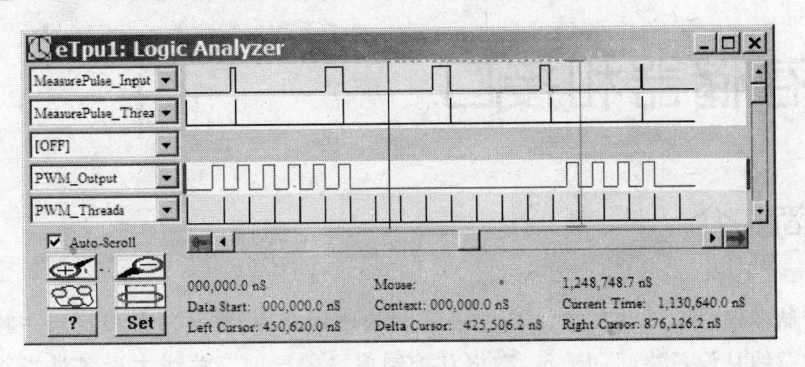

图 17.15　修改后的波形

第18章

片内存储器和接口

18.1 简　介

片内存储器通过一个交叉连接 Crossbar 模块实现互连，交叉连接模块用于控制片内的总线主设备和总线从设备之间的地址、数据和控制信号的导向。总线主设备是指能够控制地址和控制信号从而发起总线传输的设备，而总线从设备只能被动的响应地址和控制信号。交叉连接模块使用 64 位的数据总线和 32 位的地址总线。在交叉连接模块所连接的总线从设备中，包含了两个能够和多个外设 I/O 模块进行接口的设备，称为“外设桥”。外设桥只使用 32 位的数据总线。本章主要讲解片内程序和数据存储器，以及片内存储器如何通过 crossbar 和其他总线控制器进行相连。本章还会部分涉及外设桥的相关内容。

MPC5554 的交叉连接模块可以连接 3 个互相独立的总线主设备－处理器、增强型 DMA 模块和外部总线接口 EBI 模块（MPC5553 的交叉连接模块还可以连接快速以太网 FEC 模块），可以连接 5 个相互独立的总线从设备－FLASH 存储器、SRAM 存储器、外部总线接口 EBI 模块和外设桥 A、外设桥 B，如图 18.1 所示。

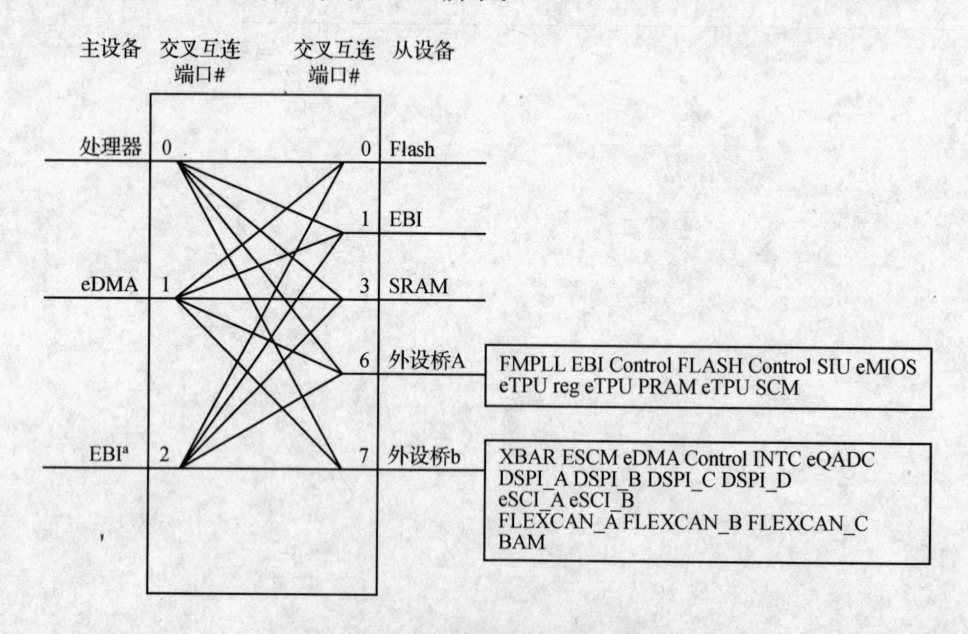

图 18.1　MPC5554 的交叉连接模块

交叉连接模块连接的每个设备都有一个 ID 号，用于对其进行配置。交叉连接模块类似一个总线复用器，控制在不同的主设备和从设备之间建立信号连接，实现数据传输。交叉连接模块具有一些重要的特性：

- 多个互不相干的主从设备链路可以同时进行总线操作。例如，处理器从 FLASH 存储器读取指令的同时，eDMA 模块可以向外部 RAM 进行数据写入。
- 交叉互连模块提供了硬件优先级机制，以解决多个主设备试图访问同一个从设备的冲突。直到高优先级的主设备的访问结束后，优先级较低的主设备才能进行访问。
- 交叉互连模块可以同时进行一对不相关的数据采样操作和地址产生操作。例如在 eDMA 连续采样读取数据的同时，可以产生下一次写操作的地址。这可以极大地提高对称读写的 DMA 操作的速度。
- 交叉互连模块的设置将影响存储器映射的访问速度。交叉互连模块的默认设置已经足够优化，对其进行修改只会对性能产生微小的影响。在大多数情况下不需要修改默认设置。eDMA 使用其控制寄存器就可以完成总线数据的转发，在第 11 章描述了利用这种功能的特定 eDMA 工作模式。

外设桥模块对其连接的外设有一些控制属性，复位后的默认属性设置可以适用于大部分的应用，不需要做修改。部分属性中能够为系统带来潜在的好处：

- 可以单独设置总线主设备和外设 I/O 模块的访问权限。处理器可以通过 MMU 来设定对外设所在地址空间的访问权限，但 eDMA 并没有访问权限保护功能，所以在异常的情况下 eDMA 能够访问到外设。通过在外设桥中设置访问权限，可以防止这个问题。
- 每个总线主设备和外设 I/O 模块都可以设定使用写操作暂存器。通常的总线写入操作需要花费 3 个时钟周期，而使用写操作暂存器后只需要 1 个时钟周期。写操作暂存器有两级，如果这两级都被占用了，后续的写操作必须挂起，而读操作也必须挂起直到写操作暂存器被清空。暂存执行的写操作无法返回写入出错的状态，所以必须在确保写入操作不会产生错误或者错误可以忽略的情况下，才能是有写操作暂存功能。

表 18.1、表 18.2 和表 18.3 给出了外设桥控制寄存器的地址和每个寄存器详细的字段描述。

片内的地址映射模块可以支持不同的存储器访问方式。使用不同的访问方式既会带来一些诸如字节对齐和数据大小等的限制，但也能利用诸如猝发性访问和 64 位的单指令多操作数的读写的特性来提供性能。表 18.4 列出了 MPC5554/5553 每个模块所支持的访问方式。很多模块都能支持不同的读写宽度，应用程序需要根据具体要求选择最合适的读写宽度。

表 18.1　4 位位域的具体定义

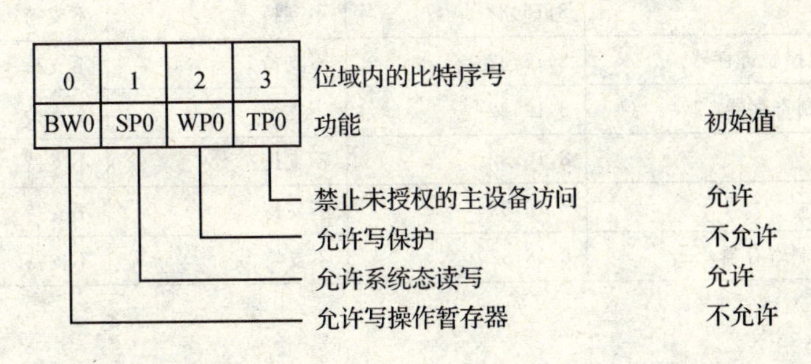

表 18.2　外设桥 A 控制寄存器的位域划分

相对地址	[0:3]	[4:7]	[8:11]	[12:15]	[16:19]	[20:31]
0x0000	e200z6	NEXUS	eDMA	EBI		
0x0020	PBRIDGEA					
0x0040	FMPLL	EBI	FLASH		SIU	
0x0044	eMIOS					
0x0048	eTPU 配置寄存器		eTPU 代码存储区	eTPU 参数存储区	eTPU 共享代码区	

表 18.3　外设桥 B 控制寄存器的位域划分

相对地址	[0:3]	[4:7]	[8:11]	[12:15]	[16:19]	[20:23]	[24:27]	[28:31]
0x0000	e200z6	NEXUS	eDMA	EBI				
0x0020	PBRIDGEB	Crossbar						
0x0028	MCM	eDMA	INTC					
0x0040	eQADC				DSPI_A	DSPI_B	DSPI_C	DSPI_D
0x0044					SCI_A	SCI_B		
0x0048	FLEXCAN_A	FLEXCAN_B	FLEXCAN_C					
0x004C								BAM

表 18.4　MPC5554/5553 的存储区访问属性

模块	访问宽度	非对齐访问[1]	猝发访问
Flash 存储区	8,16,32,64	支持所有读操作	支持
外部总线模块	8,16,32,64	不支持	支持
SRAM 模块	8,16,32,64	支持	支持
外设桥 A 控制寄存器	32	不支持	不支持
FMPLL	8,16,32	不支持	不支持
外部总线控制寄存器	8,16,32	不支持	不支持
Flash 控制寄存器	8,16,32[2]	不支持	不支持
SIU	8,16,32	不支持	不支持
eMIOS	8,16,32[3]	不支持	不支持
eTPU 控制寄存器	8,16,32	不支持	不支持

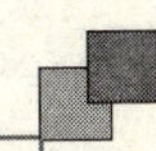

续表 18.4

模块	访问宽度	非对齐访问①	猝发访问
eTPU 参数 RAM	8,16,32④	不支持	不支持
eTPU 共享代码存储区	32	不支持	不支持
交叉互连模块	32	不支持	不支持
ECSM	8,16,32②	不支持	不支持
eDMA 控制寄存器	8,16,32	不支持	不支持
INTC	8,16,32③	不支持	不支持
eQADC	8,16,32④	不支持	不支持
DSPI	8,16,32⑤	不支持	不支持
eSCI	8,16,32⑥	不支持	不支持
FlexCAN	8,16,32	不支持	不支持
BAM	8,16,32	不支持	不支持

① 除了 Flash 存储器和外部总线模块，其他模块均可以执行非对齐的 16 位读写，但是这样的读写不能跨越 32 位边界。

② ECS 具有 8 位、16 位和 32 位的寄存器，对 ECSM 的写入操作必须和被写入的寄存器宽度一致。

③ 该模块的某些特定寄存器有特殊的限定。

④ eQADC 的 CFIF0 只能使用 32 位写入模式，而 RFIF0 只能使用 16 位或 32 位读取。

⑤ DSPI 的 TXFIF0 必须按照 32 位写入，而 RXFIF0 必须按照所使用的传输模式所对应的宽度读取。

⑥ 有一些例外的情况，请参考第 13 章。

18.2　内部存储器

MPC5554/5553 具有内部 FLASH 存储器和内部 SRAM 存储器。FLASH 存储器是非易失的，可以进行电擦除和重新写入，用来保存程序和固定数据。SRAM 常用来保存变量，但也可以将程序加载到 SRAM 中运行。如果提供了外部 SRAM 休眠电源，程序和固定数据也能保存在 SRAM 中。

MPC5554/5553 中还有两种类型的存储器也能用于保存程序或数据：片内缓存空间和 eTPU 指令数据空间。在第 6 章详细讲述了如何使用片内缓存空间作为系统 SRAM 空间。如果系统没有使用 eTPU 模块，那么 16 KB 的 eTPU 微码空间也能用做系统 SRAM。在特殊情况下，应用程序还可以访问通常仅供 eTPU 使用的 3 KB 变量空间。注意 eTPU 的 16 KB 微码空间和 3 KB 变量空间不支持缓存访问，不支持双字访问，也不支持跨字边界的非对齐访问。

片内 FLASH 存储器具有以下特性：

- 2 MB。
- 划分为 64 KB 页，每页 256 位。
- 20 个独立的块，每块的空间设定为 16～128 KB。
- 支持猝发访问。
- 审查模式，防止对 FLASH 内容的读取。

- 硬件支持边读边写，可以在对一个块进行擦除的时候读取另外的块。
- 并行编程模式，支持快速行结束编程。
- 硬件的编程状态机。

片内 SRAM 具有如下特性：

- 任何总线主设备都可以读写 SRAM。
- 其中 32 KB 可以通过外部独立的引脚供电以实现休眠。
- 可以进行字节、半字、字和双字访问。
- 具有 ECC 功能，能够校正单比特错误，检测双比特错误。

18.3 FLASH 存储器

表 18.5 给出了片内 FLASH 存储器的空间划分。

表 18.5 片内 FLASH 存储器的空间划分

地址段	分区的数目	每个分区的大小	每个分块的大小/KB
低地址段	2	128 KB	16
			48
			48
			16
		128 KB	64
			64
中地址段	1	256 KB	128
			128
高地址段	6	256 KB	128
			128
总的 FLASH 空间		2 MB	

FLASH 存储器按照其物理实现分割成三个段：低地址段、中地址段和高地址段。每个段可以分割成分区，每个区包含了至少两个块。当对分区中的任意一个块进行擦除或写入操作时，该分区所有的块都不能进行读取。另外还有一块特殊的影子 FLASH 块，用于保存 FLASH 审查模式的密码、串行下载模式的密码和锁定保护寄存器的初始设置值。

1. FLASH 框图

如图 18.2 所示，FLASH 由一系列的存储单元、状态机、存储单元的高速读取接口和控制状态寄存器的读写接口组成。存储单元包括了多个用户 FLASH 块和一个影子 FLASH 块。状态机执行预先设定的编程或擦除流程，这意味着不需要编写程序来完成编程或擦除的具体执行步骤。但还是需要在编程和擦除时进行一系列特定的操作，以保证编程和擦除的正确。这些操作在后面的章节中详细讲述。

2. FLASH 模块的电源

FLASH 模块实际需要 3 个独立的电压，其中的 V_{flash} 和 V_{pp} 是通过器件的外部引脚提供

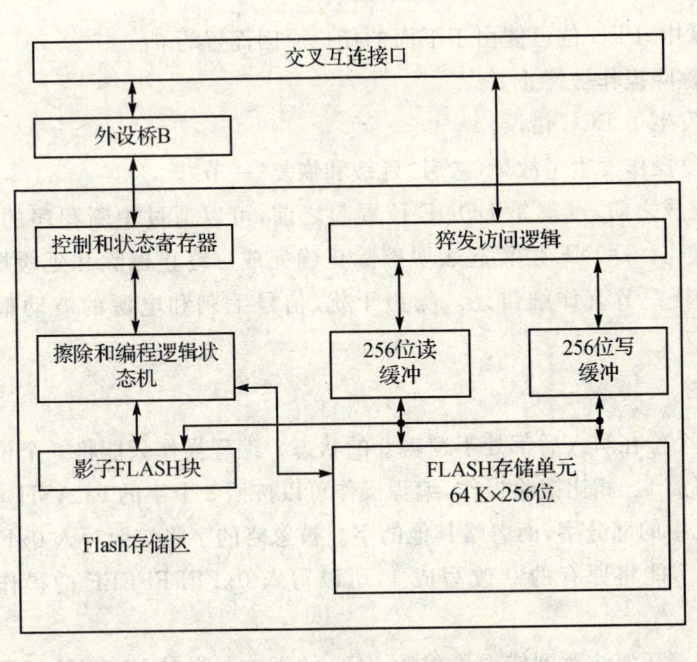

图 18.2 FLASH 的组成框图

的。V_{flash} 电压用于读取 FLASH，需要保证为 3.3 V±0.3 V。V_{pp} 电压用于擦除和写入 FLASH，需要保证为 4.5～5.25 V。即使不对 FLASH 进行擦除和写入操作，也必须保证正确的 V_{pp} 电压。第三个电压 V_{ddf} 直接使用了器件内部的核心电压 1.5 V。FLASH 的地在内部和器件的 V_{SS} 相连。

3. 擦除操作

FLASH 的每个位在擦除完后都处于逻辑 1 的状态。擦除操作的最小单元是一个块。MPC5554/5553 有 16 KB,48 KB,64 KB 和 128 KB 不同大小的 FLASH 块。可以同时指定对多个块进行擦除操作，排在低位的块首先被擦除，高位的块最后被擦除。被锁定或禁用的块不能进行擦除操作。终止擦除操作将导致 FLASH 的内容处于无法确定的状态，需要再次执行擦除操作。除了影子 FLASH 块外，其他的所有 FLASH 块的擦除操作顺序如下：

① 置起 FLASH_MCR 寄存器的 ERS 位。

② 根据所要擦除的 FLASH 块，设置 FLASH_LMSR 寄存器和 FLASH_HSR 寄存器。

③ 向被擦除的 FLASH 块所在的地址空间的任意地址执行写操作，称为擦除锁定写操作。

④ 置起 FLASH_MCR 寄存器的 EHV 位，启动内部的硬件擦除流程。

⑤ 等待 FLASH_MCR 寄存器的 DONE 位置起或发生超时。

⑥ 如果发生超时，说明本次擦除失败。

⑦ 如果 FLASH_MCR 寄存器的 PEG 位为零，说明本次擦除失败。

⑧ 清除 FLASH_MCR 寄存器的 EHV 位。

⑨ 清除 FLASH_MCR 寄存器的 ERS 位，终止本次擦除操作。

⑩ 清除并重新置位 PFBCR 寄存器的 BFEN 位，重置 256 位的 FLASH 读缓冲。

在第7个步骤中，PEG位可能由于下面的任一原因而置为0：

- 在此之前擦除操作被终止。
- 在擦除时发生了ECC错误。
- 延缓一恢复操作发生了故障(参考"延缓和恢复"一节)。

在擦除操作完成之前，也就是DONE位置起之前，可以通过中断程序的代码清除EHV位而终止该擦除操作。DONE位置起表明擦除正确完成。终止擦除和延缓擦除是不同的操作，这在延缓和恢复一节有详细讲述。噪声干扰、信号毛刺和电源的波动都可能导致产生ECC错误。

4. 编程操作

FLASH的每个位在写入后都处于逻辑0的状态。编程操作只能将一个位从1改写成0，不能将其从0改写成1。相比擦除操作，编程操作可以按照8个字的FLASH单元进行。可以只修改该8字单元中的部分字，而忽略其他的字。被忽略的字将按照写入0xFFFFFFFF来处理，由于编程操作不能将原有的0改写成1，所以写入0xFFFFFFFF的操作将保持其内容不变。

对FLASH编程还要注意到错误码校验ECC的影响。当对FLASH编程时，按照64位长字为单位计算得到的ECC校验码也同时写入到对应的位置。所以对FLASH编程必须按照长字为单位写入，而不能分开成两个字。因为在写入第一个字的时候，其对应的ECC校验码已经被修改，再写入第二个字时，无法再次写入ECC码。此时必须将该字所在的整个块擦除后重新整体写入。

FLASH块的编程操作顺序如下：

① 置起FLASH_MCR寄存器的PGM位。

② 向这个FLASH块中第一个待写入的地址写入一个字或一个长字。这被称为编程操作写锁定。

③ 将后续的编程内容写入到这个FLASH块。

④ 置起FLASH_MCR寄存器的EHV位，启动内部的硬件编程流程。

⑤ 等待FLASH_MCR寄存器的DONE位置起或发生超时。

⑥ 如果发生超时，说明本次编程操作失败。

⑦ 如果FLASH_MCR寄存器的PEG位为零，说明本次编程操作失败。检测到编程失败的FLASH地址保存在ESCM模块的FEAR寄存器中。

⑧ 清除FLASH_MCR寄存器的EHV位。

⑨ 如果还需要对其他块进行编程，回到第2个步骤并重复。

⑩ 清除FLASH_MCR寄存器的PGM位。

⑪ 清除并重新置位PFBCR寄存器的BFEN位，重置256位的FLASH读缓冲。

在第7个步骤中，PEG位可能由于下面的任一原因而置为0：

- 在此之前编程操作被终止。
- 在编程时发生了ECC错误。
- 延缓一恢复操作发生了故障。

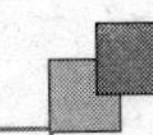

和擦除操作一样，在编程操作完成之前，也就是 DONE 位置起之前，可以通过中断程序的代码清除 EHV 位而终止该编程操作。DONE 位置起表明编程操作正确完成。终止编程和延缓编程是不同的操作，这在延缓和恢复一节有详细讲述。噪声干扰、信号毛刺和电源的波动都可能导致产生 ECC 错误。被锁定或禁用的块不能进行编程操作。

5. 边写边读 Read While Write(RWW)

如表 18.5 所述，FLASH 被划分成若干分区。

边写边读功能按照 FLASH 的分区来划分。当对一个 FLASH 分区进行擦除或编程操作时，可以对其他的分区进行读取。影子 FLASH 块有单独的 RWW 设定，这在“影子 FLASH 块”一节进行说明。

分区又被划分成块，每个分区都包含了至少两个块。可以通过程序对每个块设置擦除和编程锁定。影子 FLASH 块的读写、擦除和编程独立于其他 FLASH 块。

6. FLASH 块锁定

将 FLASH 块设置成锁定，不允许对其进行擦除和编程，以保护这些 FLASH 块的内容。MPC5554 的 FLASH 共有 21 个块(包括影子 FLASH 块)。

有 3 个寄存器用来设定低地址段、中地址段和高地址段的 FLASH 块的锁定。其中低地址段和中地址段共同使用两个寄存器：中低地址段锁定寄存器 LMLR(Low/Mid Lock register)以及中低地址段第二锁定寄存器 SLMLR(Secondary LMLR)。高地址段有一个单独的锁定寄存器 HLR。表 18.6 给出了这 3 个寄存器每个位所锁定的 FLASH 块的地址和大小。

注意 LMLR 和 SLMLR 是两个完全相同的寄存器，其对应的位被“或”起来共同设定 FLASH 块的锁定。也就是说设定这两个寄存器的任意一个都可以锁定 FLASH 块。

表 18.6　FLASH 锁定控制寄存器

LMLR 和 SLMLR 寄存器的位域	所在比特位	所锁定的 FLASH 块基地址	所锁定的 FLASH 块大小/KB
LLOCK	31	0x00000000	16
	30	0x00004000	48
	29	0x00010000	48
	28	0x0001C000	16
	27	0x00020000	64
	26	0x00030000	64
	16～25	没有使用	—
MLOCK	15	0x00040000	128
	14	0x00060000	128
	12～13	没有使用	—

续表 18.6

LMLR 和 SLMLR 寄存器的位域	所在比特位	所锁定的 FLASH 块基地址	所锁定的 FLASH 块大小/KB
HBLOCK	31	0x00080000	128
	30	0x000A0000	128
	29	0x000C0000	128
	28	0x000E0000	128
	27	0x00100000	128
	26	0x00120000	128
	25	0x00140000	128
	24	0x00160000	128
	23	0x00180000	128
	22	0x001A0000	128
	21	0x001C0000	128
	20	0x001E0000	128

在复位时，这 3 个寄存器的初始值通过影子 FLASH 块的内容决定。如果影子 FLASH 块被擦除了，则复位后这 3 个寄存器的所有位都置为 1，表明所有的 FLASH 块都被锁定了。

同时复位完成后，这 3 个寄存器被设置为写保护（由每个寄存器的第 0 位设定）。要撤销写保护，必须向每个寄存器写入预先设定的特殊“密码”。撤销写保护后，才能修改这 3 个寄存器来调整 FLASH 块的锁定设置。写保护撤销后，只有通过复位才能重新允许写保护。每个寄存器的撤销写保护“密码”如表 18.7 所列。

表 18.7　寄存器的撤销写保护“密码”

寄存器	撤销写保护密码
LMLR	0xA1A11111
SLMLR	0xC3C33333
HLR	0xB2B22222

7. 影子 FLASH 块

影子 FLASH 块和其他 FLASH 一样都是非易失的，但其保存的内容用于设置 MPC5554/5553 的初始复位状态。该影子 FLASH 块也可以为应用代码提供一定的设置信息。影子 FLASH 块保存的内容包括：

- BAM 代码所使用的审查模式密码。
- FLASH 锁定设置寄存器 LMLR，SLMLR 和 HLR 的初始设置值。
- 为应用代码提供的 4 个字的设置信息。

表 18.8 列出了影子 FLASH 块每个地址的具体内容。

表 18.8 影子 FLASH 块的内容

物理地址	作 用	字节数
0x00FFFC00	—	—
0x00FFFDD8	BAM 串行密码	8
0x00FFFDE0	BAM 审查控制字	4
0x00FFFDE4	—	—
0x00FFFDE8	LMLR 复位初始值	4
0x00FFFDEC	—	—
0x00FFFDF0	HLR 复位初始值	4
0x00FFFDF4	—	—
0x00FFFDF8	SLMLR 复位初始值	4
0x00FFFDFC	—	—

只有在 MCR 寄存器的 PEAS 位设置为 1 时，才对影子 FLASH 块进行擦除或写入操作。通过设置 LMLR 或 SLMLR 寄存器的第 11 位，可以锁定影子 FLASH 块。

不能同时对影子 FLASH 块和其他 FLASH 块进行擦除或编程操作。不能通过延缓影子 FLASH 的擦除或编程操作，而必须在影子 FLASH 块的操作完全结束或被终止以后，才能开始对其他 FLASH 进行擦除或编程操作。反过来也是一样的。

影子 FLASH 块不支持“边读边写”特性。当对影子 FLASH 块进行擦除或编程操作时，不能读取影子 FLASH 和其他 FLASH 块。类似地，当对其他的 FLASH 块进行擦除或编程操作时，也不能读取影子 FLASH 块。

审查机制通过外部硬件配置引脚 BOOTCFG[0:1]确定复位后进入何种审查模式，详细内容请参考第 9 章。

8. 错误检测

FLASH 具有硬件纠错码机制。这个机制可以更正 64 位存储位中的单个比特错误，从而提高存储内容的可靠性。纠错码机制对于应用来说是透明的，对 FLASH 的读取或编程的性能也没有影响。纠错码机制只能检测到双比特错误而无法进行纠正，此时会产生一个纠错码异常的中断申请。纠错码是一个 8 位的编码，当向 FLASH 编程写入数据时，自动根据写入内容计算得到纠错码并同时保存在 FLASH 里面。当从 FLASH 读取数据的时候，硬件根据保存的纠错码自动进行校验。由于纠错码是根据 64 位数据计算和校验的，这 64 位中的任意位产生的错误都会导致纠错。也就是说，即使读取 64 位中的一个字节，而这字节的 8 位数据是正确的，但是剩余的 56 位中存在双位错误，那么这个字节读取操作也会引发纠错码异常。

ECSM 模块的 FEAR 寄存器保存了第一次产生纠错码异常的地址。这个寄存器同时还用于提供导致 FLASH 编程出错的地址信息。纠错码异常可以优先占用这个寄存器。该寄存器是只读的。

9. 延缓和恢复

延缓和恢复操作可以用于以下目的：

- 由于对 FLASH 块进行擦除或编程时，该块所在的整个分区都不能进行读取。通过延缓操作可以快速地读取该分区的内容。

- 可以延缓对某个 FLASH 块的擦除,以便对该块所在分区的其他 FLASH 块进行编程。

如果没有延缓和恢复功能,程序必须等待直到擦除或编程操作完全结束后,才能对 FLASH 分区进行读取。

延缓操作将中断当前的擦除或编程流程,允许程序访问该块所在的分区的内容。

MPC5554/5553 的 FLASH 模块可以同时延缓一个擦除操作和一个编程操作,它支持如下的延缓模式:

- 延缓一个擦除操作,以允许对 FLASH 进行读取。
- 延缓一个擦除操作,以允许对 FLASH 进行编程操作。
- 延缓一个编程操作,以允许对 FLASH 进行读取。
- 延缓一个编程操作,即使该编程操作已经延缓了一个擦除操作,以允许对 FLASH 进行读取。

而下面这些模式是不支持的:

- 延缓擦除操作后,执行擦除操作。
- 延缓编程操作后,执行擦除操作。
- 延缓编程操作后,执行编程操作。
- 延缓了一个 FLASH 块的擦除操作后,不应该对该 FLASH 块执行读取或编程操作。这种情况下,读取的数据是无法确定的,而编程写入的内容也有可能被破坏。延缓一个 FLASH 块擦除操作的主要作用,是对该 FLASH 块所在分区的其他块进行读取或编程操作。

延缓了一个 FLASH 块的编程操作后,不应该对正在进行编程的 8 字单元进行读取,但可以对该 FLASH 块的其他地址和该 FLASH 块所在分区的其他 FLASH 块进行读取。

延缓了一个 FLASH 块的擦除和编程操作后,对其他 FLASH 分区的访问仍然是正常的。

综合上面的描述,延缓擦除或编程操作实际上是中断了当前的 FLASH 操作,并开始执行一个新的操作。执行的新操作的主要功能如下:

- 对被延缓擦除的 FLASH 块所在分区的其他 FLASH 块进行读取。
- 对被延缓编程的 FLASH 块或其所在分区的其他 FLASH 块进行读取。
- 对被延缓的 FLASH 块所在分区的其他 FLASH 块进行编程。

延缓请求通过设置 ESUS 和 PSUS 控制位来实现。延缓请求可以出现在擦除或编程流程的任意时刻,而不同时刻的 FLASH 控制寄存器也有不同的状态。提出延缓请求的程序必须在执行新的读取或编程操作前,保存被延缓的 FLASH 操作的控制寄存器的内容,并在完成操作后恢复寄存器的内容以恢复被延缓的操作。

如果应用并不需要使用 FLASH 的延缓和恢复功能,那么可以在执行 FLASH 擦除或编程操作之前关闭中断,或者保证任何中断程序都不会访问正在被擦除或编程的 FLASH 分区。如果延缓擦除后的编程操作不需要再次被延缓(嵌套的延缓操作),那么在执行延缓擦除的中断中可以关闭中断响应。

Freescale 公司提供了执行擦除和编程操作的程序代码。例 18.1 的伪代码示意了如何实现上面讲述的两种基本的延缓应用:延缓后执行读操作,延缓擦除后执行编程操作。

例 18.1 对 FLASH 进行延缓操作的例子

```
延缓后执行读操作:
If EVH = 1 Then
    If PGM = 1 Then
        PSUS = 1                                   //延缓编程操作
    Else                                           //或者
        ESUS = 1                                   //延缓擦除操作
    End If
    wait until DONE = 1 or Timeout                 //最长等待 10 μs
    If Timeout Then quit with error
    EVH = 0
    Perform desired read operations                //对非被延缓的块进行读取操作
    EVH = 1                                        //恢复编程或擦除操作
    If PGM = 1 Then
        PSUS = 0
    Else
        ESUS = 0
    End If
    wait until resume timeout elapses              //应小于 200ns
    If Timeout Then quit with error
Else                                               //如果该 FLASH 块没有执行擦除或写入操作
    Perform desired read operations                //直接执行读取操作
End If
延缓擦除后执行编程操作:
If ERS = 1 And EHV = 1 Then
    ESUS = 1                                       //延缓擦除操作
    wait until DONE = 1 or Timeout                 //最长等待 5 μs
    If Timeout Then quit with error
    EVH = 0
    Execute the normal programming sequence
    EVH = 1                                        //恢复擦除操作
    ESUS = 0
    wait until resume timeout elapses              //应小于 200ns
    If Timeout Then quit with error
Else
    Execute the normal programming sequence
End If
```

10. 存储器接口模拟

FLASH 模块具有高速的读取速度,因而可以模拟其他速度较慢的存储设备的时序。在标定或调试系统时,往往利用调试设备的存储器来替代 FLASH 所在的地址空间,以使用调试设备的功能。当标定或调试完成后,设定 FLASH 的等待模拟可以保持实际系统的总线时序和调试系统一致。

18.4 静态RAM存储器

表18.9给出了片内静态存储器的地址分区。

表18.9 片内静态存储器SRAM的地址分区

物理地址	大小/KB	使用电池维持所保存的内容
0x40000000 - 0x40007FFF	32	可以
0x40008000 - 0x4000FFFF	32	不可以

MPC5554/5553内置了64 KB的静态SRAM。当系统掉电时，利用器件外部引脚上连接的1V电池，仍然能够保存其中的32 KB SRAM的内容。SRAM具有猝发传输能力，当用MMU映射SRAM设置了缓存特性时，可以一次从SRAM猝发读取4个字。MMU TLB表项的最小单元是4 KB，这意味着可以将SRAM映射成16个具有不同逻辑地址区段、不同的读写权限的区间。

纠错码

类似FLASH，SRAM也有纠错码机制。对于写入到SRAM的64位数据，都会生成一个8位的纠错码，并且和这64位数据保存在一起。当从SRAM读取数据时，再进行纠错码的校验。对于单比特错误将自动进行校正，对应用没有影响；而双比特错误到产生纠错码异常。

MPC5554/5553使用了汉明距为4的8位纠错编码方式，这种方式可以纠正单比特错误，检测双比特错误。对于更多位的错误，纠错机制的结果是不可预测的，有可能无法发现这些多位错误。由于MPC5554/5553采用了尺寸更小的半导体制造工艺，SRAM的存储单元有非常微小的几率会发生翻转，采用ECC纠错码就是为了降低这种翻转的影响。

因为ECC纠错码是对64位数据进行编码。系统加电后SRAM的内容是随机的，此时其对应的ECC纠错码无法和其内容对应。所以必须对SRAM的所有单元进行完整的64位写入操作，保证能够生成正确的纠错码。

当对SRAM进行非64位的写入操作时，硬件将使用“读－改－写”的操作将该操作涉及的64位内容全部读出，改写指定的比特并写回到SRAM中。这个操作对程序是透明的，程序进行字节、半字或整字操作时无需考虑纠错码的问题。在“读－改－写”操作中，读的过程仍然要进行纠错码检验，如果出错则本次写入操作无法完成。如果对SRAM进行64位宽度的写操作，则不需要先读取SRAM已有的内容，也就不会进行纠错码校验。所以在系统上电后，必须使用64位的单指令多操作数的SIMD指令对SRAM进行初始化，保证纠错码和存储内容的一致。

对任意宽度的读操作，都要对该操作所在的64位数据进行纠错码校验。这64位中的任意位产生的错误都会导致纠错。也就是说，即使读取64位中的一个字节，而这字节的8位数据是正确的，但是剩余的56位中存在双位错误，那么这个字节读取操作也会引发纠错码异常。

第 19 章

快速以太网控制器(FEC)

19.1 快速以太网控制器简介

快速以太网控制器(FEC)是 MPC5553 微控制器的一个外设模块,能实现 10 Mb/s 和 100 Mb/s 以太网协议。FEC 是由硬件和微码共同实现的以太网 MAC 控制器。由于这个模块没有自带的以太网物理层接口(PHY),所以 MPC5553 必须使用一个带有合适的以太网连接器(例如 RJ—45)的外部物理层接口芯片。

快速以太网控制器通过介质无关的 MII 接口与 PHY 通信,通过内部 SRAM 中的一系列缓冲块和 FEC 的控制和状态寄存器、计数器与 MPC5553 的内核处理器通信。FEC 使用自身集成的专用 DMA(直接存储器存取)控制器从缓冲块中存取数据。这个 DMA 控制器和本书第 11 章描述的 eDMA 是分开的。以太网介质无关接口 MII 是专用来连接以太网 MAC 控制器和物理层接口 PHY 器件的标准总线。

FEC 使用 CSMA/CD(具有冲突检测的载波侦听多路访问)协议来发送和接收帧数据,这个协议符合 IEEE 802.3 标准,实现数据帧的封装和解包、发送和接收。

1. FEC 接口

FEC 提供两种不同的方式和以太网物理层控制器 PHY 互连:

① 一种是由表 19.1 中部分信号(TxData, TxCLK, TxEN, RxData, RxCLK, COL, & CRS)组成的 7 线连接。这种模式使用时钟频率为 10 MHz 的单一串行收发信号线来提供 10 Mb/s 的传输速率。这种连接支持更早期的物理层接口设备,有时也称做“AMD 模式”、GPSI(通用串行接口)模式或者 SNI(串行网络接口)模式。

② 一种如表 19.1 所列的全部信号组成的 18 个信号线的连接。这种模式有 4 根发送和接收信号线,其时钟频率在 2.5 MHz 时对应 10 Mb/s 传输速率,25 MHz 对应 100 Mb/s 传输速率。这种连接被称做 MII,支持 IEEE802.3 标准。

7 线连接接口仅使用了 MII 协议规定的信号子集,仅使用单根收发信号,并且不用 Carrier Sense(载波侦听),Transmit Error(发送错误),Receive Error(接收错误),Management Data Clock (管理数据时钟)和 Management Data(管理数据)这些信号。上述最后的两个信号提供了针对外部物理接口收发器的控制和数据链路,FEC 通过该链路可以配置物理接口参数。

2. FEC 特点的总结

- 10 Mb/s 7 线接口和 10/100 Mb/s 接口符合 1998 版的 IEEE802.3 标准。

- 内建的 FIFO(先入先出存储器)和 DMA(直接存取)控制器。
- 支持 IEEE 802.1 的 VLAN(一种局域网)标识符和优先级,最大帧长度可编程。
- IEEE 802.3 全双工控制。
- 最小系统时钟频率为 50MHz 的全双工操作(200 b/s 数据吞吐量)。
- 最小系统时钟频率为 25MHz 的半双工操作(100 Mb/s 的数据吞吐量)。
- 以太网发生冲突后,发送 FIFO 会进行数据重传,无需 CPU 介入。
- 无需 CPU 介入,接收 FIFO 会执行清除由于冲突产生的数据碎片,并能实现地址过滤。
- 地址识别。

含有广播地址的帧数据有可能总是被接收或总是被拒绝。

48 位的单播(在客户端与媒体服务器之间需要建立一个单独的数据通道,从一台服务器送出的每个数据包只能传送给一个客户机,这种传送方式称为单播)地址的精确匹配。

为单播地址提供的 64 位的哈希表。

为多播地址(它是指网络中一个节点发出的信息被多个节点收到)提供的 64 位的哈希表。

混杂模式

- RMON(远程监控)和 IEEE 统计。
- 为网络活动和错误条件提供的中断。

表 19.1 MII 引脚

名称	方向	描述	7线连接
MDIO	I/O	MII Data Input/Output	—
MDC	O	MII Data Clock	—
RxD	I	Rx Data	Y
RxD	I	Rx Data	—
RxD	I	Rx Data	—
RxD	I	Rx Data	—
Rx_DV	I	Rx Data Valid	Y
Rx_CLK	I	Rx Clock	Y
Rx_ER	I	Rx Error	—
Tx_ER	O	Tx Error	—
Tx_CLK	I	Tx Clock	Y
Tx_EN	O	Tx Enable	Y
TxD	O	Tx Data	Y
TxD	O	Tx Data	—
TxD	O	Tx Data	—
TxD	O	Tx Data	—
COL	I	Collision	Y
CRS	I	Carrier Sense	—

19.2 快速以太网控制器的结构

FEC 的功能框图如图 19.1 所示,是由硬件和微码联合实现的。硬件的组成包括:发送接收寄存器,发送接收 FIFO,MII 寄存器,控制、状态和信息模块寄存器,一个 32 位的主机接口,一个直接存取寄存器和一个 RISC(精简指令集计算机)控制器。微码由内嵌在 FEC 模块中的精简指令集控制器执行,其任务包括解析收发数据帧描述块的内容,并在 DMA 控制器的配合下完成收发数据帧到系统存储器的读写。收发数据帧描述块具体的在本章的后部分会有详细介绍。

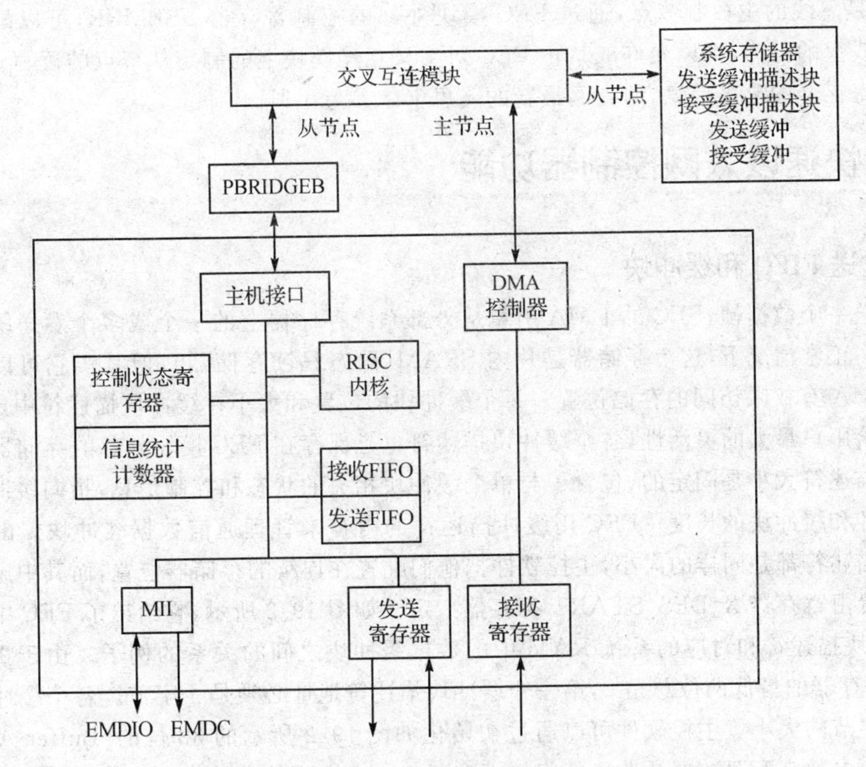

图 19.1 FEC 功能框图及与系统存储器的连接图

使用 FEC 模块,主控制器(内核)必须首先初始化 FEC 中的几个控制寄存器,并且可选择地通过 MII 接口初始化物理层接口 PHY 器件的一些属性。不过要记住,MII 接口在 7 线模块中是不存在的。主控制器还要初始化发送接收缓冲块描述符,并在使能 FEC 之前为发送缓冲块装载合适的数据。

一旦被使能,FEC 模块脱离主控制器,独立地通过 Tx FIFO(发送 FIFO)从系统存储器中的发送缓冲块向发送硬件传送数据;通过 Rx FIFO(接收 FIFO)从接收硬件将数据传送到系统存储器中的接收缓冲块。主控制器也能配置 FEC 控制寄存器,来允许 FEC 发送数据和接收数据的完成中断,和发送接收数据发生错误的中断。

为了满足不同的系统延迟,FEC 的发送和接收 FIFO 的大小是可以进行调整的。为这两个 FIFO 分配的总的存储空间是 512 字节。这个存储器是连续的,控制寄存器 R_FSTART 定义分开发送和接收FIFO分区的点。另外,发送FIFO在寄存器X_WMRK指定了一个可编程的阈值,指定在硬件开始发送数据之前需要预先在FIFO中装载多少数据。接收FIFO中没有对应的阈值。

信息统计模块包含了一系列网络事件和统计信息的计数器。FEC的正常运行并不需要这些计数器,只是为了符合远程监控(RFC 1757)以太网统计组织的规定和IEEE 802.3协议中的一些计数器定义。

在RISC核的协助下,FEC接收器能支持单播、多播和广播(全多播地址)目标地址类型。为了加快在无流量控制机制情况下目标多播地址的接收,FEC在寄存器中实现了一个多播地址哈希散列表。

FEC是总线的主控制节点,通过FEC模块外部的控制寄存器FSBMCR,可以配置FEC在系统总线上的行为,可以允许或禁止FEC对交叉互连模块上的制定从节点的读写。要得到关于这个寄存器的更多信息,请查阅最新的飞思卡尔参考手册。

19.3 快速以太网控制器功能

1. 发送FIFO和缓冲块

要发送一个数据帧,FEC的DMA引擎从外部系统存储器上的一个或多个发送缓冲块中取得数据。正常情况下,这个存储器是片内SRAM(静态只读存储器),但其实它可以是任何FEC得DMA有权限访问的存储位置。每个缓冲块的位置和大小在缓冲块描述符中定义。

为了给用户最大的灵活性,各个缓冲块描述符也是保存在FEC模块外部的存储器中。一个缓冲块描述符大小是固定的,包含了与单个缓冲块相关的状态和控制信息,指向缓冲块起始地址的指针和缓冲块的长度。FEC用缓冲描述符的内容来管理通信数据缓冲块。由于所有的缓冲块描述符都是同样的大小,主控软件把他们配置在连续的存储器位置,而其中第一个缓冲块的位置由寄存器X_DES_START寄存器指定。如图19.2所示,它给出了FEC中各个寄存器,缓冲块描述符和对应的系统RAM中的数据缓冲块之间的关系的例子。由于X_DES_START寄存器的最低两位总是0,第一个缓冲块描述符地址必须是4字节。各个缓冲块描述符都是8字节的大小。主控软件可以通过初始化如图19.2所示的32位的"Buffer Address"(缓冲地址)参数来配置数据缓冲块的起始端在任何一个合理的存储位置。数据缓冲块的尺寸以字节为单位,由16位的"Buffer Length"(缓冲块长度)参数指定。

主控软件通过分配和初始化存储器来产生一个发送缓冲块,并初始化一个相应的发送缓冲块描述符。一系列的缓冲描述符被作为一个"环"结构进行访问。

FEC模块通过轮流顺序访问各个缓冲块描述符,直到所有缓冲块都被处理完。主控软件生成一个发送缓冲块并开持处理该缓冲块的典型流程为:

- 把ECNTRL的(RESET)位置为1来复位FEC模块,停止对数据缓冲块的处理。
- 在指定的系统存储器中分配并初始化一个或者更多的数据缓冲块。
- 在连续的系统存储器中,为每个缓冲块分配一个缓冲块描述符。
- 在每个缓冲块描述符中,初始化数据长度参数和缓冲块地址指针。
- 把每个缓冲块描述符的就绪控制位R置1.一旦FEC被主控器启动,该位被置起表明数据缓冲块已经准备好被发送。当FEC完成了这个过程,它把R位清零,表明缓冲块

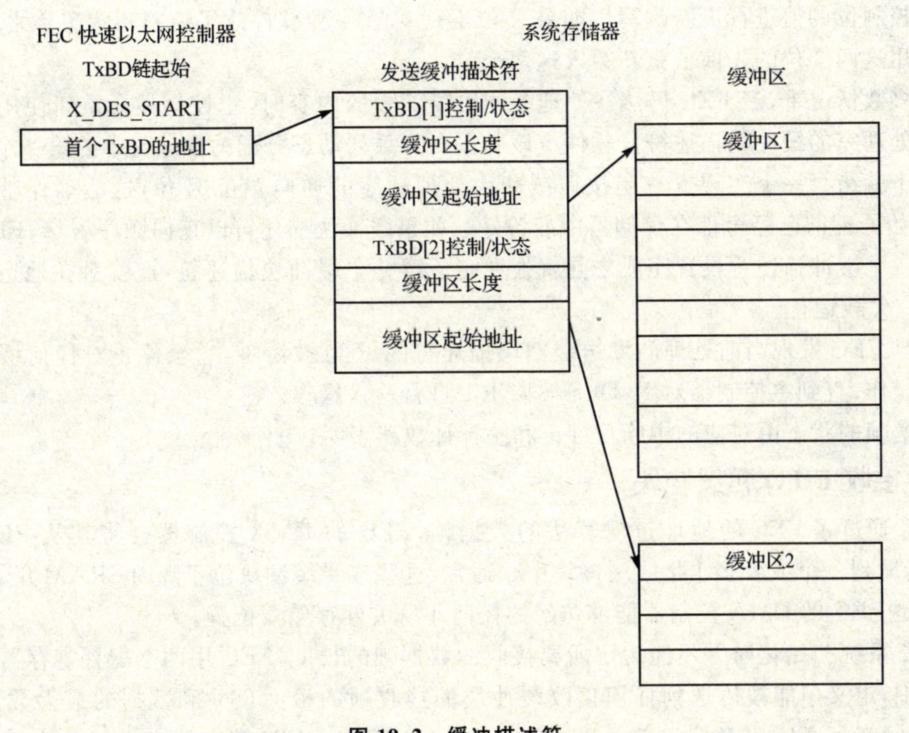

图 19.2 缓冲描述符

已经被处理完。

- 把最后一个缓冲块描述符的绕回控制位 W 置 1。这样会使 FEC 在处理完该缓冲块描述符之后,将绕回处理第一个缓冲块描述符。
- 把 32 位(4 字节校准)的第一个缓冲块描述符的地址写到 X_DES_START 寄存器。
- 把 ECNTRL[ETHER_EN]位置 1 来使能 FEC 模块。主控软件在置该位之前必须至少初始化一个缓冲块描述符。
- 写任意值到 X_DES_ACTIVE 寄存器中来启动 FEC 发送过程。

为了检测缓冲块是否已经被处理完,主控软件可以轮询查询每个缓冲块描述符的 R 位,或者使用缓冲块发送完成的中断。

FEC 的结构允许发送帧被分开在多个缓冲块中。例如,应用有效载荷在一个缓冲块,TCP 头在第二个缓冲块,IP 头在第三个缓冲块还有以太网或 IEEE802.3 头在第四个缓冲块。以太网 MAC 控制器不会预先产生以太网头(包括目标地址,源地址,长度或类型域),所以主控软件必须在一个发送缓冲块中提供以太网头。以太网 MAC 控制器能够为每帧追加以太网循环冗余检验(CRC)。CRC 到底是由 MAC 控制器产生还是由主控软件产生,是通过发送缓冲块描述符中的 TC 位决定的。TC 位必须由主控软件设置。当一个帧被分开在多个缓冲块时,只有在与这个帧关联的最后一个缓冲块对应的缓冲块描述符控制字的 TC 位被置为 1。这保证了帧起始信号只被预先保存在第一个缓冲块的内容中,而 CRC 只被追加(如果使能的话)在最后一个缓冲块中。如果整个帧只定义在单一缓冲块,那么这个缓冲块的描述符的 TC 位应该设置为 1。

缓冲块描述符控制和状态字包含两个位,TO1 和 TO2,这两个位只有主控软件能够访问。这两个位在任何时候都可以读,但只有当 R 位是 0,即 FEC 不再访问缓冲块描述符时才能对这两个控制位的值进行更新改写。如果R位不是0,在主控软件改了控制和状态字之后,FEC模块会用这两个位的先前值重新写入这两个位。

大多数情况下,当FEC仍然在处理缓冲块"环"中的内容时,主控软件会重新使用"环"中已经被处理完的缓冲块描述符。软件应该确保在一系列动态分配的描述符中的第一个必须是最后一个就绪。一个实现方法是按照缓冲块处理顺序的逆向置位R位,这能确保整个帧在FEC开始处理前已经全部在存储器中准备好。如果缓冲块描述符以正向顺序就绪,FEC有可能在第二个缓冲描述符设置完成之前就处理完了第一个缓冲块描述符,这就潜在地造成了发送FIFO欠载运行。

一旦FEC发现当前处理的发送缓冲块描述符的R位被清零,它会停止对任何缓冲块描述符的操作,直到主控制器对X_DES_START进行写入操作。

发送帧的状态由对应的中断位标记和统计计数器表明。

2. 接收FIFO和缓冲块

对于通过了FEC的地址过滤算法的数据帧,FEC的DMA控制器会将其从FEC接收FIFO传输到一个或者多个接收缓冲块中。通常,这些接受缓冲块位于片内SRAM里,但理论上可以是FEC的DMA控制器能够访问的任何非易失性存储器位置。

通常系统初始化时并不能确定所要接收的数据帧的长度,FEC用两个配置寄存器指定了一个范围,定义了能被传送到任何接收缓冲块的接收帧的最大尺寸和数据的最大数量。R_CNTRL[MAX_FL]寄存器定义了最大帧大小,R_BUFF_SIZE寄存器定义了最大缓冲块尺寸。这些值是全局的,对所有的接收帧和接收缓冲块都有效。缓冲块的大小以16字节的大小为16～2047字节进行调整。为了使存储一个接收帧所需的缓冲块数目最小,缓冲块的大小应该定义的尽可能大。当缓冲块尺寸大于或等于最大帧尺寸时,整个接收帧将可以保存在单个缓冲块内。FEC最大允许的帧尺寸为2047字节,而复位默认值为1518字节。帧大小可以按照单个字节进行调整,其长度从目标地址开始,包括追加在帧尾部的CRC校验。要注意,长度超过R_CNTRL[MAX_FL]定义的值但没有超过2047字节的帧仍然会被完整地接收,并不进行截断。这时,如果允许的话将产生BABR(babbling receiver)中断,并且帧尾的缓冲块描述符状态字的LG位会被置起。长度超过2047字节的帧会被截断,并且相应缓冲块描述符状态字的TR会被置1。

主控软件通过初始化接收缓冲块描述符产生一个空的缓冲块。一系列的缓冲描述符被作为一个"环"结构进行访问。

FEC模块通过轮流顺序地访问各个缓冲块描述符的方法来消耗缓冲块,直到所有的都被消耗。以下是一个产生接收缓冲块并且开始FEC消耗的主控软件典型流程:

- 把ECNTRL的(RESET)位置为1来复位FEC模块,停止对数据缓冲块的处理。
- 在指定的系统存储器中分配并初始化一个或者更多的数据缓冲块。
- 在连续的系统存储器中,为每个缓冲块分配一个缓冲块描述符。
- 在每个缓冲块描述符中,初始化数据长度参数和缓冲块地址指针。
- 把每个接收缓冲块描述符的空控制位E位置起,表示该缓冲块已就绪。当FEC完成处理过程,它将把E清零,表明缓冲块已经被接受帧数据占用了。
- 将最后一个缓冲块描述符的绕回控制位W置位,FEC在处理了这个缓冲块后再次绕回选中第一个缓冲块描述符。

• 第一个缓冲块描述符地址写入 R_DES_START 寄存器，该地址必须对齐到字边界。
• 把最大期望帧长度写入 R_CNTRL[MAX_FL]寄存器。
• 把接收缓冲块最大尺寸写入 R_BUF_SIZE。
• 把 ECNTRL[ETHER_EN]置 1，使能 FEC 模块。
• 向 R_DES_ACTIVE 写入任意值，开始 FEC 接收过程。

当接收到帧后，FEC 会将其填入到空的接收缓冲并且更新相应的描述符，以指明该接受缓冲的如下状态：缓冲区是满的，每个缓冲块保存的数据大小，该帧数据尾部所在的缓冲块，以及与帧尺寸、数据完整性和地址识别有关的任何异常情况。

当接收到的数据帧被保存到多个缓冲块时，除了最后一个，所有的缓冲块的长度都和 R_BUFF_SIZE 中包含的值一样，并且其缓冲块描述符的 L 位被清零。最后一个缓冲块会包含帧数据的尾部，其描述符数据长度为总的帧长，其缓冲描述符 L 位被置 1。所有缓冲块的其他相应状态位也都被更新。

FEC 完成接收一个数据帧后，可能产生的错误状态的接收缓冲块描述符有如下几种：
• M：帧以混杂模式被接收，但内部地址识别错误。
• LG：帧长度超过 R_CNTRL[MAX_FL]定义的长度。
• NO：帧尺寸不是 8 位的整倍数。如果这个位置起时，CR 位不会被置起。
• CR：帧循环冗余码校验错误。
• OV：接收 FIFO 发生溢出。

另外 FEC 设置的缓冲块描述符状态位还有：
• BC：接收目标地址是广播地址。
• MC：接收目标地址是多播地址。
• TR：帧被截断。

和发送缓冲块描述符类似，接收缓冲块描述的控制/状态寄存器包含两个主控软件专用的位 RO1 和 RO2。这两位在任意时刻都是可读的，但只有当 E 位为 0，即 FEC 不再访问缓冲块描述符时才能对其进行修改更新。如果 E 不为 0，即使主控软件修改了控制/状态寄存器后，FEC 仍然会以先前值覆盖这两位。

一旦 FEC 读取接收缓冲块描述符发现 E 位被清零，它会停止任何针对缓冲块描述符的操作，直到主控制器对 R_DES_START 进行写入操作。

要检测接受缓冲块是否已经有数据存入，主控软件可以轮询查询各个缓冲描述符的 E 位或者依靠缓冲块接受中断。

3. 以太网地址识别

FEC 基于目标地址类型来过滤接收帧，目标地址类型有单播，多播和广播类型。单播地址和多播地址的不同之处有目标地址域的 I/G 位决定。图 19.3 是接收帧地址识别流程图。

地址识别过滤是通过接收模块和 RISC 核所运行的微码共同实现的。图 19.3 的流程图是接受模块所执行的地址识别步骤，图 19.4 的流程图是 RISC 核所运行的微码完成的地址识别步骤。

如图 19.3 所示，如果目标地址是广播地址，并且系统没有设置广播拒绝位(RCR[BC_REJ])，那么该广播帧数据会被无条件接收。如果不是广播地址，那么将执行图 19.4 所示的地址识别流程。

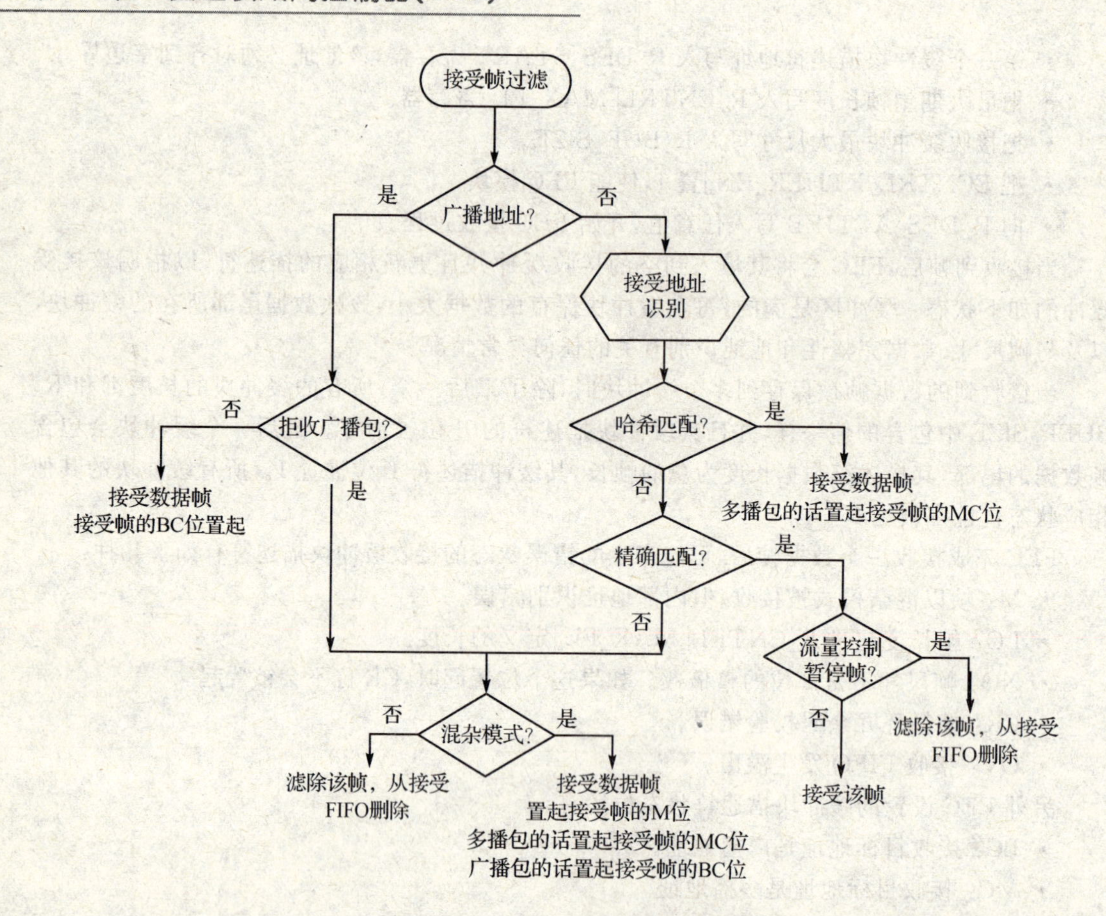

图 19.3　接受模块的地址过滤流程

如果目标地址是多播地址并且没有使用流量控制,那么 RISC 处理器会到设置在 GAUR 和 GALR 寄存器中的 64 表项的哈希表中执行群查询操作。如果发生了哈希匹配,那么接收模块会接收帧数据。

如果使用了流量控制,那么 RISC 处理器会对接受帧的目标地址和专用的流量控制暂停帧的目标地址(01:80:C2:00:00:01)进行精确匹配。如果接收模块判定该接受帧是合法的流量控制暂停帧,那么该帧会被拒收。合法的流量控制暂停帧的目标地址可以是专用的目标地址或 FEC 自身的单播物理地址。

如果目标地址是单播地址,RISC 处理器会把目标地址和 PALR/PAUR 寄存器中指定的 48 位的 FEC 物理地址进行精确匹配。如果发生了匹配,该帧将被接收;否则,RISC 处理器会到设置在 GAUR 和 GALR 寄存器中的 64 表项的哈希表中执行单一查询操作。如果发生了哈希匹配,该帧将被接收。如图 19.3 所示,对于拒收的数据帧,接收模块还会再次判断是否为有效的流量控制暂停帧。

如果没有哈希匹配(包括单播和多播),也没有精确地址匹配(包括单播和多播),那么仅在启动了混杂模式(PCR[PROM]=1)时,数据帧才会被接收并且接收缓冲区描述符的 MISS 位被置位;除此以外帧会被过滤。

相似地,如果目标地址是广播地址,但设置了广播拒绝 PCR[BC_REJ]位,那么仅当启动了混杂模式时,该广播帧才会被接收并且接收缓冲块描述符中的 MISS 位会被置位,除此以外

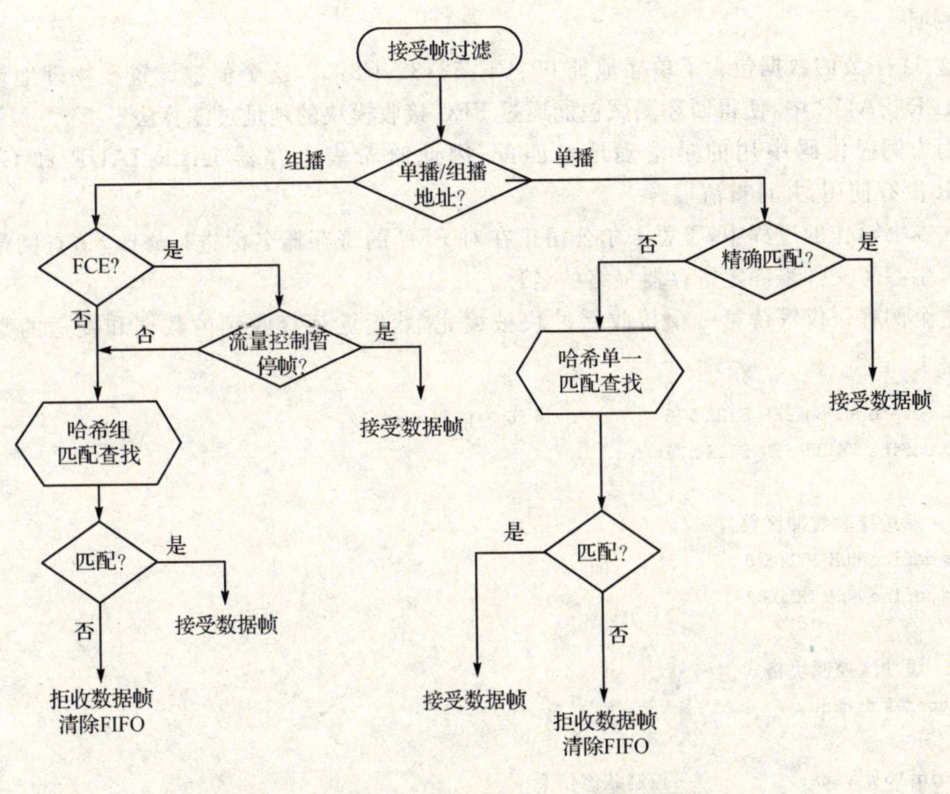

图 19.4 RISC 核所运行的微码完成的地址识别步骤

该帧会被过滤。

通常来说,当接受帧被过滤后,会从接受 FIFO 中清除掉。

4. 以太网独立控制和数据寄存器

MII 接口允许 FEC 对相连的物理层接口 PHY 器件进行配置和状态读取,这是通过时钟信号和单一双向数据信号进行传输的。主控软件可以通过 32 位的 MII_DATA 寄存器对物理接口进行读和写操作。这个寄存器中的高 16 位包含了定义了物理接口寄存器地址和数据方向的控制域,而低 16 位包含了读写的实际数据。这个寄存器的运用决定于连接在 FEC 上的物理层接口 PHY 的具体设置,超出了本书的范围。MII 时钟频率可以通过 MII_SPEED 寄存器设置。

19.4 快速以太网控制器初始化例程

假定系统的时钟频率为 128 MHz,下面的例程代码中初始化了 2 个发送缓冲块,8 个接收缓冲块,使能了 MII 模式,并且设置了 MII 模式的时钟频率为 2MHz。配置完缓冲块描述符后,第一个发送缓冲块装载了 64 字节的测试数据包,其所有字节都被初始化为 0x55。所有的 8 个接收缓冲块都标记为空,第一个装载了 64 字节包的发送缓冲块标记为就绪。通过使能内部闭环回传模式或者在 RJ—45 连接器上连接外部双绞线发送和接收信号线,可以对数据传输进行测试。

在第一个帧被传送以后,第一个接收缓冲块应该包含有和数组 packet[]中的内容完全相同的数据。

这64字节的数据包含了单播地址00:CF:52:82:C3:01，这个值被设置在物理地址寄存器PALR/PAUR中，使得回环测试包能通过FEC接收模块的地址过滤算法。

因为例程代码中用的是精确地址匹配，因此哈希表寄存器IALR/IAUR和GALR/GAUR没有使用，并且被清零。

在本书写作的过程中，飞思卡尔公司正在对FEC的寄存器名称进行修改，请查阅最新的飞思卡尔参考文件来确定寄存器最终的名称。

这个例程仅仅等待第一个接收缓冲块被填完，然后验证接收到的数据和发送的数据包匹配。

```
#define RX_BUFFER_SIZE 576          /*16的倍数*/
#define TX_BUFFER_SIZE 576

/*发送接收缓冲区数目*/
#define NUM_RXBDS 8
#define NUM_TXBDS 2

/*缓冲区控制块格式*/
typedef struct
{
 uint16 status;           /*控制状态信息*/
 uint16 length;           /*长度*/
 uint8   *data;           /*缓冲区起始地址指针*/
} NBUF;

/*控制位定义*/
#define TX_BD_R              0x8000
#define TX_BD_INUSE          0x4000
#define TX_BD_TO1            0x4000
#define TX_BD_W              0x2000
#define TX_BD_TO2            0x1000
#define TX_BD_L              0x0800
#define TX_BD_TC             0x0400
#define TX_BD_DEF            0x0200
#define TX_BD_HB             0x0100
#define TX_BD_LC             0x0080
#define TX_BD_RL             0x0040
#define TX_BD_UN             0x0002
#define TX_BD_CSL            0x0001

#define RX_BD_E              0x8000
#define RX_BD_INUSE          0x4000
#define RX_BD_R01            0x4000
#define RX_BD_W              0x2000
```

```
#define RX_BD_R02            0x1000
#define RX_BD_L              0x0800
#define RX_BD_M              0x0100
#define RX_BD_BC             0x0080
#define RX_BD_MC             0x0040
#define RX_BD_LG             0x0020
#define RX_BD_NO             0x0010
#define RX_BD_SH             0x0008
#define RX_BD_CR             0x0004
#define RX_BD_OV             0x0002
#define RX_BD_TR             0x0001
INT16 ethernet_test(void)
{
 uint32 i;
 NBUF * pNbuf;
 UINT32 fail = 0;
}

/*待发送数据*/
const uint8 packet[] =
{
 0x00, 0xCF, 0x52, 0x82, 0xC3, 0x01, 0x00, 0xCF,
 0x52, 0x82, 0xC3, 0x01, 0x08, 0x00, 0x45, 0x00,
 0x00, 0x3C, 0x2B, 0xE8, 0x00, 0x00, 0x20, 0x01,
 0xA6, 0x1B, 0xA3, 0x0A, 0x41, 0x55, 0xA3, 0x0A,
 0x41, 0x54, 0x08, 0x00, 0x0C, 0x5C, 0x01, 0x00,
 0x40, 0x00, 0x61, 0x62, 0x63, 0x64, 0x65, 0x66,
 0x67, 0x68, 0x69, 0x6A, 0x6B, 0x6C, 0x6D, 0x6E,
 0x6F, 0x70, 0x71, 0x72, 0x73, 0x74, 0x75, 0x76
};

/*缓冲控制块定义到16字节的边界*/
uint8 unaligned_txbd[(sizeof(NBUF) * NUM_TXBDS) + 16];
uint8 unaligned_rxbd[(sizeof(NBUF) * NUM_RXBDS) + 16];

NBUF * TxNBUF;
NBUF * RxNBUF;

/*缓冲块定义到16字节边界*/
uint8 unaligned_txbuffer[(TX_BUFFER_SIZE * NUM_TXBDS) + 16];
uint8 unaligned_rxbuffer[(RX_BUFFER_SIZE * NUM_RXBDS) + 16];

uint8 * TxBuffer;
uint8 * RxBuffer;
   SIU.PCR[44].R = 0x098c;        /*data[16] = txclk*/
```

```
    SIU.PCR[45].R = 0x098c;        /* data[17] = crs    */
    SIU.PCR[46].R = 0x0b8c;        /* data[18] = txer   */
    SIU.PCR[47].R = 0x098c;        /* data[19] = rxclk */
    SIU.PCR[48].R = 0x0b8c;        /* data[20] = tcd0   */
    SIU.PCR[49].R = 0x098c;        /* data[21] = rxer   */
    SIU.PCR[50].R = 0x098c;        /* data[22] = rxd0   */
    SIU.PCR[51].R = 0x0b8c;        /* data[23] = txd3   */
    SIU.PCR[52].R = 0x098c;        /* data[24] = col    */
    SIU.PCR[53].R = 0x098c;        /* data[25] = rxdv   */
    SIU.PCR[54].R = 0x0b8c;        /* data[26] = txen   */
    SIU.PCR[55].R = 0x0b8c;        /* data[27] = txd2   */
    SIU.PCR[56].R = 0x0b8c;        /* data[28] = txd1   */
    SIU.PCR[57].R = 0x098c;        /* data[29] = rxd1   */
    SIU.PCR[58].R = 0x098c;        /* data[30] = rxd2   */
    SIU.PCR[59].R = 0x098c;        /* data[31] = rxd3   */
    SIU.PCR[72].R = 0x0b8c;        /* addr[10] = br     */
    SIU.PCR[73].R = 0x0b8c;        /* addr[11] = bg     */

    TxNBUF = (NBUF *)((uint32)(unaligned_txbd + 16) & 0xFFFFFFF0);
    RxNBUF = (NBUF *)((uint32)(unaligned_rxbd + 16) & 0xFFFFFFF0);
    TxBuffer = (uint8 *)((uint32)(unaligned_txbuffer + 16) & 0xFFFFFFF0);
    RxBuffer = (uint8 *)((uint32)(unaligned_rxbuffer + 16) & 0xFFFFFFF0);
/*初始化接收缓冲控制块的环*/
    for (i = 0; i < NUM_RXBDS; i++)
    {
    RxNBUF[i].status = RX_BD_E;
    RxNBUF[i].length = 0;
    RxNBUF[i].data = &RxBuffer[i * RX_BUFFER_SIZE];
    }
    /*在环的最后一个控制块设置绕回控制位*/
    RxNBUF[NUM_RXBDS - 1].status |= RX_BD_W;

    /*初始化发送缓冲控制块的环*/
    for (i = 0; i < NUM_TXBDS; i++)
    {
    TxNBUF[i].status = TX_BD_L | TX_BD_TC;
    TxNBUF[i].length = 0;
    TxNBUF[i].data = &TxBuffer[i * TX_BUFFER_SIZE];
    }
    /*在环的最后一个控制块设置绕回控制位*/
    TxNBUF[NUM_TXBDS - 1].status |= TX_BD_W;

/*FEC源地址*/
    FEC.PALR.R = 0x00CF5282;
    FEC.PAUR.R = 0xC3010000;
```

```
  FEC.IALR.R = 0x00000000;
  FEC.IAUR.R = 0x00000000;

  FEC.GALR.R = 0x00000000;
  FEC.GAUR.R = 0x00000000;

/*接收缓冲大小*/
  FEC.EMRBR.R = (uint16)RX_BUFFER_SIZE;

/*指向环形接收缓冲队列的首个缓冲块*/
  FEC.ERDSR.R = (uint32)RxNBUF;

/*指向环形发送缓冲队列的首个缓冲块*/
  FEC.ETDSR.R = (uint32)TxNBUF;

/*使用 MII 接口*/
  FEC.RCR.R = 4;                    /*MII mode - 18 signals*/
  FEC.RCR.B.LOOP = 1;               /*使用内部闭环模式*/

/*全双工模式,无心跳检测*/
  FEC.TCR.R = 0x0004;

/*设置 MII 时钟位 2 MHz*/
  FEC.MSCR.R = 16;

/*设置缓冲*/
  pNbuf = TxNBUF;

/*将待发的固定数组写入发送缓冲*/
  memcpy(pNbuf->data, packet, 64);

/*设置长度*/
  pNbuf->length = 64;

/*启动 FEC*/
  FEC.ECR.B.ETHER_EN = 1;

  for (i = 0; i < NUM_RXBDS; i++)
  {
  RxNBUF[i].status = RX_BD_E;
  RxNBUF[i].length = 0;
  RxNBUF[i].data = &RxBuffer[i * RX_BUFFER_SIZE];
  }

  for (i = 0; i < 64; i++)
```

```
    {
    RxNBUF[0].data[i] = 0x55;        /* 将接收缓冲设置成已知的值 */
    }

  /* 将环的最后一个缓冲的绕回位置起 */
    RxNBUF[NUM_RXBDS - 1].status |= RX_BD_W;

  /* 说明当前有可用的接收缓冲 */
    FEC.RDAR.B.R_DES_ACTIVE = 1;

  /* 发送帧标记就绪 */
    pNbuf->status |= TX_BD_R;

  /* 通知 FEC 发送帧就绪 */
    FEC.TDAR.B.X_DES_ACTIVE = 1;

    for (i = 0; i < 100000; i++)
    {
        if (FEC.EIR.B.RXF)
        {
            break;
        }
    }


    if (i == 100000)
    {
        /* Timed-out */
        fail++;
    }

    for (i = 0; i < 64; i++)
    {
        if (TxNBUF[0].data[i] != RxNBUF[0].data[i])
        {
            fail++;
        }
    }

    if (fail)
      return (FAIL);
    else
      return (PASS);

}   /* end of ethernet_test */
```

第20章

调试、片上仿真端口和 Nexus 软件

1. 为什么需要进行调试?

对任何一种微控制器系统的开发都包含有一系列软硬件方面的调试。随着 MCU 的集成度越来越高,调试过程也变得越来越复杂。软件永远都会有缺陷,尤其是处于开发过程中的软件,它与多个硬件模块之间的联系更增加了开发者的负担。硬件接口,特别是 MCU 片外的设备接口也需要调试。一些工具可以监控软件的执行并提供更便捷的途径与硬件进行通信,这样可以减少因为判断软硬件问题所耗费的时间。程序员使用这些工具可以更快地发现软件缺陷,并在进行正式修改之前,动态地改变运行时间环境来进行验证。许多工具还可以收集系统实时性能的统计数据,帮助设计人员掌握微控制器系统的限制以及灵敏度,提高设计的性价比。

2. 需要哪些调试特性?

开发人员需要考虑调试的两个方面:

- 调试对应用的实时性所带来的影响。
- 内部操作需要多大的透明度。

MPC5554/5553 支持多种调试机制,允许开发人员设置软件子程序和中断来捕获执行代码和数据,或者使用外部调试端口和软件工具提供更为专业的调试能力。两种调试都不需要外部总线参与,可以减少调试的复杂度,无需通过使用外部总线来监控执行代码和数据传输。

一个最简化的调试器需要具备以下功能:

- 中止内核。
- 使内核在实时状态下运行。
- 在某一时刻单步执行一行代码。
- 在运行程序需要中止处设置断点。
- 读写存储区域。
- 读写内核寄存器。

一些额外的调试特性会有助于软硬件开发。这些特性包括但不局限于以下一些内容:

- 在程序运行设置观察点记录数据。
- 记录程序的执行情况做后续分析。
- 记录存储区内外的数据交换情况。
- 定义一系列在中断触发或启动程序、数据跟踪前必须满足的条件。

MPC5554/5553 有许多片上硬件调试模块支持上述或更多的特性。MPC5554/5553 上的调试通信协议与工业 IEEE ISTO 5001—2003 的三级标准兼容,四级标准中一些额外的特性

将在本章中详细介绍。在本书中，调试接口称为 Nexus。由于其功能超过了三级规范，Freescale 的文献中倾向于称为 Nexus Class 3＋。

MPC5554/5553 的 Nexus 接口在硬件引脚有限的调试接口上，可以支持相当数量的调试工具。例如：Macraigor Systems 和 P&E Microcomputer Systems 推出的"Wiggler"接口设备将多个第三方软件进行组合，可以使 MPC5554/5553 的开发环境在成本上更具优势。

3. 为什么需要标准?

MPC5500 系列微控制器采用了 Nexus 标准，它提供的框架允许不同的第三方工具在应用开发时可以互相替换使用。

另外，嵌入式应用二进制接口(EABI)是一种定义了在运行状态时如何使用内核寄存器的标准。这样就允许不同的第三方工具开发的库在集成时无需再次编译。Elf 和 Dwarf 文件标准允许目标代码可以被下载至目标系统中，然后使用多种第三方工具对其进行源代码级调试。

4. Nexus 标准

介绍这些标准的细节超出了本书的范围。表 20.1 中列出了 MPC5554/5553 所支持的 Nexus 特性。

表 20.1　MPC5554/5553 支持的 Nexus 调试特性

调试特性	Nexus 等级
由复位或用户代码进入调试模式 在调试模式中读取/写入用户寄存器或存储器 在用户模式中单步执行指令并重新进入调试模式 设置断点及观察点 在最小有两条指令或数据时中止程序运行并进入调试模式 提供设备识别	1
所有等级 1 的特性，另有 在实时运行时记录进程 在实时运行时跟踪程序流程	2
所有等级 2 的特性，另有 在处理器实时运行时跟踪数据读取和写入 在处理器实时运行时读取/写入存储器	3
所有等级 3 的特性，另有 在观察点处启用数据和程序跟踪	4*

*　该等级内包含所有的调试特性。

5. 内部和外部调试特性

MPC5554/5553 的内核支持内部和外部操作模式。内部模式依靠中断处理代理程序，外部模式则需要外部工具连接至 JTAG/OnCE 调试端口。除此之外，外部调试模式还可以使用片内的 Auxiliary 端口。JTAG/OnCE 和 Auxiliary 端口合成来称为 Nexus 端口控制器(NPC)。在一些文献中，内部调试模式也称为"软件调试模式"，外部调试模式则称为"硬件调试模式"。

内部调试模式有以下一些特性：

- 不使用JTAG/OnCE调试端口：片内软件无法访问NPC寄存器。
- 片内软件可以访问所有的内核调试寄存器和中断机制。
- 在下列状态中调试事件可导致异常：

  指令地址比较(IAC1,2,3,4)；

  数据地址比较(DAC1,2)；

  捕获；

  发生跳转；

  指令完成；

  中断发生；

  返回；

  调试计数器(DCNT1,2)。
- 用户定义的软件控制器必须处理调试中的异常，软件可访问所有的系统资源。
- 发生断点事件，必须同时有指令和数据访问。举例来说，数据地址比较事件的发生的同时，必须有指令地址相匹配。

内部调试模式提供资源来执行驻留内存调试，如ROM监控。

外部调试模式遵从Nexus Class 1调试的能力，拥有以下特性：

- 使用JTAG/OnCE调试端口。片内软件无法访问片内NPC寄存器和内核调试寄存器。
- 调试事件使内核进行调试模式并中止内核。
- 外部调试模式与内部调试模式支持相同的调试事件：

  指令地址比较(IAC1,2,3,4)；

  数据地址比较(DAC1,2)；

  捕获；

  发生跳转；

  指令完成；

  中断发生；

  返回；

  调试计数器(DCNT1,2)。
- 外部工具通过发送命令来配置并处理调试事件，它可以访问所有的系统资源。
- 断点事件发生必须同时有指令和数据访问。举例来说，数据地址比较事件的发生必须同时有指令地址相匹配。

6. 内部调试时使用中断处理代理程序

例20.1是一段可以添加到应用代码中的程序，用来跟踪MPC5554/5553中应用代码的执行情况。需要注意的是这会给应用程序带来一定的影响，因为在被跟踪的段内每一条指令的执行都会产生中断。例子完全由C语言写成，并使用C语言内在函数来配置对应的内核SPR寄存器。用C语言的最大好处就是跟踪执行的速度快，并可利用一些打印命令记录应用代码的执行路径。示例中的代码执行下列操作，在选定的代码段中建立中断处理代理程序来跟踪每一条指令。如果内在函数不可用，可调用汇编函数或宏定义来代替。

- 创建一个中断处理代理程序来处理指令完成(ICMP)事件。在中断处理代理程序内，清除 ICMP 状态标志位，执行需要的操作并用 rfdi 指令退出。确保中断处理代理程序的起始地址必须和 16 字节的边界对齐。
- 初始化向量页地址寄存器，IVPR 和调试向量寄存器，IVOR15 与调试中断处理代理程序地址。每个寄存器的对应部分会自动连接起来组成调试向量的逻辑地址。详细内容见第 7 章。
- 如果 DBCR0 中的 EDM 位被置 1，用外部调试工具来对其清 0。EDM 位只能由连接至 MPC5554/3 调试端口的外部工具清 0 或置 1。MPC5554/5553 中的软件无法清 0 该位，只有该位清 0 后软件才能访问其余的调试控制和状态寄存器。
- 确保 DBSR 寄存器内所有的状态位清 0，通过读取该位并将读取值再次写入可清 0。写入 1 将清 0 该位，写入 0 该位不发生变化。
- 在状态机寄存器(MSR)中将 DE 位置 1 来使能调试中断。
- 在 HID0 寄存器中将“使能调试 APU”位置 1 来使能片内调试特性。
- 在 DBCR0 寄存器中将“内部调试模式”(IDM)位和“指令完成调试事件使能”(ICMP)位置 1，在每一条指令执行后使能调试事件，然后执行 isync 指令来确保新的控制值起效。

由 isync 启动，调试中断在每一条指令执行后发生。由于 C 代码 I/O 运行时间库中的 printf 被重定义至 MPC5554/5553 中的 eSCI_A 来打印数据，示例中的中断处理代理程序将发送跟踪指令地址和计数至串行端口。

示例通过将 DBCR0 寄存器整体清 0 来中止跟踪，实际上只需将 ICMP 位清 0 即可。需要注意的是示例中使用的编译器不会生成 rfdi 指令，而这是调试中断处理代理程序需要的，因此代码中将编译器生成的 rfi 替换为 rfdi。这个替换需要使用一个特殊的函数调，它可以返回中断处理代理程序的末尾地址加 1 的值。需要注意的是示例中的调试异常会将程序执行位置保存至 DSRR0 和 DSRR1 寄存器而不是 SRR0 和 SRR1。示例中的 ICMP 中断处理代理程序将返回地址由 4 字节 DSRR0(SPR 编号 574)发送异常发生的指令处，并显示格式调整后的值。这些均在一行 C 代码内完成。

例 20.1　内部调试模式软件跟踪指令执行

```
int InstructionCount = 0;
#pragma ghs section text = ".I2"                //I2 文本段使用 16 字节
__interrupt void DebugIntrHandler()             //完全使用 C 代码
{
    __MTSPR(304, __MFSPR(304));                 //清除所有的中断源
    printf("(%3.i) Trace: %p\r\n", ++InstructionCount,__MFSPR(574) - 4);
}
int main(int argc, char *argv[])
{
//部分初始化代码
    __MTSPR(63,(int)DebugIntrHandler);          //载入 IVPR，普通向量页地址
    __MTSPR(415,(int)DebugIntrHandler);         //载入 IVOR15，调试向量
```

```
//在中断处理代理程序中定位 rfi 的地址
    EndOfDebugIntr = (int * ) __ghs_eofn_DebugIntrHandler - 1;
//将 rfi 重新定位至 rfdi
 * EndOfDebugIntr = RFDI;

    __MTSPR(304, __MFSPR(304));                  //清除 DBSR 中所有的状态位
    __SETSR(__GETSR() | 0x00000200);             //在 MSR 中使能调试中断
    __MTSPR(1008, __MFSPR(1008) | 0x100);        //在 HID0 中使能调试 APU
    __MTSPR(308,0x48000000);                     //在 DBCR0 中使能内部调试和 ICMP 事件
//----------在下一条指令处开始调试跟踪----------
    asm(" isync ");                              //同步指令代码
    for (i = 0; i < ASIZE; i ++)                 //跟踪该循环
        a[i] = i * 2 + 1;
    __MTSPR(308,0x0);                            //禁用内部调试和 ICMP 事件
//----------在下一条指令处中止调试跟踪 ----------
    asm(" isync ");
```

当模拟终端连接至MPC5554/5553的对应串行端口时，运行代码将出现图20.1中的输出结果。这表示C代码“for loop”执行了20条指令(总共23条指令，减去一条跟踪开始时的isync指令和两条跟踪结束时DBCR0清0指令)。当跟踪地址不发生重复时，表明“for loop”不再循环以优化执行速度。

```
(1) Trace: 400047a4
(2) Trace: 400047a8
(3) Trace: 400047ac
(4) Trace: 400047b0
(5) Trace: 400047b4
(6) Trace: 400047b8
(7) Trace: 400047bc
(8) Trace: 400047c0
(9) Trace: 400047c4
(10) Trace: 400047c8
(11) Trace: 400047cc
(12) Trace: 400047d0
(13) Trace: 400047d4
(14) Trace: 400047d8
(15) Trace: 400047dc
(16) Trace: 400047e0
(17) Trace: 400047e4
(18) Trace: 400047e8
(19) Trace: 400047ec
(20) Trace: 400047f0
(21) Trace: 400047f4
(22) Trace: 400047f8
(23) Trace: 400047fc
```

图20.1　例20.1中的跟踪指令输出

7. 使用JTAG /OnCE和Auxiliary端口进行外部调试

MPC5554/5553有一系列引脚支持外部调试特性。这些引脚可被划分为“JTAG/OnCE”引脚和“Auxiliary”引脚。一个外部调试工具会用到“JTAG/OnCE”的全部6个引脚(见

表 20.2)来向 MCU 发送命令和数据，或是接收由 MCU 返回的数据和状态信息。JTAG/OnCE 引脚功能为 Nexus Class 1。所有的 JTAG/OnCE 引脚都只能用于与 MPC5554/5553 进行通信，而不能作为其他功能使用，这些引脚被固定地配置为调试功能。Auxiliary 引脚提供提供 Nexus Class 2 和 3+实时跟踪的功能，但这些引脚中的一部分可以被用途 GPIO。JTAG/OnCE 和 Auxiliary 引脚提供片内 NPC 模块的接口，可以作为 e200z6 内核、eDMA 和 eTPU 模块片内调试资源的控制与数据通道，参见图 20.2。

8. 引脚说明

选择 9 个或 17 个 Auxiliary 引脚都可以提供实时跟踪信息。选择 9 个引脚被称"Reduced Port"模式，选择 17 个引脚则称为"Full Port"模式。同样的，JTAG/OnCE 的"Reduced Port"模式中的 4 个引脚固定用于调试功能而不能移做其他用途。如果调试系统没有使用"Full Port"模式下的额外 8 个引脚，它们可作为 GPIO 使用。表 20.2 列出了所以可用的调试端口。

表 20.2 调试端口引脚功能

调试端口类型	调试引脚名称	复用功能	调试引脚功能	注释说明
JTAG/OnCE	TCK	—	时钟输入	I
	TDI	—	命令/数据输入	I
	TDO	—	数据输出	O
	TMS	—	测试/调试模式选择	I
	JCOMP	—	调试端口控制器复位	I
	$\overline{RDY}$	—	指示数据模块读取/写入准备完成	O
Nexus"Reduced Port"模式	$\overline{EVTI}$	—	强制中断或信息同步	I
	$\overline{EVTO}$	—	指示观察点或中断点发生	O
	MCKO	—	程序和数据跟踪的时钟信号	O(1/2,1/4,1/8 系统时钟)
	MSEO0	—	信息协议握手信号	O
	MSEO1	—	信息协议握手信号	O
	MDO0	—	数据信息	O,指示锁相环锁定
	MDO1	—	数据信息	O
	MDO2	—	数据信息	O
	MDO3	—	数据信息	O

续表 20.2

调试端口类型	调试引脚名称	复用功能	调试引脚功能	注释说明
Nexus"Full Port"模式中的附加引脚	MDO4	GPIO75	数据信息	O
	MDO5	GPIO76	数据信息	O
	MDO6	GPIO77	数据信息	O
	MDO7	GPIO78	数据信息	O
	MDO8	GPIO79	数据信息	O
	MDO9	GPIO80	数据信息	O
	MDO10	GPIO81	数据信息	O
	MDO11	GPIO82	数据信息	O

下面是一些在调试引脚和片内调试控制器使用过程中需要注意的问题：

- 调试引脚和 NPC 都不受系统复位的影响，因此调试功能比片上复位的优化级要高(不包括上电复位)。
- 所有的调试引脚都由 VDDE7 进行供电，供电范围为 1.62～3.6 V，典型值为 3.3 V。
- 在上电期间，所有的调试引脚都被初始化为禁用和高阻态。
- 当内部上电复位时，MDO0 为仅有的有效边沿，在初始化时被拉高。
- 当内部 PLL 锁定时，MDO0 被拉低，JCOMP 引脚变为输入。
- 如果选择 PLL 旁路模式，MDO0 会在几个时钟周期内持续拉高然后拉低，这是由于 PLL 无法在旁路模式下锁定。
- 当 MDO0 拉低时，JTAG/OnCE 引脚的状态将取决于 JCOMP 端口的电平。
- 当 JCOMP 为低电平时，JTAG/OnCE 的其他所有引脚都会禁用并处于高阻态，Auxiliary 端口引脚同样禁用并处于高阻态。
- 当 JCOMP 为高电平时，JTAG/OnCE 的其他所有引脚都会激活，即使芯片处于复位状态，外部工具也可以访问片内 NPC 寄存器。此时外部工具可以使用 JTAG/OnCE 命令使能 Nexus 端口来访问 NPC 寄存器。当 MCKO 使能并且 FPM 清 0 时，"Reduced Port"模式使能；当 MCKO 使能并且 FPM 置 1 时，"Full Port"模式使能。
- 如果 Nexus 端口未使能，"Full Port"引脚默认为 GPIO，其 I/O 模式与特性由对应的 SIU_PCR 所决定。
- 如果 Nexus 端口使能，除 EVTI 外所有 Nexus 的引脚特性都由对应的 SIU_PCR 所决定。但 I/O 端口方向不能改变。
- JTAG/OnCE 中 TDO 输出特性通过一个 SIU_PCR 来改变。TDO 是唯一地拥有 SIU_PCR 的 JTAG/OnCE 引脚。
- 在 JCOMP 未被拉低(不在复位状态)时 EVTO 被自动使能并驱动。这里并不需要 NPC 配置。当不使用 Nexus 端口并且只使用 JTAG/OnCE 调试功能时，允许事件信号通过引脚输出。

9. 片内集成调试功能

下列模块在片内集成有独立调试控制模块：

- e200z6 内核。
- 两路 eTPU(共享一个单独的调试控制模块)。
- eTPU 关联数据控制器(CDC)。
- eDMA 控制器。

这些模块都可以由外部工具来配置,每一个模块都可以产生独立的调试信息。另外有一个称为读写访问器(RWAC)的 Nexus 调试模块可以访问 MPC5554/5553 内部所有的存储器物理地址。RWAC 与内核缓存的慢速物理存储器端口复用物理存储总线,这意味着 RWAC 无法访问缓存变量。图 20.2 为调试控制器及其接口模块图。需要注意的是 RWAC 连接到 JTAG/OnCE 端口,而不是 Nexus(Auxiliary)端口,这是因为 Nexus 端口只允许读取访问操作。

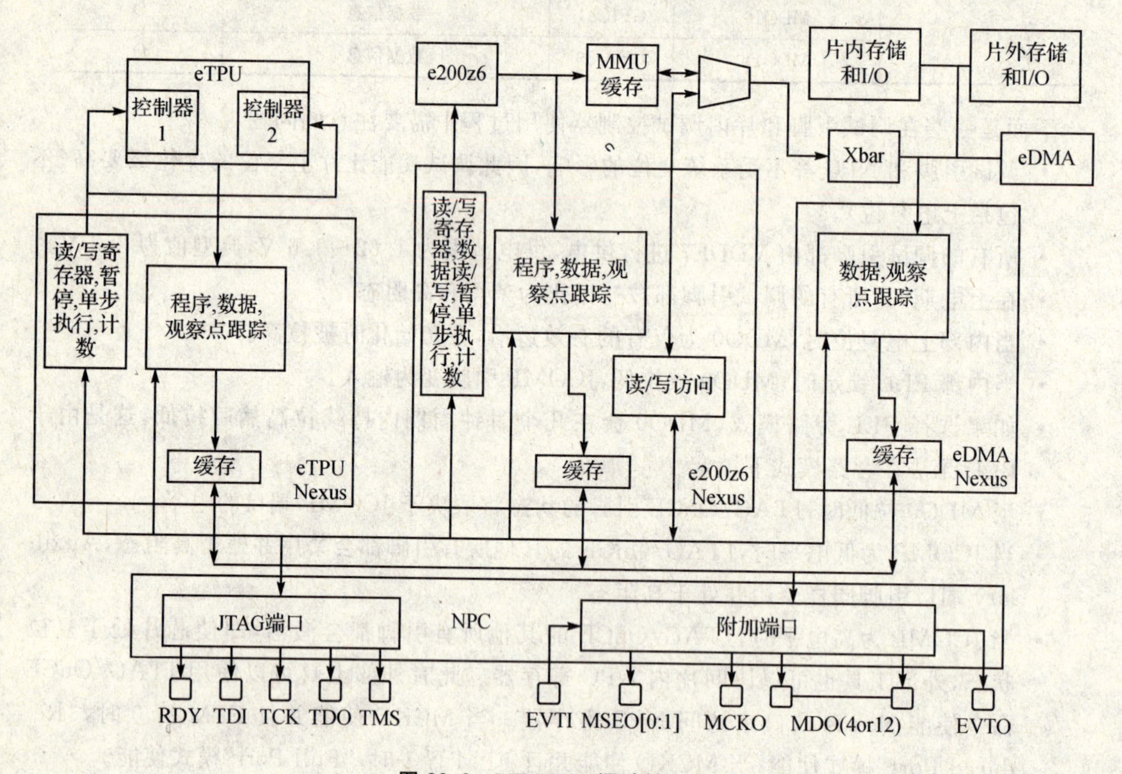

图 20.2　MPC5554 调试控制器

10. JTAG /OnCE 端口性能

其高速通信是 Nexus 协议的一个重要特性。JTAG/OnCE 接口的最高工作频率为系统频率的 1/3 或 33 MHz(两者取低)。复位发生后,MCU 系统频率为晶振输入(或输入频率)的 1.5 倍。如果使用 8 MHz 的晶振,JTAG/OnCE 端口可以运行的最高频率为(8 MHz×1.5)/3=4 MHz。

在典型时钟速率为 100 MHz 时,调试命令最高位速率为 33 MHz。在实际使用时使用 RWAC 下载至 MPC5554/5553 的数据可以达到每秒 2 MB。

11. 审查模式的影响

审查模式由写入片内"影子"Flash 的数值所控制。审查模式对调试带来的影响在第 9 章中有详细介绍。当 MPC5554/5553 处于审查模式时,片内 Flash 内容无法被访问,也无法执行

Nexus 读写存储映射资源。Nexus 跟踪信息也同样无法发送。

12. 观测点

观测点与中断点相似，不同之处在于它并不中断代码的执行。eTPU 和内核使用 IAC、DAC 和 DCNT 寄存器来支持观测点功能，在中断点中也要用到这些寄存器。当代码执行至某一确定地址时，或是执行存储位置的数据访问，或是调试计数器值为 0 时，会触发特殊事件，触发的存储位置即为观测点。观测点事件可以启动或中止内核或 eTPU 的程序跟踪，启动或中止内核、eTPU 或 DMA 的数据跟踪。DMA 调试模块不支持观测点。

观测点还可以使 EVTO 输出引脚在 MCKO 周期内置 1，并独立发送观测点信息输出至 Nexus 端口。

13. 程序、数据和所有权跟踪

内核支持下列跟踪特性：

- 程序跟踪可以记录并发送运行过程中所发生的指令跳转的历史记录，或者将每一次指令跳转都发送出来。发送指令跳转历史记录的方法可以减少调试端口的信息量，但有可能导致和其他的调试信息无法建立时间对应关系。
- 数据跟踪监视 e200z6 与 MMU 之间的总线，这意味着缓存里的数据也可以被跟踪。数据跟踪被限定在最少两个地址窗，并决定跟踪发生在地址窗内部或外部，其属性为只读、只写或读写。
- 当内核 PID 的值被应用代码更改时，所有权跟踪将会发送信息。它用于观察应用代码在任务级而不是指令级的表现。如果一个应用没有更改 PID，所有权跟踪便没有意义。

DMA 支持下列跟踪特性：

- 数据跟踪与内核基本相同，但 DMA 数据跟踪仅监视物理地址总线，而不是内核的逻辑地址总线。这意味着 DMA 跟踪无法跟踪缓存数据。像内核的数据跟踪一样，DMA 的数据跟踪也限定在两个地址窗。

eTPU 支持下列跟踪特性：

- 程序跟踪的执行与内核相同。
- 数据跟踪的执行与内核也大致相同，除了两路 eTPU 会共享最多少 4 个地址窗来限定数据跟踪。
- 所有权跟踪监视 eTPU 的通道编号寄存器，对正在工作的 eTPU 硬件通道提供提示信息。

14. 跟踪调试的带宽

Nexus 端口带宽必须与程序、数据和所有权跟踪信息共享。总带宽的消耗在很大程序上取决于应用代码的执行量以及数据访问量的大小。

为了估计支持程序跟踪所需的带宽，有必须了解寻址的执行速率以及代码执行的效率，即每一条指令占用的时钟周期。

举例说明，假设想跟踪一些具有下列特征的代码：

- 4 条指令中有 1 条为直接跳转指令。
- 10 条寻址中有 1 条为间接跳转指令。
- 平均每条指令的执行时间为 1.5 个系统时钟。

使用指令跳转历史记录，每40条指令或60个系统时钟输出1条信息。在Nexus的“Full Port”(12数据位)上发送信息使用10个系统时钟。这意味着具有以上特性的程序跟踪会消耗掉10/60或16%的Nexus端口。如果使用Nexus的“Reduced Port”(4数据位)，带宽消耗将变为3倍，达48%。

通过观察来估算实际访问的数据量比较困难。但是计算最大的可用数据跟踪带宽相对容易些。计算时需要对其做以下的假设：

- 跟踪数据的大小始终为32位。
- 连续数据的关联地址范围为20位。

在这种情况下，数据Nexus的“Full Port”输出速率为每12个系统时钟4字节，等效于100 MHz系统时钟速率下的33 Mb/s。“Reduced Port”中跟踪速率则按比例缩小为11 Mb/s。

DMA跟踪信息速率要略高一些，这是由于连续DMA传输的数据编址方式会使减少通过Auxiliary发送的地址信息。

eTPU最大数据跟踪信息能力与e200z6内核相近。

对于内核来说，数据跟踪窗的大小决定了调试端口的带宽，调试端口需要将跟踪数据发回至调试工具。一些应用需要对散布很广的变量在同一个调试时域内进行跟踪，因此并不需要整个存储空间的跟踪信息，而只要一些特定变量地址的跟踪信息就够了。但这样可能会使数据跟踪的信息量超过调试端口的带宽。MPC5554/5553提供了解决带宽问题的方法，并且不需要修改程序中的变量数据存储空间，方法中使用了eDMA的分散/聚合选项。它将会自动地读写分散在存储空间中的数据变量并写入到一个单一的内存地址，这些读取的变量在目标的内存地址上互相覆盖并没有任何关系，该内存地址仅作为一个“垃圾桶”。重要的在这种情况下，可以通过eDMA的数据跟踪来监控写入这个数据“垃圾桶”地址的数据，每次写入的数据(也就是感兴趣的变量内容)都通过调试端口发送至外部工具中。eDMA传输可以通过许多不同的源来激活，例如软件命令或由eTPU或eMIOS通道产生的定时中断。

15. 硬件执行

关于片内调试模块的硬件执行细节超出了本书的讨论范围，它只与工具开发人员相关。更多硬件模块执行、信息协议、编码以及物理层的信息请查阅Freescale网站。

16. 支持MPC5500调试的开发工具

许多第三方工具提供了更为成熟的调试功能，例如大容量实时跟踪缓冲区，来解决许多应用中的问题。MPC5554/5553的Nexus接口所具有的调试功能登记可以支持绝大多数的调试功能。

17. 调试连接器

图20.3为所有MPC5554/5553信号连接，可满足Nexus Class 3中“Full Port”调试模式使用，连接器共有38个引脚。该配置中使用VEN_IO0,1,3,4连接Nexus 3输出信号MDO8至MDO11(顺序不同)。VEN_IO2连接至MPC5554/5553的BOOTCFG1/IRQ3/GPIO212引脚。它允许调试工具在上电或系统复位后控制MPC5554/5553的启动方式。

MPC5554/5553提供的RSTCFG引脚为低电平，调试工具可以使用BOOTCFG1来选择MPC5554/5553由内部Flash启动(BOOTCFG1＝0)或是由串行CAN或SCI端口启动

(BOOTCFG1＝1)。关于启动选项及操作的更多信息请参阅第 9 章。在复位完成后，MPC5554/5553 正常工作，外部工具可以将该引脚用做完全不同的功能。它可以用于产生中断请求或通道 3 的外部 DMA 请求，也可被配置为普通的 GPIO，编号为 GPIO212。

还有一些从 25 引脚到 100 引脚不等的连接器可供 MPC5554/5553 调试使用。更多关于连接器的信息请参阅应用笔记 AN2614"Nexus Interface Connector Option for the MPC5500 Family"。

MPC5554/5553信号	Mictor M38C	Dir	引脚		Dir	Mictor M38C	MPC5554/5553信号
$\overline{\text{MSEO0}}$	/MSEO0	O	38	37	O	VALTREF	VSTBY
$\overline{\text{MSEO1}}$	/MSEO1	O	36	35	I/O	TOOL_IO0	—
MCKO	MCKO	O	34	33	O	UBATT	12 Volts
$\overline{\text{EVTO}}$	/EVTO	O	32	31	O	UBATT	12 Volts
MDO0	MDO0	O	30	29	I/O	TOOL_IO1	—
MDO1	MDO1	O	28	27	I/O	TOOL_IO2	—
MDO2	MDO2	O	26	25	I/O	TOOL_IO3	$\overline{\text{RSTOUT}}$
MDO3	MDO3	O	24	23	O	VALTREF	MDO11/GPIO82
MDO4/GPIO75	MDO4	O	22	21	I	/TRST	JCOMP
MDO5/GPIO76	MDO5	O	20	19	I	TDI	TDI
MDO6/GPIO75	MDO6	O	18	17	I	TMS	TMS
MDO7/GPIO78	MDO7	O	16	15	I	TCK	TCK
$\overline{\text{RDY}}$	/RDY	O	14	13	I/O	VEN_IO4	MDO10/GPIO81
VDDE7	VRER	O	12	11	I/O	TDO	TDO
$\overline{\text{EVTI}}$	/EVYI	I	10	9	I	/RESET	$\overline{\text{RESET}}$
MDO8/GPIO79	VEN_IO3	I/O	8	7	I/O	VEN_IO2	BOOTCFG1/ IRQ3/GPIO212
CLKOUT	CLKOUT	O	6	5	I/O	VEN_IO0	MDO9/GPIO80
—	RSVD4	—	4	3	—	RSVD3	—
—	RSVD2	—	2	1	—	RSVD1	—

图 20.3　MPC5554/5553 的 38 引脚 Mictor 连接调试信号

第21章

供　电

21.1　供电需求

MPC5554总共有134个供电和接地引脚。这些供电引脚被分为16个不同的电源段。具有相同功能的I/O引脚可以分别使用不同的工作电压。分段式供电还可以带来其他益处，例如敏感模拟电路与数据电路之间的隔离。

MPC5554/5553的电路最多需要6种不同的供电电压：

- 1 V±10%为静态RAM提供掉电保持电压(standby mode)。
- 1.5 V±10%为内核供电(如果不使用片内稳压电路)。
- 1.62 V到3.6 V为外部总线、Nexus、JTAG/OnCE以及输出时钟供电。
- 3.3 V±10%为晶体、引脚和片上电压调节器供电。
- 3.0 V到5.25 V为复位引脚、配置引脚、串行I/O引脚和定时器I/O引脚供电。
- 5.0 V +5%−10%为大多数模拟电路引脚和Flash的V_{pp}供电。

以上提到的大都是以供电范围所提供，将其合并后得到实际需要的供电需求可减少到以下两种：

- 3.3 V±10%。
- 5 V+5%−10%。

合并后，内核电压由片上电压调节控制器(VRC)电路和一个晶体管所控制，见“电压调节控制器”小节。

21.2　电源复位

一些有关MPC5554/5553的文献中提到要将上电复位和低电压禁电路分离，但从系统应用的观点来看，电源复位电路只执行一种功能——那就是在供电电压不足以保证芯片正常工作的时候，确保所有的片内电路(包括模拟与数字)处于复位状态。

电源复位电路用于确保在供电启动时产生内部复位信号，并在达到供电的最小电压需求前保持复位信号。内部复位何时开始取消由参考阈值电压所决定。

电源复位电路监控以下应用情况：

- 1.5 V VDD内核供电。
- 3.3 V VDDSYN晶体和FMPLL供电。
- 3.3 V和5V VDDEH6对RESET输入引脚供电。

在上电初始化电压由0上升的过程，参考阈值电压处于无效状态，因此使用另外一套精度稍低的电路来拉低复位端。这样可以确保电源复位信号不会在供电电压上升时出现瞬态故障。在切断供电，电源电压掉落至0 V时该电路同样起作用。当电压降低至参考阈值电压所定义的电平带时，电源复位便被拉低并持续拉低至电压降至0。图21.1为供电电压上升和下降时的内部复位信号曲线。

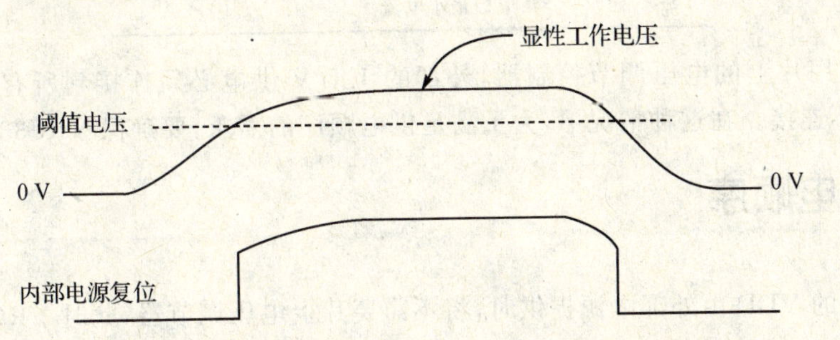

图21.1 供电电压变化期间的内部电源复位信号曲线

需要注意的是片上电源复位电路的作用是确保外部复位的检测并对FMPLL电路进行正确的初始化，但它不能保证片上的其他模块也正常工作。这其中的原因是复位电路的电压并不能保证一定可以满足MPC5554/5553内部其他电路的工作电压，例如地址总线。为了保证那些没有由VDD、VDDSYN和VDDEH6电源端进行供电的片上模块的正常运行，用户必须对这些外设所用的电源端配备外部监控，并在检测到电压过低时根据应用需求拉低复位或外部中断。

另外要注意的是1.5 V电源复位电路只在电压调节控制器被供电时起作用。如果用户不向VRC33提供合适的电压，1.5 V电源复位电路将被禁用，因此用户必须确保1.5 V和3.3 V供电可以满足供电顺序的需求，见本章的“供电顺序”一节。

21.3 电压调节控制器

电压调节控制器(VRC)电路提供一个线性的控制反馈回路，允许外部更高的电压通过NPN型传输晶体管提供1.5 V的VDD供电。传输晶体管的基极由VRCCTL的控制电流所驱动，此处不需要串联电阻。VRC会保持传输晶体管截止直到3.3 V电源复位为负。电压控制反馈回路存在于VDD输入与VRC-CTL输入之间。在图21.2中，传输晶体管的集电极连接至VRC33，也可以连接至其他高出VDD有足够余量的电压。如果连接到更高的电压上，要注意不能超过传输晶体管的功耗规定。

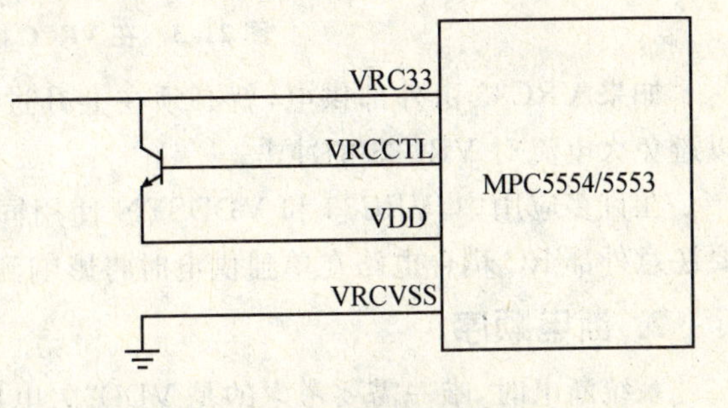

图21.2 电压控制器传输晶体管

Freescale推荐在VRC电路中使用BCP68 NPN型传输晶体管，或者其他可以满足表21.1中最小参数要求的型号。

表 21.1 传输晶体管工作参数

符号	参数	值	单位
h_{FE}	直流电流最小增益	>85	—
P_D	最小电源耗散	>1.5	W
I_{CMaxDC}	集电极最小电流	1.0	A

如果不使用片上的电压调节控制器，外部的 1.5 V 供电必须连接到所有的 VDD 输入，VRCCTL 端不连接。在这种情况下，为了满足供电顺序的需求，要确保 VRC33 有供电。

21.4 供电顺序

当 1.5 V 的 VDD 由外部电源提供时，将不需要片上电压调节器，此时 VRC33 可以接地。但如果这样做，1.5 V 电源复位检测电路将无法工作，而且需要确保供电顺序能够产生正确的内部复位信号。为了避免上述供电顺序中可能出现的问题，将 VRC33 接入 3.3 V 供电即可，此时内部 1.5 V 电源复位电路可以工作。

1. 上电顺序

在上电过程中，如果不使用片上电压调节器且 VRC33 接地，就必须保持复位直到 1.5 V 的 VDD 供电端至少有 1.35 V 的电压。如果复位在这之前就拉低，MPC5554/5553 可能会发生未知动作。一种在 VDD 电压上升过程中保持内部复位信号的方法是将 VDDSYN 确保低于 2.0 V。图 21.3 为各电源的上升顺序，用来保证在 VRC33 接地时 MPC5554/5553 有正确的上电顺序。VDD 在 VDDSYN 升至 2.0 V 前，VDD 达到 1.5 V 后其配置即变得不那么重要。

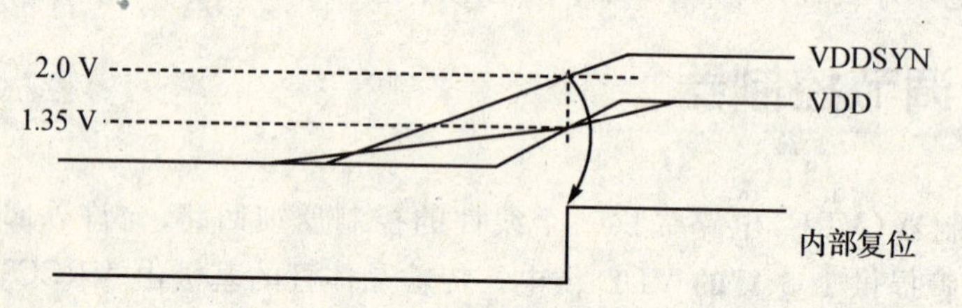

图 21.3 在 VRCC 接地后的上电顺序

如果 VRC33 由外部供电，就必须在上升过程中保持与 VDDSYN 最多 100 mV 的差距，以避免大电流对 VRC33 的冲击。

在许多应用中，VRC33 和 VDDSYN 使用同一供电源，此时不存在供电顺序的需求。需要注意外部 RC 耦合电路在单独供电时将影响到各电源上电顺序的关系。

2. 断电顺序

系统断电时，唯一需要考虑的是 VDD“欠电压”的情况。当 VDD 下降至某电压值时，内核在电压恢复至正常工作电压之前可能会出现不可预知的动作。如果 VRC33 接地，VDD“欠电压”时将不会有内部复位动作，因此必须通过其他途径来复位。一种方法是在 VDD 出现“欠电压”前确保 VDDSYN 降至 2.0 V 以下，这样就可以产生内部复位信号。

21.5 供电分段描述

表 21.2 列出了各分段供电与引脚或片内模块之间的关系。每一个供电分段都与其他分段相互独立。标有“H”后缀的 VDDE 型供电分段额定电压值为 3.0～5.25 V,其他 VDDE 供电分段则为 1.62～3.6 V。与外部多路复用器控制信号和模拟串行接口(详见第 15 章)共享的模拟输入引脚可接受 3.3～5 V 的供电,其他模拟引脚的电压标准为 5 V +5%/−10%。

表 21.2 电压和引脚供电分配

电源分段	显性电压范围/V	I/O 引脚或片内模块
DDEH1	3.3～5.0	ETPUA[0:31],TCRCLKA
VDDE2	1.8～3.3	ADDR[8:31],$\overline{\text{WE}}$[0:3],$\overline{\text{CS}}$[0:3],$\overline{\text{BDIP}}$,RD_$\overline{\text{WR}}$,$\overline{\text{TS}}$,$\overline{\text{TA}}$,$\overline{\text{TEA}}$,TSIZ[0:1],DATA[0:31],GPIO[206:207],$\overline{\text{BR}}$,$\overline{\text{BB}}$,$\overline{\text{BG}}$,$\overline{\text{OE}}$
VDDEH4	3.3～5.0	EMIOS[0:23],CNTXA,CNRXA,CNTXB,CNRXB
VDDE5	1.8～3.3	CLKOUT,ENGCLK
VDDEH6	3.3～5.0	RESET,RSTOUT,RSTCFG,WKPCFG,BOOTCFG[0:1],PLLCFG[0:1],BOOTCFG[0:1],CNTXC,CNRXC,TXDA,RXDA,TXDB,RXDB,SCKA,SINA,SOUTA,PCSA[0:5],SKB,SINB,SOUTB,PCSB[0:5],GPIO[203:204],ETPUB[0:15],TCRCLKB
VDDE7	1.8～3.3	MDO[0:11],EVTI,EVTO,MCKO,RDY,MSEO[0:1],TDO,TDI,TMS,TCK,JCOMP,TEST
VDDEH8	3.3～5.0	ETPUB[16:31],ETRIG[0:1],GPIO205
VDDEH9	3.3～5.0	AN12_MA0_SDS,AN13_MA1_SDO,AN14_MA2_SDI,AN15_FCK
VDD33	3.3	所有 I/O 引脚
VDDA	5.0	AN[0:11,16:39],BIASR,VRH,VRL
VDDSYN	3.3	XTAL,EXTAL,FMPLL
VRC33	3.3	VRCCTL,电压调节控制器
VPP	5.0	Flash
VFLASH	3.3	Flash
VSTBY	1.0	SRAM
VDD	1.5	内核

VSTBY 为 SRAM 模块中的 32 KB 备份单元提供电源。如果不需要备份操作,该引脚必须接至 VSS。

21.6 电源功耗

在125 ℃的环境温度下，封装的额定功率约为1.2 W，这样可以保证内部结点的温度不超过150 ℃。在更低的环境温度下，电源功耗的上限会有所提升。半导体结至外部的热阻在四层板布线时大约为20 ℃/W。

如果使用外部总线，其工作频率、读写周期数和容性负载将增加系统整体的电源功耗。

21.7 电源设计需要考虑的内容

与其他同类型的微控制器和微处理器相比，MPC5554/5553并没有特别的供电需求。MPC5554/5553有片内集成的电容，可以减少由开关切换瞬态带来的电源噪声。

关于外部供电电路的设计与布线超出了本书的讨论范围。Freescale官方网站中有相关的应用笔记，介绍了MPC5554/5553的板级布线、信号线走线与控制和电源走线。

下面列出了一些MPC5554/5553系统供电设计需要考虑的问题：

- 在所有的输入信号，特别是地址总线和数据总线中，即可能选择最小的驱动电流和最低的控制速率使切换电流最小化。这样还可以降低辐射和串扰的影响。
- 尽可能工作在可行的最低频率，选择最低频率的晶体。器件电流与频率成比例增长。
- 如果需要使用外部总线，也尽可能工作在可行的最低频率。
- 使用CLKOUT时，尽量使用门禁模式。
- 系统中不使用CLKOUT和ENGCLK时将其关闭。
- 确保关闭不使用的模块。
- 布线时尽量使用单独的电源层和接地层。这样可以降低供电电流路径中的电感和电阻，增加电容。
- 选择电容时使用低自感值、高谐振频率的耦合电容，如陶瓷电容。电容可以提供更快的瞬态切换电流并减少环路辐射。

附录A

引脚分配图

下面给出了 416 引脚 PBGA 封装的 MPC5554 芯片的引脚分配图。由于排版的问题，每个引脚对应的信号名称翻转了 90°显示。

	1	2	3	4	5	6	7	8	9	10	11	12	13	14	15	16	17	18	19	20	21	22	23	24	25	26	
A	VSS	VSTBY	AN37	AN11	VDDA	AN16	AN1	AN5	VRH	AN23	AN27	AN28	AN35	VSS	AN15	ETRIG1	ETPUB18	ETPUB20	ETPUB24	ETPUB27	GPIO205	MDO11	MDO8	VDD	VDD33	VSS	A
B	VDD	VSS	AN36	AN39	AN19	AN20	AN0	AN4	BIASR	AN22	AN26	AN31	AN32	VSS	AN14	ETRIG0	ETPUB21	ETPUB25	ETPUB28	ETPUB31	MDO10	MDO7	MDO4	MDO0	VSS	VDDE7	B
C	VDD33	VDD	VSS	AN8	AN17	VSSA	AN21	AN3	AN7	VRL	AN25	AN30	AN33	VDDEH9	AN13	ETPUB19	ETPUB22	ETPUB26	ETPUB30	MDO9	MDO6	MDO3	MDO1	VSS	VDDE7	VDD	C
D	ETPUA30	ETPUA31	VDD	VSS	AN38	AN9	AN10	AN18	AN2	AN6	AN24	AN29	AN34	VDDEH9	AN12	ETPUB16	ETPUB17	ETPUB23	ETPUB29	MDO5	MDO2	VDDEH8	VSS	VDDE7	TCK	TDI	D
E	ETPUA28	ETPUA29	VDDEH1	VDD																			VDDE7	TMS	TDO	TEST	E
F	ETPUA24	ETPUA27	ETPUA26	VDDEH1																			MSEO0	JCOMP	EVTI	EVTO	F
G	ETPUA23	ETPUA22	ETPUA25	ETPUA21																			MSEO1	MCKO	GPIO204	ETPUB15	G
H	ETPUA20	ETPUA19	ETPUA18	ETPUA17																			RDY	GPIO203	ETPUB14	ETPUB13	H
J	ETPUA16	ETPUA15	ETPUA14	ETPUA13																			VDDEH6	ETPUB12	ETPUB11	ETPUB9	J
K	ETPUA12	ETPUA11	ETPUA10	ETPUA9						VSS	VSS	VSS	VSS	VDDE7	VDDE7	VDDE7	VDDE7						ETPUB10	ETPUB8	ETPUB7	ETPUB5	K
L	ETPUA8	ETPUA7	ETPUA6	ETPUA5						VSS	VSS	VSS	VSS	VSS	VSS	VSS	VDDE7						ETPUB6	ETPUB4	ETPUB3	ETPUB2	L

	1	2	3	4	5	6	7	8	9	10	11	12	13	14	15	16	17	18	19	20	21	22	23	24	25	26
M	ETPUA4	ETPUA3	ETPUA2	ETPUA1						VDDE2	VDDE2	VSS	VSS	VSS	VSS	VSS	VDDE7						TCRCLKB	ETPUB1	ETPUB0	SINB
N	BDIP	TEA	ETPUA0	TCRCLKA						VDDE2	VDDE2	VSS	VSS	VSS	VSS	VSS	VDDE7						SOUTB	PCSB3	PCSB0	PCSB1
P	CS3	CS2	CS1	CS0						VDDE2	VDDE2	VSS	VSS	VSS	VSS	VSS	VSS						PCSA3	PCSB4	SCKB	PCSB2
R	WE3	WE2	WE1	WE0						VDDE2	VDDE2	VSS	VSS	VSS	VSS	VSS	VSS						PCSB5	SOUTA	SINA	SCKA
T	VDDE2	TSIZ0	RD_WR	VDDE2						VDDE2	VSS	VDDE2	VDDE2	VDDE2	VDDE2	VSS	VSS						PCSA1	PCSA0	PCSA2	VPP
U	ADDR16	TSIZ1	TA	VDD33						VSS	VDDE2	VDDE2	VDDE2	VDDE2	VDDE2	VSS	VSS						PCSA4	TXDA	PCSA5	VFLASH
V	ADDR18	ADDR17	TS	ADDR8																			CNTXC	RXDA	RSTOUT	RSTCFG
W	ADDR20	ADDR19	ADDR9	ADDR10																			RXDB	CNRXC	TXDB	RESET
Y	ADDR22	ADDR21	ADDR11	VDDE2																			WKPCFG	BOOTCFG1	VRCVSS	VSSSYN
AA	ADDR24	ADDR23	ADDR13	ADDR12																			VDDEH6	PLLCFG1	BOOTCFG0	EXTAL
AB	VDDE2	ADDR25	ADDR15	ADDR14																			VDD	VRCCTL	PLLCFG0	XTAL
AC	ADDR26	ADDR27	ADDR31	VSS	VDD	DATA26	DATA28	VDDE2	DATA30	DATA31	DATA8	DATA10	VDDE2	DATA12	DATA14	EMIOS2	EMIOS8	EMIOS12	EMIOS21	VDDEH4	VDDE5	NC	VSS	VDD	VRC33	VDDSYN
AD	ADDR28	ADDR30	VSS	VDD	DATA24	DATA25	DATA27	DATA29	VDD33	GPIO207	DATA9	DATA11	DATA13	DATA15	EMIOS3	EMIOS6	EMIOS10	EMIOS15	EMIOS17	EMIOS22	CNTXA	VDDE5	NC	VSS	VDD	VDD33
AE	ADDR29	VSS	VDD	DATA17	DATA19	DATA21	DATA23	DATA0	DATA2	DATA4	DATA6	OE	BR	BG	EMIOS1	EMIOS5	EMIOS9	EMIOS13	EMIOS16	EMIOS19	EMIOS23	CNRXA	VDDE5	CLKOUT	VSS	VDD
AF	VSS	VDD	DATA16	DATA18	VDDE2	DATA20	DATA22	GPIO206	DATA1	DATA3	VDDE2	DATA5	DATA7	BB	EMIOS0	EMIOS4	EMIOS7	EMIOS11	EMIOS14	EMIOS18	EMIOS20	CNTXB	CNRXB	VDDE5	ENGCLK	VSS

附录B 引脚功能和定义

表 B.1 总结了 416 引脚的 MPC5554 芯片所有引脚的可用功能、引脚位置编号和电气属性。表 B.2 则给出了所有的电源引脚的定义。在表 B.1 中，表的第 1,3,5 列分别给出了这个引脚所能使用的首要功能/备选功能/GPIO 功能(引脚的 PCR 寄存器中的 PA 字段用于设定引脚功能，表的第一行分别给出了这三种功能对应的 PA 的设定值)。注意部分只有单一功能的引脚并没有对应的 PCR 寄存器，需要查阅 Freescale 公司的具体器件手册。表中的第 2,4,6 列分别给出在用做首要功能/备选功能/GPIO 功能时该引脚的方向。供电端表示该引脚相关的功能逻辑部分由哪个电源输入引脚提供。

该引脚的具体编号在第 7 列中给出，可以对照附录 A 的引脚分配图。引脚类型项指明了该引脚的正常电压范围和相对速度。引脚复位期间状态列的含义如下：

- —：无效。
- 特定功能：在复位器件该引脚具有特定的功能。
- UP：有内部弱上拉。
- DOWN：有内部弱下拉。
- WKPCFG：该引脚处于弱上拉还是弱下拉有 WKPCFG 引脚的状态决定。
- LOW：引脚输出低电平。
- HIGH：引脚输出高电平。
- ENABLE：引脚输出变化的信号。

表 B.1 引脚功能和定义

首要功能 PA = 0b11	首要功能引脚方向	备选功能 PA = 0b10	备选功能引脚方向	GPIO 功能 PA = 0b00	GPIO 功能引脚方向	引脚编号	引脚类型	复位期间状态	供电端
TCRCLKA	I	IRQ7	I	GPIO113	I/O	N4	5V Slow	—/Up	VDDEH1
ETPUA0	I/O	ETPUA12	O	GPIO114	I/O	N3	5V Slow	—/WKPCFG	VDDEH1
ETPUA1	I/O	ETPUA13	O	GPIO115	I/O	M4	5V Slow	—/WKPCFG	VDDEH1
ETPUA2	I/O	ETPUA14	O	GPIO116	I/O	M3	5V Slow	—/WKPCFG	VDDEH1

续表 B.1

首要功能 PA = 0b11	首要功能引脚方向	备选功能 PA = 0b10	备选功能引脚方向	GPIO 功能 PA = 0b00	GPIO 功能引脚方向	引脚编号	引脚类型	复位期间状态	供电端
ETPUA3	I/O	ETPUA15	O	GPIO117	I/O	M2	5V Slow	—/WKPCFG	VDDEH1
ETPUA4	I/O	ETPUA16	O	GPIO118	I/O	M1	5V Slow	—/WKPCFG	VDDEH1
ETPUA5	I/O	ETPUA17	O	GPIO119	I/O	L4	5V Slow	—/WKPCFG	VDDEH1
ETPUA6	I/O	ETPUA18	O	GPIO120	I/O	L3	5V Slow	—/WKPCFG	VDDEH1
ETPUA7	I/O	ETPUA19	O	GPIO121	I/O	L2	5V Slow	—/WKPCFG	VDDEH1
ETPUA8	I/O	ETPUA20	O	GPIO122	I/O	L1	5V Slow	—/WKPCFG	VDDEH1
ETPUA9	I/O	ETPUA21	O	GPIO123	I/O	K4	5V Slow	—/WKPCFG	VDDEH1
ETPUA10	I/O	ETPUA22	O	GPIO124	I/O	K3	5V Slow	—/WKPCFG	VDDEH1
ETPUA11	I/O	ETPUA23	O	GPIO125	I/O	K2	5V Slow	—/WKPCFG	VDDEH1
ETPUA12	I/O	PCSB1	O	GPIO126	I/O	K1	5V Slow	—/WKPCFG	VDDEH1
ETPUA13	I/O	PCSB3	O	GPIO127	I/O	J4	5V Slow	—/WKPCFG	VDDEH1
ETPUA14	I/O	PCSB4	O	GPIO128	I/O	J3	5V Slow	—/WKPCFG	VDDEH1
ETPUA15	I/O	PCSB5	O	GPIO129	I/O	J2	5V Slow	—/WKPCFG	VDDEH1
ETPUA16	I/O	PCSD1	O	GPIO130	I/O	J1	5V Slow	—/WKPCFG	VDDEH1
ETPUA17	I/O	PCSD2	O	GPIO131	I/O	H4	5V Slow	—/WKPCFG	VDDEH1
ETPUA18	I/O	PCSD3	O	GPIO132	I/O	H3	5V Slow	—/WKPCFG	VDDEH1
ETPUA19	I/O	PCSD4	O	GPIO133	I/O	H2	5V Slow	—/WKPCFG	VDDEH1

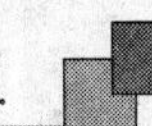

续表 B.1

首要功能 PA = 0b11	首要功能引脚方向	备选功能 PA = 0b10	备选功能引脚方向	GPIO 功能 PA = 0b00	GPIO 功能引脚方向	引脚编号	引脚类型	复位期间状态	供电端
ETPUA20	I/O	IRQ8	I	GPIO134	I/O	H1	5V Slow	—/WKPCFG	VDDEH1
ETPUA21	I/O	IRQ9	I	GPIO135	I/O	G4	5V Slow	—/WKPCFG	VDDEH1
ETPUA22	I/O	IRQ10	I	GPIO136	I/O	G2	5V Slow	—/WKPCFG	VDDEH1
ETPUA23	I/O	IRQ11	I	GPIO137	I/O	G1	5V Slow	—/WKPCFG	VDDEH1
ETPUA24	O	IRQ12	I	GPIO138	I/O	F1	5V Slow	—/WKPCFG	VDDEH1
ETPUA25	O	IRQ13	I	GPIO139	I/O	G3	5V Slow	—/WKPCFG	VDDEH1
ETPUA26	O	IRQ14	I	GPIO140	I/O	F3	5V Slow	—/WKPCFG	VDDEH1
ETPUA27	O	IRQ15	I	GPIO141	I/O	F2	5V Slow	—/WKPCFG	VDDEH1
ETPUA28	O	PCSC1	O	GPIO142	I/O	E1	5V Slow	—/WKPCFG	VDDEH1
ETPUA29	O	PCSC2	O	GPIO143	I/O	E2	5V Slow	—/WKPCFG	VDDEH1
ETPUA30	I/O	PCSC3	O	GPIO144	I/O	D1	5V Slow	—/WKPCFG	VDDEH1
ETPUA31	I/O	PCSC4	O	GPIO145	I/O	D2	5V Slow	—/WKPCFG	VDDEH1
TCRCLKB	I	IRQ6	I	GPIO146	I/O	M23	5V Slow	—/Up	VDDEH6
ETPUB0	I/O	ETPUB16	O	GPIO147	I/O	M25	5V Slow	—/WKPCFG	VDDEH6
ETPUB1	I/O	ETPUB17	O	GPIO148	I/O	M24	5V Slow	—/WKPCFG	VDDEH6
ETPUB2	I/O	ETPUB18	O	GPIO149	I/O	L26	5V Slow	—/WKPCFG	VDDEH6

续表 B.1

首要功能 PA = 0b11	首要功能 引脚方向	备选功能 PA = 0b10	备选功能 引脚方向	GPIO 功能 PA = 0b00	GPIO 功能 引脚方向	引脚编号	引脚类型	复位期间状态	供电端
ETPUB3	I/O	ETPUB19	O	GPIO150	I/O	L25	5V Slow	—/WKPCFG	VDDEH6
ETPUB4	I/O	ETPUB20	O	GPIO151	I/O	L24	5V Slow	—/WKPCFG	VDDEH6
ETPUB5	I/O	ETPUB21	O	GPIO152	I/O	K26	5V Slow	—/WKPCFG	VDDEH6
ETPUB6	I/O	ETPUB22	O	GPIO153	I/O	L23	5V Slow	—/WKPCFG	VDDEH6
ETPUB7	I/O	ETPUB23	O	GPIO154	I/O	K25	5V Slow	—/WKPCFG	VDDEH6
ETPUB8	I/O	ETPUB24	O	GPIO155	I/O	K24	5V Slow	—/WKPCFG	VDDEH6
ETPUB9	I/O	ETPUB25	O	GPIO156	I/O	J26	5V Slow	—/WKPCFG	VDDEH6
ETPUB10	I/O	ETPUB26	O	GPIO157	I/O	K23	5V Slow	—/WKPCFG	VDDEH6
ETPUB11	I/O	ETPUB27	O	GPIO158	I/O	J25	5V Slow	—/WKPCFG	VDDEH6
ETPUB12	I/O	ETPUB28	O	GPIO159	I/O	J24	5V Slow	—/WKPCFG	VDDEH6
ETPUB13	I/O	ETPUB29	O	GPIO160	I/O	H26	5V Slow	—/WKPCFG	VDDEH6
ETPUB14	I/O	ETPUB30	O	GPIO161	I/O	H25	5V Slow	—/WKPCFG	VDDEH6
ETPUB15	I/O	ETPUB31	O	GPIO162	I/O	G26	5V Slow	—/WKPCFG	VDDEH6
ETPUB16	I/O	PCSA1	O	GPIO163	I/O	D16	5V Slow	—/WKPCFG	VDDEH8
ETPUB17	I/O	PCSA2	O	GPIO164	I/O	D17	5V Slow	—/WKPCFG	VDDEH8
ETPUB18	I/O	PCSA3	O	GPIO165	I/O	A17	5V Slow	—/WKPCFG	VDDEH8
ETPUB19	I/O	PCSA4	O	GPIO166	I/O	C16	5V Slow	—/WKPCFG	VDDEH8

续表 B.1

首要功能 PA = 0b11	首要功能引脚方向	备选功能 PA = 0b10	备选功能引脚方向	GPIO 功能 PA = 0b00	GPIO 功能引脚方向	引脚编号	引脚类型	复位期间状态	供电端
ETPUB20	I/O			GPIO167	I/O	A18	5V Slow	—/WKPCFG	VDDEH8
ETPUB21	I/O			GPIO168	I/O	B17	5V Slow	—/WKPCFG	VDDEH8
ETPUB22	I/O			GPIO169	I/O	C17	5V Slow	—/WKPCFG	VDDEH8
ETPUB23	I/O			GPIO170	I/O	D18	5V Slow	—/WKPCFG	VDDEH8
ETPUB24	I/O			GPIO171	I/O	A19	5V Slow	—/WKPCFG	VDDEH8
ETPUB25	I/O			GPIO172	I/O	B18	5V Slow	—/WKPCFG	VDDEH8
ETPUB26	I/O			GPIO173	I/O	C18	5V Slow	—/WKPCFG	VDDEH8
ETPUB27	I/O			GPIO174	I/O	A20	5V Slow	—/WKPCFG	VDDEH8
ETPUB28	I/O			GPIO175	I/O	B19	5V Slow	—/WKPCFG	VDDEH8
ETPUB29	I/O			GPIO176	I/O	D19	5V Slow	—/WKPCFG	VDDEH8
ETPUB30	I/O			GPIO177	I/O	C19	5V Slow	—/WKPCFG	VDDEH8
ETPUB31	I/O			GPIO178	I/O	B20	5V Slow	—/WKPCFG	VDDEH8
EMIOS0	I/O	ETPUA0	O	GPIO179	I/O	AF15	5V Slow	—/WKPCFG	VDDEH4
EMIOS1	I/O	ETPUA1	O	GPIO180	I/O	AE15	5V Slow	—/WKPCFG	VDDEH4
EMIOS2	I/O	ETPUA2	O	GPIO181	I/O	AC16	5V Slow	—/WKPCFG	VDDEH4
EMIOS3	I/O	ETPUA3	O	GPIO182	I/O	AD15	5V Slow	—/WKPCFG	VDDEH4

续表 B.1

首要功能 PA = 0b11	首要功能引脚方向	备选功能 PA = 0b10	备选功能引脚方向	GPIO 功能 PA = 0b00	GPIO 功能引脚方向	引脚编号	引脚类型	复位期间状态	供电端
EMIOS4	I/O	ETPUA4	O	GPIO183	I/O	AF16	5V Slow	—/WKPCFG	VDDEH4
EMIOS5	I/O	ETPUA5	O	GPIO184	I/O	AE16	5V Slow	—/WKPCFG	VDDEH4
EMIOS6	I/O	ETPUA6	O	GPIO185	I/O	AD16	5V Slow	—/WKPCFG	VDDEH4
EMIOS7	I/O	ETPUA7	O	GPIO186	I/O	AF17	5V Slow	—/WKPCFG	VDDEH4
EMIOS8	I/O	ETPUA8	O	GPIO187	I/O	AC17	5V Slow	—/WKPCFG	VDDEH4
EMIOS9	I/O	ETPUA9	O	GPIO188	I/O	AE17	5V Slow	—/WKPCFG	VDDEH4
EMIOS10	I/O			GPIO189	I/O	AD17	5V Slow	—/WKPCFG	VDDEH4
EMIOS11	I/O			GPIO190	I/O	AF18	5V Slow	—/WKPCFG	VDDEH4
EMIOS12	O	SOUTC	O	GPIO191	I/O	AC18	5V Medium	—/WKPCFG	VDDEH4
EMIOS13	O	SOUTD	O	GPIO192	I/O	AE18	5V Medium	—/WKPCFG	VDDEH4
EMIOS14	O	IRQ0	I	GPIO193	I/O	AF19	5V Slow	—/WKPCFG	VDDEH4
EMIOS15	O	IRQ1	I	GPIO194	I/O	AD18	5V Slow	—/WKPCFG	VDDEH4
EMIOS16	I/O	ETPUB0	O	GPIO195	I/O	AE19	5V Slow	—/WKPCFG	VDDEH4
EMIOS17	I/O	ETPUB1	O	GPIO196	I/O	AD19	5V Slow	—/WKPCFG	VDDEH4
EMIOS18	I/O	ETPUB2	O	GPIO197	I/O	AF20	5V Slow	—/WKPCFG	VDDEH4
EMIOS19	I/O	ETPUB3	O	GPIO198	I/O	AE20	5V Slow	—/WKPCFG	VDDEH4
EMIOS20	I/O	ETPUB4	O	GPIO199	I/O	AF21	5V Slow	—/WKPCFG	VDDEH4

续表 B.1

首要功能 PA = 0b11	首要功能引脚方向	备选功能 PA = 0b10	备选功能引脚方向	GPIO 功能 PA = 0b00	GPIO 功能引脚方向	引脚编号	引脚类型	复位期间状态	供电端
EMIOS21	I/O	ETPUB5	O	GPIO200	I/O	AC19	5V Slow	—/WKPCFG	VDDEH4
EMIOS22	I/O	ETPUB6	O	GPIO201	I/O	AD20	5V Slow	—/WKPCFG	VDDEH4
EMIOS23	I/O	ETPUB7	O	GPIO202	I/O	AE21	5V Slow	—/WKPCFG	VDDEH4
AN0	I	DAN0+				B7	5V analog	AN0	VDDA
AN1	I	DAN0−				A7	5V analog	AN1	VDDA
AN2	I	DAN1+				D9	5V analog	AN2	VDDA
AN3	I	DAN1−				C8	5V analog	AN3	VDDA
AN4	I	DAN2+				B8	5V analog	AN4	VDDA
AN5	I	DAN2−				A8	5V analog	AN5	VDDA
AN6	I	DAN3+				D10	5V analog	AN6	VDDA
AN7	I	DAN3−				C9	5V analog	AN7	VDDA
AN8	I	ANW				C4	5V analog	AN8	VDDA
AN9	I	ANX		TBIAS		D6	5V analog	AN9	VDDA
AN10	I	ANY				D7	5V analog	AN10	VDDA
AN11	I	ANZ				A4	5V analog	AN11	VDDA
AN12	I	MA0	O	SDS	O	D15	5V Medium	AN12	VDDEH9
AN13	I	MA1	O	SDO	O	C15	5V Medium	AN13	VDDEH9
AN14	I	MA2	O	SDI	I	B15	5V Medium	AN14	VDDEH9
AN15	I	FCK	O			A15	5V Medium	AN15	VDDEH9
AN16	I					A6	5V analog	AN16	VDDA
AN17	I					C5	5V analog	AN17	VDDA
AN18	I					D8	5V analog	AN18	VDDA
AN19	I					B5	5V analog	AN19	VDDA
AN20	I					B6	5V analog	AN20	VDDA
AN21	I					C7	5V analog	AN21	VDDA
AN22	I					B10	5V analog	AN22	VDDA
AN23	I					A10	5V analog	AN23	VDDA
AN24	I					D11	5V analog	AN24	VDDA
AN25	I					C11	5V analog	AN25	VDDA
AN26	I					B11	5V analog	AN26	VDDA
AN27	I					A11	5V analog	AN27	VDDA

续表 B.1

首要功能 PA = 0b11	首要功能引脚方向	备选功能 PA = 0b10	备选功能引脚方向	GPIO功能 PA = 0b00	GPIO功能引脚方向	引脚编号	引脚类型	复位期间状态	供电端
AN28	I					A12	5V analog	AN28	VDDA
AN29	I					D12	5V analog	AN29	VDDA
AN30	I					C12	5V analog	AN30	VDDA
AN31	I					B12	5V analog	AN31	VDDA
AN32	I					B13	5V analog	AN32	VDDA
AN33	I					C13	5V analog	AN33	VDDA
AN34	I					D13	5V analog	AN34	VDDA
AN35	I					A13	5V analog	AN35	VDDA
AN36	I					B3	5V analog	AN36	VDDA
AN37	I					A3	5V analog	AN37	VDDA
AN38	I					D5	5V analog	AN38	VDDA
AN39	I					B4	5V analog	AN39	VDDA
ETRIG0	I			GPIO111	I/O	B16	5V Slow	—/Down	VDDEH8
ETRIG1	I			GPIO112	I/O	A16	5V Slow	—/Down	VDDEH8
VRH	I					A9			VDDA
VRL	I					C10			VDDA
BIASR	I					B9	analog		VDDA
VDDA	I					A5			
VSSA	I					C6			
CNTXA	O			GPIO83	I/O	AD21	5V Slow	—/Up	VDDEH4
CNRXA	I			GPIO84	I/O	AE22	5V Slow	—/Up	VDDEH4
CNTXB	O	PCSC3	O	GPIO85	I/O	AF22	5V Medium	—/Up	VDDEH4
CNRXB	I	PCSC4	O	GPIO86	I/O	AF23	5V Medium	—/Up	VDDEH4
CNTXC	O	PCSD3	O	GPIO87	I/O	V23	5V Medium	—/Up	VDDEH6
CNRXC	I	PCSD4	O	GPIO88	I/O	W24	5V Medium	—/Up	VDDEH6
TXDA	O			GPIO89	I/O	U24	5V Slow	—/Up	VDDEH6
RXDA	I			GPIO90	I	V24	5V Slow	—/Up	VDDEH6
TXDB	O	PCSD1	O	GPIO91	I/O	W25	5V Medium	—/Up	VDDEH6
RXDB	I	PCSD5	O	GPIO92	I/O	W23	5V Medium	—/Up	VDDEH6
SCKA	I/O			GPIO93	I/O	R26	5V Medium	—/Up	VDDEH6
SINA	I			GPIO94	I/O	R25	5V Slow	—/Up	VDDEH6
SOUTA	O			GPIO95	I/O	R24	5V Medium	—/Up	VDDEH6

续表 B.1

首要功能 PA = 0b11	首要功能引脚方向	备选功能 PA = 0b10	备选功能引脚方向	GPIO 功能 PA = 0b00	GPIO 功能引脚方向	引脚编号	引脚类型	复位期间状态	供电端
PCSA0	I/O			GPIO96	I/O	T24	5V Medium	—/Up	VDDEH6
PCSA1	O			GPIO97	I/O	T23	5V Medium	—/Up	VDDEH6
PCSA2	O	SCKD	I/O	GPIO98	I/O	T25	5V Medium	—/Up	VDDEH6
PCSA3	O	SIND	I	GPIO99	I/O	P23	5V Medium	—/Up	VDDEH6
PCSA4	O	SOUTD	O	GPIO100	I/O	U23	5V Medium	—/Up	VDDEH6
PCSA5	O			GPIO101	I/O	U25	5V Medium	—/Up	VDDEH6
SCKB	I/O	PCSC1	O	GPIO102	I/O	P25	5V Medium	—/Up	VDDEH6
SINB	I	PCSC2	O	GPIO103	I/O	M26	5V Medium	—/Up	VDDEH6
SOUTB	O	PCSC5	O	GPIO104	I/O	N23	5V Medium	—/Up	VDDEH6
PCSB0	I/O	PCSD2	O	GPIO105	I/O	N25	5V Medium	—/Up	VDDEH6
PCSB1	O	PCSD0	I/O	GPIO106	I/O	N26	5V Medium	—/Up	VDDEH6
PCSB2	O	SOUTC	O	GPIO107	I/O	P26	5V Medium	—/Up	VDDEH6
PCSB3	O	SINC	I	GPIO108	I/O	N24	5V Medium	—/Up	VDDEH6
PCSB4	O	SCKC	I/O	GPIO109	I/O	P24	5V Medium	—/Up	VDDEH6
PCSB5	O	PCSC0	I/O	GPIO110	I/O	R23	5V Medium	—/Up	VDDEH6
GPIO203	I/O	EMIOS14	O			H24	5V Slow	—/Up	VDDEH6
GPIO204	I/O	EMIOS15	O			G25	5V Slow	—/Up	VDDEH6
GPIO205	I/O					A21	5V Medium	—/Up	VDDEH8
GPIO206	I/O					AF8	3V Fast	—/Up	VDDE2
GPIO207	I/O					AD10	3V Fast	—/Up	VDDE2
CS0	O			GPIO0	I/O	P4	3V Fast	—/Up	VDDE2
CS1	O			GPIO1	I/O	P3	3V Fast	—/Up	VDDE2
CS2	O			GPIO2	I/O	P2	3V Fast	—/Up	VDDE2
CS3	O			GPIO3	I/O	P1	3V Fast	—/Up	VDDE2
ADDR8	I/O			GPIO4	I/O	V4	3V Fast	—/Up	VDDE2
ADDR9	I/O			GPIO5	I/O	W3	3V Fast	—/Up	VDDE2
ADDR10	I/O			GPIO6	I/O	W4	3V Fast	—/Up	VDDE2
ADDR11	I/O			GPIO7	I/O	Y3	3V Fast	—/Up	VDDE2
ADDR12	I/O			GPIO8	I/O	AA4	3V Fast	—/Up	VDDE2
ADDR13	I/O			GPIO9	I/O	AA3	3V Fast	—/Up	VDDE2
ADDR14	I/O			GPIO10	I/O	AB4	3V Fast	—/Up	VDDE2
ADDR15	I/O			GPIO11	I/O	AB3	3V Fast	—/Up	VDDE2
ADDR16	I/O			GPIO12	I/O	U1	3V Fast	—/Up	VDDE2

续表 B.1

首要功能 PA = 0b11	首要功能引脚方向	备选功能 PA = 0b10	备选功能引脚方向	GPIO 功能 PA = 0b00	GPIO 功能引脚方向	引脚编号	引脚类型	复位期间状态	供电端
ADDR17	I/O			GPIO13	I/O	V2	3V Fast	—/Up	VDDE2
ADDR18	I/O			GPIO14	I/O	V1	3V Fast	—/Up	VDDE2
ADDR19	I/O			GPIO15	I/O	W2	3V Fast	—/Up	VDDE2
ADDR20	I/O			GPIO16	I/O	W1	3V Fast	—/Up	VDDE2
ADDR21	I/O			GPIO17	I/O	Y2	3V Fast	—/Up	VDDE2
ADDR22	I/O			GPIO18	I/O	Y1	3V Fast	—/Up	VDDE2
ADDR23	I/O			GPIO19	I/O	AA2	3V Fast	—/Up	VDDE2
ADDR24	I/O			GPIO20	I/O	AA1	3V Fast	—/Up	VDDE2
ADDR25	I/O			GPIO21	I/O	AB2	3V Fast	—/Up	VDDE2
ADDR26	I/O			GPIO22	I/O	AC1	3V Fast	—/Up	VDDE2
ADDR27	I/O			GPIO23	I/O	AC2	3V Fast	—/Up	VDDE2
ADDR28	I/O			GPIO24	I/O	AD1	3V Fast	—/Up	VDDE2
ADDR29	I/O			GPIO25	I/O	AE1	3V Fast	—/Up	VDDE2
ADDR30	I/O			GPIO26	I/O	AD2	3V Fast	—/Up	VDDE2
ADDR31	I/O			GPIO27	I/O	AC3	3V Fast	—/Up	VDDE2
DATA0	I/O			GPIO28	I/O	AE8	3V Fast	—/Up	VDDE2
DATA1	I/O			GPIO29	I/O	AF9	3V Fast	—/Up	VDDE2
DATA2	I/O			GPIO30	I/O	AE9	3V Fast	—/Up	VDDE2
DATA3	I/O			GPIO31	I/O	AF10	3V Fast	—/Up	VDDE2
DATA4	I/O			GPIO32	I/O	AE10	3V Fast	—/Up	VDDE2
DATA5	I/O			GPIO33	I/O	AF12	3V Fast	—/Up	VDDE2
DATA6	I/O			GPIO34	I/O	AE11	3V Fast	—/Up	VDDE2
DATA7	I/O			GPIO35	I/O	AF13	3V Fast	—/Up	VDDE2
DATA8	I/O			GPIO36	I/O	AC11	3V Fast	—/Up	VDDE2
DATA9	I/O			GPIO37	I/O	AD11	3V Fast	—/Up	VDDE2
DATA10	I/O			GPIO38	I/O	AC12	3V Fast	—/Up	VDDE2
DATA11	I/O			GPIO39	I/O	AD12	3V Fast	—/Up	VDDE2
DATA12	I/O			GPIO40	I/O	AC14	3V Fast	—/Up	VDDE2
DATA13	I/O			GPIO41	I/O	AD13	3V Fast	—/Up	VDDE2
DATA14	I/O			GPIO42	I/O	AC15	3V Fast	—/Up	VDDE2
DATA15	I/O			GPIO43	I/O	AD14	3V Fast	—/Up	VDDE2
DATA16	I/O			GPIO44	I/O	AF3	3V Fast	—/Up	VDDE2
DATA17	I/O			GPIO45	I/O	AE4	3V Fast	—/Up	VDDE2
DATA18	I/O			GPIO46	I/O	AF4	3V Fast	—/Up	VDDE2
DATA19	I/O			GPIO47	I/O	AE5	3V Fast	—/Up	VDDE2

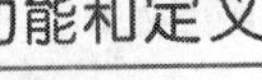

续表 B.1

首要功能 PA = 0b11	首要功能引脚方向	备选功能 PA = 0b10	备选功能引脚方向	GPIO 功能 PA = 0b00	GPIO 功能引脚方向	引脚编号	引脚类型	复位期间状态	供电端
DATA20	I/O			GPIO48	I/O	AF6	3V Fast	—/Up	VDDE2
DATA21	I/O			GPIO49	I/O	AE6	3V Fast	—/Up	VDDE2
DATA22	I/O			GPIO50	I/O	AF7	3V Fast	—/Up	VDDE2
DATA23	I/O			GPIO51	I/O	AE7	3V Fast	—/Up	VDDE2
DATA24	I/O			GPIO52	I/O	AD5	3V Fast	—/Up	VDDE2
DATA25	I/O			GPIO53	I/O	AD6	3V Fast	—/Up	VDDE2
DATA26	I/O			GPIO54	I/O	AC6	3V Fast	—/Up	VDDE2
DATA27	I/O			GPIO55	I/O	AD7	3V Fast	—/Up	VDDE2
DATA28	I/O			GPIO56	I/O	AC7	3V Fast	—/Up	VDDE2
DATA29	I/O			GPIO57	I/O	AD8	3V Fast	—/Up	VDDE2
DATA30	I/O			GPIO58	I/O	AC9	3V Fast	—/Up	VDDE2
DATA31	I/O			GPIO59	I/O	AC10	3V Fast	—/Up	VDDE2
TSIZ0	I/O			GPIO60	I/O	T2	3V Fast	—/Up	VDDE2
TSIZ1	I/O			GPIO61	I/O	U2	3V Fast	—/Up	VDDE2
RD_WR	I/O			GPIO62	I/O	T3	3V Fast	—/Up	VDDE2
BDIP	O			GPIO63	I/O	N1	3V Fast	—/Up	VDDE2
WE0	O			GPIO64	I/O	R4	3V Fast	—/Up	VDDE2
WE1	O			GPIO65	I/O	R3	3V Fast	—/Up	VDDE2
WE2	O			GPIO66	I/O	R2	3V Fast	—/Up	VDDE2
WE3	O			GPIO67	I/O	R1	3V Fast	—/Up	VDDE2
OE	O			GPIO68	I/O	AE12	3V Fast	—/Up	VDDE2
TS	I/O			GPIO69	I/O	V3	3V Fast	—/Up	VDDE2
TA	I/O			GPIO70	I/O	U3	3V Fast	—/Up	VDDE2
TEA	I/O			GPIO71	I/O	N2	3V Fast	—/Up	VDDE2
BR	I/O			GPIO72	I/O	AE13	3V Fast	—/Up	VDDE2
BG	I/O			GPIO73	I/O	AE14	3V Fast	—/Up	VDDE2
BB	I/O			GPIO74	I/O	AF14	3V Fast	—/Up	VDDE2
RESET	I					W26	5V Slow	Reset/Up	VDDEH6
RSTOUT	O					V25	5V Slow	RSTOUT /Low	VDDEH6
RSTCFG	I			GPIO210	I/O	V26	5V Slow	RSTCFG /Up	VDDEH6

续表 B.1

首要功能 PA = 0b11	首要功能引脚方向	备选功能 PA = 0b10	备选功能引脚方向	GPIO 功能 PA = 0b00	GPIO 功能引脚方向	引脚编号	引脚类型	复位期间状态	供电端
BOOTCFG0	I	IRQ2	I	GPIO211	I/O	AA25	5V Slow	BOOTCFG /Down	VDDEH6
BOOTCFG1	I	IRQ3	I	GPIO212	I/O	Y24	5V Slow	BOOTCFG /Down	VDDEH6
WKPCFG	I			GPIO213	I/O	Y23	5V Slow	WKPCFG /Up	VDDEH6
PLLCFG0	I	IRQ4	I	GPIO208	I/O	AB25	5V Slow	PLLCFG /Up	VDDEH6
PLLCFG1	I	IRQ5	I	GPIO209	I/O	AA24	5V Slow	PLLCFG /Up	VDDEH6
XTAL	O					AB26	analog	XTAL	VDDSYN
EXTAL	I					AA26	analog	EXTAL	VDDSYN
CLKOUT	O					AE24	3V Fast	CLKOUT /Enabled	VDDE5
ENGCLK	O					AF25	3V Fast	ENGCLK /Enabled	VDDE5
EVTI	I					F25	3V Fast		VDDE7
EVTO	O					F26	3V Fast		VDDE7
MCKO	O					G24	3V Fast		VDDE7
MDO0	O					B24	3V Fast		VDDE7
MDO1	O					C23	3V Fast		VDDE7
MDO2	O					D21	3V Fast		VDDE7
MDO3	O					C22	3V Fast		VDDE7
MDO4	O			GPIO75	I/O	B23	3V Fast		VDDE7
MDO5	O			GPIO76	I/O	D20	3V Fast		VDDE7
MDO6	O			GPIO77	I/O	C21	3V Fast		VDDE7
MDO7	O			GPIO78	I/O	B22	3V Fast		VDDE7
MDO8	O			GPIO79	I/O	A23	3V Fast		VDDE7
MDO9	O			GPIO80	I/O	C20	3V Fast		VDDE7
MDO10	O			GPIO81	I/O	B21	3V Fast		VDDE7
MDO11	O			GPIO82	I/O	A22	3V Fast		VDDE7
MSEO0	O					F23	3V Fast		VDDE7

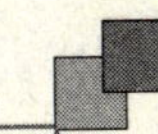

续表 B.1

首要功能 PA = 0b11	首要功能引脚方向	备选功能 PA = 0b10	备选功能引脚方向	GPIO 功能 PA = 0b00	GPIO 功能引脚方向	引脚编号	引脚类型	复位期间状态	供电端
MSEO1	O					G23	3V Fast	MSEO1 /High	VDDE7
RDY	O					H23	3V Fast	RDY /High	VDDE7
TCK	I					D25	3V Fast	TCK /Down	VDDE7
TDI	I					D26	3V Fast	TDI /Up	VDDE7
TDO	O					E25	3V Fast	TDO /Low	VDDE7
TMS	I					E24	3V Fast	TMS /Up	VDDE7
JCOMP	I					F24	3V Fast	JCOMP /Down	VDDE7
TEST	I					E26	3V Fast	TEST /Up	VDDE7
VRCCTL	O					AB24			
NC						AC22			
NC						AD23			

表 B.2　电源引脚

电源名	引脚	电源名	引脚
VDDSYN	AC26	VDD	A24
VSSSYN	Y26	VDD	AB23
		VDD	AC24
VFLASH	U26	VDD	AC5
VPP	T26	VDD	AD25
VSTBY	A2	VDD	AD4
VRC33	AC25	VDD	AE26
VRCVSS	Y25	VDD	AE3
		VDD	AF2
		VDD	B1

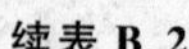
续表 B.2

电源名	引脚	电源名	引脚
VDD	C2	VDDE5	AD22
VDD	C26	VDDE5	AE23
VDD	D3	VDDE5	AF24
VDD	E4	VDDE7	B26
VDD33	A25	VDDE7	C25
VDD33	AD26	VDDE7	D24
VDD33	AD9	VDDE7	E23
VDD33	C1	VDDE7	K14
VDD33	U4	VDDE7	K15
VDDE2	AB1	VDDE7	K16
VDDE2	AC13	VDDE7	K17
VDDE2	AC8	VDDE7	L17
VDDE2	AF11	VDDE7	M17
VDDE2	AF5	VDDE7	N17
VDDE2	M10	VDDEH1	E3
VDDE2	M11	VDDEH1	F4
VDDE2	N10	VDDEH4	AC20
VDDE2	N11	VDDEH6	AA23
VDDE2	P10	VDDEH6	J23
VDDE2	P11	VDDEH8	D22
VDDE2	R10	VDDEH9	C14
VDDE2	R11	VDDEH9	D14
VDDE2	T1	VSS	A1
VDDE2	T10	VSS	A14
VDDE2	T12	VSS	A26
VDDE2	T13	VSS	AC23
VDDE2	T14	VSS	AC4
VDDE2	T15	VSS	AD24
VDDE2	T4	VSS	AD3
VDDE2	U11	VSS	AE2
VDDE2	U12	VSS	AE25
VDDE2	U13	VSS	AF1
VDDE2	U14	VSS	AF26
VDDE2	U15	VSS	B14
VDDE2	Y4	VSS	B2
VDDE5	AC21	VSS	B25

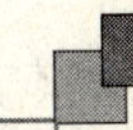

续表 B.2

电源名	引脚	电源名	引脚
VSS	C24	VSS	N14
VSS	C3	VSS	N15
VSS	D23	VSS	N16
VSS	D4	VSS	P12
VSS	K10	VSS	P13
VSS	K11	VSS	P14
VSS	K12	VSS	P15
VSS	K13	VSS	P16
VSS	L10	VSS	P17
VSS	L11	VSS	R12
VSS	L12	VSS	R13
VSS	L13	VSS	R14
VSS	L14	VSS	R15
VSS	L15	VSS	R16
VSS	L16	VSS	R17
VSS	M12	VSS	T11
VSS	M13	VSS	T16
VSS	M14	VSS	T17
VSS	M15	VSS	U10
VSS	M16	VSS	U16
VSS	N12	VSS	U17
VSS	N13		

e200z6 处理器指令集

e200z6 处理器指令集如表 C.1 所列。

表 C.1　e200z6 处理器指令集

助记符	指令操作
add	Add
add.	Add & record CR
addc	Add Carrying
addc.	Add Carrying & record CR
addco	Add Carrying & record OV
addco.	Add Carrying & record OV & CR
adde	Add Extended with CA
adde.	Add Extended with CA & record CR
addeo	Add Extended with CA & record OV
addeo.	Add Extended with CA & record OV & CR
addi	Add Immediate
addic	Add Immediate Carrying
addic.	Add Immediate Carrying & record CR
addis	Add Immediate Shifted
addme	Add to Minus One Extended with CA
addme.	Add to Minus One Extended with CA & record CR
addmeo	Add to Minus One Extended with CA & record OV
addmeo.	Add to Minus One Extended with CA & record OV & CR
addo	Add & record OV
addo.	Add & record OV & CR
addze	Add to Zero Extended with CA
addze.	Add to Zero Extended with CA & record CR
addzeo	Add to Zero Extended with CA & record OV
addzeo.	Add to Zero Extended with CA & record OV & CR
and	AND
and.	AND & record CR

续表 C.1

助记符	指令操作
andc	AND with Complement
andc.	AND with Complement & record CR
andi.	AND Immediate & record CR
andis.	AND Immediate Shifted & record CR
b	Branch
ba	Branch Absolute
bc	Branch Conditional
bca	Branch Conditional Absolute
bcctr	Branch Conditional to Count Register
bcctrl	Branch Conditional to Count Register & Link
bcl	Branch Conditional & Link
bcla	Branch Conditional & Link Absolute
bclr	Branch Conditional to Link Register
bclrl	Branch Conditional to Link Register & Link
bl	Branch & Link
bla	Branch & Link Absolute
cmp	Compare
cmpi	Compare Immediate
cmpl	Compare Logical
cmpli	Compare Logical Immediate
cntlzw	Count Leading Zeros Word
cntlzw.	Count Leading Zeros Word & record CR
crand	Condition Register AND
crandc	Condition Register AND with Complement
creqv	Condition Register Equivalent
crnand	Condition Register NAND
crnor	Condition Register NOR
cror	Condition Register OR
crorc	Condition Register OR with Complement
crxor	Condition Register XOR
dcba	Data Cache Block Allocate
dcbf	Data Cache Block Flush
dcbi	Data Cache Block Invalidate
dcblc1	Data Cache Block Lock Clear
dcbst	Data Cache Block Store
dcbt	Data Cache Block Touch

续表 C.1

助记符	指令操作
dcbtls	Data Cache Block Touch and Lock Set
dcbtst	Data Cache Block Touch for Store
dcbtstls	Data Cache Block Touch for Store and Lock Set
dcbz	Data Cache Block set to Zero
divw	Divide Word
divw.	Divide Word & record CR
divwo	Divide Word & record OV
divwo.	Divide Word & record OV & CR
divwu	Divide Word Unsigned
divwu.	Divide Word Unsigned & record CR
divwuo	Divide Word Unsigned & record OV
divwuo.	Divide Word Unsigned & record OV & CR
eqv.	Equivalent
eqv.	Equivalent & record CR
extsb	Extend Sign Byte
extsb.	Extend Sign Byte & record CR
extsh	Extend Sign Halfword
extsh.	Extend Sign Halfword & record CR
icbi	Instruction Cache Block Invalidate
icblc	Instruction Cache Block Lock Clear
icbt	Instruction Cache Block Touch
icbtls	Instruction Cache Block Touch and Lock Set
isel	Integer Select
isync	Instruction Synchronize
lbz	Load Byte & Zero
lbzu	Load Byte & Zero with Update
lbzux	Load Byte & Zero with Update Indexed
lbzx	Load Byte & Zero Indexed
lha	Load Halfword Algebraic
lhau	Load Halfword Algebraic with Update
lhaux	Load Halfword Algebraic with Update Indexed
lhax	Load Halfword Algebraic Indexed
lhbrx	Load Halfword Byte-Reverse Indexed
lhz	Load Halfword & Zero
lhzu	Load Halfword & Zero with Update
lhzux	Load Halfword & Zero with Update Indexed

续表 C.1

助记符	指令操作
lhzx	Load Halfword & Zero Indexed
lmw	Load Multiple Word
lwarx	Load Word & Reserve Indexed
lwbrx	Load Word Byte-Reverse Indexed
lwz	Load Word & Zero
lwzu	Load Word & Zero with Update
lwzux	Load Word & Zero with Update Indexed
lwzx	Load Word & Zero Indexed
mbar	Memory Barrier
mcrf	Move Condition Register Field
mcrxr	Move to Condition Register from XER
mfcr	Move From Condition Register
mfmsr	Move From Machine State Register
mfspr	Move From Special Purpose Register
msync	Memory Synchronize
mtcrf	Move To Condition Register Fields
mtmsr	Move To Machine State Register
mtspr	Move To Special Purpose Register
mulhw	Multiply High Word
mulhw.	Multiply High Word & record CR
mulhwu	Multiply High Word Unsigned
mulhwu.	Multiply High Word Unsigned & record CR
mulli	Multiply Low Immediate
mullw	Multiply Low Word
mullw.	Multiply Low Word & record CR
mullwo	Multiply Low Word & record OV
mullwo.	Multiply Low Word & record OV & CR
nand	NAND
nand.	NAND & record CR
neg	Negate
neg.	Negate & record CR
nego	Negate & record OV
nego.	Negate & record OV & record CR
nor	NOR
nor.	NOR & record CR
or	OR

续表 C.1

助记符	指令操作
or.	OR & record CR
orc	OR with Complement
orc.	OR with Complement & record CR
ori	OR Immediate
oris	OR Immediate Shifted
rfci	Return From Critical Interrupt
rfdi	Return From Debug Interrupt
rfi	Return From Interrupt
rlwimi	Rotate Left Word Immed then Mask Insert
rlwimi.	Rotate Left Word Immed then Mask Insert & record CR
rlwinm	Rotate Left Word Immed then AND with Mask
rlwinm.	Rotate Left Word Immed then AND with Mask & record CR
rlwnm	Rotate Left Word then AND with Mask
rlwnm.	Rotate Left Word then AND with Mask & record CR
sc	System Call
slw	Shift Left Word
slw.	Shift Left Word & record CR
sraw	Shift Right Algebraic Word
sraw.	Shift Right Algebraic Word & record CR
srawi	Shift Right Algebraic Word Immediate
srawi.	Shift Right Algebraic Word Immediate & record CR
srw	Shift Right Word
srw.	Shift Right Word & record CR
stb	Store Byte
stbu	Store Byte with Update
stbux	Store Byte with Update Indexed
stbx	Store Byte Indexed
sth	Store Halfword
sthbrx	Store Halfword Byte-Reverse Indexed
sthu	Store Halfword with Update
sthux	Store Halfword with Update Indexed
sthx	Store Halfword Indexed
stmw	Store Multiple Word
stw	Store Word
stwbrx	Store Word Byte-Reverse Indexed
stwcx.	Store Word Conditional Indexed & record CR

续表 C.1

助记符	指令操作
stwu	Store Word with Update
stwux	Store Word with Update Indexed
stwx	Store Word Indexed
subf	Subtract From
subf.	Subtract From & record CR
subfc	Subtract From Carrying
subfc.	Subtract From Carrying & record CR
subfco	Subtract From Carrying & record OV
subfco.	Subtract From Carrying & record OV & CR
subfe	Subtract From Extended with CA
subfe.	Subtract From Extended with CA & record CR
subfeo	Subtract From Extended with CA & record OV
subfeo.	Subtract From Extended with CA & record OV & CR
subfic	Subtract From Immediate Carrying
subfme	Subtract From Minus One Extended with CA
subfme.	Subtract From Minus One Extended with CA & record CR
subfmeo	Subtract From Minus One Extended with CA & record OV
subfmeo.	Subtract From Minus One Extended with CA & record OV & CR
subfo	Subtract From & record OV
subfo.	Subtract From & record OV & CR
subfze	Subtract From Zero Extended with CA
subfze.	Subtract From Zero Extended with CA & record CR
subfzeo	Subtract From Zero Extended with CA & record OV
subfzeo.	Subtract From Zero Extended with CA & record OV & CR
tlbivax	TLB Invalidate Virtual Address Indexed
tlbre	TLB Read Entry
tlbsx	TLB Search Indexed
tlbsync	TLB Synchronize
tlbwe	TLB Write Entry
tw	Trap Word
twi	Trap Word Immediate
wrtee	Write External Enable
wrteei	Write External Enable Immediate
xor	XOR
xor.	XOR & record CR
xori	XOR Immediate
xoris	XOR Immediate Shifted

SPE 指令

SPE 所提供的 SIMD 并置运算是通过编译器内在函数的方法实现。内在函数是一种特殊的指令，和器件的硬件密切相关，但标准的 C 或者 C++无法直接产生这些指令。编译器将内在函数封装成普通的函数调用，编译器在生成代码的时候将进行展开替换，直接插入对应的机器指令，类似 C++的内联函数。不同的编译器对内在函数的处理可能存在一定的差异，但是最终的机器指令都必须符合 SPE PIM 文档的规范。为了使用内在函数，需要在文件中包含"SPE.h"的头文件。

内在函数可以分成下面几大类：

- SPE 状态和控制寄存器的读写。
- 并置数据的初始化，包括整数、浮点数和定点数。
- 并置数据的数学运算。
- 并置数据的条件测试。
- 多个并置数据的选择操作 isle 和 evsel。
- 64 位累加器的读写。
- 并置数据之间、并置数据和普通数据类型的转换。
- 并置数据的移位和循环移位。
- 并置数据到存储器的读写。
- 64 位的乘法和乘累加运算。

表 D.1 给出了 SPE 的数据类型。

表 D.1 SPE 并置数据类型

类型	定义	有效范围
__ev64_u16__	4 个无符号 16 位整数	0 to 65535
__ev64_s16__	4 个有符号 16 位整数	−32768 to 32767
__ev64_u32__	2 个无符号 32 位整数	0 to $2^{32}-1$
__ev64_s32__	2 个有符号 32 位整数	-2^{31} to $2^{31}-1$
__ev64_u64__	1 个无符号 64 位整数	0 to $2^{64}-1$
__ev64_s64__	1 个有符号 64 位整数	-2^{63} to $2^{63}-1$
__ev64_fs__	2 个浮点数	IEEE-754 single-precision values

另外，__ev64_opaque__类型可以用来表示表 D.1 中的任意类型。

表 D.2 到表 D.6 列出了所有的 SPE 指令。大多数情况下，由内在函数所描述的指令已经说明了其所需要的运算数类型和返回结果的类型。一些特殊的指令的具体情况如下：

- Brinc 指令的操作数为两个 32 位无符号数，返回一个 32 位无符号数。
- __ev_ldd，__ev_ldh，__ev_ldw，__ev_lhhesplat，__ev_lhhossplat，__ev_lhhousplat，__ev_lwhe，__ev_lwhos，__ev_lwhou，__ev_lwhsplat，__ev_lwwsplat，__ev_srwis，__ev_srwiu，__ev_stdd，__ev_stdh，__ev_stdw，__ev_stwhe，__ev_stwho，__ev_stwwe and __ev_stwwo 指令的最后一个运算数为 5 位无符号常数。对于移位指令，这个常数指明了移位的次数；对于数据装载指令，这个常数指明了源地址的偏移量；对于数据保存指令，这个常数指明了目标地址的偏移量。
- _select_，_all_，_any_，_upper_ and _lower_ 指令的操作数是 __ev64_opaque__，即可以是表 D.1 中的任意类型；返回值是整数类型。
- 保存数据的内在函数的目标地址由其第二个操作数给出，这个操作数是一个指向对应数据类型的指针(__ev64_opaque__ * or uint32_t *)，这类内在函数没有返回结果。

表 D.2　运算类内在函数

操　作	内在函数名称
Bit Reversed Increment	__brinc(a,b)
Vector Absolute Value	__ev_abs(a)
Vector Add Immediate Word	__ev_addiw(a,b)
Vector Add Signed, Modulo, Integer to Accumulator Word	__ev_addsmiaaw(a)
Vector Add Signed, Saturate, Integer to Accumulator Word	__ev_addssiaaw(a)
Vector Add Unsigned, Modulo, Integer to Accumulator Word	__ev_addumiaaw(a)
Vector Add Unsigned, Saturate, Integer to Accumulator Word	__ev_addusiaaw(a)
Vector Add Word	__ev_addw(a,b)
Vector All Equal	__ev_all_eq(a,b)
Vector All Floating-Point Equal	__ev_all_fs_eq(a,b)
Vector All Floating-Point Greater Than	__ev_all_fs_gt(a,b)
Vector All Floating-Point Less Than	__ev_all_fs_lt(a,b)
Vector All Floating-Point Test Equal	__ev_all_fs_tst_eq(a,b)
Vector All Floating-Point Test Greater Than	__ev_all_fs_tst_gt(a,b)
Vector All Floating-Point Test Less Than	__ev_all_fs_tst_lt(a,b)
Vector All Greater Than Signed	__ev_all_gts(a,b)
Vector All Greater Than Unsigned	__ev_all_gtu(a,b)
Vector All Less Than Signed	__ev_all_lts(a,b)
Vector All Less Than Unsigned	__ev_all_ltu(a,b)
Vector AND	__ev_and(a,b)
Vector AND with Complement	__ev_andc(a,b)
Vector Any Equal	__ev_any_eq(a,b)
Vector Any Floating-Point Equal	__ev_any_fs_eq(a,b)
Vector Any Floating-Point Greater Than	__ev_any_fs_gt(a,b)
Vector Any Floating-Point Less Than	__ev_any_fs_lt(a,b)

续表 D.2

操　作	内在函数名称
Vector Any Floating-Point Test Equal	__ev_any_fs_tst_eq(a,b)
Vector Any Floating-Point Test Greater Than	__ev_any_fs_tst_gt(a,b)
Vector Any Floating-Point Test Less Than	__ev_any_fs_tst_lt(a,b)
Vector Any Greater Than Signed	__ev_any_gts(a,b)
Vector Any Greater Than Unsigned	__ev_any_gtu(a,b)
Vector Any Less Than Signed	__ev_any_lts(a,b)
Vector Any Less Than Unsigned	__ev_any_ltu(a,b)
Vector Count Leading Signed Bits Word	__ev_cntlsw(a)
Vector Count Leading Zeros Word	__ev_cntlzw(a)
Vector Divide Word Signed	__ev_divws(a,b)
Vector Divide Word Unsigned	__ev_divwu(a,b)
Vector Equivalent	__ev_eqv(a,b)
Vector Extend Sign Byte	__ev_extsb(a)
Vector Extend Sign Half Word	__ev_extsh(a)
Vector Floating-Point Absolute Value	__ev_fsabs(a)
Vector Floating-Point Add	__ev_fsadd(a,b)
Vector Convert Floating-Point from Signed Fraction	__ev_fscfsf(a)
Vector Convert Floating-Point from Signed Integer	__ev_fscfsi(a)
Vector Convert Floating-Point from Unsigned Fraction	__ev_fscfuf(a)
Vector Convert Floating-Point from Unsigned Integer	__ev_fscfui(a)
Vector Convert Floating-Point to Signed Fraction	__ev_fsctsf(a)
Vector Convert Floating-Point to Signed Integer	__ev_fsctsi(a)
Vector Convert Floating-Point to Signed Integer with Round toward Zero	__ev_fsctsiz(a)
Vector Convert Floating-Point to Unsigned Fraction	__ev_fsctuf(a)
Vector Convert Floating-Point to Unsigned Integer	__ev_fsctui(a)
Vector Convert Floating-Point to Unsigned Integer with Round toward Zero	__ev_fsctuiz(a)
Vector Floating-Point Divide	__ev_fsdiv(a,b)
Vector Floating-Point Multiply	__ev_fsmul(a,b)
Vector Floating-Point Negative Absolute Value	__ev_fsnabs(a)
Vector Floating-Point Negate	__ev_fsneg(a)
Vector Floating-Point Subtract	__ev_fssub(a,b)
Vector Load Double Word into Double Word	__ev_ldd(a,b)
Vector Load Double Word into Double Word Indexed	__ev_lddx(a,b)
Vector Load Double into Four Half Words	__ev_ldh(a,b)
Vector Load Double into Four Half Words Indexed	__ev_ldhx(a,b)
Vector Load Double into Two Words	__ev_ldw(a,b)

续表 D.2

操　作	内在函数名称
Vector Load Double into Two Words Indexed	__ev_ldwx(a,b)
Vector Load Half Word into Half Words Even and Splat	__ev_lhhesplat(a,b)
Vector Load Half Word into Half Words Even and Splat-Indexed	__ev_lhhesplatx(a,b)
Vector Load Half Word into Half Word Odd Signed and Splat	__ev_lhhossplat(a,b)
Vector Load Half Word into Half Word Odd Signed and Splat-Indexed	__ev_lhhossplatx(a,b)
Vector Load Half Word into Half Word Odd Unsigned and Splat	__ev_lhhousplat(a,b)
Vector Load Half Word into Half Word Odd Unsigned and Splat-Indexed	__ev_lhhousplatx(a,b)
Vector Lower Equal	__ev_lower_eq(a,b)
Vector Lower Floating-Point Equal	__ev_lower_fs_eq(a,b)
Vector Lower Floating-Point Greater Than	__ev_lower_fs_gt(a,b)
Vector Lower Floating-Point Less Than	__ev_lower_fs_lt(a,b)
Vector Lower Floating-Point Test Equal	__ev_lower_fs_tst_eq(a,b)
Vector Lower Floating-Point Test Greater Than	__ev_lower_fs_tst_gt(a,b)
Vector Lower Floating-Point Test Less-Than	__ev_lower_fs_tst_lt(a,b)
Vector Lower Greater Than Signed	__ev_lower_gts(a,b)
Vector Lower Greater Than Unsigned	__ev_lower_gtu(a,b)
Vector Lower Less Than Signed	__ev_lower_lts(a,b)
Vector Lower Less Than Unsigned	__ev_lower_ltu(a,b)
Vector Load Word into Two Half Words Even	__ev_lwhe(a,b)
Vector Load Word into Two Half Words Even Indexed	__ev_lwhex(a,b)
Vector Load Word into Two Half Words Odd Signed (with sign extension)	__ev_lwhos(a,b)
Vector Load Word into Two Half Words Odd Signed Indexed (with sign extension)	__ev_lwhosx(a,b)
Vector Load Word into Two Half Words Odd Unsigned (zero-extended)	__ev_lwhou(a,b)
Vector Load Word into Two Half Words Odd Unsigned Indexed (zero-extended)	__ev_lwhoux(a,b)
Vector Load Word into Two Half Words and Splat	__ev_lwhsplat(a,b)
Vector Load Word into Two Half Words and Splat-Indexed	__ev_lwhsplatx(a,b)
Vector Load Word into Word and Splat	__ev_lwwsplat(a,b)
Vector Load Word into Word and Splat-Indexed	__ev_lwwsplatx(a,b)
Vector Merge High	__ev_mergehi(a,b)
Vector Merge High/Low	__ev_mergehilo(a,b)
Vector Merge Low	__ev_mergelo(a,b)
Vector Merge Low/High	__ev_mergelohi(a,b)
Vector Multiply Half Words, Even, Guarded, Signed, Modulo, Fractional and Accumulate	__ev_mhegsmfaa(a,b)
Vector Multiply Half Words, Even, Guarded, Signed, Modulo, Fractional and Accumulate Negative	__ev_mhegsmfan(a,b)

续表 D.2

操 作	内在函数名称
Vector Multiply Half Words, Even, Guarded, Signed, Modulo, Integer and Accumulate	__ev_mhegsmiaa(a,b)
Vector Multiply Half Words, Even, Guarded, Signed, Modulo, Integer and Accumulate Negative	__ev_mhegsmian(a,b)
Vector Multiply Half Words, Even, Guarded, Unsigned, Modulo, Fractional and Accumulate	__ev_mhegumfaa(a,b)
Vector Multiply Half Words, Even, Guarded, Unsigned, Modulo, Integer and Accumulate	__ev_mhegumiaa(a,b)
Vector Multiply Half Words, Even, Guarded, Unsigned, Modulo, Fractional and Accumulate Negative	__ev_mhegumfan(a,b)
Vector Multiply Half Words, Even, Guarded, Unsigned, Modulo, Integer and Accumulate Negative	__ev_mhegumian(a,b)
Vector Multiply Half Words, Even, Signed, Modulo, Fractional	__ev_mhesmf(a,b)
Vector Multiply Half Words, Even, Signed, Modulo, Fractional to Accumulator	__ev_mhesmfa(a,b)
Vector Multiply Half Words, Even, Signed, Modulo, Fractional and Accumulate into Words	__ev_mhesmfaaw(a,b)
Vector Multiply Half Words, Even, Signed, Modulo, Fractional and Accumulate Negative into Words	__ev_mhesmfanw(a,b)
Vector Multiply Half Words, Even, Signed, Modulo, Integer	__ev_mhesmi(a,b)
Vector Multiply Half Words, Even, Signed, Modulo, Integer to Accumulator	__ev_mhesmia(a,b)
Vector Multiply Half Words, Even, Signed, Modulo, Integer and Accumulate into Words	__ev_mhesmiaaw(a,b)
Vector Multiply Half Words, Even, Signed, Modulo, Integer and Accumulate Negative into Words	__ev_mhesmianw(a,b)
Vector Multiply Half Words, Even, Signed, Saturate, Fractional	__ev_mhessf(a,b)
Vector Multiply Half Words, Even, Signed, Saturate, Fractional to Accumulator	__ev_mhessfa(a,b)
Vector Multiply Half Words, Even, Signed, Saturate, Fractional and Accumulate into Words	__ev_mhessfaaw(a,b)
Vector Multiply Half Words, Even, Signed, Saturate, Fractional and Accumulate Negative into Words	__ev_mhessfanw(a,b)
Vector Multiply Half Words, Even, Signed, Saturate, Integer and Accumulate into Words	__ev_mhessiaaw(a,b)
Vector Multiply Half Words, Even, Signed, Saturate, Integer and Accumulate Negative into Words	__ev_mhessianw(a,b)
Vector Multiply Half Words, Even, Unsigned, Modulo, Fractional	__ev_mheumf(a,b)

续表 D.2

操 作	内在函数名称
Vector Multiply Half Words, Even, Unsigned, Modulo, Fractional to Accumulator	__ev_mheumfa(a,b)
Vector Multiply Half Words, Even, Unsigned, Modulo, Integer	__ev_mheumi(a,b)
Vector Multiply Half Words, Even, Unsigned, Modulo, Integer to Accumulator	__ev_mheumia(a,b)
Vector Multiply Half Words, Even, Unsigned, Modulo, Fractional and Accumulate into Words	__ev_mheumfaaw(a,b)
Vector Multiply Half Words, Even, Unsigned, Modulo, Integer and Accumulate into Words	__ev_mheumiaaw(a,b)
Vector Multiply Half Words, Even, Unsigned, Modulo, Fractional and Accumulate Negative into Words	__ev_mheumfanw(a,b)
Vector Multiply Half Words, Even, Unsigned, Modulo, Integer and Accumulate Negative into Words	__ev_mheumianw(a,b)
Vector Multiply Half Words, Even, Unsigned, Saturate, Fractional and Accumulate into Words	__ev_mheusfaaw(a,b)
Vector Multiply Half Words, Even, Unsigned, Saturate, Integer and Accumulate into Words	__ev_mheusiaaw(a,b)
Vector Multiply Half Words, Even, Unsigned, Saturate, Fractional and Accumulate Negative into Words	__ev_mheusfanw(a,b)
Vector Multiply Half Words, Even, Unsigned, Saturate, Integer and Accumulate Negative into Words	__ev_mheusianw(a,b)
Vector Multiply Half Words, Odd, Guarded, Signed, Modulo, Fractional and Accumulate	__ev_mhogsmfaa(a,b)(a,b)
Vector Multiply Half Words, Odd, Guarded, Signed, Modulo, Fractional and Accumulate Negative	__ev_mhogsmfan(a,b)(a,b)
Vector Multiply Half Words, Odd, Guarded, Signed, Modulo, Integer, and Accumulate	__ev_mhogsmiaa(a,b)(a,b)
Vector Multiply Half Words, Odd, Guarded, Signed, Modulo, Integer and Accumulate Negative	__ev_mhogsmian(a,b)(a,b)
Vector Multiply Half Words, Odd, Guarded, Unsigned, Modulo, Fractional and Accumulate	__ev_mhogumfaa(a,b)(a,b)
Vector Multiply Half Words, Odd, Guarded, Unsigned, Modulo, Integer and Accumulate	__ev_mhogumiaa(a,b)
Vector Multiply Half Words, Odd, Guarded, Unsigned, Modulo, Fractional and Accumulate Negative	__ev_mhogumfan(a,b)
Vector Multiply Half Words, Odd, Guarded, Unsigned, Modulo, Integer and Accumulate Negative	__ev_mhogumian(a,b)

续表 D.2

操 作	内在函数名称
Vector Multiply Half Words, Odd, Signed, Modulo, Fractional	__ev_mhosmf(a,b)
Vector Multiply Half Words, Odd, Signed, Modulo, Fractional to Accumulator	__ev_mhosmfa(a,b)
Vector Multiply Half Words, Odd, Signed, Modulo, Fractional and Accumulate into Words	__ev_mhosmfaaw(a,b)
Vector Multiply Half Words, Odd, Signed, Modulo, Fractional and Accumulate Negative into Words	__ev_mhosmfanw(a,b)
Vector Multiply Half Words, Odd, Signed, Modulo, Integer	__ev_mhosmi(a,b)
Vector Multiply Half Words, Odd, Signed, Modulo, Integer to Accumulator	__ev_mhosmia(a,b)
Vector Multiply Half Words, Odd, Signed, Modulo, Integer and Accumulate into Words	__ev_mhosmiaaw(a,b)
Vector Multiply Half Words, Odd, Signed, Modulo, Integer and Accumulate Negative into Words	__ev_mhosmianw(a,b)
Vector Multiply Half Words, Odd, Signed, Saturate, Fractional	__ev_mhossf(a,b)
Vector Multiply Half Words, Odd, Signed, Saturate, Fractional to Accumulator	__ev_mhossfa(a,b)
Vector Multiply Half Words, Odd, Signed, Saturate, Fractional and Accumulate into Words	__ev_mhossfaaw(a,b)
Vector Multiply Half Words, Odd, Signed, Saturate, Fractional and Accumulate Negative into Words	__ev_mhossfanw(a,b)
Vector Multiply Half Words, Odd, Signed, Saturate, Integer and Accumulate into Words	__ev_mhossiaaw(a,b)
Vector Multiply Half Words, Odd, Signed, Saturate, Integer and Accumulate Negative into Words	__ev_mhossianw(a,b)
Vector Multiply Half Words, Odd, Unsigned, Modulo, Fractional	__ev_mhoumf(a,b)
Vector Multiply Half Words, Odd, Unsigned, Modulo, Fractional to Accumulator	__ev_mhoumfa(a,b)
Vector Multiply Half Words, Odd, Unsigned, Modulo, Integer	__ev_mhoumi(a,b)
Vector Multiply Half Words, Odd, Unsigned, Modulo, Integer to Accumulator	__ev_mhoumia(a,b)
Vector Multiply Half Words, Odd, Unsigned, Modulo, Fractional and Accumulate into Words	__ev_mhoumfaaw(a,b)
Vector Multiply Half Words, Odd, Unsigned, Modulo, Integer and Accumulate into Words	__ev_mhoumiaaw(a,b)
Vector Multiply Half Words, Odd, Unsigned, Modulo, Fractional and Accumulate Negative into Words	__ev_mhoumfanw(a,b)
Vector Multiply Half Words, Odd, Unsigned, Modulo, Integer and Accumulate Negative into Words	__ev_mhoumianw(a,b)
Vector Multiply Half Words, Odd, Unsigned, Saturate, Fractional and Accumulate into Words	__ev_mhousfaaw(a,b)

续表 D.2

操　作	内在函数名称
Vector Multiply Half Words, Odd, Unsigned, Saturate, Integer and Accumulate into Words	__ev_mhousiaaw(a,b)
Vector Multiply Half Words, Odd, Unsigned, Saturate, Fractional and Accumulate Negative into Words	__ev_mhousfanw(a,b)
Vector Multiply Half Words, Odd, Unsigned, Saturate, Integer and Accumulate Negative into Words	__ev_mhousianw(a,b)
Initialize Accumulator	__ev_mra(a)
Vector Multiply Word High Signed, Modulo, Fractional	__ev_mwhsmf(a,b)
Vector Multiply Word High Signed, Modulo, Fractional to Accumulator	__ev_mwhsmfa(a,b)
Vector Multiply Word High Signed, Modulo, Integer	__ev_mwhsmi(a,b)
Vector Multiply Word High Signed, Modulo, Integer to Accumulator	__ev_mwhsmia(a,b)
Vector Multiply Word High Signed, Saturate, Fractional	__ev_mwhssf(a,b)
Vector Multiply Word High Signed, Saturate, Fractional to Accumulator	__ev_mwhssfa(a,b)
Vector Multiply Word High Unsigned, Modulo, Integer	__ev_mwhumf(a,b)
Vector Multiply Word High Unsigned, Modulo, Integer to Accumulator	__ev_mwhumfa(a,b)
Vector Multiply Word High Unsigned, Modulo, Integer	__ev_mwhumi(a,b)
Vector Multiply Word High Unsigned, Modulo, Integer to Accumulator	__ev_mwhumia(a,b)
Vector Multiply Word Low Signed, Modulo, Integer and Accumulate in Words	__ev_mwlsmiaaw(a,b)
Vector Multiply Word Low Signed, Modulo, Integer and Accumulate Negative in Words	__ev_mwlsmianw(a,b)
Vector Multiply Word Low Signed, Saturate, Integer and Accumulate in Words	__ev_mwlssiaaw(a,b)
Vector Multiply Word Low Signed, Saturate, Integer and Accumulate Negative in Words	__ev_mwlssianw(a,b)
Vector Multiply Word Low Unsigned, Modulo, Integer	__ev_mwlumi(a,b)
Vector Multiply Word Low Unsigned, Modulo, Integer and Accumulate in Words	__ev_mwlumiaaw(a,b)
Vector Multiply Word Low Unsigned, Modulo, Integer and Accumulate Negative in Words	__ev_mwlumianw(a,b)
Vector Multiply Word Low Unsigned, Saturate, Integer and Accumulate in Words	__ev_mwlusiaaw(a,b)
Vector Multiply Word Low Unsigned, Saturate, Integer and Accumulate Negative in Words	__ev_mwlusianw(a,b)
Vector Multiply Word Signed, Modulo, Fractional	__ev_mwsmf(a,b)
Vector Multiply Word Signed, Modulo, Fractional to Accumulator	__ev_mwsmfa(a,b)
Vector Multiply Word Signed, Modulo, Fractional and Accumulate	__ev_mwsmfaa(a,b)
Vector Multiply Word Signed, Modulo, Fractional and Accumulate Negative	__ev_mwsmfan(a,b)
Vector Multiply Word Signed, Modulo, Integer	__ev_mwsmi(a,b)
Vector Multiply Word Signed, Modulo, Integer to Accumulator	__ev_mwsmia(a,b)

续表 D.2

操 作	内在函数名称
Vector Multiply Word Signed, Modulo, Integer and Accumulate	__ev_mwsmiaa(a,b)
Vector Multiply Word Signed, Modulo, Integer and Accumulate Negative	__ev_mwsmian(a,b)
Vector Multiply Word Signed, Saturate, Fractional	__ev_mwssf(a,b)
Vector Multiply Word Signed, Saturate, Fractional to Accumulator	__ev_mwssfa(a,b)
Vector Multiply Word Signed, Saturate, Fractional, and Accumulate	__ev_mwssfaa(a,b)
Vector Multiply Word Signed, Saturate, Fractional and Accumulate Negative	__ev_mwssfan(a,b)
Vector Multiply Word Unsigned, Modulo, Integer (to Accumulator)	__ev_mwumi(a,b)
Vector Multiply Word Unsigned, Modulo, Integer and Accumulate	__ev_mwumiaa(a,b)
Vector Multiply Word Unsigned, Modulo, Integer and Accumulate Negative	__ev_mwumian(a,b)
Vector NAND	__ev_nand(a,b)
Vector Negate	__ev_neg(a)
Vector NOR	__ev_nor(a,b)
Vector OR	__ev_or(a,b)
Vector OR with Complement	__ev_orc(a,b)
Vector Rotate Left Word	__ev_rlw(a,b)
Vector Rotate Left Word Immediate	__ev_rlwi(a,b)
Vector Round Word	__ev_rndw(a)
Vector Select Equal	__ev_select_eq(a,b,c,d)
Vector Select Floating-Point Equal	__ev_select_fs_eq(a,b,c,d)
Vector Select Floating-Point Greater Than	__ev_select_fs_gt(a,b,c,d)
Vector Select Floating-Point Less Than	__ev_select_fs_lt(a,b,c,d)
Vector Select Floating-Point Test Equal	__ev_select_fs_tst_eq(a,b,c,d)
Vector Select Floating-Point Test Greater Than	__ev_select_fs_tst_gt(a,b,c,d)
Vector Select Floating-Point Test Less Than	__ev_select_fs_tst_lt(a,b,c,d)
Vector Select Greater Than Signed	__ev_select_gts(a,b,c,d)
Vector Select Greater Than Unsigned	__ev_select_gtu(a,b,c,d)
Vector Select Less Than Signed	__ev_select_lts(a,b,c,d)
Vector Select Less Than Unsigned	__ev_select_ltu(a,b,c,d)
Vector Shift Left Word	__ev_slw(a,b)
Vector Shift Left Word Immediate	__ev_slwi(a,b)
Vector Splat Fractional Immediate	__ev_splatfi(a)
Vector Splat Immediate	__ev_splati(a)
Vector Shift Right Word Immediate Signed	__ev_srwis(a,b)
Vector Shift Right Word Immediate Unsigned	__ev_srwiu(a,b)
Vector Shift Right Word Signed	__ev_srws(a,b)
Vector Shift Right Word Unsigned	__ev_srwu(a,b)

续表 D.2

操 作	内在函数名称
Vector Store Double of Double	__ev_stdd(a,b,c)
Vector Store Double of Double Indexed	__ev_stddx(a,b,c)
Vector Store Double of Four Half Words	__ev_stdh(a,b,c)
Vector Store Double of Four Half Words Indexed	__ev_stdhx(a,b,c)
Vector Store Double of Two Words	__ev_stdw(a,b,c)
Vector Store Double of Two Words Indexed	__ev_stdwx(a,b,c)
Vector Store Word of Two Half Words from Even	__ev_stwhe(a,b,c)
Vector Store Word of Two Half Words from Even Indexed	__ev_stwhex(a,b,c)
Vector Store Word of Two Half Words from Odd	__ev_stwho(a,b,c)
Vector Store Word of Two Half Words from Odd Indexed	__ev_stwhox(a,b,c)
Vector Store Word of Word from Even	__ev_stwwe(a,b,c)
Vector Store Word of Word from Even Indexed	__ev_stwwex(a,b,c)
Vector Store Word of Word from Odd	__ev_stwwo(a,b,c)
Vector Store Word of Word from Odd Indexed	__ev_stwwox(a,b,c)
Vector Subtract Signed, Modulo, Integer to Accumulator Word	__ev_subfsmiaaw(a)
Vector Subtract Signed, Saturate, Integer to Accumulator Word	__ev_subfssiaaw(a)
Vector Subtract Unsigned, Modulo, Integer to Accumulator Word	__ev_subfumiaaw(a)
Vector Subtract Unsigned, Saturate, Integer to Accumulator Word	__ev_subfusiaaw(a)
Vector Subtract from Word	__ev_subfw(a,b)
Vector Subtract Immediate from Word	__ev_subifw(a,b)
Vector Upper Equal	__ev_upper_eq(a,b)
Vector Upper Floating-Point Equal	__ev_upper_fs_eq(a,b)
Vector Upper Floating-Point Greater Than	__ev_upper_fs_gt(a,b)
Vector Upper Floating-Point Less Than	__ev_upper_fs_lt(a,b)
Vector Upper Floating-Point Test Equal	__ev_upper_fs_tst_eq(a,b)
Vector Upper Floating-Point Test Greater Than	__ev_upper_fs_tst_gt(a,b)
Vector Upper Floating-Point Test Less Than	__ev_upper_fs_tst_lt(a,b)
Vector Upper Greater Than Signed	__ev_upper_gts(a,b)
Vector Upper Greater Than Unsigned	__ev_upper_gtu(a,b)
Vector Upper Less Than Signed	__ev_upper_lts(a,b)
Vector Upper Less Than Unsigned	__ev_upper_ltu(a,b)
Vector XOR	__ev_xor(a,b)

表 D.3　数据合并类内在函数

操　作	内在函数名称
Create vector unsigned long from unsigned long long	__ev_create_u64(a)
Create vector signed long from long long	__ev_create_s64(a)
Create vector floating point from two floats	__ev_create_fs(a,b)
Create vector unsigned word from two unsigned ints	__ev_create_u32(a,b)
Create vector signed word from two ints	__ev_create_s32(a,b)
Create vector unsigned half word from four unsigned short ints	__ev_create_u16(a,b,c,d)
Create vector signed half word from four short ints	__ev_create_s16(a,b,c,d)
Create vector signed fractional from two floats	__ev_create_sfix32_fs(a,b)
Create vector unsigned fractional from two floats	__ev_create_ufix32_fs(a,b)

表 D.4　类型转换类内在函数

操　作	内在函数名称
Convert any vector type to unsigned long long	__ev_convert_u64(a)
Convert any vector type to signed long long	__ev_convert_s64(a)
Convert upper word of any vector type to unsigned int	__ev_get_upper_u32(a)
Convert lower word of any vector type to unsigned int	__ev_get_lower_u32(a)
Convert upper word of any vector type to int	__ev_get_upper_s32(a)
Convert lower word of any vector type to int	__ev_get_lower_s32(a)
Convert upper word of any vector type to float	__ev_get_upper_fs(a)
Convert lower word of any vector type to float	__ev_get_lower_fs(a)
Convert word at selected position in any vector to unsigned int	__ev_get_u32(a,pos)
Convert word at selected position in any vector to int	__ev_get_s32(a,pos)
Convert word at selected position in any vector to float	__ev_get_fs(a,pos)
Convert half word at selected position in any vector to unsigned short int	__ev_get_u16(a,pos)
Convert half word at selected position in any vector to short int	__ev_get_s16(a,pos)

表 D.5　数据对齐类内在函数

操　作	内在函数名称
Set upper word of any vector type (a) to unsigned int (b)	__ev_set_upper_u32(a,b)
Set lower word of any vector type (a) to unsigned int (b)	__ev_set_lower_u32(a,b)
Set upper word of any vector type (a) to int (b)	__ev_set_upper_s32(a,b)
Set lower word of any vector type (a) to int (b)	__ev_set_lower_s32(a,b)

续表 D.5

操 作	内在函数名称
Set upper word of any vector type (a) to float (b)	__ev_set_upper_fs(a,b)
Set lower word of any vector type (a) to float (b)	__ev_set_lower_fs(a,b)
Set 64 bit accumulator to unsigned long long	__ev_set_acc_u64(a)
Set 64 bit accumulator to long long	__ev_set_acc_s64(a)
Set 64 bit accumulator to any vector type	__ev_set_acc_vec64(a)
Set word at selected position in any vector (a) to unsigned int (b)	__ev_set_u32(a,b,pos)
Set word at selected position in any vector (a) to int (b)	__ev_set_s32(a,b,pos)
Set word at selected position in any vector (a) to float (b)	__ev_set_fs(a,b,pos)
Set half word at selected position in any vector (a) to unsigned short int (b)	__ev_set_u16(a,b,pos)
Set half word at selected position in any vector (a) to short int (b)	__ev_set_s16(a,b,pos)

表 D.6 特殊寄存器设置和读取类内在函数

操 作	内在函数名称
Get Summary Integer Overflow High	__ev_get_spefscr_sovh( )
Get Integer Overflow High	__ev_get_spefscr_ovh( )
Get Floating Point Guard bit High	__ev_get_spefscr_fgh( )
Get Floating Point Sticky bit High	__ev_get_spefscr_fxh( )
Get Floating Point Invalid Operation or Input Error High	__ev_get_spefscr_finvh( )
Get Floating Point Divide by Zero High	__ev_get_spefscr_fdbzh( )
Get Floating Point Underflow High	__ev_get_spefscr_funfh( )
Get Floating Point Overflow High	__ev_get_spefscr_fovfh( )
Get Floating Point Inexact Sticky flag	__ev_get_spefscr_finxs( )
Get Floating Point Invalid Sticky flag	__ev_get_spefscr_finvs( )
Get Floating Point Divide by Zero Sticky flag	__ev_get_spefscr_fdbzs( )
Get Floating Point Underflow Sticky Flag	__ev_get_spefscr_funfs( )
Get Floating Point Overflow Sticky Flag	__ev_get_spefscr_fovfs( )
Get Floating Point Operating Mode	__ev_get_spefscr_mode( )
Get Summary Integer Overflow	__ev_get_spefscr_sov( )
Get Integer Overflow	__ev_get_spefscr_ov( )
Get Floating Point Guard bit	__ev_get_spefscr_fg( )
Get Floating Point Sticky bit	__ev_get_spefscr_fx( )
Get Floating Point Invalid Operation or Input Error	__ev_get_spefscr_finv( )
Get Floating Point Divide by Zero	__ev_get_spefscr_fdbz( )

续表 D.6

操 作	内在函数名称
Get Floating Point Underflow	__ev_get_spefscr_funf( )
Get Floating Point Overflow	__ev_get_spefscr_fovf( )
Get Floating Point Inexact Exception Enable	__ev_get_spefscr_finxe( )
Get Floating Point Invalid Operation or Input Error Exception Enable	__ev_get_spefscr_finve( )
Get Floating Point Divide by Zero Exception Enable	__ev_get_spefscr_fdbze( )
Get Floating Point Underflow Exception Enable	__ev_get_spefscr_funfe( )
Get Floating Point Overflow Exception Enable	__ev_get_spefscr_fovfe( )
Get Floating Point Rounding Mode Control	__ev_get_spefscr_frmc( )
Clear Summary Integer Overflow High	__ev_clr_spefscr_sovh( )
Clear Summary Integer Overflow	__ev_clr_spefscr_sov( )
Clear Floating Point Inexact Sticky flag	__ev_clr_spefscr_finxs( )
Clear Floating Point Invalid Sticky flag	__ev_clr_spefscr_finvs( )
Clear Floating Point Divide by Zero Sticky flag	__ev_clr_spefscr_fdbzs( )
Clear Floating Point Underflow Sticky Flag	__ev_clr_spefscr_funfs( )
Clear Floating Point Overflow Sticky Flag	__ev_clr_spefscr_fovfs( )
Set Floating Point Rounding Mode Control	__ev_set_spefscr_frmc(a)

附录 E

参考资料清单

从 Freescale 公司的网站上可以得到下面的相关资料：

① Book E：增强型 PowerPC™体系架构。

② EREF：Motorola Book E 和 e500 处理器参考手册。

③ 32 位 PowerPC 架构编程环境指南：Programming Environments Manual For 32-Bit Implementations of the PowerPC Architecture。

另外，在 Freescale 公司网站上还可以下载下面的应用指南：

① AN2613：MPC5554 最小系统配置。

② AN2614：MPC5500 系列的 Nexus 调试接口配置。

③ AN2705：基于 MPC5500 处理器的板级设计信号完整性问题。

④ AN2706：基于 MPC5500 处理器的板级设计电磁兼容问题。

示例软件使用说明

1. 安装 eTPU 仿真软件

按照下面的步骤安装 ASH WARE 公司的 eTPU 仿真软件：

① 将安装光盘放入光驱，将自动运行安装文件。如果没有自动运行的话，可以直接运行光盘里的安装文件。

② 将出现一个光盘中所有可以安装工具的列表，从中选择“eTPU Stand-Alone Simulator”，如图 F.1 所示。

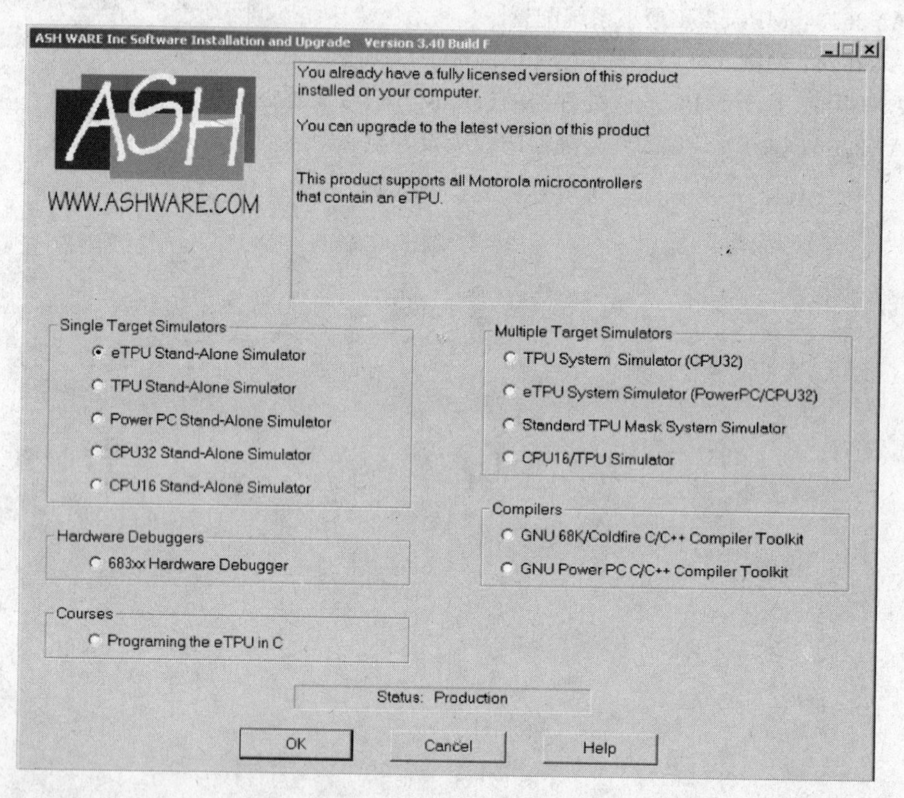

图 F.1 选择“eTPU Stand-Alone Simulator”

③ 在图 F.2 出现的窗口中设置安装路径。

④ 按照指示完成安装过程。

2. 运行 eTPU 产生可控 PWM 的示例代码

启动安装目录下的门控 PWM 示例程序，如图 F.3 所示。

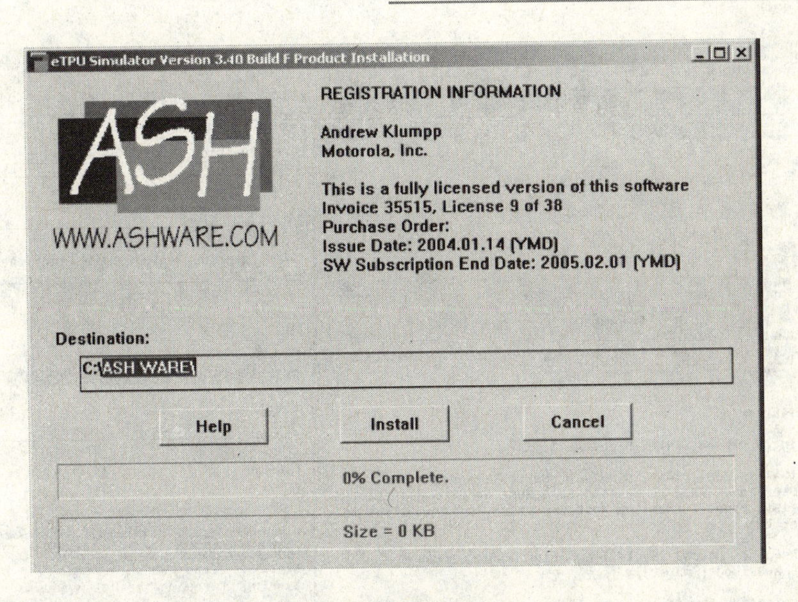

图 F.2 选择安装路径

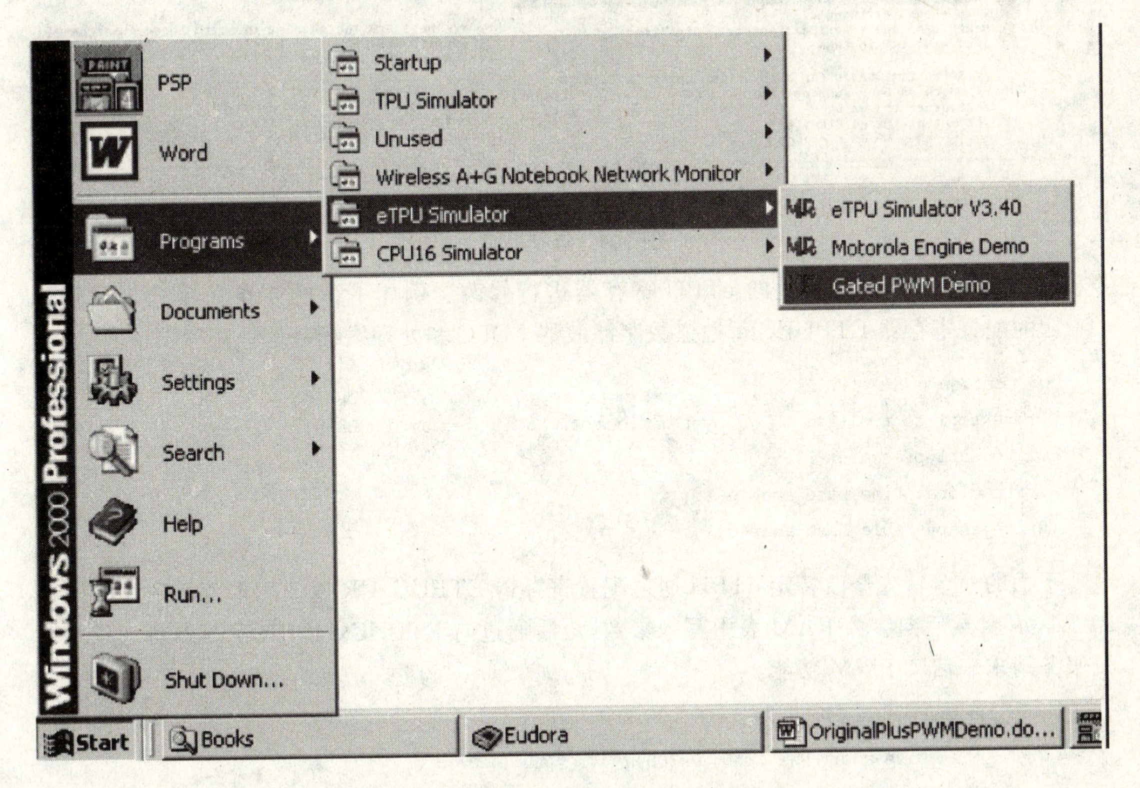

图 F.3 启动门控 PWM 示例程序

出现的运行界面如图 F.4 所示。

启动时已经自动将范例程序装载了进来。如果需要调试其他的程序，可以从 Files 菜单中进行选择。

在 script commands 窗口中，显示的是 Pwm. ETpuCommand 文件的内容。通过这样的命

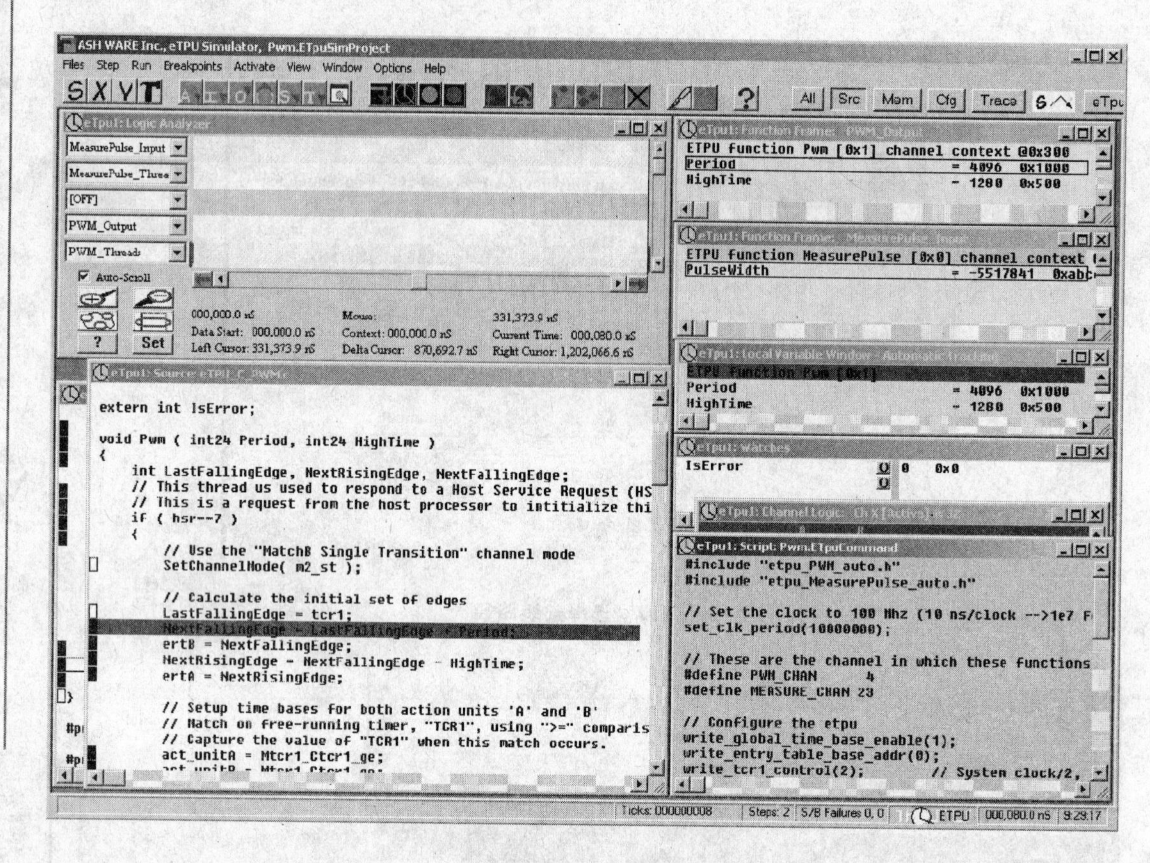

图 F.4 运行界面

令行文件，可以对仿真环境里的 eTPU 寄存器进行修改。例如下面的 4 条命令分别设置了 eTPU 的配置寄存器 ETPUECR，通道数字滤波器 CDFC 和处理线程基地址寄存器。

```
// Configure the etpu
write_tcr1_control(2);    // System clock/2,  NOT gated by TCRCLK
write_tcr1_prescaler(1);
write_global_time_base_enable(1);
write_entry_table_base_addr(0);
```

下面的命令首先修改特定 eTPU 通道配置寄存器 ETPUCxCR 以使用本范例程序的门控 PWM 功能，然后向参数 RAM 表中写入参数，最后通过向 ETPUCxHSRR 寄存器写入一个主机服务请求来启动 PWM 功能。

```
// Configure the PWM Channel
write_chan_base_addr( PWM_CHAN, 0x300);
write_chan_func( PWM_CHAN, PWM_FUNC);
write_chan_data24( PWM_CHAN, PWM_PERIOD_ADDR_OFFSET,     0x001000);
write_chan_data24( PWM_CHAN, PWM_HIGH_TIME_ADDR_OFFSET, 0x000500);
write_chan_cpr( PWM_CHAN, 3);
write_chan_hsrr( PWM_CHAN, 7);
```

在 Logic Analyzer 窗口中右击，出现图 F.5 所示的波形图，说明范例功能已经正确地运行了。

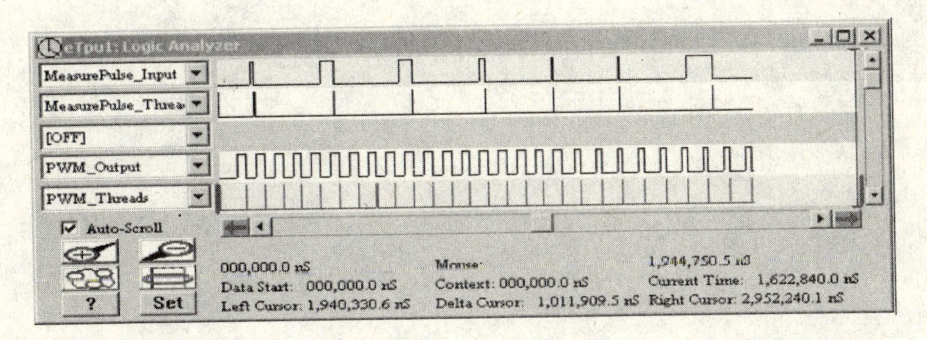

图 F.5　范例波形图

3. RAppID 简介

RAppID 表示快速应用初始化和文档产生，这是一个基于 Window 操作系统的软件工具，可以通过图形化的配置介面，配置 MPC5554/5553 的参数，自动产生对应的寄存器的初始化代码和规范的说明文档。

其图形化界面可以方便地浏览器件的所有外设、处理器和存储器，并且具有很好的提示弹出功能，对当前界面中所选择的对象进行说明，如图 F.6 所示。

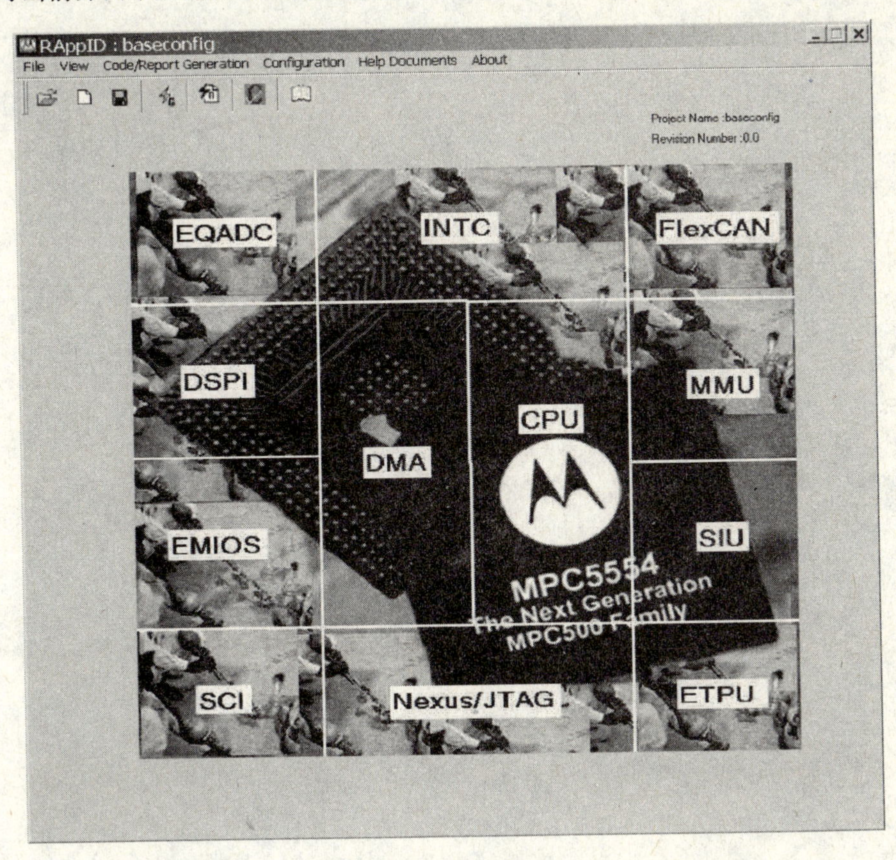

图 F.6　图形化界面(GUI)